Hessen

Bigalke | Köhler

Mathematik

Gymnasiale Oberstufe

Qualifikationsphase

Grundkurs

Herausgegeben von

Dr. Anton Bigalke   Dr. Norbert Köhler

Erarbeitet von

Dr. Anton Bigalke
Dr. Norbert Köhler
Dr. Gabriele Ledworuski
Dr. Horst Kuschnerow

unter Mitarbeit der Verlagsredaktion
und Beratung von

Clemens Groß, Fulda

Cornelsen

Bigalke | Köhler

Mathematik

Redaktion: Dr. Ulf Rothkirch
Layout: Klein und Halm Grafikdesign, Berlin
Bildrecherche: Dieter Ruhmke

Grafik: Dr. Anton Bigalke, Waldmichelbach
Illustration: Detlev Schüler †, Berlin
Umschlaggestaltung: Klein und Halm Grafikdesign, Hans Herschelmann, Berlin
Technische Umsetzung: CMS – Cross Media Solutions GmbH, Würzburg

www.cornelsen.de

1. Auflage, 1. Druck 2016

Alle Drucke dieser Auflage sind inhaltlich unverändert
und können im Unterricht nebeneinander verwendet werden.

Druck: Beltz Bad Langensalza GmbH

ISBN 978-3-06-008524-8

Inhalt

- Wiederholung
- Basis
- Basis/Erweiterung
- Vertiefung

Vorwort

Kerncurriculum
In diesem Buch wird das Kerncurriculum für das Fach Mathematik in der Qualifikationsphase des Landes Hessen konsequent umgesetzt.

In erheblichem Umfang sind Anwendungsaufgaben und Modellierungen berücksichtigt, auch perspektivisch im Hinblick auf das Zentralabitur. Allerdings muss man die ohnehin knappe Zeit gut einteilen, da Anwendungen und Modellierungen erfahrungsgemäß zeitaufwendig sind.

Druckformat
Das Buch besitzt ein weitgehend zweispaltiges Druckformat, was die Übersichtlichkeit deutlich erhöht und die Lesbarkeit erleichtert.
Lehrtexte und Lösungsstrukturen sind auf der linken Seitenhälfte angeordnet, während Beweisdetails, Rechnungen und Skizzen in der Regel rechts platziert sind.

Beispiele
Wichtige Methoden und Begriffe werden auf der Basis anwendungsnaher, vollständig durchgerechneter Beispiele eingeführt, die das Verständnis des klar strukturierten Lehrtextes unterstützen. Diese Beispiele können auf vielfältige Weise als Grundlage des Unterrichtsgesprächs eingesetzt werden. Im Folgenden werden einige Möglichkeiten skizziert:

- Die Aufgabenstellung eines Beispiels wird problemorientiert vorgetragen. Die Lösung wird im Unterrichtsgespräch oder in Stillarbeit entwickelt, wobei die Schülerbücher geschlossen bleiben. Im Anschluss kann die erarbeitete Lösung mit der im Buch dargestellten Lösung verglichen werden.
- Die Schüler lesen ein Beispiel und die zugehörige Musterlösung. Anschließend bearbeiten sie eine an das Beispiel anschließende Übung in Einzel- oder Partnerarbeit. Diese Vorgehensweise ist auch für Hausaufgaben gut geeignet.
- Ein Schüler wird beauftragt, ein Beispiel zu Hause durchzuarbeiten und als Kurzreferat zur Einführung eines neuen Begriffs oder Rechenverfahrens im Unterricht vorzutragen.

Übungen
Im Anschluss an die durchgerechneten Beispiele werden exakt passende Übungen angeboten.

- Diese Übungsaufgaben können mit Vorrang in Stillarbeitsphasen als Kontrolle eingesetzt werden. Dabei können die Schüler sich am vorangegangenen Unterrichtsgespräch orientieren.
- Eine weitere Möglichkeit: Die Schüler erhalten den Auftrag, eine Übung zu lösen, wobei sie mit dem Lehrbuch arbeiten sollen, indem sie sich am Lehrtext oder an den Musterlösungen der Beispiele orientieren, die vor der Übung angeordnet sind.
- Weitere Übungsaufgaben auf zusammenfassenden Übungsseiten finden sich am Ende der meisten Abschnitte. Sie sind für Hausaufgaben, Wiederholungen und Vertiefungen geeignet.
- In erheblichem Umfang sind die Formate des Zentralabiturs berücksichtigt, vor allem auch solche mit einfachen Anwendungsbezügen und mit Modellierungen. Allerdings muss man sich die ohnehin knappe Zeit gut einteilen, da Anwendungsaufgaben zeitaufwendig sind

Überblick, Test und mathematische Streifzüge

Am Ende eines jeden der Themenfelder sind in der Regel in einem ***Überblick*** die wichtigsten mathematischen Regeln, Formeln und Verfahren in knapper Form zusammengefasst.

Auf der letzten Seite eines Themenfeldes findet man einen ***Test*** zum Standardstoff, der vor allem auch zur Selbstkontrolle vorgesehen ist.
In der Regel ist ein solcher Test zu umfangreich, um in einem Zug durchgerechnet zu werden. Im Normalfall wird eine Zweiteilung angemessen sein.

Mehrere Themenfelder enthalten einen mathematischen ***Streifzug***, der besonders interessierten Schülern Vertiefungsmöglichkeiten und weitere Informationen bietet.

Verwendung von digitalen Mathematikwerkzeugen (Rechnern)

Als Rechenhilfsmittel sind ***Taschenrechner mit erweiterter Funktionalität*** (WTR/ETR), graphische Taschenrechner (GTR), aber auch Computerprogramme und Computeralgebrasysteme (CAS) vorgesehen. Diese Geräte stellen zeitsparende und reichweitevergrößernde Hilfsmittel dar, welche die wichtigen manuellen Techniken ergänzen, aber nicht ersetzen sollen.

Insbesondere können die Rechner verwendet werden, um zeitliche Freiräume für das Lösen von Anwendungs- und Modellierungsproblemen zu schaffen, indem sie das Lösen von Gleichungen und Gleichungssystemen, das Berechnen von Ableitungen an einer Stelle und von bestimmten Integralen unterstützen und vereinfachen.
Die Rechner bieten in diesen Feldern auch eine effektive Möglichkeit zur Kontrolle manueller Ergebnisse.
Unabdingbar sind sie im Bereich der Approximation von Funktionen, da dort ein rein manuelles Vorgehen insgesamt zu zeitraubend wäre.

Bei der Verwendung von Rechnern soll strikt auf eine angemessene *Dokumentation des Lösungswegs* in Form schriftlicher Erläuterungen geachtet werden.
Dabei sollen die korrekten mathematischen Schreibweisen und Symbole verwendet werden. Rechnerspezifische Schreibweisen sollen vermieden werden.

Die meisten Aufgabenstellungen im Buch sind so ausgelegt, dass sie sowohl manuell als auch mit Rechnerhilfe bewältigt werden können.

Operatoren

Die Aufgabenstellungen in Übungen wurden in erheblichem Maße mit Hilfe von Operatoren formuliert.
Es wurden aber auch offener formulierte Fragestellungen einbezogen, um die erforderliche Flexibilität der Schüler im Umgang mit Aufgabenstellungen erreichen zu können und eine sprachliche Monotonie zu vermeiden. Eine Liste der Operatoren befindet sich am Buchende.

Themenfelder

Das Buch enthält sechs *Themenfelder* (Kapitel), welche im wesentlichen den sechs Themenfeldern des Kerncurriculums entsprechen. Von den sechs Themenfeldern des Kerncurriculums sind die Themenfelder 1 bis 3 verbindlich, während zusätzlich ein weiteres der Themenfelder 4 bis 6 des Kerncurriculums jeweils durch Erlass als verbindlich festgelegt wird. Ebenfalls durch Erlass können Schwerpunkte und Konkretisierungen innerhalb der Themenfelder ausgewiesen werden.

Gesamtkonzeption und Hinweise zu den Themenfeldern

Das Buch ist wie das Kerncurriculum in ***sechs Themenfelder*** untergliedert, welche sich an inhaltlichen Aspekten der Differential- und Integralrechnung orientieren und daher unterschiedliche zeitliche Umfänge besitzen. Die durch den Rahmenplan vorgesehenen Inhalte werden abgedeckt. Innerhalb der Themenfelder gibt es zusätzliche Vertiefungsmöglichkeiten.

Im Themenfeld 3 – Vertiefung der Differential- und Integralrechnung – werden die relevanten Funktionsklassen systematisch und sehr ausführlich dargestellt. Hier werden außerdem zahlreiche Anwendungen und Modellierungen angesprochen. Es ist jedoch nicht vorgesehen, dass alle dargestellten Inhalte in vollem Umfang durchunterrichtet werden.
Der Grund für die Ausführlichkeit: In diesem Themenfeld werden die abiturrelevanten Aspekte der Analysis zum letzten Mal vor dem Abitursemester behandelt.
Aufgrund der ausführlichen und umfassenden Darstellung hat der Lehrer die Möglichkeit, eine passende Auswahl zu treffen, die auf aktuelle Schwerpunktbildungen und Konkretisierungen des Kerncurriculums für das Abitur angemessen abgestimmt werden kann.
Weiterhin wird die Möglichkeit vereinfacht, die Schüler während der analysisfreien Zeit im zweiten und dritten Semester der Qualifikationsphase mit Stoff zur Aufrechterhaltung des erworbenen Analysiskenntnisse zu versorgen.

I. Einführung in die Integralrechnung

In Abschnitt 1 erfolgt der Zugang zur Integralrechnung klassisch über die Frage nach dem Inhalt der Fläche, die von einer Kurve begrenzt wird.
Die *Streifenmethode des Archimedes* erscheint besonders geeignet, diese Frage verständnisorientiert zu beantworten. Sie ermöglicht ohne schmückendes Beiwerk die Konzentration auf den mathematischen Kern des Problems. Diese historisch wichtige Methode stellt zugleich über den Grenzwertbegriff die Verbindung zur modernen Mathematik her.
Die dabei auftretenden Unter- und Obersummen können manuell errechnet werden, was aber sehr zeitaufwendig sein kann. Daher kann nach Einsetzen des Erstverständnisses die Summierungsoption des Taschenrechners eingesetzt werden, um Zeit zu sparen und Rechenfehler zu vermeiden.

In Abschnitt 2 wird die *Flächeninhaltsfunktion* zur unteren Grenze 0 behandelt, um schnell zu ersten Flächenberechnungen zu kommen, die den Nutzen des Integralkalküls demonstrieren.
Schon hier besteht die Möglichkeit, erste exemplarische *Anwendungen* auszuwählen und zu bearbeiten.
In diesem Abschnitt kann als Zusatzoption im Rahmen eines Exkurses der *Hauptsatz* über Flächeninhaltsfunktionen formuliert werden. Allerdings kann man hier auch auf diesen Satz verzichten, da im Abschnitt 4 der Hauptsatz der Differential- und Integralrechnung ohnehin angesprochen wird.

In Abschnitt 3 werden die Begriffe *Stammfunktion* und *unbestimmtes Integral* eingeführt. Hier steht als Motivation der Gedanke der Umkehrung des Differenzierens am Anfang.
In diesem Zusammenhang werden die Rechenregeln für unbestimmte Integrale durch Umkehrung des Ableitungsregeln der Differentialrechnung gewonnen.
Als Funktionsmaterial werden die Potenzfunktion x^n, $n \in \mathbb{Z}\setminus\{-1\}$ die ganzrationalen Funktionen, die elementaren Exponentialfunktionen e^x und e^{-x} sowie die trigonometrischen Grundfunktionen $\sin x$ und $\cos x$ verwendet.

In Abschnitt 4 wird der *Begriff des bestimmten Integrals* durch Zurückführung auf Streifensummen eingeführt. Die Rechenregeln für bestimmte Integrale lassen sich mit diesem Ansatz sehr anschaulich begründen. Das bestimmte Integral wird dabei als Flächenbilanz interpretiert.
Der Hauptsatz der Differential- und Integralrechnung wird hier formuliert und die entsprechenden Schreibweise werden eingeführt.
Am Ende dieses Abschnitts gibt es zwei Exkurse, die bei Bedarf eingesetzt werden können:
Der erste Exkurs spricht das Thema Bestandsrekonstruktionen an, welches im zweiten Themenfeld später noch ausführlich behandelt wird. Hier wird die besonders anschauliche und einprägsame Rekonstruktion des Weges aus der Geschwindigkeit durchgeführt, um die Möglichkeit eines frühzeitigen Kennenlernens dieser Problematik zu schaffen.
Der zweite Exkurs thematisiert die erweiterten Funktionalitäten des Taschenrechners im Bereich der Integralrechnung, d.h. vor allem die zeitsparende Berechnung von bestimmten Integralen und von Streifensummen mit dem Rechner.

II. Anwendungen der Integralrechnung

In Abschnitt 1 wird der Zusammenhang zwischen bestimmten Integralen und Flächeninhalten für die drei Hauptfälle (positive Funktion, negative Funktion, Funktion mit wechselndem Vorzeichen) noch einmal kompakt zusammengestellt, um ein jederzeitiges Nachlesen zu ermöglichen. Man kann den Abschnitt im Unterricht auslassen und gleich ausgewählte Probleme aus den Abschnitten 2 und 3 behandeln.

In Abschnitt 2 werden *Flächen unter Funktionsgraphen* in diversen Konstellationen systematisch bestimmt. Dabei werden zunächst rein innermathematische Aufgabenstellungen behandelt, um den Grundkalkül abzusichern, wobei nach ganzrationalen und nicht-ganzrationalen Funktionen unterschieden wird.
Anschließend werden der Reihe nach Parameteraufgaben, Rekonstruktionsaufgaben und zahlreiche Anwendungsmodellierungen behandelt.
Insgesamt wird hier systematisch geordnet sehr viel Material zur Verfügung gestellt, aus dem eine individuelle, auf die jeweiligen Erfordernisse zugeschnittene Auswahl getroffen werden kann. Eine solche Auswahl ist allerdings auch deshalb erforderlich, weil die zur Verfügung stehende Zeit eng begrenzt ist.

In Abschnitt 3 werden *Flächen zwischen Funktionsgraphen* behandelt. Auch hier werden im Anschluss an dem Grundkalkül zahlreiche Anwendungszusammenhänge zur Verfügung gestellt, um wieder eine angepasste Auswahl zu ermöglichen, die aus Zeitgründen aber wieder eng begrenzt werden muss.

In Abschnitt 4 wird das wichtige, aber schwierige Thema der *Rekonstruktion von Beständen* systematisch angesprochen, wobei man sich auf eine enge exemplarische Auswahl beschränken muss, die sich auch an den Erfordenissen der aktuell zu erwartenden Abiturprüfungen orientieren kann.
Es ist auch denkbar, die Bestandsrekonstruktionen an anderen Stellen des Kurses anzuordnen.

III. Vertiefung der Differential- und Integralrechnung

In diesem Themenfeld geht es um die integrierte Anwendung der Kalküle der Differential- und Integralrechnung. Die in der Einführungsphase erarbeiteten Inhalte sollen also aufgefrischt und vertieft werden, wobei zusätzlich die Integralrechnung in die Aufgabenstellungen integriert wird. Es werden sechs Abschnitte angeboten und zwei Exkurs-Abschnitte, die den Pflichtstoff nicht betreffen.
Hier wird umfachreiches, aber systematisch geordnetes Material zur Verfügung gestellt, um in diesem stark auf das Abitur zielenden Abschnitt individuelle Auswahlmöglichkeiten zu schaffen. Hieraus kann der der Lehrer leicht eine angemessen *reduzierte, zeitlich und inhaltlich passende Auswahl* zusammenstellen, indem er wichtige Aspekte aus den einzelnen Abschnitten anspricht. das umfangreiche Material kann auch genutzt werden, um die Schüler in der analysisfreien Zeit im zweiten und dritten Semester mit Übungsstoff zur Aufrechterhaltung der erworbenen Analysiskenntnisse zu versorgen, auch im Hinblick auf das Abitur.

In Abschnitt 1 werden ganzrationale Funktionen untersucht. dabei werden neben den Standardelementen der Funktionsuntersuchung (Nullstellen, Extrema, Wendepunkte, Graph) zusätzliche Gesichtspunkte wie Tangenten, Normalen, Flächeninhalte, usw. angesprochen.

In Abschnitt 2 werden einfache *trigonometrische Funktionen* unter ähnlichen Gesichtspunkten behandelt, wobei die relevanz dieser Funktionsklasse nicht ganz so hoch sein dürfte wie die der Klasse der ganzrationalen Funktionen bzw. der Klasse der Exponentialfunktionen.

In Abschnitt 3 werden Exponentialfunktionen behandelt. wobei zunächst Grundtechniken (Lösen von Exponentialgleichungen, Differentiationen, Flächenberechnungen) wiederholend dargestellt werden.
Wichtig sind die Methoden zum Integrieren von Exponentialfunktionen, die mit Polynomfunktionen kombiniert sind. Das ist einmal die Methode des *Stammfunktionsnachweises* durch Differenzieren bei vorgegebener Stammfunktion und die Methode des Gewinnens von Stammfunktionen mit einem *Formansatz*.

In Abschnitt 4 werden Exponentialfunktionen systematisch untersucht, die mit ganzrationalen Funktionen verknüpft sind, ausgehend vom Grundtyp $x \cdot e^x$.

Abschnitt 5 ist ein außerhalb des Pflichtbereichs liegender Exkurs zu *Anwendungen der Exponentialfunktionen*, aus dem bei Bedarf und auch dann nur exemplarisch Material entnommen werden kann. Hier sind interessante Anwendungen enthalten wie z. B. die Kettenlinie und die Glockenkurve. Eine systematische Behandlung ist nicht hier nicht vorgesehen.

Abschnitt 6 ist ebenfalls ein aus dem Pflichtbereich fallender Exkurs zu *exponentiellen Wachstumsprozessen*, der als Materialsammlung zur exemplarischen Anreicherung der Kurses vorgesehen ist, falls eine entsprechende Interessenlage besteht und der Zeitrahmen dies erlaubt. Außerdem könnten die angesprochenen Fragestellungen an anderen Stellen des Kurses eingesetzt werden, z. B. im Bereich der Thematik der Bestandsrekonstruktionen.

In den Abschnitten 7 und 8 geht es um die speziellen Aspekte Modellierung und Untersuchung von Prozessen. Hier spielen geometrische Aspekte und auch Änderungsraten eine erhebliche Rolle. Auch für diese beiden Abschnitte wird man aus Zeitgründen nur eine enge, exemplarische Auswahl treffen können.

IV. Funktionenscharen

In diesem Themenbereich werden ganzrationale Funktionenscharen zweiten bis vierten Grades untersucht, wobei systematische Scharuntersuchungen, diverse Parameterfragen und die Analyse von gegebenen Schargraphen angesprochen werden.
Aus Gründen der Übersichtlichkeit werden zunächst die Polynome zweiten Grades und dann diejenigen dritten und höheren Grades behandelt. Man kann aber gut von Anfang an auch mischen.

Es gibt als Exlurs einen kurzen Abschnitt über einfachste nicht-ganzrationale Scharen.
Anschließend folgen vermischte Übungen mit verstärkter Berücksichtigung von Anwendungen.

Dieses Kapitel liefert also genügend Material für den Fall, dass der Themenbereich Funktionenscharen per Erlass zum Pflichtstoff deklariert werden sollte.

V. Approximation

In Abschnitt 1 werden die Begriffe Stützpolynom und Interpolation eingeführt. Die manuelle Berechnung eines Stützpolynoms mit nur drei Stützstellen wird demonstiert.
Der Einsatz des Taschenrechners wird ebenfalls behandelt, indem die Rechneroption zur Lösung von linearen Gleichungssystemen eingesetzt wird, die natürlich viel kostbare Zeit einspart.

Anschließend wird das Newtonsche Stützpolynom intensiv besprochen. Es erscheint als besonders geeignet und erlaubt die Hinzunahme nachträglicher Stützstellen, ohne dass alles neu gerechnet werden muss. In diesem Abschnit bringen die erweiterten Funktionalitäten der Taschenrechners keinen Vorteil.

Um bei Interesse einen Vergleich des Newtonschen Ansatzes für Stützpolynome mit weiteren weiteren klassischen Verfahren anstellen zu können, gibt es einen Streifzug zum Lagrangeschen Ansatz für ein Stützpolynom.

In diesem Abschnitt gibt es einen außerhalb des Pflichtprogramms liegenden Exkurs zu Trassierungsproblemen. Er eignet sich bei Interesse gut für Referate.

In Abschnitt 2 wird als zweites Thema die lineare Regression angesprochen.
Zunächst wird die lineare Regression bei proportionalen Zusammenhängen behandelt.
Hierbei werden zwei Gütekriterien für die Regressionsgerade angesprochen, einmal die Summe der Beträge der vertikalen Abstände und zum anderen die Summe der vertikalen Abstandsquadrate.
Nachdem so das Verständnis gesichert worden ist, wird die Methode der kleinsten Quadrate erläutert, die auf eine relativ einfache Formel für die optimale Ausgleichsgerade führt.

Anschließend wird die allgemeine lineare Regression behandelt, es werden Formeln für den Schwerpunkt und die Steigung der Ausgleichsgeraden angegeben.
In diesem Zusammenhang wird verstärkt und relativ intensiv die Regressionsoption des Taschenrechners eingesetzt, der auch den Korrelationskoeffizienten errechnet.
Dieser Koeffizient wird für die sogenannten Regressionsanalyse genutzt, da er ermöglicht, die die Güte der Regression zu beurteilen.
Manuelles Vorgehen vertieft bei einfachen Regressionsproblemen das Verständnis und die Kalkülsicherheit, kostet aber im allgemeinen zu viel Zeit, insbesondere bei einer größeren Punktwolke.

VI. Weitere Anwendungen der Integralrechnung

In diesem Themenbereich geht es um eine Anwendung der Integralrechnung, die deren Anwendungsnutzen noch deutlicher zeigt als Flächenprobleme, nämlich die Berechnung des Volumens von Rotationskörpern.

In Abschnitt 1 wird die Rotationsformel duerch eine Analogiebetrachtung zur Streifenmethode sehr anschaulich gewonnen und auf erste, einfache Beispiele angewandt.

Der Rahmenplan sieht nur den Fall der Rotation um die x-Achse vor. Um einige interessante Aufgaben rechnen zu können, bei denen normalerweise um die y-Achse rotiert wird, wurde die Methode verwendet, die x-Achse in die vertikale Richtung auszurichten.

In Abschnitt 2 wird die Rotationsformel verwendet, um Volumengleichungen für geometrische Körper wie Zylinder, Kegel und Kugel auf diesem Weg zu gewinnnen.
Außerdem werden interessante mathematische Modellierungen zum American Foootball und zur Eikurve behandelt. Den Abschluss bilden etwas komplexere Übungsaufgaben mit mehreren Teilaufgaben. Diese Aufgaben sind recht schwierig und erfordern eine Anleitung.
Im Normalfall reicht es, die Rotationsformel mit einigen elementaren Beispielen und ausgewählten Modellierungen zu behandeln. Sollte der Themenbereich als verpflichtend deklariert werden, kann man intensiver einsteigen.

VII. Komplexe Aufgaben

Am Ende des Buchnes findet man eine Sammlung komplexer Aufgaben zur Analysis. Sie können begleitend im Unterricht eingesetzt werden, aber auch zur Vorbereitung von Klausuren dienen. Hier wurden die Operatoren besonders intensiv angewandt, auch im Hinblick auf das Abitur.

I. Einführung in die Integralrechnung

Die Möndchen des Hippokrates

Schon vor über 2000 Jahren versuchten die Mathematiker des Altertums, die Inhalte krummlinig begrenzter Flächen und Körper zu bestimmen.
Dem griechischen Gelehrten und Naturforscher Hippokrates von Chios gelang um 450 v. Chr. die exakte Berechnung der Inhalte verschiedener mondsichelförmiger Figuren.
Eine solche Berechnung werden wir nun nachvollziehen, um uns einen Eindruck vom Stand des damaligen Wissens zu verschaffen, als die Kreiszahl π noch unbekannt war.

Hippokrates lebte auf der griechischen Mittelmeerinsel Chios. Er betrieb seine Studien in Athen und auf zahlreichen Reisen. Er gilt als der bedeutendste Mathematiker seines Jahrhunderts.

Hippokrates' Problem war die Berechnung des Flächeninhalts der rechts abgebildeten Mondsichel. Diese Figur wird durch zwei Kreise mit den Mittelpunkten M_1 und M_2 und den Radien $r_1 = a$ und $r_2 = a\sqrt{2}$ begrenzt.
Hippokrates konnte beweisen, dass die gelbe Sichelfläche ebenso groß ist wie die Fläche des markierten Quadrats, d. h. a^2.

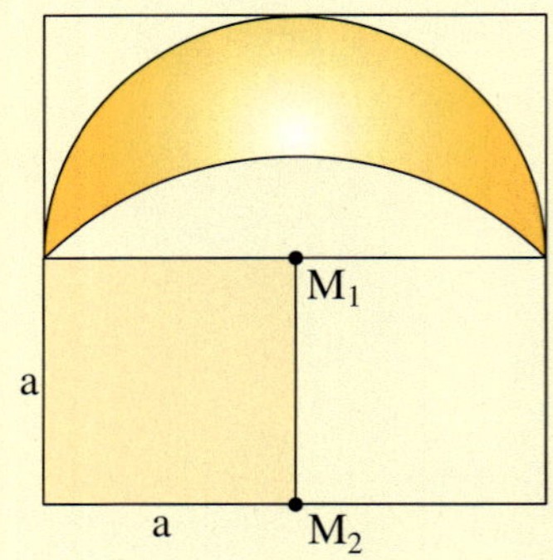

Sein Gedankengang geht aus der zweiten Abbildung hervor:

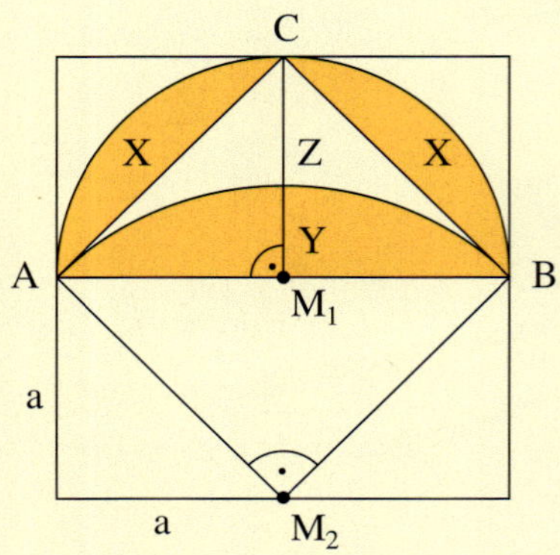

Die Viertelkreise AM_2B und AM_1C sind ähnliche Figuren. Da ihre Radien sich wie $\sqrt{2}$ zu 1 verhalten, stehen ihre Flächeninhalte im Verhältnis 2 zu 1.
Das gleiche Verhältnis gilt daher für die Flächeninhalte ihrer Segmente Y und X, d. h. $Y = 2X$.
Die Sichelfläche $Z + X + X$ lässt sich also durch $Z + Y$ ausdrücken.
Dies ist aber gerade der Inhalt des Dreiecks ABC, der a^2 beträgt (Grundlinienlänge 2 a, Höhe a).
Damit ist die überzeugende Beweisführung des Hippokrates abgeschlossen.

Übungen

Archimedische Streifenmethode

2. Gegeben sei der abgebildete Funktionsgraph, der für das Intervall [0; 2] definiert ist. Teilen Sie das Intervall in 4 gleiche Teile und zeichnen Sie die zur Untersumme U_4 und zur Obersumme O_4 gehörenden Treppenkurven ein.

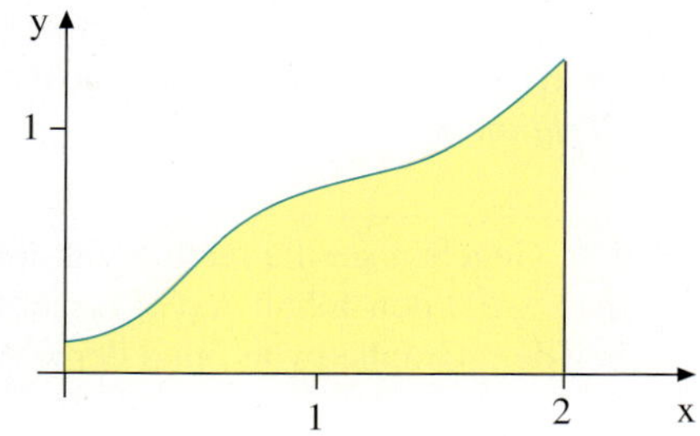

3. Berechnen Sie U_4 und O_4 sowie U_8 und O_8 für die angegebene Funktion f über dem Intervall I.

a) $f(x) = x + 1, \quad I = [0; 1]$

b) $f(x) = 2 - x, \quad I = [0; 2]$

c) $f(x) = \frac{1}{2}x^2, \quad I = [0; 1]$

d) $f(x) = x^2, \quad I = [1; 2]$

e) $f(x) = 2x^2 + 1, \quad I = [0; 2]$

f) $f(x) = x^4, \quad I = [0; 2]$

4. Berechnen Sie U_n und O_n für die Funktion f über dem Intervall I. Welcher Grenzwert ergibt sich jeweils für $n \to \infty$?

a) $f(x) = x + 1, \quad I = [0; 1]$

b) $f(x) = 2 - x, \quad I = [0; 2]$

c) $f(x) = x^2, \quad I = [0; 10]$

d) $f(x) = 2x^2 + x, \quad I = [0; 1]$

Benötigte Summenformeln: $1 + 2 + \ldots + n = \frac{n(n+1)}{2}$, $\quad 1^2 + 2^2 + \ldots + n^2 = \frac{n(n+1)(2n+1)}{6}$

5. Gesucht ist der Inhalt A der Fläche zwischen dem Graphen von $f(x) = x^3$ und der x-Achse über dem Intervall [0; 1].
Gehen Sie analog zum archimedischen Beispiel $f(x) = x^2$ (S. 16) vor.

Benötigte Summenformel: $1^3 + 2^3 + \ldots + n^3 = \frac{n^2(n+1)^2}{4}$

6. Archimedes verwendete keine Rechteckstreifen, sondern in natürlicher Weise Trapezstreifen (siehe Abb.).
Berechnen Sie die Trapezstreifensumme T_4 der Funktion $f(x) = x^2$ über dem Intervall [0; 1].
Wie groß ist die Differenz zwischen dem exakten Inhalt A and T_4?
Vergleichen Sie mit den Rechtecksummen U_4 und O_4.
Welchen Nachteil haben Trapezstreifen gegenüber Rechteckstreifen?

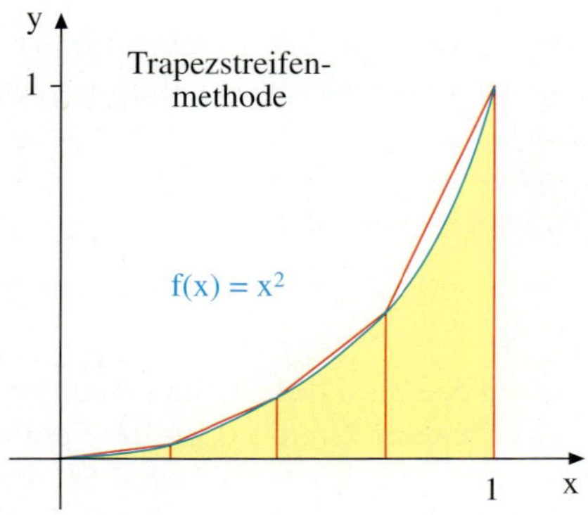

2. Die Flächeninhaltsfunktion

A. Die Flächeninhaltsfunktion einer linearen Funktion

Flächenbestimmungen mit der Streifenmethode des Archimedes sind sehr rechenaufwendig. Seit Newton und Leibniz steht uns ein einfacheres Verfahren zur Verfügung. Man verwendet ***Flächeninhaltsfunktionen***.

Beispiel: Gegeben sei die reelle Funktion $f(x) = \frac{1}{3}x$. Gesucht ist eine passende Funktion A_0, die jedem $x \geq 0$ den Inhalt $A_0(x)$ derjenigen Fläche zuordnet, die über dem Intervall $[0; x]$ zwischen dem Graphen von f und der x-Achse liegt.

Lösung:
Rechts ist der Graph der ***Randfunktion*** f als blaue Kurve dargestellt.
Die rote Fläche zwischen Graph und x-Achse, die bei 0 beginnt und an der Stelle x vertikal begrenzt endet, hat die Form eines Dreiecks (Grundlinie x, Höhe $\frac{1}{3}x$).
Für ihren Flächeninhalt $A_0(x)$ gilt demnach: $A_0(x) = \frac{1}{2} \cdot x \cdot \frac{1}{3}x = \frac{1}{6}x^2$.
Durch diesen Term wird also in eindeutiger Weise jeder Stelle $x \geq 0$ der Inhalt der Fläche zwischen dem Graphen von f und der x-Achse zugeordnet, wobei die Fläche an der Stelle 0 beginnt. Aus diesem Grund bezeichnet man die Funktion $A_0(x) = \frac{1}{6}x^2$ als Flächeninhaltsfunktion der Funktion $f(x) = \frac{1}{3}x$ zur unteren Grenze 0. Ihr Graph ist im unteren Bild dargestellt. Der roten Fläche aus dem oberen Bild entspricht der rot eingezeichnete Funktionswert im unteren Bild. Mit Hilfe der ***Flächeninhaltsfunktion zur unteren Grenze 0*** kann man den Inhalt der bei 0 „beginnenden" und an einer beliebigen Stelle x „endenden" Fläche einfach berechnen.

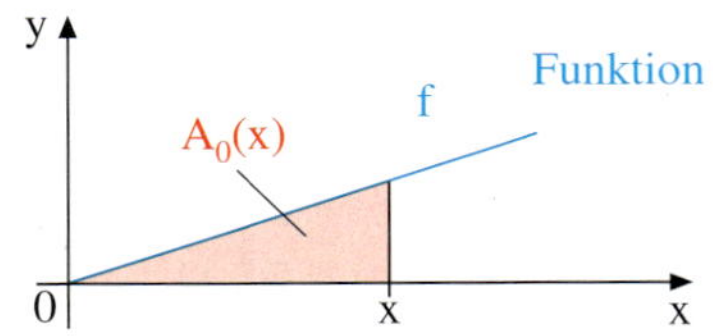

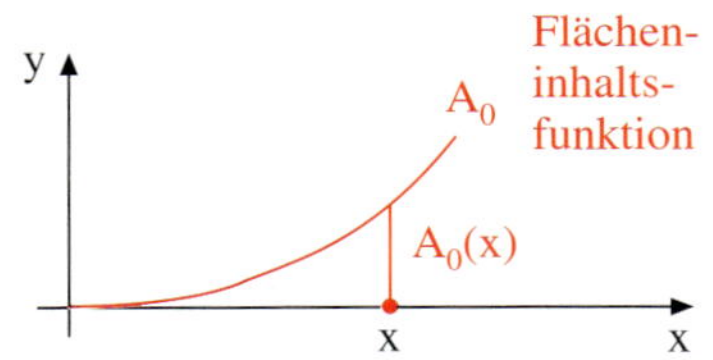

Flächeninhaltsfunktion der Funktion

$f(x) = \frac{1}{3}x$ *zur unteren Grenze 0:*

$$A_0(x) = \frac{1}{6}x^2$$

Anwendungsbeispiel:
Berechnung des Inhalts der Fläche unter $f(x) = \frac{1}{3}x$ über dem Intervall $[0; 3]$:

$$A_0(3) = \frac{1}{6} \cdot 3^2 = 1{,}5$$

Übung 1
Berechnen Sie die Flächeninhaltsfunktion $A_0(x)$ zur unteren Grenze 0 für die Funktion f.

a) $f(x) = x$ b) $f(x) = 2$ c) $f(x) = x + 2$

Übung 2
Gegeben sei die Funktion $f(x) = 2x + 3$. Zeigen Sie, dass die folgende Funktion $A_0(x) = x^2 + 3x$ die Flächeninhaltsfunktion von f zur unteren Grenze 0 ist.

B. Die Flächeninhaltsfunktion der Normalparabel

Die Bestimmung der Flächeninhaltsfunktion zu einer gegebenen linearen Randfunktion war einfach, weil die auftretenden Flächen Rechtecks- oder Dreiecksform besaßen.
Bei krummlinig begrenzten Flächen, z. B. unter einer Parabel, ist es zunächst nicht ganz so einfach. Hier müssen wir die Streifenmethode des Archimedes anwenden.

Beispiel: Gegeben sei die reelle Funktion $f(x) = x^2$. Gesucht ist A_0, die Flächeninhaltsfunktion von f zur unteren Grenze 0.

Lösung:
Wir teilen das Intervall [0; x] in n Streifen der Breite $\frac{x}{n}$ und berechnen die zugehörige Untersumme und Obersumme in Analogie zur Rechnung für das Intervall [0; 1] auf Seite 14. Für die Obersumme ergibt sich, wie rechts ausgeführt, der Term $O_n = \frac{x^3}{6} \cdot \frac{n}{n} \cdot \frac{n+1}{n} \cdot \frac{2n+1}{n}$.
Dabei musste die Formel für die Summe der ersten n Quadratzahlen angewendet werden. Diese lautet:
$1^2 + 2^2 + \ldots + n^2 = \frac{n(n+1)(2n+1)}{6}$.
Für $n \to \infty$ (beliebige Verfeinerung der Streifen) strebt die Obersumme (und die Untersumme) gegen den Inhalt der Fläche zwischen Kurve und x-Achse über dem Intervall [0; x], also gegen $A_0(x)$. Die Grenzwertrechnung ergibt hier $\lim\limits_{n \to \infty} O_n = \frac{1}{3}x^3$.
Daher ist $A_0(x) = \frac{1}{3}x^3$ die gesuchte Flächeninhaltsfunktion.

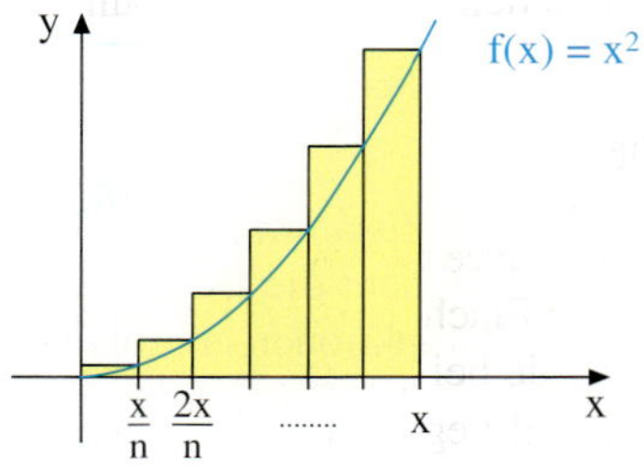

$$O_n = \frac{x}{n} \cdot \left[\left(\frac{x}{n}\right)^2 + \left(2\frac{x}{n}\right)^2 + \left(3\frac{x}{n}\right)^2 + \ldots + \left(n\frac{x}{n}\right)^2\right]$$
$$= \frac{x}{n} \cdot \frac{x^2}{n^2} \cdot (1^2 + 2^2 + \ldots + n^2)$$
$$= \frac{x^3}{n^3} \cdot \frac{n(n+1)(2n+1)}{6} = \frac{x^3}{6} \cdot \frac{n}{n} \cdot \frac{n+1}{n} \cdot \frac{2n+1}{n}$$

$$A_0(x) = \lim_{n \to \infty} O_n$$
$$= \lim_{n \to \infty} \left(\frac{x^3}{6} \cdot \frac{n}{n} \cdot \frac{n+1}{n} \cdot \frac{2n+1}{n}\right)$$
$$= \frac{x^3}{6} \cdot 1 \cdot 1 \cdot 2 = \frac{1}{3}x^3$$

Das Beispiel zeigt, wie günstig es ist, die Flächeninhaltsfunktion $A_0(x)$ zu kennen. Denn wir können nun durch Einsetzen eines einzigen Funktionswertes den Inhalt jeder Fläche zwischen der Kurve und der x-Achse unter der Parabel $f(x) = x^2$, die bei 0 beginnt, berechnen. Zum Beispiel ist der Inhalt der Fläche über dem Intervall [0; 1] gleich $A_0(1) = \frac{1}{3} \cdot 1^3 = \frac{1}{3}$, während die Fläche über dem Intervall [0; 3] den Inhalt $A_0(3) = \frac{1}{3} \cdot 3^3 = 9$ besitzt.

Übung 3

a) Gesucht ist die Flächeninhaltsfunktion $A_0(x)$ zur unteren Grenze 0 für die quadratische Randfunktion $f(x) = \frac{1}{3}x^2$.

b) Wie groß sind die Inhalte der Flächen zwischen dem Graphen von f aus a) und der x-Achse über den Intervallen [0; 1] und [0; 2]?

c) Wie groß ist der Inhalt der Fläche zwischen dem Graphen von f und der x-Achse über dem Intervall [1; 2]?

C. Vereinfachte Bestimmung von Flächeninhaltsfunktionen

Stellen wir einige der in den vorhergehenden Beispielen und Übungen betrachteten Funktionen f mit ihren Flächeninhaltsfunktionen A_0 in einer Tabelle zusammen, so ist ein sehr einfacher Zusammenhang zu erkennen:

Randfunktion f	Flächeninhaltsfunktion A_0
$f(x) = \frac{1}{3}x$	$A_0(x) = \frac{1}{6}x^2$
$f(x) = x$	$A_0(x) = \frac{1}{2}x^2$
$f(x) = 2$	$A_0(x) = 2x$
$f(x) = x + 2$	$A_0(x) = \frac{1}{2}x^2 + 2x$
$f(x) = x^2$	$A_0(x) = \frac{1}{3}x^3$

Differenziert man die Flächeninhaltsfunktion A_0 von f, so erhält man als Resultat die Randfunktion f.
Man kann beweisen, dass dies stets der Fall ist. Wir werden dies im Abschnitt D nachholen.

Der gefundene Zusammenhang zwischen A_0 und f vereinfacht die Bestimmung von Flächeninhaltsfunktionen enorm.

$$A_0'(x) = f(x)$$

Beispiel: Bestimmen Sie die Flächeninhaltsfunktion zur unteren Grenze 0 von $f(x) = x^3$ und berechnen Sie anschließend den Inhalt der Fläche zwischen dem Graphen von f und der x-Achse über dem Intervall [0; 2].

Lösung:
Wegen des oben registrierten Zusammenhangs suchen wir also eine Funktion A_0, deren Ableitung die gegebene Funktion $f(x) = x^3$ ist.
Mit etwas Überlegung erkennt man, dass $A_0(x) = \frac{1}{4}x^4 + C$ gelten muss, wobei C eine Konstante ist. Da die Flächenzählung an der unteren Grenze 0 beginnen soll, muss $A_0(0) = 0$ gelten, woraus $C = 0$ folgt.
Resultat: $A_0(x) = \frac{1}{4}x^4$ ist die Gleichung der gesuchten Flächeninhaltsfunktion von $f(x) = x^3$ zur unteren Grenze 0.
Die Fläche über dem Intervall [0; 2] hat folglich den Inhalt $A_0(2) = 4$.

1. Flächeninhaltsfunktion

$f(x) = x^3$

$A_0'(x) = x^3$

$A_0(x) = \frac{1}{4}x^4 + C$

Bedingung: $A_0(0) = 0 \Rightarrow C = 0$

Resultat: $A_0(x) = \frac{1}{4}x^4$

2. Inhalt der Fläche über [0; 2]

$A_0(2) = \frac{1}{4}2^4 = 4$

Übung 4

Bestimmen Sie die Flächeninhaltsfunktion von f zur unteren Grenze 0.

a) $f(x) = x + 1$ b) $f(x) = x^2 + 2x + 3$ c) $f(x) = 2x^3 + 4x + 1$ d) $f(x) = ax^2,\ a > 0$

D. Exkurs: Beweis des Hauptsatzes über Flächeninhaltsfunktionen

Wir werden nun den auf der vorhergehenden Seite gefundenen Zusammenhang zwischen einer Funktion f und ihrer Flächeninhaltsfunktion A_0 zur unteren Grenze 0 beweisen.

Satz I.1: Hauptsatz über Flächeninhaltsfunktionen
f sei eine nicht negative, stetige (durchzeichenbare) Funktion. A_0 sei die Flächeninhaltsfunktion von f zur unteren Grenze 0. Dann gilt:

(I) $A_0'(x) = f(x)$ (II) $A_0(0) = 0$

Beweis:*
Wir berechnen $A_0'(x)$ mit Hilfe des Differentialquotienten:

$$A_0'(x) = \lim_{h \to 0} \frac{A_0(x+h) - A_0(x)}{h}$$

Der Term $A_0(x+h) - A_0(x)$ stellt anschaulich gesehen den Inhalt der gelben Fläche unter f über dem Intervall [x; x + h] dar.

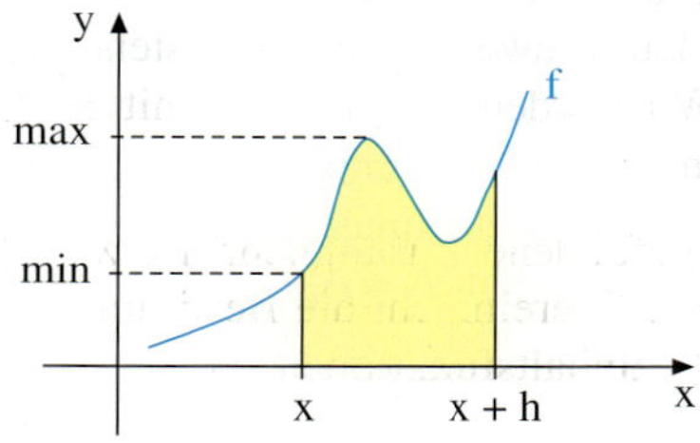

Eine stetige Funktion besitzt über einem abgeschlossenen Intervall, also auch über [x; x + h], stets ein absolutes Minimum *min* sowie ein absolutes Maximum *max*.

Einschachtelung durch Streifen:

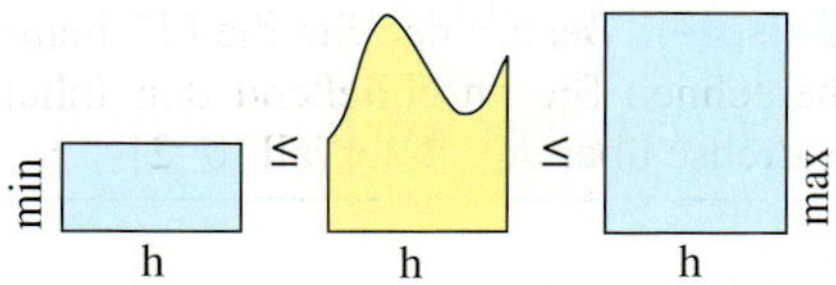

Die gelbe Fläche lässt sich daher durch zwei rechteckige archimedische Streifen der Breite h und der Höhe *min* bzw. *max* einschachteln, sodass sich für den Zählerterm $A_0(x+h) - A_0(x)$ die Einschachtelung (1) ergibt.

(1) $h \cdot min \le A_0(x+h) - A_0(x) \le h \cdot max$

Division durch h liefert daraus eine entsprechende Einschachtelung (2) für den gesamten Differenzenquotienten.

Division durch h > 0:

(2) $min \le \dfrac{A_0(x+h) - A_0(x)}{h} \le max$

Führen wir nun den Übergang h → 0 durch, so strebt der in der Mitte stehende Differenzenquotient gegen $A_0'(x)$, während die beiden archimedischen Streifen immer dünner werden. Dabei nähern sich ihre Höhen *min* und *max* immer stärker an und fallen schließlich zu einem terminalen Strich der Höhe f(x) zusammen, sodass sich (3) ergibt, woraus dann sofort der Zusammenhang $A_0'(x) = f(x)$ folgt.

Grenzübergang h → 0:

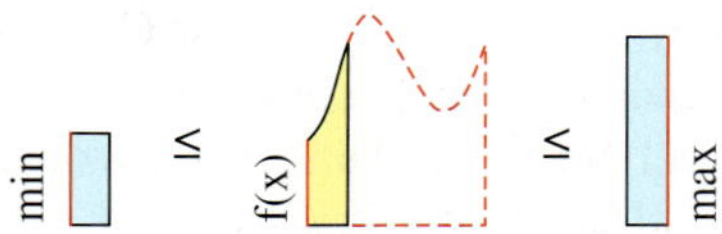

(2) $min \le \dfrac{A_0(x+h) - A_0(x)}{h} \le max$

$\downarrow \qquad \downarrow \qquad \downarrow$

(3) $f(x) \le \quad A_0'(x) \quad \le f(x)$

Folgerung: $A_0'(x) = f(x)$

* Die Betrachtung erfolgt für h > 0. Der Fall h < 0 verläuft analog.
Aussage (II) ist klar, da die Fläche $A_0(x)$ bei x = 0 beginnt, sodass $A_0(0) = 0$ gilt.

E. Einfache Flächenberechnungen

Die folgenden Beispiele sollen als erste Musteraufgaben für die Bestimmung von Flächeninhalten mit Hilfe der Flächeninhaltsfunktion dienen.

Beispiel: Gesucht ist der Inhalt A der rechts abgebildeten Fläche unter dem Graphen von $f(x) = \frac{1}{2}x^2 + 1$ über dem Intervall [0; 2].

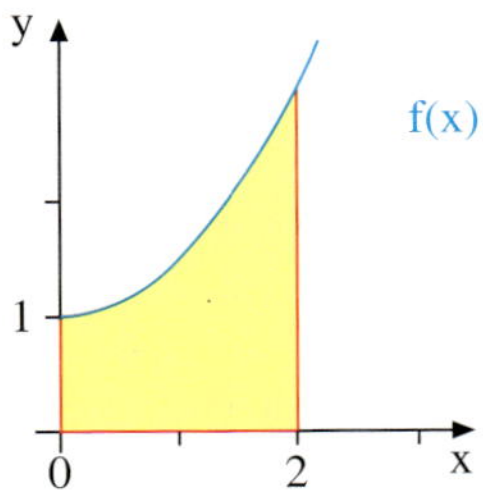

$A_0(x) = \frac{1}{6}x^3 + x$

$A = A_0(2) = 3\frac{1}{3}$

Lösung:
Es handelt sich hier um den Standardaufgabentyp, bei dem die Fläche bei x = 0 beginnt. Durch Einsetzen in die Flächeninhaltsfunktion zur unteren Grenze 0 ergibt sich als Resultat: $A = A_0(2) = 3\frac{1}{3}$.

Beispiel: Bestimmen Sie den Inhalt A der dargestellten Fläche zwischen dem Graphen von $f(x) = \frac{1}{2}x^2 - 2x + 3$ und der x-Achse über dem Intervall [1; 3].

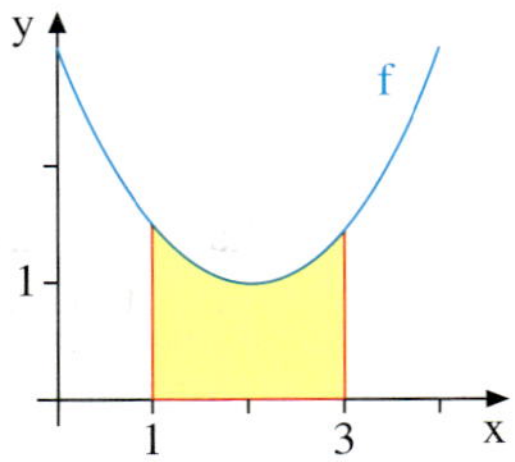

$f(x) = \frac{1}{2}x^2 - 2x + 3$

$A_0(x) = \frac{1}{6}x^3 - x^2 + 3x$

Lösung:
Die Gleichung der Flächeninhaltsfunktion lautet hier $A_0(x) = \frac{1}{6}x^3 - x^2 + 3x$.
Die Fläche beginnt leider nicht bei 0, sodass zunächst die Flächeninhaltsfunktion A_0 zur unteren Grenze 0 nicht verwendet werden kann.

Allerdings hilft uns hier ein kleiner Trick weiter:
Wir können nämlich die Fläche über dem Intervall [1; 3] als Differenz zweier Flächen auffassen, die beide bei der unteren Grenze 0 beginnen, und zwar als Differenz der Fläche über dem Intervall [0; 3] und der Fläche über dem Intervall [0; 1].

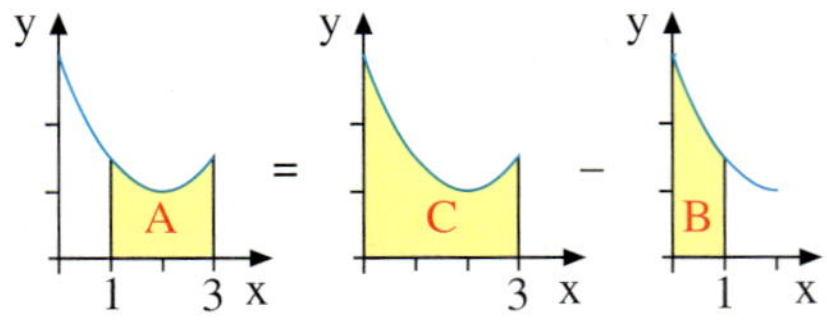

Deren Flächeninhalte B und C können mithilfe von A_0 bestimmt werden.

$C = A_0(3) = \frac{27}{6}$

$B = A_0(1) = \frac{13}{6}$

$A = C - B = A_0(3) - A_0(1) = 2\frac{1}{3}$

$A = C - B = \frac{14}{6} = 2\frac{1}{3}$

Übungen

5. Flächeninhaltsfunktion einer Geraden

a) Wie lautet die Gleichung der Geraden f?

b) Wie lautet die Gleichung der Flächeninhaltsfunktion A_0 der Funktion f zur unteren Grenze 0?

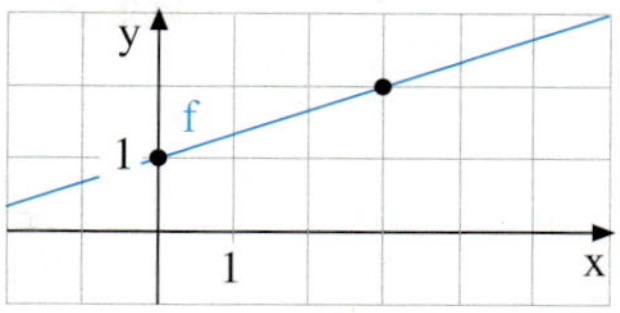

6. Nachweis für Flächeninhaltsfunktionen

Wenn $A_0'(x) = f(x)$ gilt sowie $A_0(0) = 0$, dann ist A_0 Flächeninhaltsfunktion von f zur unteren Grenze 0. Weisen Sie auf diese Weise für die folgenden Fälle nach, dass A_0 Flächeninhaltsfunktion von f ist.

a) $f(x) = 3;\ A_0(x) = 3x$

b) $f(x) = 3x;\ A_0(x) = \frac{3}{2}x^2$

c) $f(x) = 2x + 2;\ A_0(x) = x^2 + 2x$

d) $f(x) = 4x^3 + x;\ A_0(x) = x^4 + \frac{1}{2}x^2$

7. Bestimmung der Flächeninhaltsfunktion

Bestimmen Sie die Flächeninhaltsfunktion von f zur unteren Grenze 0.

a) $f(x) = 4$

b) $f(x) = x$

c) $f(x) = 3x + 1$

d) $f(x) = 3x^2$

e) $f(x) = \frac{1}{2}x^2$

f) $f(x) = x^3 + 2x$

8. Flächenberechnungen

Gesucht ist der Inhalt der markierten Fläche A. Bestimmen Sie zunächst eine Flächeninhaltsfunktion von f zur unteren Grenze 0.

a) 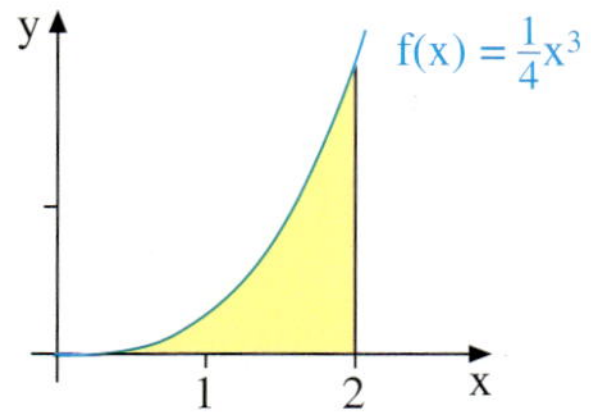

b) 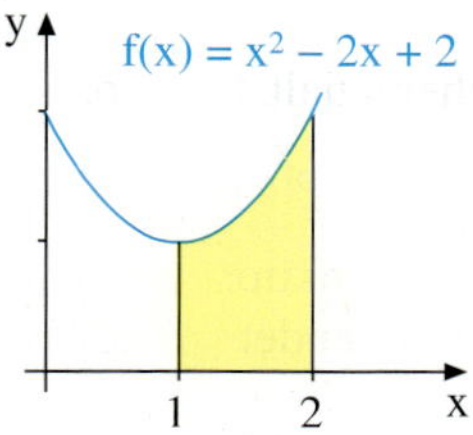

9. Fläche zwischen Kurve und x-Achse

Gesucht ist der Inhalt der Fläche zwischen dem Graphen von f und der x-Achse über dem Intervall I. Fertigen Sie eine Skizze an.

a) $f(x) = x + 3,\ I = [0; 4]$

b) $f(x) = 2x^2 + 1,\ I = [1; 2]$

c) $f(x) = (2 - x)^2,\ I = [1; 3]$

10. Bushaltestelle

Der Rand des Daches hat die Form einer quadratischen Parabel, d. h. $f(x) = ax^2 + bx + c$:

Ermitteln Sie zunächst die Koeffizienten des Dachprofils. Bestimmen Sie dann das Volumen des Häuschens.

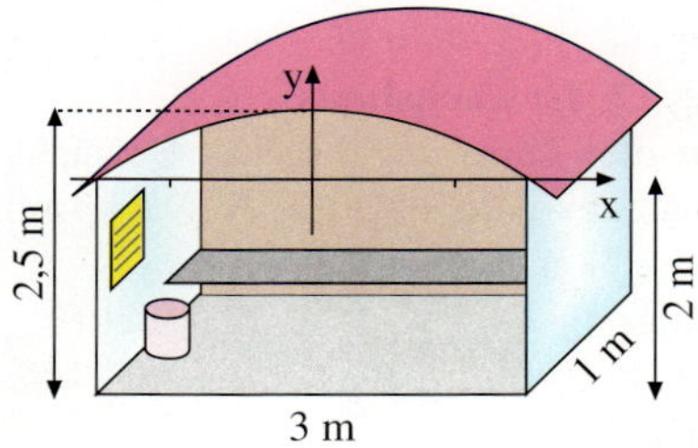

F. Exkurs: Anwendungen

Wir sind nun in der Lage, Anwendungsaufgaben mit Flächenproblematik zu lösen.

Beispiel: Stadtmauer

Das Tor in der Stadtmauer soll ein Holztor erhalten. Der Torbogen kann durch die quadratische Parabel $f(x) = -x^2 + 4$ modelliert werden.
Wie viel Holz wird benötigt?

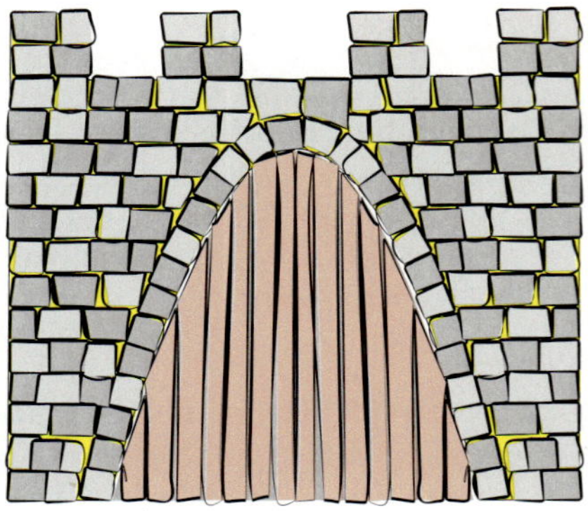

Lösung:
Zeichnen wir die Torparabel, so erkennen wir, dass jede Torhälfte an der Basis 2 m breit ist.
Wir können also den Inhalt der Fläche unter dem Graphen von f über dem Intervall [0; 2] berechnen und verdoppeln, um den Holzbedarf zu bestimmen.

Dazu bestimmen wir zunächst die Flächeninhaltsfunktion A_0 von f zur unteren Grenze 0. Sie lautet $A_0(x) = -\frac{1}{3}x^3 + 4x$.

Durch Einsetzen von x = 2 erhalten wir den Inhalt des halben Tores: $A_0(2) = \frac{16}{3}$.
Der Holzbedarf beträgt das Doppelte, also ca. 10,67 m^2.

1. Zeichnung:

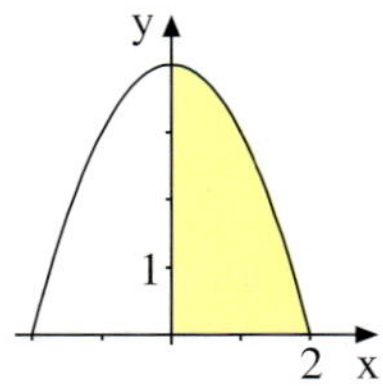

2. Flächeninhaltsfunktion:

$f(x) = -x^2 + 4$

$A_0(x) = -\frac{1}{3}x^3 + 4x$

3. Flächenberechnung:

$A_0(2) = -\frac{8}{3} + 8 = \frac{16}{3}$

4. Holzbedarf:

$A = 2 \cdot \frac{16}{3} = \frac{32}{3} \approx 10{,}67$

Übung 11 Zelt

Welches Luftvolumen hat das abgebildete 4 m lange Mannschaftszelt? Sein Querschnittsprofil kann durch die Funktion $f(x) = \frac{1}{8}x^2 - x + 4$ für $0 \le x \le 4$ modelliert werden.

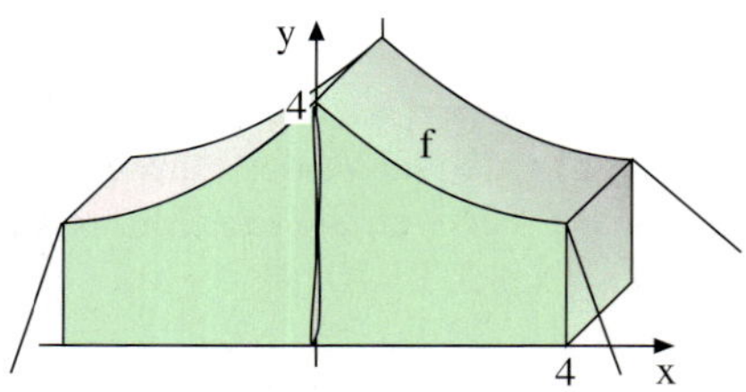

Übung 12 Gewächshaus

Das an den Turm angebrachte Gewächshaus hat ein parabelförmiges Dachprofil $f(x) = ax^2 + b$ $(1 \le x \le 3)$.
Wie lautet die Gleichung der Parabel f?
Welche Querschnittsfläche hat das Gewächshaus?

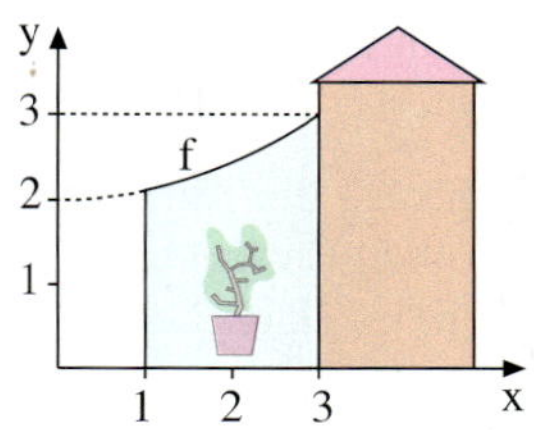

G. Exkurs: Modellierungen

Im folgenden Beispiel muss die Profilkurve im ersten Schritt modelliert werden.

Beispiel: Bahnhofshalle

Der Querschnitt der Bahnhofshalle soll berechnet werden.
Die Halle ist an der Basis 40 m breit und in der Mitte 10 m hoch.
Modellieren Sie die Profilkurve der Halle durch eine Parabel.

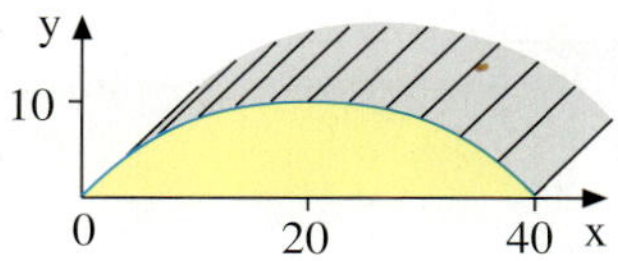

Lösung:
Wir kennen drei Punkte der Parabel: A(0|0), B(40|0) und C(20|10).
Setzen wir die Punktkoordinaten in den Ansatz $f(x) = a x^2 + b x + c$ ein, so erhalten wir ein lineares Gleichungssystem mit drei Gleichungen und drei Variablen.
Die Lösung des Systems führt auf das Resultat $f(x) = -\frac{1}{40}x^2 + x$ für die gesuchte Profilkurve der Halle.

Nun können wir die Flächeninhaltsfunktion von f zur unteren Grenze 0 bestimmen. Durch Einsetzen der rechten Begrenzung $x = 40$ erhalten wir die gesuchte Querschnittsfläche.
Resultat: $A = A_0(40) \approx 267\,m^2$.

1. Berechnung der Parabelgleichung

Ansatz: $f(x) = a x^2 + b x + c$

$f(0) = 0 \quad \Rightarrow \quad \text{I} \quad c = 0$

$f(40) = 0 \quad \Rightarrow \quad \text{II} \quad 1600a + 40b = 0$

$f(20) = 10 \quad \Rightarrow \quad \text{III} \quad 400a + 20b = 10$

$4 \cdot \text{III} - \text{II}: 40b = 40 \quad \Rightarrow \quad b = 1$

Einsetzen in II: $1600a + 40 = 0 \Rightarrow a = -\frac{1}{40}$

$f(x) = -\frac{1}{40}x^2 + x$

2. Bestimmung der Querschnittsfläche

$A_0(x) = -\frac{1}{120}x^3 + \frac{1}{2}x^2$

$A_0(40) = \frac{800}{3} \approx 266{,}67\,m^2$

Übung 13 Schutzdeich

Am Ufer der Ostsee wird ein 500 m langer Deich gebaut, der das abgebildete Profil erhalten soll.
Er kann durch eine Parabel und 2 Geraden modelliert werden. Die Parabel läuft horizontal aus.

a) Wie lautet die Gleichung der Parabel?
b) Wie groß ist die Querschnittsfläche des Deiches insgesamt?
c) Wie viele Fahrten mit 20-Tonnen-LKWs sind erforderlich, um das Baumaterial heranzuschaffen?
(Materialdichte: 1,8 g/cm³)

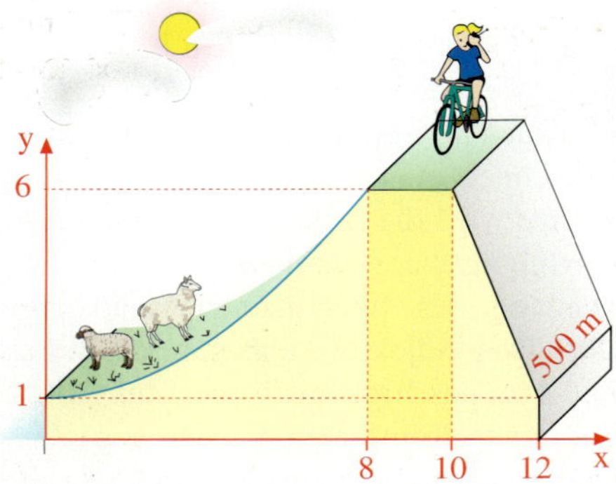

3. Stammfunktion und unbestimmtes Integral

A. Der Begriff der Stammfunktion und des unbestimmten Integrals

Eine grundlegende Aufgabe der Differentialrechnung ist es, zu einer gegebenen Funktion f die Ableitungsfunktion f′ zu bestimmen. Beim Aufsuchen von Flächeninhaltsfunktionen stellte sich uns die umgekehrte Aufgabe: Gegeben ist eine Funktion f. Gesucht ist diejenige Funktion F, deren Ableitung die gegebene Funktion f ist. Die ***Integralrechnung*** beschäftigt sich mit dieser Fragestellung.

Beispiel: An der Tafel steht das Ergebnis einer Differentiation. Leider ist die Ausgangsfunktion F, die differenziert wurde, schon abgewischt. Kann man sie rekonstruieren?

Lösung:
Die gegebene Funktion $f(x) = 2x^2 + 1$ ist hier das Ergebnis eines Differentiationsprozesses. Gesucht ist eine sogenannte ***Stammfunktion*** F von f, für die gilt: $F'(x) = f(x)$.
Da beim Differenzieren einer Potenz der Grad um 1 sinkt, vermuten wir, dass F eine Polynomfunktion dritten Grades ist. Wir finden nach kurzem Probieren, dass die Funktion $F(x) = \frac{2}{3}x^3 + x$ die Ableitung $f(x) = 2x^2 + 1$ hat, womit die Aufgabe fast gelöst wäre.
Wir können allerdings noch eine beliebige reelle Konstante C hinzuaddieren, da eine solche beim Differenzieren wegfällt. Die Menge alle Stammfunktionen von $f(x) = 2x^2 + 1$ ist daher die Funktionenschar $F(x) = \frac{2}{3}x^3 + x + C$, $C \in \mathbb{R}$.
Diese Menge aller Stammfunktionen von f wird auch als ***unbestimmtes Integral von f*** bezeichnet.
Hierfür wird die nebenstehend aufgeführte symbolische Schreibweise unter Verwendung des Integralzeichens $\int$ eingeführt. Das Adjektiv „unbestimmt" drückt aus, dass das Ergebnis wegen des Auftretens einer Konstanten C, der sog. ***Integrationskonstanten***, nicht eindeutig bestimmt ist.

Gegebene Funktion f:

$f(x) = 2x^2 + 1$

Eine Stammfunktion F von f:

$F(x) = \frac{2}{3}x^3 + x$

Weitere Stammfunktionen von f:

$F(x) = \frac{2}{3}x^3 + x + 1$

$F(x) = \frac{2}{3}x^3 + x - 2{,}5$

$\vdots$

Menge aller Stammfunktionen von f:

$F(x) = \frac{2}{3}x^3 + x + C,\ C \in R$

Integralschreibweise:

$$\int (2x^2 + 1)\,dx = \frac{2}{3}x^3 + x + C$$

unbestimmtes Integral — Integrationskonstante (C)

Definition I.1: Stammfunktion
Jede differenzierbare Funktion F, für die $F'(x) = f(x)$ gilt, wird als *Stammfunktion von f* bezeichnet.

Definition I.2: Unbestimmtes Integral
Die Menge aller Stammfunktionen einer Funktion f heißt *unbestimmtes Integral* von f.
Symbolische Schreibweise: $\int f(x)\,dx$

Stammfunktion F

↑ integrieren

Funktion f

↓ differenzieren

Ableitung f´

Den Vorgang des Bestimmens einer Stammfunktion bezeichnet man als Integrieren. Es handelt sich technisch um die Umkehrung des Differenzierens.

Im folgenden Beispiel werden Potenzregel, Summenregel und Faktorregel der Differentialrechnung in umgekehrter Richtung angewandt.

Beispiel: Bestimmen Sie die Menge aller Stammfunktionen von f.
Gesucht ist also das unbestimmte Integral von f.
a) $f(x) = x^5$ b) $f(x) = 2x^3$ c) $f(x) = 3x^4 - 6x + 8$ d) $f(x) = \frac{1}{x^3}$

Lösung:

a) Beim Differenzieren einer Potenz *verringert* sich der Exponent um 1. Außerdem muss man mit dem *alten* Exponenten *multiplizieren*.
Beim Integrieren einer Potenz ist es daher genau umgekehrt. Der Exponent *erhöht* sich um 1, und man muss durch den *neuen* Exponenten *dividieren*.

$f(x) = x^5$ hat also die Stammfunktion $F(x) = \frac{1}{6}x^6$. Dazu können wir noch eine Konstante C addieren: $F(x) = \frac{1}{6}x^6 + C$.

$$\int x^5\,dx = \frac{1}{6}x^6 + C$$

b) Analog zu a) erhalten wir für die Menge aller Stammfunktionen von f: $F(x) = \frac{1}{2}x^4 + C$.

$$\int 2x^3\,dx = \frac{1}{2}x^4 + C$$

c) Hier kehren wir die Summenregel der Differentiation um und erhalten dann $F(x) = \frac{3}{5}x^5 - 3x^2 + 8x + C$:

$$\int (3x^4 - 6x + 8)\,dx = \frac{3}{5}x^5 - 3x^2 + 8x + C$$

d) $f(x) = \frac{1}{x^3} = x^{-3}$ hat die Stammfunktion $F(x) = \frac{x^{-2}}{-2} = -\frac{1}{2}x^{-2} = -\frac{1}{2x^2}$.
Durch Konstantenaddition folgt $F(x) = -\frac{1}{2x^2} + C$.

$$\int \frac{1}{x^3}\,dx = -\frac{1}{2x^2} + C$$

B. Rechenregeln für unbestimmte Integrale

Aus einigen Differentiationsregeln kann man durch sinngemäße Umkehrung Integrationsregeln gewinnen. Wir führen im Folgenden einige Beispiele in einer Gegenüberstellung auf.

Potenzregel der Differentialrechnung $(x^n)' = n \cdot x^{n-1} \quad (n \in \mathbb{Z}, n \neq 0)$	**Potenzregel der Integralrechnung** $\int x^n\,dx = \frac{x^{n+1}}{n+1} + C \quad (n \in \mathbb{Z}, n \neq -1)$
Summenregel der Differentialrechnung Man kann eine Summe gliedweise differenzieren: $(f(x) + g(x))' = f'(x) + g'(x)$	**Summenregel der Integralrechnung** Man kann eine Summe gliedweise integrieren: $\int (f(x) + g(x))\,dx = \int f(x)\,dx + \int g(x)\,dx$ $= F(x) + G(x)$
Faktorregel der Differentialrechnung Ein konstanter Faktor bleibt beim Differenzieren erhalten: $(a \cdot f(x))' = a \cdot f'(x) \quad (a \in \mathbb{R})$	**Faktorregel der Integralrechnung** Ein konstanter Faktor bleibt beim Integrieren erhalten: $\int a \cdot f(x)\,dx = a \cdot \int f(x)\,dx \quad (a \in \mathbb{R})$ $= a \cdot F(x)$
Lineare Kettenregel der Differentialrechnung Für a, b $\in \mathbb{R}$ gilt: $(f(ax + b))' = f'(ax + b) \cdot a$	**Lineare Kettenregel* der Integralrechnung** Für a, b $\in \mathbb{R}$, $a \neq 0$ gilt: $\int f(ax + b)\,dx = \frac{1}{a} \cdot F(ax + b)$
Exponentialregel der Differentialrechnung $(e^x)' = e^x$	**Exponentialregel der Integralrechnung** $\int e^x\,dx = e^x + C$
Sinusregel und Kosinusregel der Differentialrechnung $(\sin x)' = \cos x$ $(\cos x)' = -\sin x$	**Sinusregel und Kosinusregel der Integralrechnung** $\int \sin x\,dx = -\cos x + C$ $\int \cos x\,dx = \sin x + C$

* Die lineare Kettenregel der Integralrechnung wird auch als lineare Substitutionsregel der Integralrechnung bezeichnet.

Beweise zu den Integrationsregeln

Die Integrationsregeln werden bewiesen, indem die auf der rechten Seite der Integrationsregel stehende Stammfunktion differenziert wird und die Übereinstimmung des Resultats mit dem Integranden der linken Seite der Regel gezeigt wird.

Potenzregel: $\left(\frac{x^{n+1}}{n+1} + C\right)' = \frac{(n+1)x^n}{n+1} + 0 = x^n$

Summenregel: $(F(x) + G(x))' = F'(x) + G'(x) = f(x) + g(x)$

Faktorregel: $(a \cdot F(x))' = a \cdot F'(x) = a \cdot f(x)$

Lineare Kettenregel: $\left(\frac{1}{a} \cdot F(ax+b)\right)' = \frac{1}{a} \cdot F'(ax+b) \cdot a = F'(ax+b) = f(ax+b)$

Exponentialregel: $(e^x + C)' = e^x + 0 = e^x$

Sinusregel: $(\sin x + C)' = \cos x + 0 = \cos x$

Kosinusregel: $(-\cos x + C)' = \sin x + 0 = \sin x$

Wir vertiefen die Anwendung der Regeln nun an weiteren Beispielen.

Beispiel: Anwendung der Integrationsregeln

Berechnen Sie die folgenden unbestimmten Integrale.

a) $\int \left(4x + \frac{1}{x^2}\right) dx$ b) $\int (5x+1)^2 dx$ c) $\int e^{-x} dx$

d) $\int 4e^{2x+1} dx$ e) $\int \sin(2x) dx$ f) $\int (1 - 2\cos x) dx$

Lösung:

a) $\int \left(4x + \frac{1}{x^2}\right) dx \underset{\text{Summenregel}}{=} \int 4x\,dx + \int x^{-2} dx \underset{\text{Faktorregel}}{=} \int 4 \cdot x\,dx + \int x^{-2} dx$

$\underset{\text{Potenzregel}}{=} 4 \cdot \frac{x^2}{2} + \frac{x^{-1}}{-1} + C = 2x^2 - \frac{1}{x} + C$

b) $\int (5x+1)^2 dx \underset{\text{lin. Kettenregel}}{=} \frac{1}{5} \cdot \frac{(5x+1)^3}{3} + C = \frac{1}{15} \cdot (5x+1)^3$

c) $\int e^{-x} dx \underset{\text{lin. Kettenregel}}{=} -e^{-x} + C$

d) $\int 4e^{2x+1} dx \underset{\text{Faktorregel}}{=} 4 \cdot \int e^{2x+1} dx \underset{\text{lin. Kettenregel}}{=} 4 \cdot \frac{1}{2} e^{2x+1} + C = 2e^{2x+1} + C$

e) $\int \sin(2x) dx \underset{\text{lin. Kettenregel}}{=} -\frac{1}{2}\cos(2x) + C$

f) $\int (1 - 2\cos x) dx \underset{\substack{\text{Summenregel} \\ \text{Faktorregel}}}{=} \int 1\,dx - 2 \cdot \int \cos x\,dx \underset{\substack{\text{Potenzregel} \\ \text{Kosinusregel}}}{=} x - 2\sin x + C$

Übung 1 Integrationsregeln

Berechnen Sie die unbestimmten Integrale unter Angabe der verwendeten Regeln.

a) $\int 2e^{3-2x} dx$ b) $\int 3 \cdot \sin(3x) dx$ c) $\int \left(2e^{2x} - \frac{4}{x^2}\right) dx$

d) $\int \frac{1}{(2x+1)^2} dx$ e) $\int (4x+5)^3 dx$ f) $\int e^{ax+b} dx$

Übungen

1. Berechnung einer Stammfunktion

Berechnen Sie jeweils eine Stammfunktion F von f.

a) $f(x) = 3x^2 + 6$ b) $f(x) = \frac{6}{x^2}$ c) $f(x) = 4e^{-x}$ d) $f(x) = -2\cos x$

e) $f(x) = \sin(-x)$ f) $f(x) = e^{\frac{1}{2}x}$ g) $f(x) = 4x^{-3}$ h) $f(x) = e^{-kx}$

2. Berechnung unbestimmter Integrale

a) $\int x^6\,dx$ b) $\int 6x^2\,dx$ c) $\int n \cdot x^{2n-1}\,dx$ d) $\int (4x^2 + 2x)\,dx$

e) $\int (2x^3 - 4x + 1)\,dx$ f) $\int (ax^2 + 6x)\,dx$ g) $\int 3x^{-2}\,dx$ h) $\int \left(2x + \frac{1}{x}\right) \cdot x\,dx$

i) $\int \left(x + \frac{3}{x^2}\right)dx$ j) $\int e^x \cdot e^{x+2}\,dx$ k) $\int \frac{4}{e^x}$ l) $\int (\sin x + 2\cos x)\,dx$

3. Berechnung unbestimmter Integrale

Verwenden Sie die lineare Kettenregel (lineare Substitutionsregel) der Integralrechnung zur Bestimmung folgender Integrale.

a) $\int (2x + 1)^2\,dx$ b) $\int 6e^{2x+4}\,dx$ c) $\int \frac{1}{(3x+2)^2}\,dx$ d) $\int (2 - \cos(\pi x))\,dx$

4. Funktion und Stammfunktion

Ordnen Sie jeder Funktion f eine passende Stammfunktion F zu.

f

I $8x^3 - 3$

II $2x - 4$

III $(x+2)^2$

IV $3(x^2 - 2x^3)$

V $2x - \frac{1}{x^2}$

VI $\frac{x^2 - 9}{x - 3}$

F

A $x^3 - \frac{3}{2}x^4 - 2$

B $\frac{1}{2}x^2 + 3x$

C $2x^4 - 3x + 2$

D $(x-2)^2$

E $2x^2 + 4x + \frac{1}{3}x^3 + C$

F $x^2 + \frac{1}{x} + C$

5. Wo steckt der Fehler?

In den folgenden Rechnungen ist jeweils ein Fehler.

a) $\int \frac{6}{x^2}\,dx = \int 6 \cdot x^{-2}\,dx = 6 \cdot \int x^{-2}\,dx = 6 \cdot \frac{x^{-3}}{-3} + C = \frac{-2}{x^3} + C$

b) $\int (2x + 1)^2\,dx = \frac{(2x+1)^3}{3} + C$

c) $\int (2e^{2x+1} + 6x)\,dx = 4e^{2x+2} + 3x^2 + C$

d) $\int (3x^2 + 2a)\,dx = x^3 + 2a + C$

e) $\int (3x^2 + 2a)\,da = x^3 + 2ax + C$

C. Das Anfangswertproblem

Oft sucht man nicht alle Stammfunktionen F einer Funktion f, sondern nur eine ganz bestimmte, welche durch einen fest vorgegebenen Punkt $P(x_0|f(x_0))$ geht. Man spricht dann von einem ***Anfangswertproblem***. Durch geeignete Wahl der Integrationskonstanten C kann es gelöst werden.

Beispiel: Anfangswertproblem
Gegeben ist $f(x) = x$. Gesucht ist diejenige Stammfunktion F von f, welche durch den Punkt $P(1|1{,}5)$ geht.

Lösung:
Wir bestimmen zunächst das unbestimmte Integral von f, also die Funktionenschar

$F_c(x) = \int x\,dx = \frac{1}{2}x^2 + C.$

$F_c(x)$ soll durch $P(1|1{,}5)$ gehen, d. h.
$F_c(1) = 1{,}5 \Rightarrow \frac{1}{2} + C = 1{,}5 \Rightarrow C = 1.$

Damit ist $F_1(x) = \frac{1}{2}x^2 + 1$ die gesuchte Stammfunktion durch den Punkt $P(1|1{,}5)$.

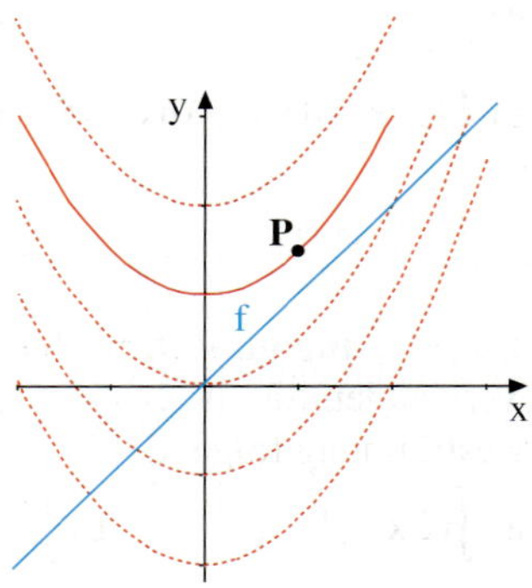

Übung 6 Anfangswertproblem
a) Welche Stammfunktion von $f(x) = x^2$ geht durch den Punkt $P(1|1)$?
b) Welche Stammfunktion von $f(x) = 1 - x^2$ schneidet die y-Achse bei $y = 4$?
c) Welche Stammfunktion von $f(x) = 2 + x$ hat eine Nullstelle bei $x = 1$?

Die folgende Aufgabe stellt eine Variation des Anfangswertproblems dar.

Beispiel: Variation des Anfangswertsproblems
Gegeben ist die zweite Ableitung $f''(x) = 6x$. Gesucht ist diejenige Funktion f, welche durch den Punkt $P(1|0)$ geht und dort die Steigung 2 besitzt.

Lösung:
Durch Integration von $f''(x) = 6x$ erhalten wir $f'(x) = 3x^2 + c$ und $f(x) = x^3 + cx + d$. Da $f(1) = 0$ gelten soll sowie $f'(1) = 2$, erhalten wir durch Einsetzen dieser Informationen in die Formansätze $f'(x) = 3x^2 + c$ und $f(x) = x^3 + cx + d$ ein lineares Gleichungssystem mit zwei Gleichungen und zwei Variablen. Dessen Lösung lautet $c = -1$ und $d = 0$, was zum folgenden Endresultat führt: $f(x) = x^3 - x$.

Ansatz für f' und f:
$f''(x) = 6$
$f'(x) = 6x + c$
$f(x) = x^3 + cx + d$

Berechnung von c und d:
$f'(1) = 2 \quad \Rightarrow \quad \text{I: } 3 + c = 2$
$f(1) = 0 \quad\quad\;\; \text{II: } 1 + c + d = 0$
$\Rightarrow \quad c = -1,\ d = 0$
$\Rightarrow \quad f(x) = x^3 - x$

Übung 7 Variationen des Anfangswertproblems
Gesucht ist die Funktion f mit den angegebenen Eigenschaften.
a) f hat die zweite Ableitung $f''(x) = e^{-x} + 6x$ und ein Minimum im Punkt $P(0|2)$.
b) Es gilt $f'''(x) = 6$, $x = 1$ ist eine Wendestelle und $x = 2$ eine Nullstelle von f mit der Steigung 1.

4. Das bestimmte Integral

A. Der Begriff des bestimmten Integrals

Den Inhalt A des Flächenstücks zwischen dem Graphen einer stetigen (durchzeichenbaren) Funktion f und der x-Achse über einem Intervall [a; b] kann man folgendermaßen ermitteln:

Schritt 1: Streifensumme
Man zerlegt das Intervall [a; b] in n Streifen gleicher Breite $\Delta x = \frac{b-a}{n}$.

x_i sei die Streifenmitte des i-ten Streifens. Man bildet die Streifensumme
$f(x_1) \cdot \Delta x + f(x_2) \cdot \Delta x + \ldots + f(x_n) \cdot \Delta x$.

Für eine nichtnegative Funktion f kann man diese Streifensumme als Summe von Rechtecksinhalten ansehen, deren Wert den Inhalt A unter f approximiert.

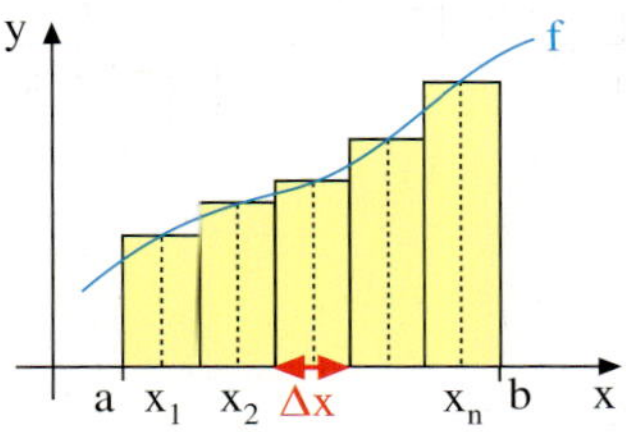

Schritt 2: Grenzwert
Man bildet den Grenzwert der Streifensumme für $n \to \infty$.

Dabei wächst die Streifenzahl n über alle Grenzen und die Streifendicke Δx strebt gegen 0.

Die Streifensumme strebt gegen eine feste Zahl, welche für eine nichtnegative Funktion f mit dem Inhalt A unter f exakt übereinstimmt.

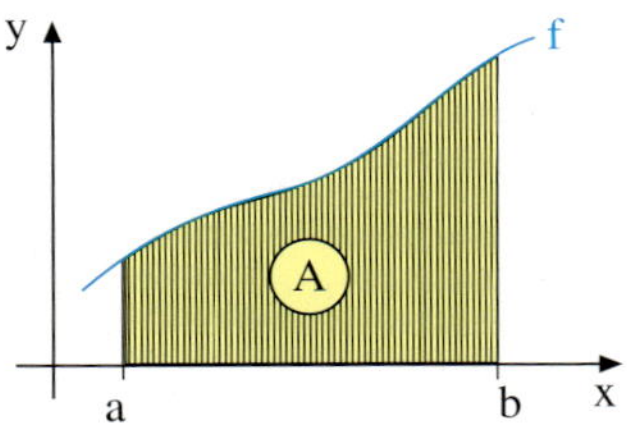

Es erweist sich als günstig, Streifensummen dieser Art nicht nur für positive, sondern auch für negative Funktionen und für solche mit wechselndem Vorzeichen zu bilden. Der Grenzwert einer solchen Streifensumme ist bei einer stetigen Funktion stets eine ganz bestimmte, feste Zahl und wird als ***bestimmtes Integral*** bezeichnet.

Definition I.3: Das bestimmte Integral

Ist f stetig über [a; b], so bezeichnet man den Grenzwert einer Streifensumme über [a; b], d. h. den Ausdruck

$$\lim_{n \to \infty} (f(x_1) \cdot \Delta x + f(x_2) \cdot \Delta x + \ldots + f(x_n) \cdot \Delta x)$$

als bestimmtes Integral von f in den Grenzen von a bis b.

Man verwendet hierfür die rechts dargestellte symbolische Schreibweise.

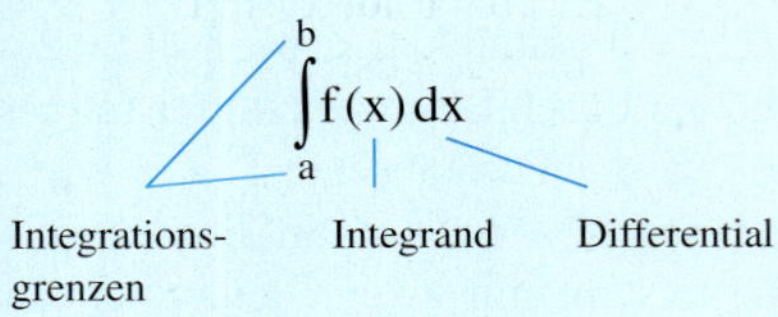

Das Integral ist eine abkürzende Schreibweise für den Grenzwert einer Streifensumme. Das Zeichen ∫ steht für das S von Summe, dx für die Streifenbreite Δx.

B. Das bestimmte Integral als Flächenbilanz

Ist f eine nichtnegative Funktion, so kann man sich das bestimmte Integral von f über [a, b] anschaulich als Summe der Flächeninhalte $f(x_i) \cdot \Delta x$ extrem schmaler Rechtecksstreifen vorstellen.
Es stellt also den Inhalt A der Fläche zwischen dem Graphen von f und der x-Achse über dem Intervall [a; b] dar.

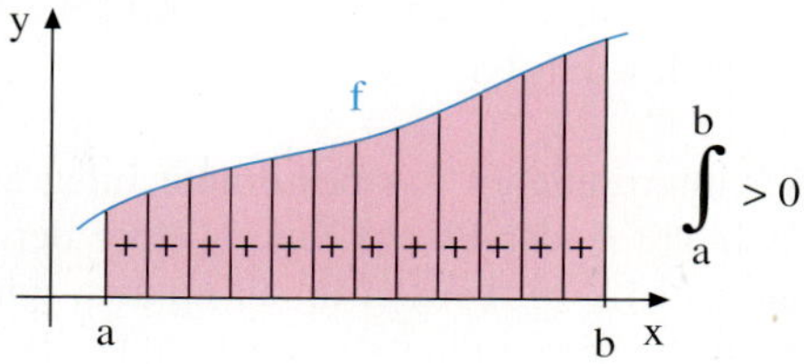

Ist f eine negative Funktion, so haben die Terme $f(x_i) \cdot \Delta x$ negative Werte. Es sind die negativen Gegenwerte der Streifeninhalte. Summiert man sie für alle Streifen, so erhält man den mit einem negativen Vorzeichen versehenen Flächeninhalt A der Fläche zwischen Graph und x-Achse.

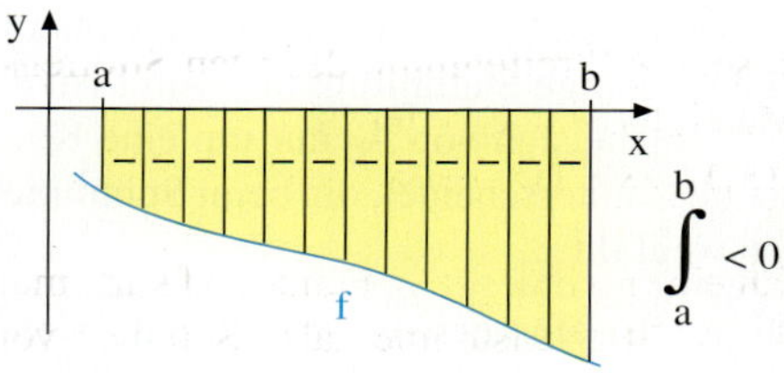

Besitzt f wechselnde Vorzeichen, so besitzen die Streifenterme $f(x_i) \cdot \Delta x$ sowohl negative als auch positive Werte. Summiert man sie, so erhält man eine Flächenbilanz. Unterhalb der x-Achse liegenden Flächenteile gehen negativ ein, die oberhalb der x-Achse liegenden werden positiv gezählt.

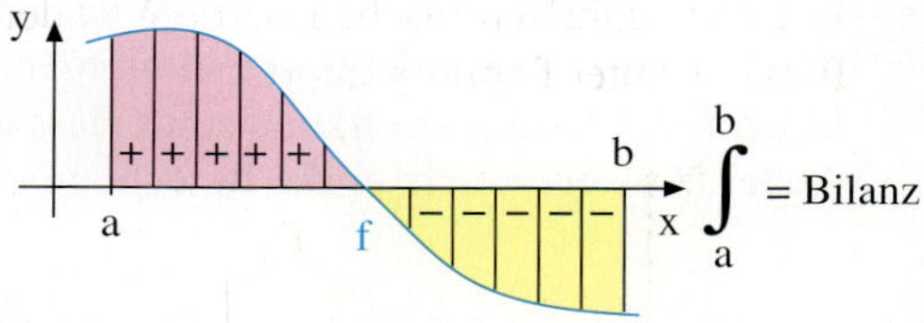

Satz I.2: Das **bestimmte Integral** einer Funktion f über dem Intervall [a, b] hat anschaulich die Bedeutung einer **Flächeninhaltsbilanz**. Die oberhalb der x-Achse liegenden Flächenstücke gehen positiv ein, die unterhalb der x-Achse liegenden Stücke gehen negativ ein.

In der Abbildung rechts ist eine Funktion f mit wechselndem Vorzeichen zu sehen.

Das bestimmte Integral von f von a bis b kann durch die abgebildeten Flächen A_1, A_2 und A_3 wie folgt dargestellt werden:

$$\int_a^b f(x)\,dx = A_1 - A_2 + A_3$$

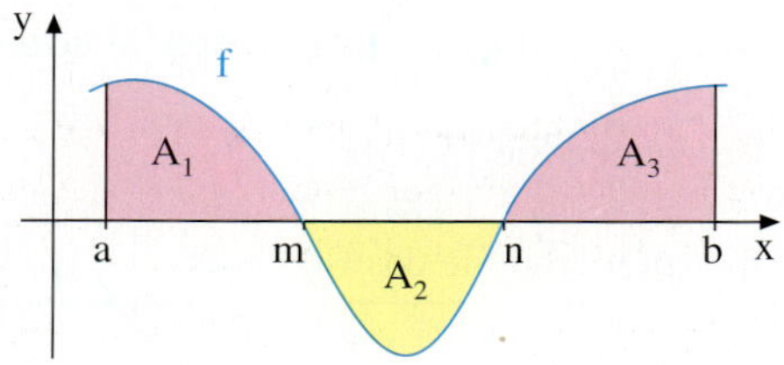

Umgekehrt können die Flächen durch bestimmte Integrale erfasst werden:

$$A_1 = \int_a^m f(x)\,dx,\ A_2 = -\int_m^n f(x)\,dx,\ A_3 = \int_n^b f(x)\,dx$$

C. Der Hauptsatz der Differential- und Integralrechnung

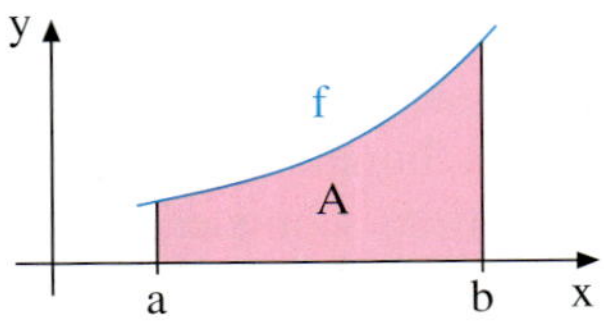

Eine einfache Berechnungsmethode für bestimmte Integrale positiver Funktionen ergibt sich wie folgt:

Wir interpretieren das bestimmte Integral als Inhalt A der Fläche unter f über dem Intervall [a; b]. Diesen Inhalt können wir mit der Flächeninhaltsfunktion $A_0(x)$ berechnen. Er beträgt $A_0(b) - A_0(a)$.
Dies ist dasselbe wie $F(b) - F(a)$, wobei F eine beliebige Stammfunktion von f ist, da eine solche sich von A_0 nur um eine Konstante C unterscheidet, die beim Subtrahieren wegfällt.

$$\begin{aligned}\int_a^b f(x)dx &= \text{Flächeninhalt A} \\ &= A_0(b) - A_0(a) \\ &= (F(b) + C) - (F(a) + C) \\ &= F(b) - F(a)\end{aligned}$$

Dieser Zusammenhang gilt auch für negative Funktionen und solche mit wechselndem Vorzeichen. Er ist so bedeutsam, dass man ihn als **Hauptsatz der Differential- und Integralrechnung** bezeichnet. Er verbindet das bestimmte Integral (Streifensumme, Fläche) mit dem unbestimmten Integral (Stammfunktion) und zeigt, dass das Integrieren die Umkehrung des Differenzierens ist. Außerdem vereinfacht er die Berechnung bestimmter Integrale enorm.

Satz I.3: Der Hauptsatz der Differential- und Integralrechnung
Die Funktion f sei eine auf dem Intervall [a; b] stetige Funktion.
F sei eine Stammfunktion von f.
Dann lässt sich das bestimmte Integral von f in den Grenzen von a bis b als Differenz $F(b) - F(a)$ berechnen.

$$\int_a^b f(x)\,dx = F(b) - F(a)$$

Wir zeigen nun an drei Beispielen, wie einfach bestimmte Integrale mit dem Hauptsatz berechnet werden können und wie das Ergebnis als Flächenbilanz interpretierbar ist.

Beispiel 1: Bestimmtes Integral einer positiven Funktion

Berechnen Sie $\int_1^2 \frac{1}{4}x^2\,dx$.

Interpretieren Sie das Ergebnis.

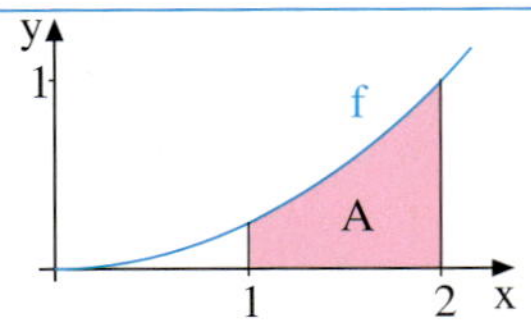

Lösung:
Stammfunktion: $F(x) = \frac{1}{12}x^3$

Bestimmtes Integral:

$$\int_1^2 \frac{1}{4}x^2\,dx = F(2) - F(1) = \left(\frac{8}{12}\right) - \left(\frac{1}{12}\right) = \frac{7}{12}$$

Interpretation:
Das bestimmte Integral einer positiven Funktion entspricht dem Flächeninhalt unter f über [a; b].

$$\int_a^b f = A$$

Beispiel 2: Bestimmtes Integral einer negativen Funktion

Berechnen Sie $\int_2^3 \left(-\frac{2}{x^2}\right) dx$.

Interpretieren Sie das Resultat.

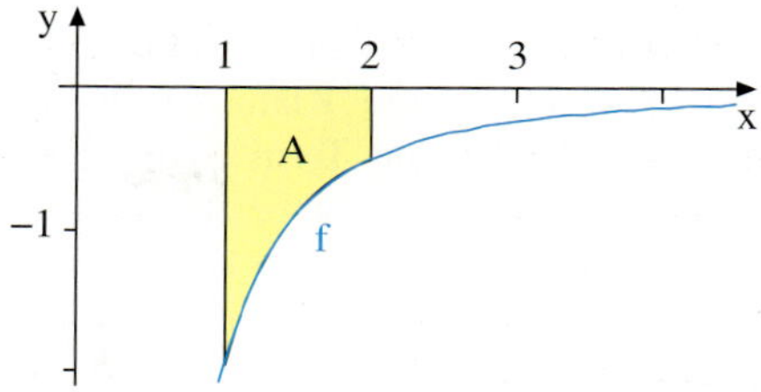

Lösung:

Stammfunktion: $F(x) = \frac{2}{x}$

Best. Integral: $\int_1^2 \left(-\frac{2}{x^2}\right) dx = F(2) - F(1)$
$= (1) - (2) = -1$

Interpretation:
Das bestimmte Integral einer negativen Funktion entspricht dem negativen Wert des Flächeninhalts unter f über [a; b].

$\int_a^b f = -A$

Beispiel 3: Bestimmtes Integral bei wechselndem Vorzeichen

Berechnen Sie $\int_1^3 (x^2 - 2x) dx$.

Interpretieren Sie das Resultat.

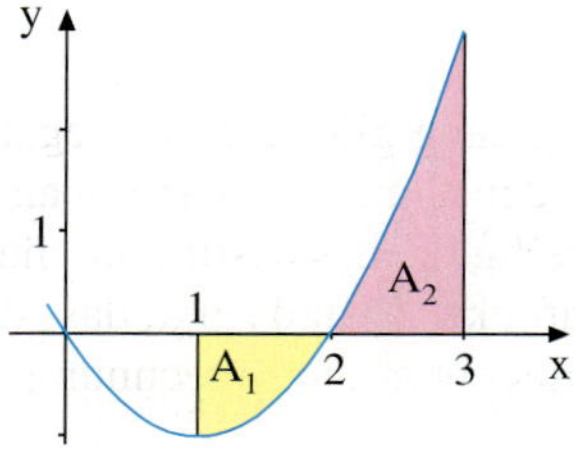

Lösung:

Stammfunktion: $F(x) = \frac{1}{3}x^3 - x^2$

Best. Integral: $\int_1^3 (x^2 - 2x) dx = F(3) - F(1) = (0) - \left(-\frac{2}{3}\right) = \frac{2}{3}$

Fläche A_1: $\int_1^2 (x^2 - 2x) dx = F(2) - F(1) = \left(-\frac{4}{3}\right) - \left(-\frac{2}{3}\right) = -\frac{2}{3} \quad \Rightarrow \quad A_1 = \frac{2}{3}$

Fläche A_2: $\int_2^3 (x^2 - 2x) dx = F(3) - F(2) = (0) - \left(-\frac{4}{3}\right) = \frac{4}{3} \quad \Rightarrow \quad A_2 = \frac{4}{3}$

Berechnen wir A_1 und A_2 – wie oben dargestellt – einzeln, so erkennen wir, dass das bestimmte Integral in den Grenzen von 1 bis 3 die Flächenbilanz $A_2 - A_1$ darstellt.

Bilanz: $A_2 - A_1 = \frac{4}{3} - \frac{2}{3} = \frac{2}{3}$

Das bestimmte Integral einer Funktion mit wechselndem Vorzeichen entspricht der Flächenbilanz über dem Intervall [a; b].

$\int_a^b f = A_2 - A_1$

Übung 1

Berechnen Sie die bestimmten Integrale. Interpretieren Sie diese anschließend. Zeichnen Sie dazu die Graphen von f über dem Integrationsintervall.

a) $\int_1^2 (x^2 + 1) dx$ b) $\int_{-1}^2 (x - 2) dx$ c) $\int_0^3 \left(2 - \frac{1}{2}x^2\right) dx$

d) $\int_0^4 \sqrt{x}\, dx$ e) $\int_{-1}^1 x^3 dx$ f) $\int_{-1}^2 (x^3 - 4x) dx$

Die Klammerschreibweise $[F(x)]_a^b$

Die rechts aufgeführte Klammerschreibweise $[F(x)]_a^b$ für den Term $F(b) - F(a)$ bietet den Vorteil, dass man bei der Berechnung des bestimmten Integrals keine eigene Bezeichnung für die Stammfunktion mehr benötigt.

$$\int_a^b f(x)\,dx = F(b) - F(a)$$

$$\int_a^b f(x)\,dx = [F(x)]_a^b$$

Beispiel: Berechnen Sie das bestimmte Integral $\int_1^3 (4x^3 - 2x + 1)\,dx$.

Lösung:

Normale Schreibweise:

$f(x) = 4x^3 - 2x + 1$

$F(x) = x^4 - x^2 + x$

$$\int_1^3 (4x^3 - 2x + 1)\,dx = F(3) - F(1) = 75 - 1 = 74$$

Klammerschreibweise:

$$\int_1^3 (4x^3 - 2x + 1)\,dx = [x^4 - x^2 + x]_1^3 = 75 - 1 = 74$$

Die Bedeutung des Differentials dx

Das Symbol dx innerhalb des bestimmten Integrals wird als Differential bezeichnet. Das Differential zeigt an, welche Variable die Integrationsvariable ist. Es ist wichtig, wenn der Integrand mehrere Variablen enthält.

$$\int_a^b f(x)\,dx$$ ↖ Differential

Beispiel: Berechnen Sie $\int_1^2 6x^2t\,dx$ bzw. $\int_1^2 6x^2t\,dt$.

Lösung:

$$\int_1^2 6x^2t\,dx = [2x^3t]_1^2 = 16t - 2t = 14t \quad \text{bzw.} \quad \int_1^2 6x^2t\,dt = [3x^2t^2]_1^2 = 12x^2 - 3x^2 = 9x^2$$

Übung 2 Klammerschreibweise

Berechnen Sie die bestimmten Integrale unter Verwendung der Klammerschreibweise.

a) $\int_{-1}^4 (3x^2 - 4x + 1)\,dx$ b) $\int_2^5 \frac{1}{x^2}\,dx$ c) $\int_0^1 (x+1)^2\,dx$

Übung 3 Differential dx

Beachten Sie das Differential bei der Berechnung der folgenden Integrale.

a) $\int_0^1 (3x^2 + 2a)\,dx$ b) $\int_0^1 (3x^2 + 2a)\,da$ c) $\int_1^2 x^2\,dy$

D. Rechenregeln für bestimmte Integrale

Mithilfe des Hauptsatzes lassen sich problemlos einige Regeln für das Rechnen mit bestimmten Integralen ableiten, deren Anwendung oft die Arbeit erleichtern kann. Wir zählen diese Regeln auf und beweisen eine Regel exemplarisch.

Satz I.4: Rechenregeln für bestimmte Integrale

f und g seien auf dem Intervall [a; b] stetige Funktionen. Dann gilt:

(1) $\int_a^a f(x)\,dx = 0$	Stimmen obere und untere Grenze überein, so ist das Integral 0.
(2) $\int_a^b f(x)\,dx + \int_b^c f(x)\,dx = \int_a^c f(x)\,dx$	Intervalladditivität
(3) $\int_b^a f(x)\,dx = -\int_a^b f(x)\,dx$	Vertauschung der Grenzen ändert das Vorzeichen.
(4) $\int_a^b k \cdot f(x)\,dx = k \cdot \int_a^b f(x)\,dx$	Faktorregel
(5) $\int_a^b (f(x) + g(x))\,dx = \int_a^b f(x)\,dx + \int_a^b g(x)\,dx$	Summenregel

Beispiel: Beweis der Additivität

Beweisen Sie Regel 2 (Intervalladditivität) mit Hilfe des Hauptsatzes.
Begründen Sie die Regel außerdem anhand einer Skizze mit Streifensummen.

Rechnerischer Nachweis:

$$\int_a^b f(x)\,dx + \int_b^c f(x)\,dx = [F(x)]_a^b + [F(x)]_b^c$$
$$= F(b) - F(a) + F(c) - F(b)$$
$$= F(c) - F(a) = \int_a^c f(x)\,dx$$

Anschauliche Begründung:

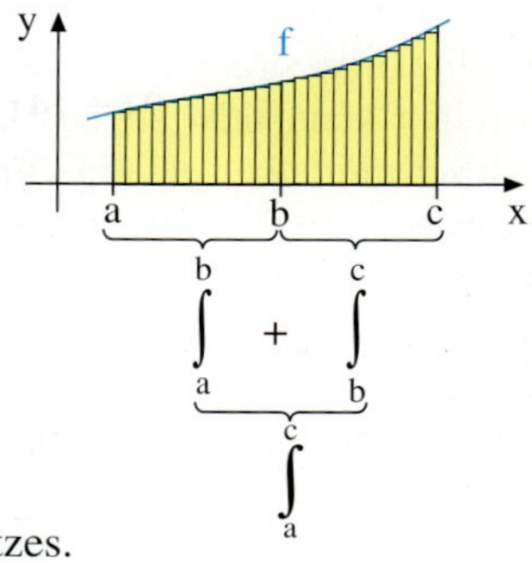

Übung 4

Beweisen Sie die Regeln (1) und (3) mit Hilfe des Hauptsatzes.

Übung 5

Berechnen Sie möglichst einfach durch Anwendung der Rechenregeln.

a) $\int_{-2}^{3} (4x^2 - 3x + 5)\,dx + \int_{-2}^{3} (3x - 5)\,dx$

b) $\int_{-2}^{2} x^2\,dx + \int_{3}^{5} x^2\,dx + \int_{2}^{3} x^2\,dx$

E. Exkurs: Rekonstruktion des Weges aus der Geschwindigkeit

Bei Bewegungsvorgängen lässt sich die Momentangeschwindigkeit v leicht erfassen, z. B. mit Hilfe eines Tachos oder Fahrtenschreibers. Im folgenden geht es um die Frage, wie man aus dem Geschwindigkeitsverlauf auf den zurückgelegten Weg schließen kann. Es zeigt sich, dass man den Weg s mit Hilfe eines bestimmten Integrals aus der Geschwindigkeit v rekonstruieren kann.

Der Weg bei konstanter Geschwindigkeit

Wir beginnen mit dem einfachen Fall einer konstanten Geschwindigkeit v.
Wir stellen die Frage, welcher Wegzuwachs Δs im Zeitintervall [a; b] erzielt wird.

Bekanntlich gilt die Formel $v = \frac{\Delta s}{\Delta t}$, die zu $\Delta s = v \cdot \Delta t$ umgeformt werden kann.

Das Produkt $v \cdot \Delta t$ kann als Inhalt einer rechteckigen Fläche unter der konstanten Geschwindigkeitsfunktion v interpretiert werden. Dieser Flächeninhalt kann wiederum als bestimmtes Integral von v in den Grenzen von a bis b erfasst werden, wie rechts dargestellt.

Wegzuwachs Δs in der Zeitspanne Δt bei konstanter Geschwindigkeit v:

Formel für: Δs : $v = \frac{\Delta s}{\Delta t} \Rightarrow \Delta s = v \cdot \Delta t$

Anschauliche Bedeutung von Δs:

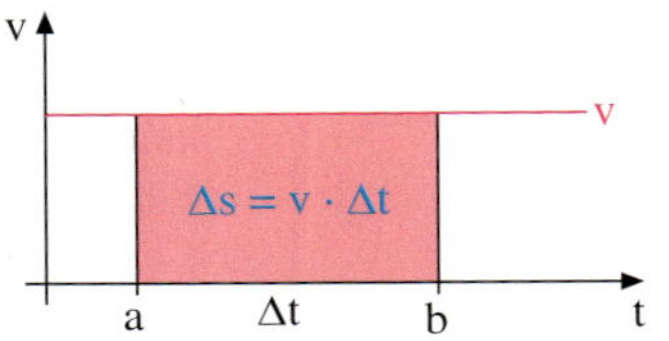

$$\Delta s = \int_a^b v(t)\,dt$$

Der Weg bei variabler Geschwindigkeit

Wir betrachten nun den Fall, dass die Geschwindigkeitskurve v nicht konstant ist, sondern auch veränderlich sein kann.

Dann kann man das Zeitintervall [a; b] in eine Vielzahl von n Streifen unterteilen. In jedem Streifen kann man angenähert die mittlere Geschwindigkeit auf diesem Streifen verwenden, um den Wegzuwachs in dem Streifen zu berechnen.

Der gesamte Wegzuwachs Δs im Zeitintervall [a; b] ist dann eine Streifensumme, die im Grenzprozess dem Inhalt der Fläche unter der Geschwindigkeitskurve v entspricht.

Daher ist der Wegzuwachs Δs auch hier wieder durch das bestimmte Integral von v in den Grenzen von a bis b darstellbar.

Wegzuwachs Δs in der Zeitspanne Δt bei variabler Geschwindigkeit v (t):

1. Einteilung in viele Zeitstreifen

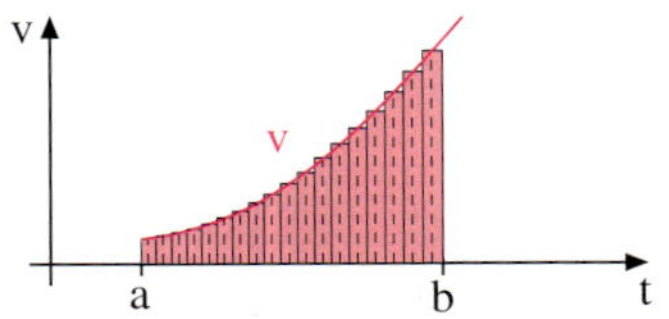

2. Grenzprozess: Streifenzahl $\to \infty$:

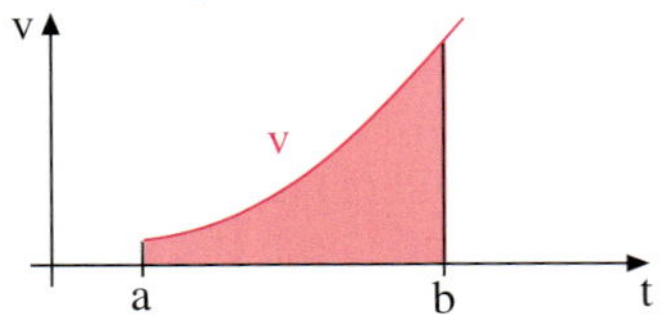

$$\Delta s = \int_a^b v(t)\,dt$$

Nach diesem Theorieexkurs wenden wir die Rekonstruktion des Weges aus der Geschwindigkeit im folgenden Beispiel praktisch an. An späterer Stelle im Kurs (S. 67 ff) wird die durch das Beispiel angesprochene Thematik der ***Bestandsänderungen*** systematisch und vertieft behandelt.

Beispiel: Bremsweg

Ein Zugführer leitet aus einer Geschwindigkeit von 80 m/s (knapp 300 km/h) eine Notbremsung* ein.
Die Geschwindigkeit bei dieser Schnellbremsung kann durch die lineare Funktion $v(t) = 80 - 1{,}14t$ erfasst werden.
t ist dabei die Zeit in Sekunden und v (t) die Momentangeschwindigkeit in m/s.
Bestimmen Sie die Länge des Bremsweges bis zum Stillstand des Zuges.

Lösung:
Wir bestimmen zunächst die Dauer des Bremsvorgangs. Dazu müssen wir berechnen, wann der Zug steht, d. h. die Geschwindigkeit null erreicht hat.
Wir berechnen also die Nullstelle der Geschwindigkeitsfunktion v.
Sie liegt nach nebenstehender Rechnung bei t = 70,2 s.
Nun bestimmen wir den Wegzuwachs Δs im Zeitintervall [0; 70,2], indem wir das bestimmte Integral von v in den Grenzen von 0 bis 70,2 berechnen.
Wir erhalten Δs = 2807 m. Der Bremsweg ist also ziemlich lang.

Berechnung der Bremsdauer

$$v(t) = 0 \quad \text{(Ansatz)}$$
$$80 - 1{,}14t = 0$$
$$t = \frac{80}{1{,}14} \approx 70{,}2$$

Berechnung des Bremsweges

$$\Delta s = \int_a^b v(t)\,dt = \int_0^{70{,}2} (80 - 1{,}14t)\,dt$$
$$= \left[80t - 0{,}57t^2\right]_0^{70{,}2}$$
$$\approx (2807) - (0)$$
$$= 2807$$

Übung 6

Berechnen Sie den Bremsweg eines Sportwagens, der aus einer Geschwindigkeit von $v_0 = 200$ km/h abbremst, wobei die Bremsbeschleunigung $a = -10$ m/s² beträgt.

Hinweise: 1. Für die Geschwindigkeitsfunktion des Fahrzeugs gilt: $v(t) = v_0 - at$.
2. Der tatsächliche Anhalteweg ist länger als der errechnete Bremsweg, da zusätzlich der durch den Fahrer verursachte Reaktionsweg hinzukommt. Dieser Hinweis erfolgt nur rein informativ. Er spielt für die Lösung der Aufgabe keine Rolle.

Übung 7

Die Abbildung zeigt das Fahrtenschreiberprotokoll der Geschwindigkeit eines programmgesteuerten autonomen Roboterfahrzeugs. Berechnen Sie die Länge der Fahrtstrecke des Roboterfahrzeugs.

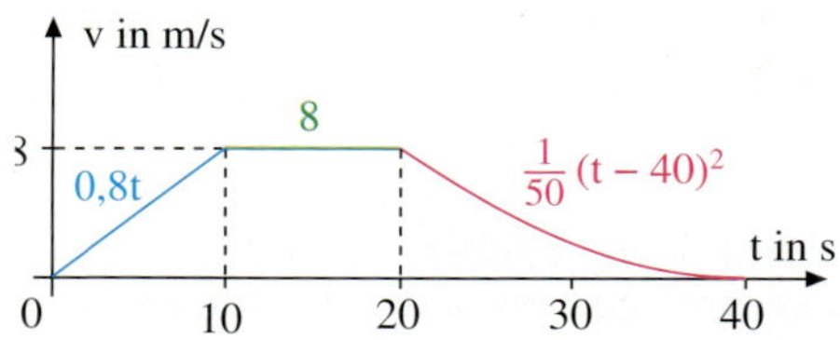

* Information: Ein ICE hat einen eigenen Steuerrechner für die Bremsung. Die Bremsleistung kommt durch Motorbremsung der 16 Motoren, eine auf die Schienen wirkende Wirbelstrombremse, Scheibenbremsen der Lokomotive und Sandstreuung auf die Schienen zustande.

E. Exkurs: Berechnung von bestimmten Integralen mit dem Taschenrechner

Mit einem wissenschaftlichen Taschenrechner, der erweiterte Funktionen besitzt, kann man Summen und bestimmte Integrale näherungsweise berechnen.

Beispiel: Bestimmtes Integral

Berechnen Sie den Inhalt des abgebildeten Flächenstücks A angenähert mit Hilfe eines Taschenrechners.

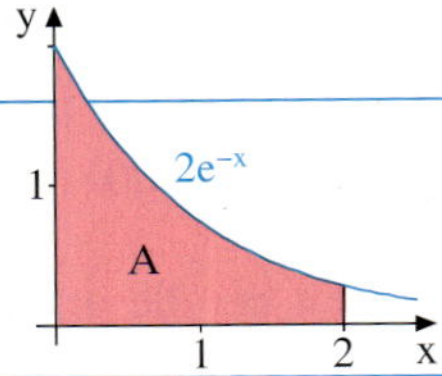

Lösung:

Zu berechnen ist das rechts aufgeführte bestimmte Integral.

Wir rufen dazu auf dem Taschenrechner die Maske für das bestimmte Integral auf.

In die drei Leerfelder tragen wir die Integrationsgrenzen a = 0, b = 2 und den Integranden $2e^{-x}$ ein.

Dann starten wir die Berechnung.

Resultat: Der Wert des bestimmten Integrals beträgt ca. 1,73. Die Fläche A hat also den Inhalt $A \approx 1{,}73$.

Die Fläche A als bestimmtes Integral

$$A = \int_0^2 2\,e^{-x}\,dx$$

Berechnung mit dem Taschenrechner

$$\int_0^2 (2\,e^{-x})\,dx$$

1,7293294

Beispiel: Untersumme

Gegeben ist die Funktion $f(x) = 1 - e^{-x}$.
Berechnen Sie die Untersumme U_{50} von f über dem Intervall [1; 2].

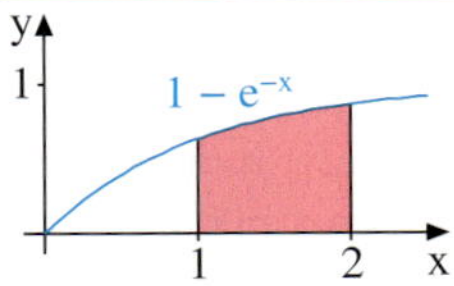

Lösung:

Wir setzen in der rechts dargestellten allgemeinen Formel für die Untersumme U_n a = 1, b = 2, n = 50 und $f(x) = 1 - e^{-x}$.

So erhalten wir die Formel für die gesuchte Untersumme U_{50}.

Nun geben wir die Formel in den Rechner ein, wobei wir die Maske für die Summe aufrufen und dort die Summationsgrenzen 0 und 49 sowie den Summationsterm $1 - e^{-\left(1 + \frac{x}{50}\right)}$ eingeben. Wir erhalten als Resultat $U_{50} \approx 0{,}765$, was schon recht genau ist.

Formel für die Untersumme U_n

$$U_n = \frac{b-a}{n} \sum_{i=0}^{n-1} f\left(a + i \cdot \frac{b-a}{n}\right)$$

Berechnung von U_{50} mit dem Rechner

$$\frac{1}{50} \cdot \Sigma_{x=0}^{49}\, 1 - e^{-\left(1 + \frac{x}{50}\right)}$$

0,76512227

Übung 6 Bestimmtes Integral

Berechnen Sie das bestimmte Integral.

a) $\int_0^{\pi} \sin x\,dx$ b) $\int_1^2 e^{-x^2}\,dx$

Übung 7 Unter- und Obersumme

Gegeben ist die Funktion $f(x) = 0{,}5\,x^3$.
Berechnen Sie die Untersumme U_{100} und die Obersumme O_{100} von f über [0; 2].

Überblick

Begriff der Stammfunktion

Die Funktion F heißt Stammfunktion von f, wenn gilt: $F'(x) = f(x)$
Eine integrierbare Funktion f hat unendlich viele Stammfunktionen, die sich nur um eine additive Konstante unterscheiden.

Das unbestimmte Integral

Die Menge aller Stammfunktionen von f wird als unbestimmtes Integral von f bezeichnet.
Symbolische Schreibweise: $\int f(x)\,dx = F(x) + C \quad (C \in \mathbb{R})$

Elementare Integrationsregeln

Potenzregel

$\int x^n\,dx = \frac{x^{n+1}}{n+1} \quad (n \in \mathbb{Z}, n \neq -1)$

Summenregel

$\int (f(x) + g(x))\,dx = \int f(x)\,dx + \int g(x)\,dx$

Faktorregel

$\int a \cdot f(x)\,dx = a \cdot \int f(x)\,dx$

Lineare Kettenregel (Lineare Substitutionsregel)

$\int f(ax + b)\,dx = \frac{1}{a} \cdot F(ax + b) + C$

Exponentialregel

$\int e^x\,dx = e^x + C, \quad \int e^{ax+b}\,dx = \frac{1}{a}e^x + C$

Sinusregel

$\int \sin\,dx = -\cos x + C, \int \sin(ax + b)\,dx = -\frac{1}{a}\cos(ax + b) + C$

Kosinusregel

$\int \cos\,dx = \sin x + C, \int \cos(ax + b)\,dx = \frac{1}{a}\sin(ax + b) + C$

Das bestimmte Integral von f über [a, b]

$\int_a^b f(x)\,dx$ = Fläche oberhalb – Fläche unterhalb

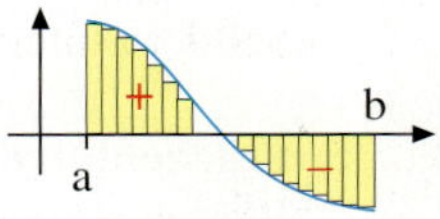

F sei eine Stammfunktion von f. Dann stellt das bestimmte Integral von f über dem Intervall [a, b die Bilanz der Flächenstücke unter dem Graphen von f über dem Intervall [a, b dar.

Hauptsatz der Differential- und Integralrechnung

Ist f eine differenzierbare oder stetige Funktion und F eine Stammfunktion von f, so gilt die nebenstehende Formel:

$\int_a^b f(x)\,dx = F(b) - F(a)$

Rechenregeln für bestimmte Integrale

(1) $\int_a^a f(x)\,dx = 0$

(2) $\int_a^b f(x)\,dx + \int_b^c f(x)\,dx = \int_a^c f(x)\,dx$

(3) $\int_b^a f(x)\,dx = -\int_a^b f(x)\,dx$

(4) $\int_a^b k \cdot f(x)\,dx = k \cdot \int_a^b f(x)\,dx$

(5) $\int_a^b (f(x) + g(x))\,dx = \int_a^b f(x)\,dx + \int_a^b g(x)\,dx$

Test

Einführung in die Integralrechnung

1. Stammfunktionen

Bestimmen Sie eine Stammfunktion von f

a) $f(x) = x^4$ b) $f(x) = 2x^3 - x + 3$ c) $f(x) = \frac{6}{x^2}$

d) $f(x) = (2x + 1)^3$ e) $f(x) = 2 \cdot e^{-x}$ f) $f(x) = 3\sin(\pi x + \pi)$

g) $f(x) = 4e^{2x + 0{,}5}$ h) $f(x) = \frac{8}{(2x + 1)^3}$ i) $f(x) = n^2 \cdot x^{n-1}, n \in \mathbb{N}$

2. Das Anfangswertproblem

Bestimmen Sie diejenige Stammfunktion F der Funktion $f(x) = 3x^2 - 2x$, deren Graph durch den Punkt $P(2\,|\,-1)$ verläuft. Hinweis: Wählen Sie die Integrationskonstante C passend.

3. Bestimmte und unbestimmte Integrale

Gesucht ist das bestimmte bzw. das unbestimmte Integral.

a) $\int (3 - 6x^2)\,dx$ b) $\int_0^2 (2x - x^2)\,dx$ c) $\int_0^2 e^{-x}\,dx$ d) $\int_0^{\pi} \cos\left(\frac{1}{2}x\right)dx$

4. Interpretation eines bestimmten Integrals

Berechnen Sie den Wert des bestimmten Integrals und interpretieren Sie das Resultat anschaulich. Hinweis: Fertigen Sie eine Skizze des Graphen von f an.

$$\int_0^2 (x^3 - 3x^2 + 2x)\,dx$$

5. Flächeninhalte

Berechnen Sie den Inhalt des abgebildeten Flächenstücks A.
Hinweis: Verwenden Sie jeweils ein bestimmtes Integral.
Berechnen Sie bei b) zunächst die Nullstellen von f

a)

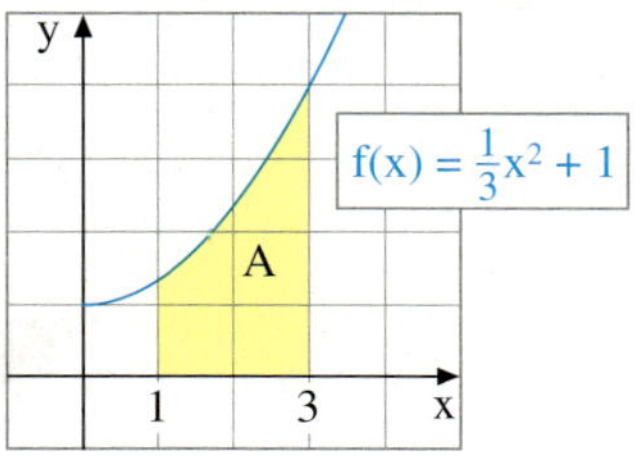

b)

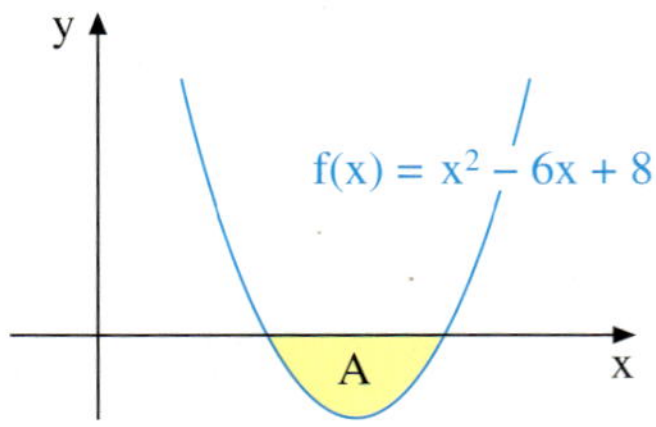

6. Parameterbestimmung

Wie muss a gewählt werden, damit das bestimmte Integral den angegebenen Wert annimmt?

a) $\int_1^2 (3ax^2 + 6x)\,dx = 2$ b) $\int_2^a (2x + 5)\,dx = 0$

Lösungen: S. 224

1. Die Streifenmethode des Archimedes

A. Die Grundidee

Der bedeutendste Mathematiker der Antike war *Archimedes von Syrakus*, der 287 v. Chr. bis 212 v. Chr. lebte. Ihm gelang die exakte Bestimmung des Flächeninhalts eines Parabelsegments. Damit war er seiner Zeit um 2000 Jahre voraus, denn erst um 1630 wurden seine Theorien durch Cavalieri sowie später durch Newton und Leibniz fortgesetzt (um 1670) und weiterentwickelt, sodass Differential- und ***Integralrechnung*** entstanden, mathematische Grundpfeiler der modernen Naturwissenschaften.
Das Flächenberechnungsverfahren des Archimedes ist auch heute noch von zentraler Bedeutung für das Verständnis der Integralrechnung. Daher versuchen wir nun, die Grundidee des Archimedes nachzuvollziehen, die ***Streifenmethode***.

Archimedes – Sohn des Astronomen Pheidias – lebte in Syrakus. Er bestimmte den Kreisumfang und die Kreiszahl Pi, berechnete Volumen und Oberfläche der Kugel, baute Brennspiegel, Wurfmaschinen und die archimedische Schraube und entdeckte die Gesetze des Hebels, des Schwerpunktes, des Auftriebes und der geneigten Ebene.
Im Zweiten Punischen Krieg wurde er von römischen Legionären getötet, die Syrakus eroberten. Seine letzten Worte sollen gelautet haben: „Noli turbare circulos meos!" (Störe meine Kreise nicht!)

Beispiel: Der Flächeninhalt A des abgebildeten Parabelsegments, welches zwischen dem Graphen der Funktion $f(x) = x^2$ und der x-Achse über dem Intervall [0; 1] liegt, soll näherungsweise bestimmt werden.

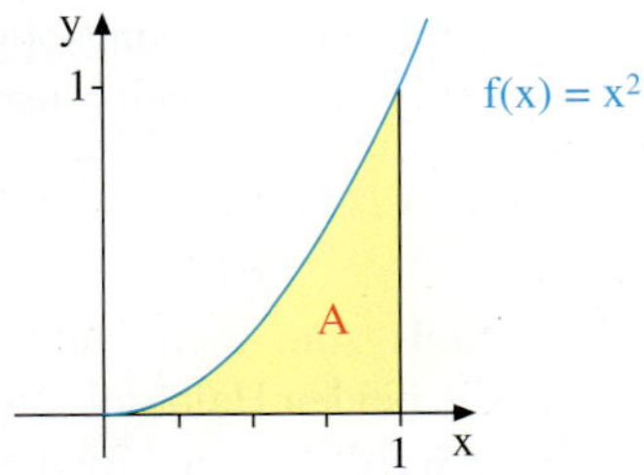

Lösung:
Wir unterteilen die Fläche in eine Anzahl von vertikalen Streifen. Die Fläche eines jeden solchen Streifens lässt sich durch zwei Rechtecke einschachteln.

So ergibt sich z. B. bei einer Einteilung in 4 Streifen eine untere Abschätzung von A durch die Inhaltssumme der vollständig unter der Kurve liegenden Rechtecke (***Untersumme*** U_4) sowie eine obere Abschätzung durch die Summe der Inhalte der über die Kurve hinausragenden Rechtecke (***Obersumme*** O_4).

Einschachtelung durch Rechteckstreifen:

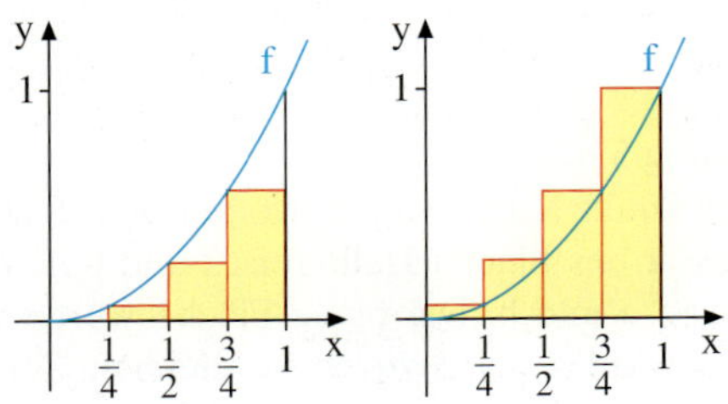

Untersumme $U_4 \leq A \leq$ Obersumme O_4

Übungen

Kreisflächen und Möndchenflächen

Übung 1
Berechnen Sie die Flächeninhalte der beiden Figuren innerhalb der Quadrate, die durch Halbkreise bzw. Viertelkreise begrenzt sind.

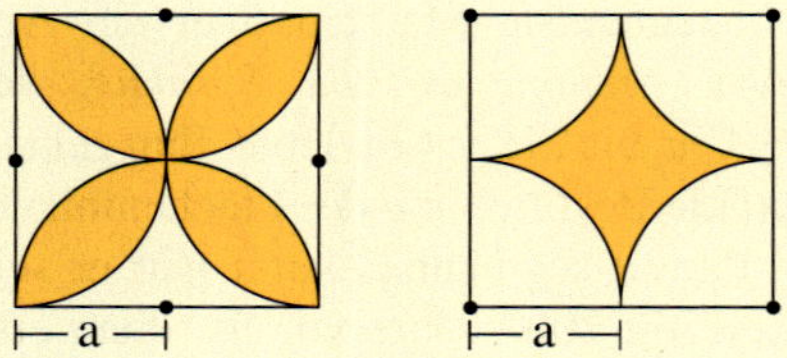

Übung 2
Ein Quadrat sei von einem blauen Kreis umschrieben. Über den Quadratseiten seien schwarze Halbkreise errichtet. Zeigen Sie: Die gelb markierten Sichelflächen besitzen insgesamt den gleichen Inhalt wie die Quadratfläche.

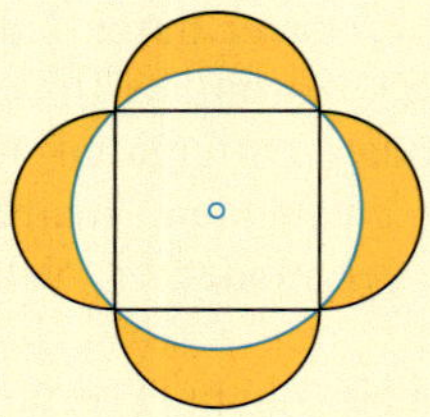

Übung 3
Über den Seiten eines gleichschenkligen und rechtwinkligen Dreiecks seien die Sicheln A_1, A_2 und A_3 gegeben.
Zeigen Sie, dass die große Sichel A_1 den gleichen Inhalt hat wie die beiden kleinen Sicheln A_2 und A_3 zusammen. Die Begrenzungsbögen der Sicheln seien auch hier jeweils Kreisbögen.

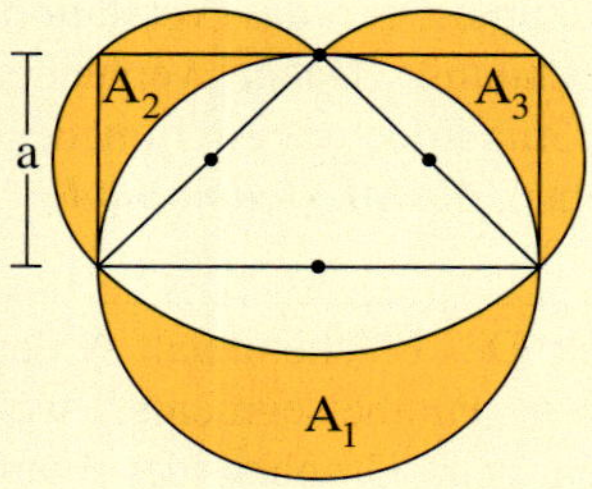

Übung 4
Durch den Thaleskreis zum rechtwinkligen Dreieck ABC und die beiden Halbkreise über den Seiten a und b werden zwei Möndchen begrenzt. Zeigen Sie, dass die beiden Möndchen zusammen den gleichen Inhalt besitzen wie das Dreieck.

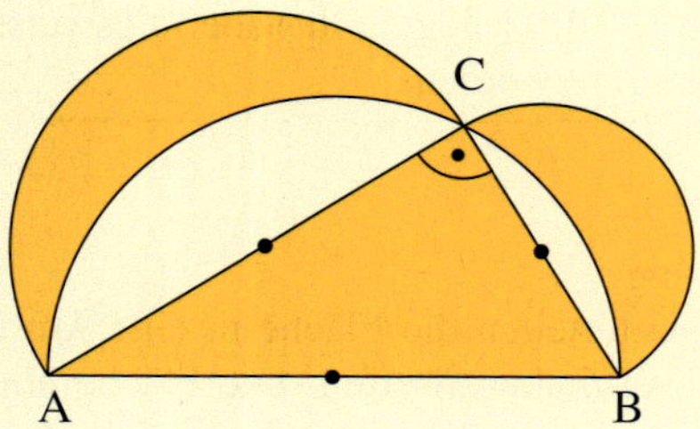

Übung 5
Der Punkt X liege irgendwo auf dem Durchmesser des blauen Halbkreises und teile diesen in a und b. Die blaue Fläche wurde von Archimedes als ***Arbelos*** bezeichnet. Zeigen Sie, dass sie den gleichen Inhalt wie ein Kreis mit dem Durchmesser c hat.

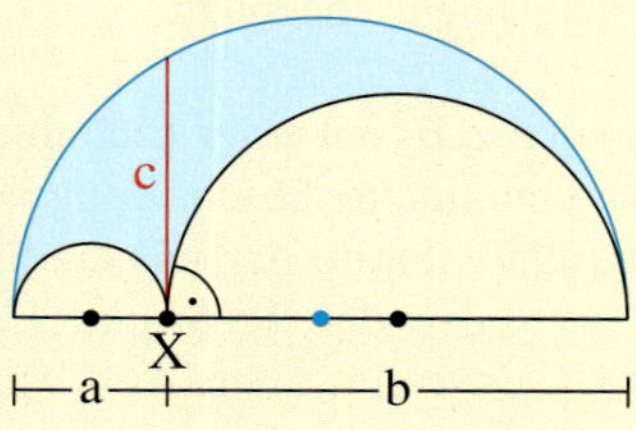

Hinweis: Die Formel $A = \pi \cdot r^2$ für die Kreisfläche darf verwendet werden. Bei der Aufgabe 5 kann der Satz des Thales und der Höhensatz verwendet werden.

Alle Rechteckstreifen besitzen die Breite $\frac{1}{4}$, während ihre Höhen Funktionswerte der Funktion $f(x) = x^2$ an den Stellen $0, \frac{1}{4}, \frac{2}{4}, \frac{3}{4}, 1$ sind, also

$0^2, \left(\frac{1}{4}\right)^2, \left(\frac{2}{4}\right)^2, \left(\frac{3}{4}\right)^2$ und 1^2.

Damit kann man U_4 und O_4 wie rechts dargestellt berechnen und erhält eine Einschachtelung des gesuchten Flächeninhalts A, die noch nicht sehr genau ist.

$$U_4 = \frac{1}{4} \cdot \left[0^2 + \left(\frac{1}{4}\right)^2 + \left(\frac{2}{4}\right)^2 + \left(\frac{3}{4}\right)^2\right] = \frac{14}{64}$$

$$O_4 = \frac{1}{4} \cdot \left[\left(\frac{1}{4}\right)^2 + \left(\frac{2}{4}\right)^2 + \left(\frac{3}{4}\right)^2 + 1^2\right] = \frac{30}{64}$$

$$\frac{14}{64} \le A \le \frac{30}{64}$$

$$0{,}21 \le A \le 0{,}47$$

Um eine größere Genauigkeit zu erzielen, kann man die Anzahl der Streifen erhöhen. Geht man z. B. auf 8 Streifen, so erhält man die nebenstehende Figur (Untersumme U_8 kräftig gelb, Obersumme O_8 hellgelb).

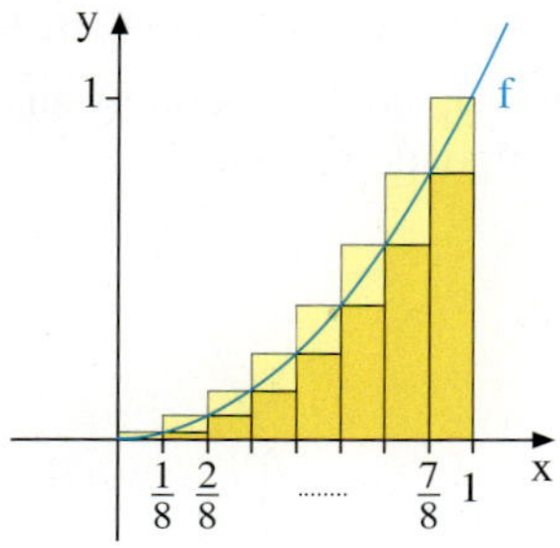

Die Berechnung der Rechtecksummen ergibt für den Flächeninhalt A die Abschätzung $0{,}27 \le A \le 0{,}40$, die genauer ist.

$$U_8 = \frac{1}{8} \cdot \left[0^2 + \left(\frac{1}{8}\right)^2 + \left(\frac{2}{8}\right)^2 + \ldots + \left(\frac{7}{8}\right)^2\right] = \frac{35}{128}$$

$$O_8 = \frac{1}{8} \cdot \left[\left(\frac{1}{8}\right)^2 + \left(\frac{2}{8}\right)^2 + \ldots + \left(\frac{7}{8}\right)^2 + 1^2\right] = \frac{51}{128}$$

$$\frac{35}{128} \le A \le \frac{51}{128}$$

$$0{,}27 \le A \le 0{,}40$$

Weitere Rechnungen mit noch kleineren Streifenbreiten führen auf die nebenstehende Tabelle, aus der auch ersichtlich ist, dass die Differenz aus Obersumme und Untersumme mit zunehmender Streifenzahl kleiner wird, sodass der gesuchte Inhalt A immer genauer approximiert wird. Bei 256 Streifen erhält man $A \approx 0{,}33$ auf 2 Nachkommastellen genau. Allerdings ist der Rechenaufwand dann schon extrem hoch, sodass ein Rechner eingesetzt werden muss.

n	U_n	O_n	$O_n - U_n$
4	0,218	0,468	0,25
8	0,273	0,398	0,125
16	0,303	0,365	0,063
32	0,318	0,349	0,031
64	0,326	0,341	0,016
128	0,329	0,337	0,008
256	0,331	0,335	0,004

Interessant: Das arithmetische Mittel von U_n und O_n liefert schon ab $n = 4$ einen ziemlich guten Schätzwert, nämlich 0,344.

$$A \approx 0{,}33$$

Übung 1

Gegeben ist die Funktion $f(x) = x^3$ über $[0; 1]$. Berechnen Sie mit dem TR/Computer die Untersummen U_2, U_4, U_8, U_{16}, U_{32}, U_{64}, U_{128} und die entsprechenden Obersummen.

$$\frac{1}{128} \cdot \Sigma_{x=0}^{127}\left(\left(\frac{x}{128}\right)^3\right)$$

0,246

B. Die exakte Berechnung des Parabelsegmentes

Archimedes gab sich mit der näherungsweisen Berechnung des Inhalts des Parabelsegmentes nicht zufrieden. Ihm gelang die exakte Inhaltsbestimmung. Dazu teilte er das Intervall [0; 1] in n Streifen der Breite $\frac{1}{n}$.

Für diese allgemeine Unterteilung berechnete er die Untersumme U_n und die Obersumme O_n. Dies gelang ihm durch Anwendung der Formel für die Summe der ersten m Quadratzahlen: $1^2 + 2^2 + \ldots + m^2 = \frac{1}{6} \cdot m \cdot (m+1) \cdot (2m+1)$. Diese Formel war damals bereits bekannt.

Die Rechnung für U_n und O_n verläuft analog zur Berechnung von U_8 und O_8 auf der vorigen Seite und lautet folgendermaßen:

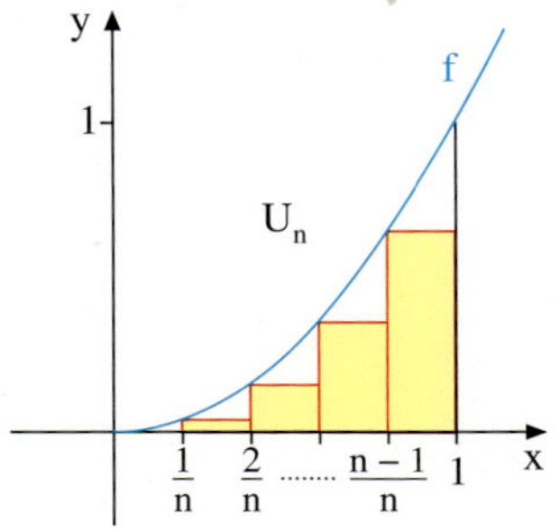

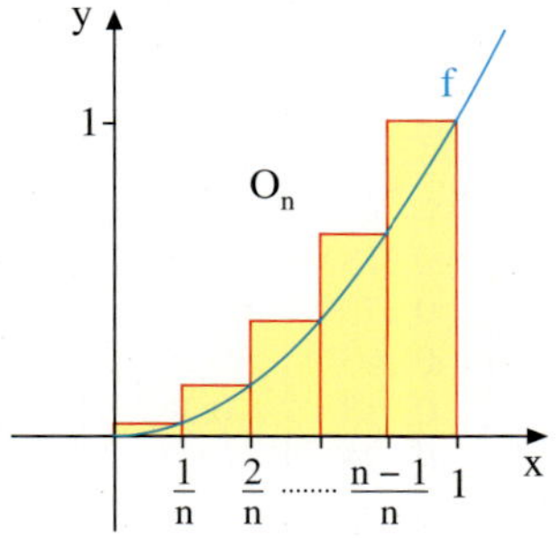

Berechnung von U_n und O_n:

$$U_n = \frac{1}{n} \cdot \left[0^2 + \left(\frac{1}{n}\right)^2 + \left(\frac{2}{n}\right)^2 + \ldots + \left(\frac{n-1}{n}\right)^2\right]$$
$$= \frac{1}{n} \cdot \left[0^2 + \frac{1^2}{n^2} + \frac{2^2}{n^2} + \ldots + \frac{(n-1)^2}{n^2}\right]$$
$$= \frac{1}{n^3} \cdot \left[0^2 + 1^2 + 2^2 + \ldots + (n-1)^2\right]$$
$$= \frac{1}{n^3} \cdot \frac{1}{6} \cdot (n-1) \cdot n \cdot (2n-1)$$
$$= \frac{1}{6} \cdot \frac{n-1}{n} \cdot \frac{n}{n} \cdot \frac{2n-1}{n}$$

$$O_n = \frac{1}{n} \cdot \left[\left(\frac{1}{n}\right)^2 + \left(\frac{2}{n}\right)^2 + \ldots + \left(\frac{n-1}{n}\right)^2 + 1^2\right]$$
$$= \frac{1}{n^3} \cdot \left[1^2 + 2^2 + \ldots + (n-1)^2 + n^2\right]$$
$$= \frac{1}{n^3} \cdot \frac{1}{6} \cdot n \cdot (n+1) \cdot (2n+1)$$
$$= \frac{1}{6} \cdot \frac{n}{n} \cdot \frac{n+1}{n} \cdot \frac{2n+1}{n}$$

Grenzwertbildung:

$$\lim_{n \to \infty} U_n = \lim_{n \to \infty} \left(\frac{1}{6} \cdot \frac{n-1}{n} \cdot \frac{n}{n} \cdot \frac{2n-1}{n}\right)$$
$$= \frac{1}{6} \cdot 1 \cdot 1 \cdot 2 = \frac{1}{3}$$

$$\lim_{n \to \infty} O_n = \lim_{n \to \infty} \left(\frac{1}{6} \cdot \frac{n}{n} \cdot \frac{n+1}{n} \cdot \frac{2n+1}{n}\right)$$
$$= \frac{1}{6} \cdot 1 \cdot 1 \cdot 2 = \frac{1}{3}$$

Wegen $U_n \le A \le O_n \quad (n \in \mathbb{N})$

gilt $\lim_{n \to \infty} U_n \le A \le \lim_{n \to \infty} O_n$.

Also: $\frac{1}{3} \le A \le \frac{1}{3}$

Ergebnis: $A = \frac{1}{3}$

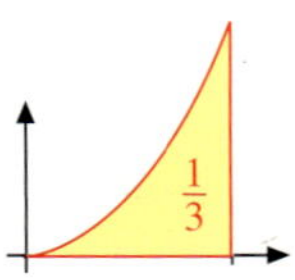

Nun ließ Archimedes in Gedanken die Anzahl der Streifen immer weiter anwachsen. Er bildete also den Grenzwert für $n \to \infty$ und stellte fest, dass dabei sowohl die Untersumme U_n als auch die Obersumme O_n auf den Grenzwert $\frac{1}{3}$ zustreben.

Da A für jedes n zwischen U_n und O_n liegt, muss $A = \frac{1}{3}$ gelten.

Damit war Archimedes die exakte Bestimmung des Inhaltes A tatsächlich gelungen.

II. Anwendungen der Integralrechnung

1. Bestimmte Integrale und Flächeninhalte

A. Grundlagen

Im vorigen Abschnitt stellten wir fest, dass zwischen bestimmten Integralen und Flächeninhalten ein enger Zusammenhang besteht, nämlich folgender:

Bestimmtes Integral einer positiven Funktion
Für eine stetige Funktion $f(x) \geq 0$ stellt das bestimmte Integral den Inhalt der Fläche zwischen dem Graphen von f und der x-Achse über dem Integrationsintervall [a; b] dar.

Beispiel: Positiver Integrand
Integral von $f(x) = 2x^3$ von 0 bis 1.

$$\int_0^1 2x^3\,dx = \left[\tfrac{1}{2}x^4\right]_0^1 = \left(\tfrac{1}{2}\right) - (0) = \tfrac{1}{2}$$

$f(x) \geq 0$: Integral = Flächeninhalt

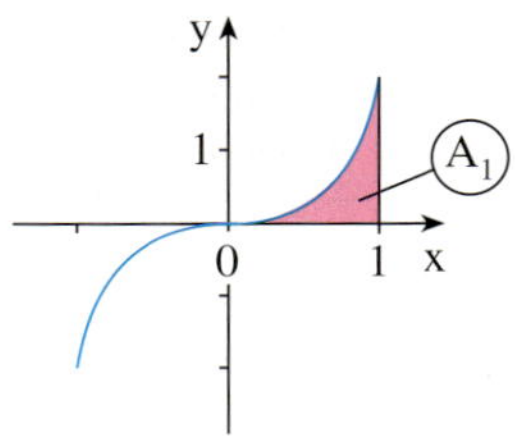

Bestimmtes Integral einer negativen Funktion
Für eine stetige Funktion $f(x) \geq 0$ stellt das bestimmte Integral den mit einem negativen Vorzeichen versehenen Inhalt der Fläche zwischen dem Graphen von f und der x-Achse über dem Integrationsintervall [a; b] dar.

Beispiel: Negativer Integrand
Integral von $f(x) = 2x^3$ von -1 bis 0.

$$\int_{-1}^0 2x^3\,dx = \left[\tfrac{1}{2}x^4\right]_{-1}^0 = (0) - \left(\tfrac{1}{2}\right) = -\tfrac{1}{2}$$

$f(x) \leq 0$: Integral = −Flächeninhalt

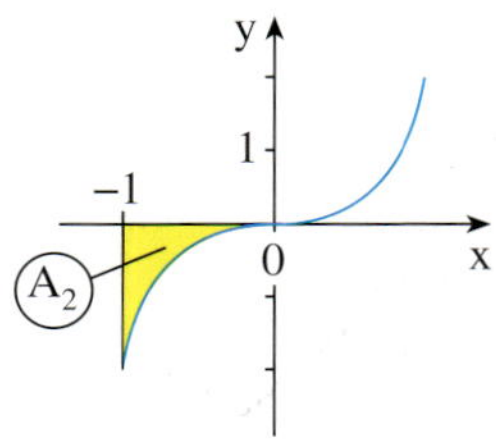

Bestimmtes Integral einer Funktion mit wechselndem Vorzeichen
Für eine stetige Funktion f(x) mit wechselndem Vorzeichen stellt das bestimmte Integral die Flächenbilanz über dem Integrationsintervall [a; b] dar.
Über der x-Achse liegende Flächenteile gehen positiv ein, unter der x-Achse liegende Flächenteile gehen negativ ein.

Beispiel: Integrand mit wechselndem Vorzeichen
Integral von $f(x) = 2x^3$ von -1 bis 1.

$$\int_{-1}^1 2x^3\,dx = \left[\tfrac{1}{2}x^4\right]_{-1}^1 = \left(\tfrac{1}{2}\right) - \left(\tfrac{1}{2}\right) = 0$$

Integral = Flächenbilanz

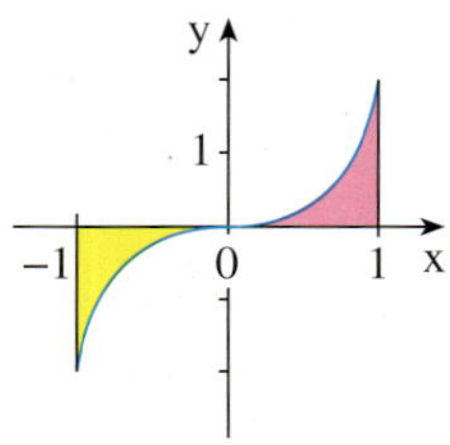

B. Flächenberechnung durch Intervallaufteilung

Im Folgenden werden wir häufig auf das Problem stoßen, den Inhalt A eines Flächenstückes zwischen dem Graphen einer Funktion und der x-Achse berechnen zu müssen, welches teilweise über und teilweise unter der x-Achse liegt.
Hierzu verwendet man bestimmte Integrale, muss aber Bilanzierungen, d. h. Aufhebungen vermeiden. Wir zeigen das richtige und das falsche Vorgehen an einem Beispiel.

Beispiel: Gesamtfläche
In der Abbildung ist der Graph der Funktion $f(x) = 2 - \frac{1}{2}x^2$ dargestellt.
Er schließt über dem Intervall [0; 3] mit der x-Achse die markierte Fläche ein. Welchen Inhalt A besitzt sie?

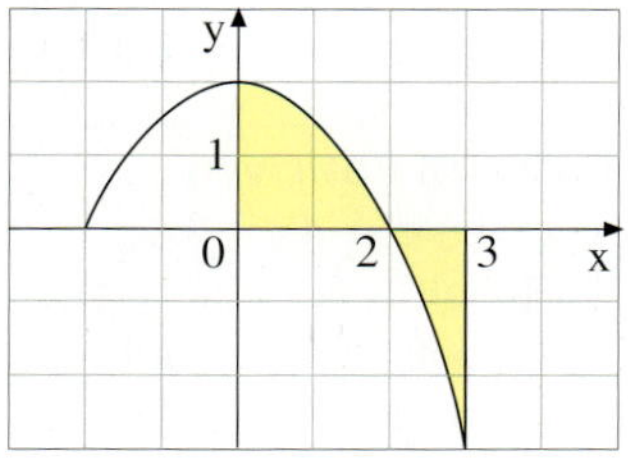

Richtige Lösung:
Wir verwenden zur Berechnung bestimmte Integrale, sichern aber durch geeignete Aufteilung des Intervalls [0; 3], dass es nicht zu Bilanzierungen kommt. Im Intervall [0; 3] liegt die Nullstelle x = 2.
Im Intervall [0; 2] gilt $f(x) \geq 0$. Das bestimmte Integral ist positiv. Der Flächeninhalt A_1 ist gleich dem bestimmten Integral. Teilergebnis: $A_1 = \frac{8}{3}$

Berechnung der Teilfläche A_1:

$$\int_0^2 \left(2 - \tfrac{1}{2}x^2\right)dx = \left[2x - \tfrac{1}{6}x^3\right]_0^2 = \left(\tfrac{8}{3}\right) - (0) = \tfrac{8}{3} \Rightarrow A_1 = \tfrac{8}{3}$$

Im Intervall [2; 3] gilt $f(x) \leq 0$. Das bestimmte Integral ist negativ. Der Flächeninhalt A_2 ist gleich dem Betrag des bestimmten Integrals. Teilergebnis: $A_2 = \frac{7}{6}$
Den Gesamtinhalt erhalten wir durch Addition: $A = A_1 + A_2 = \frac{23}{6} \approx 3{,}83$

Berechnung der Teilfläche A_2:

$$\int_2^3 \left(2 - \tfrac{1}{2}x^2\right)dx = \left[2x - \tfrac{1}{6}x^3\right]_2^3 = \left(\tfrac{3}{2}\right) - \left(\tfrac{8}{3}\right) = -\tfrac{7}{6} \Rightarrow A_2 = \tfrac{7}{6}$$

Gesamtinhalt:

$$A = A_1 + A_2 = \tfrac{8}{3} + \tfrac{7}{6} = \tfrac{23}{6} \approx 3{,}83$$

Falsche Lösung:
Wir versuchen, den gesuchten Flächeninhalt in einem Zug ohne Intervallaufteilung zu errechnen. Das „Resultat" $A = \frac{3}{2}$ erhalten wir so viel schneller, aber es ist falsch. Es stellt nur die bei dieser Aufgabe unbrauchbare Flächenbilanz dar.

Falsche Lösung:

$$\int_0^3 \left(2 - \tfrac{1}{2}x^2\right)dx = \left[2x - \tfrac{1}{6}x^3\right]_0^3 = \left(\tfrac{3}{2}\right) - (0) = \tfrac{3}{2}$$

$$\Rightarrow A = \tfrac{3}{2} = 1{,}5 \quad \text{falsch!}$$

Übung 1
Gesucht ist der Inhalt der Fläche, welche vom Graphen von f und der x-Achse über dem Intervall [0; 4] eingeschlossen wird.

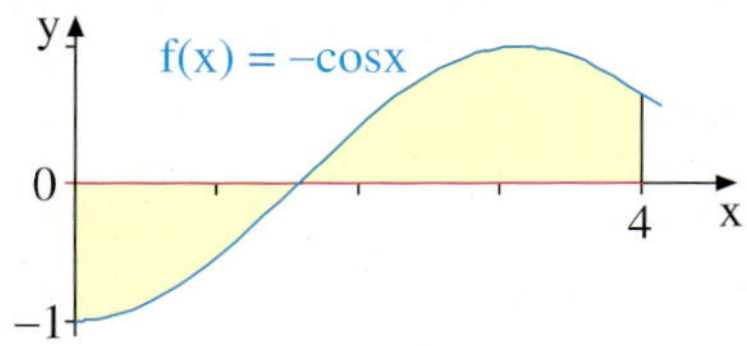

2. Flächen unter Funktionsgraphen

A. Elementare Aufgaben

Im Folgenden geht es um die Berechnung des Inhalts von Flächenstücken, die durch den Graphen einer Funktion begrenzt sind. Im letzten Abschnitt sahen wir, dass solche Flächeninhalte mit Hilfe bestimmter Integrale berechnet werden können. Bei Funktionen mit wechselndem Vorzeichen muss man zur Bestimmung des Inhalts der Fläche zwischen dem Graphen und der x-Achse das Intervall so aufteilen, dass in den Teilintervallen das Vorzeichen nicht wechselt.

Beispiel: Fläche im Positiven
Gegeben ist $f(x) = -x^2 + 4x - 3$.
Gesucht ist der Inhalt A der Fläche zwischen dem Graphen von f und der x-Achse über dem Intervall [2; 3].
Skizzieren Sie den Graphen von f zunächst für $0 \le x \le 4$.

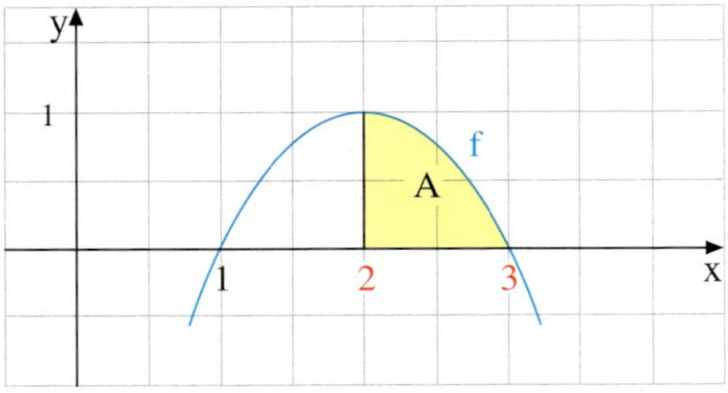

Lösung:
Die Skizze des Graphen von f zeigt, dass das Flächenstück A ganz oberhalb der x-Achse liegt. Also gibt das bestimmte Integral von f in den Grenzen von 2 bis 3 dessen Inhalt an.

$$\int_2^3 (-x^2 + 4x - 3)\,dx$$
$$= \left[-\tfrac{1}{3}x^3 + 2x^2 - 3x\right]_2^3 = 0 - \left(-\tfrac{2}{3}\right) = \tfrac{2}{3}$$
$$\Rightarrow A = \tfrac{2}{3}$$

Resultat: $A = \frac{2}{3}$

Beispiel: Fläche im Negativen
Gesucht ist der Inhalt A der Fläche zwischen dem Graphen der Funktion $f(x) = x^3 - 1$ und den beiden Koordinatenachsen, die im 4. Quadranten liegt.
Fertigen Sie zunächst eine Skizze an.

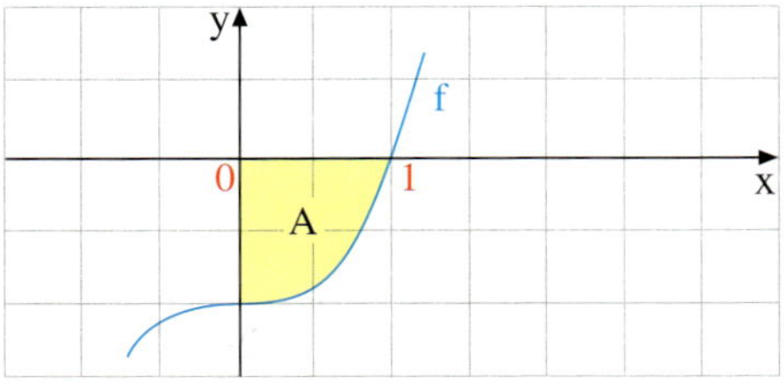

Lösung:
Die Funktion besitzt eine Nullstelle bei $x = 1$ und einen Schnittpunkt mit der y-Achse bei $y = -1$. Hierdurch wird die markierte Fläche begrenzt. Sie liegt ganz unterhalb der x-Achse. Das bestimmte Integral von 0 bis 1 gibt daher den Flächeninhalt an, nur mit negativem Vorzeichen versehen.

$$\int_0^1 (x^3 - 1)\,dx$$
$$= \left[\tfrac{1}{4}x^4 - x\right]_0^1 = \left(-\tfrac{3}{4}\right) - 0 = -\tfrac{3}{4}$$
$$\Rightarrow A = \tfrac{3}{4}$$

Resultat: $A = \frac{3}{4}$

Wir kommen nun zu Flächen, die teilweise oberhalb und teilweise unterhalb der x-Achse liegen. In diesen Fällen muss man beim Integrieren die im Flächenbereich liegenden Nullstellen als Unterteilungsstellen verwenden, ansonsten würde man nur Flächenbilanzen erhalten.

Beispiel: Wechselndes Vorzeichen
Gegeben ist $f(x) = \frac{1}{2}x^2 - \frac{5}{2}x + 2$. Gesucht ist der Gesamtinhalt der Fläche zwischen dem Graphen von f und der x-Achse über dem Intervall [0; 3].

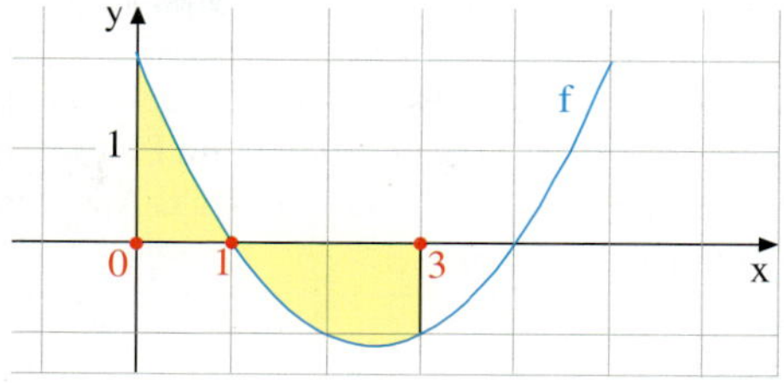

Lösung:
Wir errechnen zunächst die Nullstellen der Funktion, die bei $x = 1$ und $x = 4$ liegen, und skizzieren den Graphen.
Wir erkennen, dass die Fläche über [0; 3] aus zwei Teilstücken A_1 über [0; 1] und A_2 über [1; 3] besteht.

Die zugehörigen bestimmten Integrale haben die Werte $\frac{11}{12}$ (oberhalb der x-Achse) und $-\frac{5}{3}$ (unterhalb der x-Achse).

Der Gesamtinhalt von A ist somit gleich der Summe der Beträge dieser Werte:
$A = \frac{31}{12} \approx 2{,}58$.

Man darf nicht von 0 bis 3 „durchintegrieren", da man dann nur die Flächenbilanz $\frac{11}{12} - \frac{5}{3} = -\frac{3}{4}$ erhalten würde.

1. Nullstellen

$\frac{1}{2}x^2 - \frac{5}{2}x + 2 = 0$

$x^2 - 5x + 4 = 0$

$x = 2{,}5 \pm \sqrt{2{,}25} \quad \Rightarrow \quad x = 1,\ x = 4$

2. Bestimmte Integrale

$$\int_0^1 f(x)\,dx = \left[\frac{1}{6}x^3 - \frac{5}{4}x^2 + 2x\right]_0^1 = \frac{11}{12}$$

$$\int_1^3 f(x)\,dx = \left[\frac{1}{6}x^3 - \frac{5}{4}x^2 + 2x\right]_1^3 = -\frac{5}{3}$$

3. Flächeninhalt

$A = A_1 + A_2 = \frac{11}{12} + \frac{5}{3} = \frac{31}{12} \approx 2{,}58$

Übung 1

Gesucht sind die Inhalte der im Folgenden beschriebenen oder markierten Flächenstücke.

a) $f(x) = x^2 - x + 1$
Fläche über dem Intervall [0; 2]

b) $f(x) = \frac{1}{x^2}$
Fläche über dem Intervall [1; 3]

c) $f(x) = x^3 - x$
von Kurve und x-Achse im 4. Quadranten eingeschlossene Fläche

d) $f(x) = x^3 - x$
Fläche zwischen Kurve und x-Achse über dem Intervall [0; 2]

e) 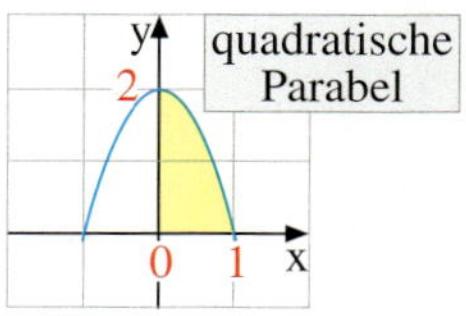

f) 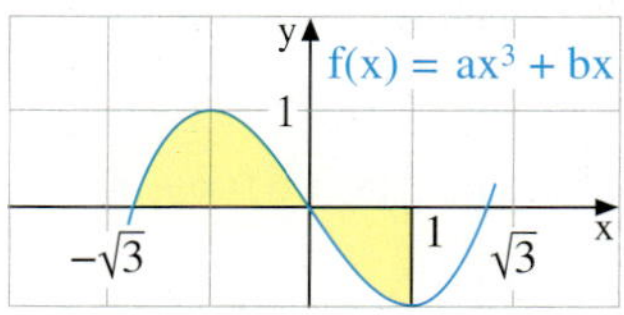

$-\sqrt{3}$, $\sqrt{3}$ sind Nullstellen

Die folgenden Beispiele betreffen Funktionen mit etwas komplizierteren Funktionstermen. Das Vorgehen bei Flächenbestimmungen ändert sich im Prinzip nicht, lediglich die nötige Bestimmung der Nullstellen der gegebenen Funktion ist aufwendiger.

Beispiel: Umschlossene Fläche
Gegeben ist die $f(x) = \frac{1}{4}x^3 + \frac{1}{2}x^2 - 2x$. Gesucht ist der Gesamtinhalt der Fläche, die vom Graphen von f und der x-Achse umschlossen wird.

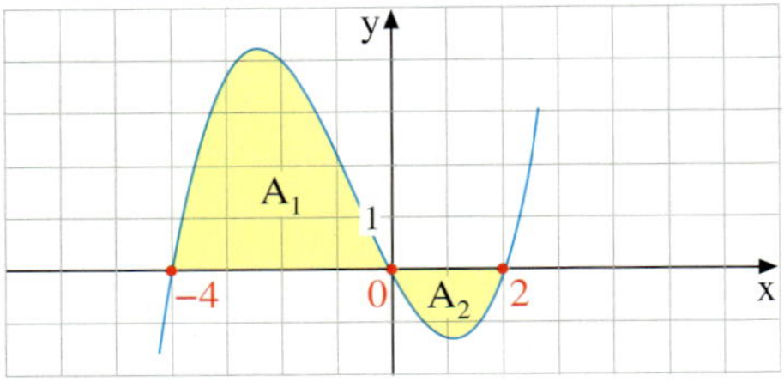

Lösung:
Wir bestimmen zunächst die Nullstellen von f durch Ausklammern von x und mit Hilfe der p-q-Formel. Diese liegen bei $x = 0$, $x = 2$ und $x = -4$.
Nun lässt sich der von unten links kommende und nach oben rechts gehende Graph von f gut skizzieren, evtl. benötigt man noch einige zusätzliche Funktionswerte.

1. Nullstellen

$\frac{1}{4}x^3 + \frac{1}{2}x^2 - 2x = 0$

$x^3 + 2x^2 - 8x = 0$

$x(x^2 + 2x - 8) = 0$

$x = 0$ oder $x^2 + 2x - 8 = 0$

$x = -1 \pm \sqrt{1 + 8}$

$x = 2,\ x = -4$

Die Kurve und die x-Achse umschließen die gelb markierte Fläche. Sie besteht aus den Teilflächen A_1 und A_2. A_1 liegt oberhalb der x-Achse und ihr Inhalt lässt sich als bestimmtes Integral über $[-4; 0]$ darstellen.
Ergebnis: $A_1 = \frac{32}{3}$.
Für A_2 liefert das zugehörige bestimmte Integral über $[0; 2]$ den Inhalt $\frac{5}{3}$.

2. Bestimmte Integrale

$$\int_{-4}^{0} f(x)\,dx = \left[\tfrac{1}{16}x^4 + \tfrac{1}{6}x^3 - x^2\right]_{-4}^{0} = \tfrac{32}{3}$$

$$\int_{0}^{2} f(x)\,dx = \left[\tfrac{1}{16}x^4 + \tfrac{1}{6}x^3 - x^2\right]_{0}^{2} = -\tfrac{5}{3}$$

Insgesamt beträgt der Inhalt der gelben Fläche dann ca. 12,33 FE.

3. Flächeninhalt

$A = A_1 + A_2 = \frac{32}{3} + \frac{5}{3} = \frac{37}{3} = 12\frac{1}{3} \approx 12{,}33$

Übung 2 Flächeninhalt
Gesucht ist der Gesamtinhalt der Fläche zwischen dem Graphen von f und der x-Achse über dem angegebenen Intervall I. Skizzieren sie zunächst den Graphen von f.

a) $f(x) = \frac{1}{6}x^3 - \frac{1}{2}x^2$ $I = [-1; 2]$

b) $f(x) = x^3 - 4x$ $I = [-3; 2]$

c) $f(x) = \frac{1}{4}(x + 3)(x - 1)(x - 2)$ $I = [-3; 2]$

d) $f(x) = \frac{2}{x^2}$ $I = [1; 3]$

Übung 3 Eingefärbte Fläche
Bestimmen Sie den Inhalt des abgebildeten eingefärbten Flächenstücks A.

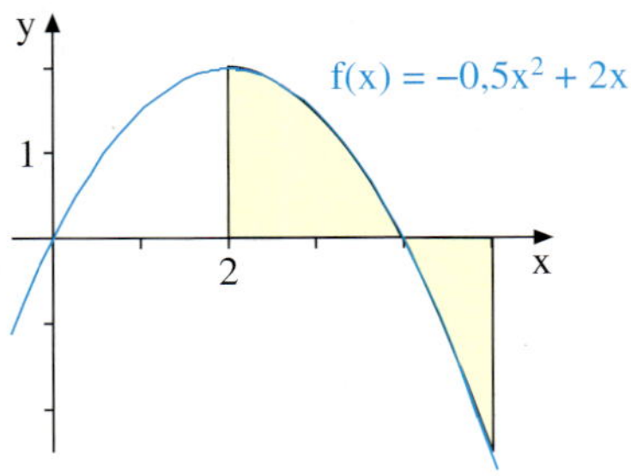

B. Exkurs: Flächenberechnungen bei nichtganzrationalen Funktionen

Im Folgenden sind Flächen zu bestimmen, die von nichtganzrationalen Funktionen berandet sind.

Beispiel: Sinusprofil
Rollt man das abgebildete Blechteil zylindrisch auf, bis die roten Kanten zur Deckung kommen, so entsteht ein schräg angeschnittener Zylinder.
Wie viel Blech wird für das Gebilde benötigt (1 LE = 1 m)?

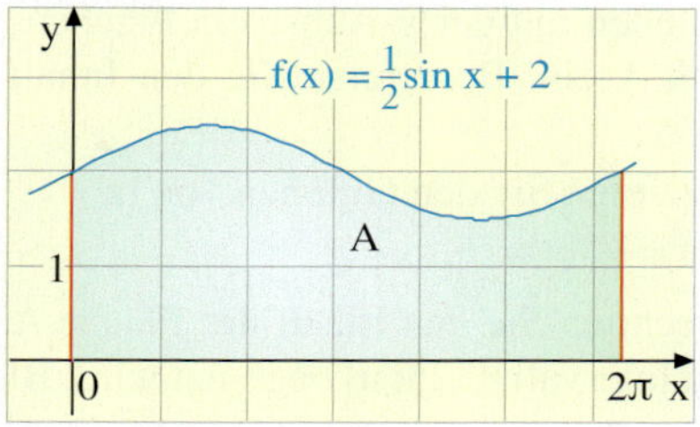

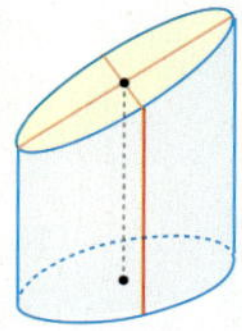

Lösung:
Zunächst bestimmen wir eine Stammfunktion von f. Wir erhalten $F(x) = -\frac{1}{2}\cos x + 2x$.

Nun berechnen wir das bestimmte Integral der Randkurve über dem Intervall $[0; 2\pi]$. Es hat den Wert $A = 4\pi \approx 12{,}57$. Benötigt werden also knapp 13 m² Blech.

Flächeninhalt:

$$A = \int_0^{2\pi} f(x)\,dx = \int_0^{2\pi} \left(\tfrac{1}{2}\sin x + 2\right)dx$$
$$= \left[-\tfrac{1}{2}\cos x + 2x\right]_0^{2\pi}$$
$$= \left(-\tfrac{1}{2} + 4\pi\right) - \left(-\tfrac{1}{2} + 0\right)$$
$$= 4\pi \approx 12{,}57$$

Gelegentlich treten Flächen auf, die sich *unendlich weit* ausdehnen. Man kann ihren Inhalt durch eine Integration in Verbindung mit einem *Grenzwertprozess* bestimmen.

Beispiel: Unbegrenzte Fläche
Gesucht ist der Inhalt des nach rechts unbegrenzten Flächenstücks A, das im 1. Quadraten zwischen dem Graphen von $f(x) = \frac{3}{x^2}$, der senkrechten Geraden x = 1 und der x-Achse liegt.

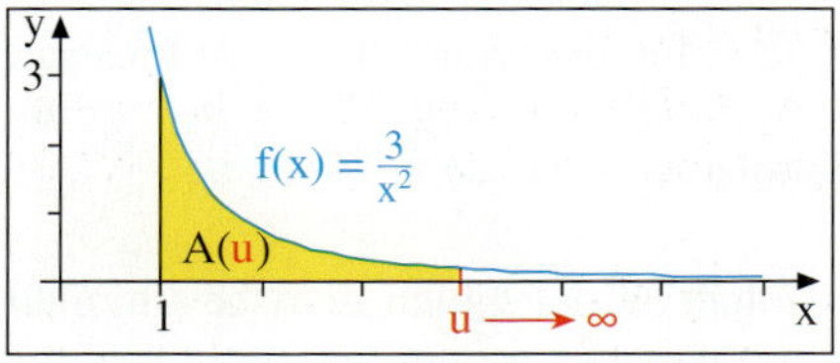

Lösung:
Wir berechnen zunächst den Inhalt der Fläche A (u) zwischen dem Graphen von f und der x-Achse über dem begrenzten Intervall [1; u], u > 1 (siehe Abb.).
Resultat: $A(u) = 3 - \frac{3}{u}$
Der gesuchte Inhalt von A ergibt sich, indem wir die rechte Intervallgrenze u immer weiter nach rechts schieben.
Es wird also der Grenzwert von A (u) für $u \to \infty$ bestimmt: $A = \lim\limits_{u \to \infty} A(u) = 3$

Fläche A (u) über dem Intervall [1; u]:

$$A(u) = \int_1^u \frac{3}{x^2}\,dx = \left[-\frac{3}{x}\right]_1^u$$
$$= \left(-\frac{3}{u}\right) - (-3) = 3 - \frac{3}{u}$$

Fläche A über dem Intervall [1; ∞]:

$$A = \lim_{u \to \infty} A(u) = \lim_{u \to \infty}\left(3 - \frac{3}{u}\right) = 3 - 0 = 3$$

Übung 4
Gesucht ist der Inhalt der Fläche A, die vom Graphen von $f(x) = 2\sin x - 2$ und den beiden Koordinatenachsen im 4. Quadranten umschlossen wird.

Übung 5 Flächenberechnungen

a) Die Graphen der beiden Funktionen $f(x) = 6 - \frac{3}{\pi}x$ und $g(x) = 3 \cdot \sin\left(\frac{x}{2}\right)$ schließen mit der y-Achse ein Flächenstück A ein. Berechnen Sie den Inhalt von A.

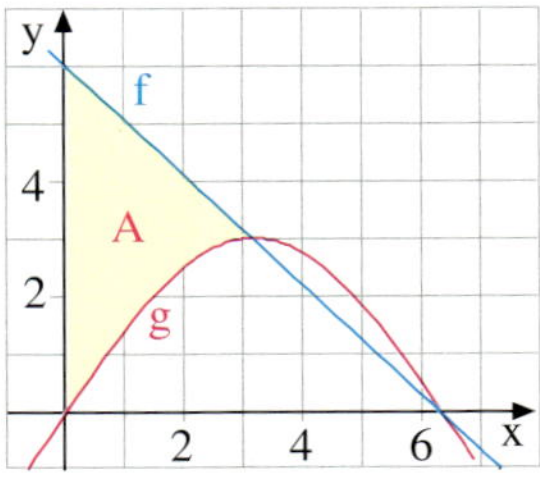

b) Skizzieren Sie den Graphen von h: $h(x) = \frac{4}{x \cdot \sqrt{x}} = \frac{4}{x^{\frac{3}{2}}}$.
Berechnen Sie den Inhalt der Fläche A_u, welche vom Graphen von h und der x-Achse über dem Intervall [0,25; u] begrenzt wird. Bleibt der Flächeninhalt A_u endlich, wenn $u \to \infty$ strebt?

Beispiel: Exponentialfunktionen

Die Graphen der Funktionen $f(x) = e^{0,5x}$ und $g(x) = e^{3-x}$ begrenzen mit den Koordinatenachsen über dem Intervall [0; 4] eine Fläche A. Berechnen Sie den Inhalt von A.

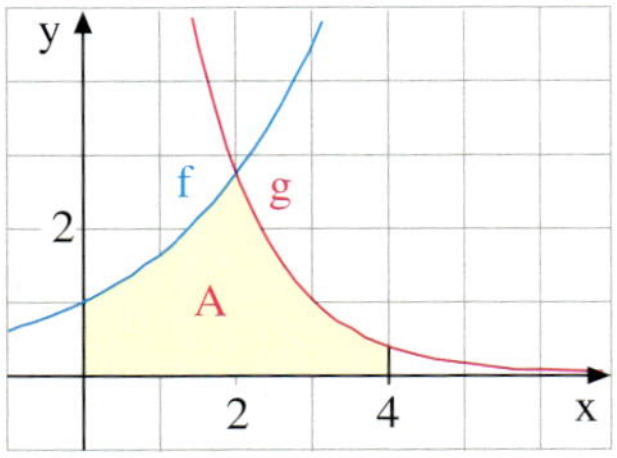

Lösung:
Wir bestimmen zunächst die Stammfunktionen von f und g mit Hilfe der linearen Kettenregel der Integralrechnung.
Der Flächeninhalt A_1 ist gleich dem bestimmten Integral von f über dem Intervall [0; 2].
Ergebnis: $A_1 = 2e - 2$

Der Inhalt A_2 ist gleich dem bestimmten Integral von g über dem Intervall [2; 4].
Ergebnis: $A_2 = e - e^{-1}$.

Die Gesamtfläche A ist gleich der Summe der berechneten Einzelflächen A_1 und A_2.
Ergebnis: $A = 3e - 2 - e^{-1} \approx 5{,}79$.

Stammfunktionen:
$F(x) = 2 \cdot e^{0,5x} \qquad G(x) = -e^{3-x}$

Flächeninhalte:
$$A_1 = \int_0^2 e^{0,5x}\,dx = [2 \cdot e^{0,5x}]_0^2 = 2e - 2$$
$$A_2 = \int_2^4 e^{3-x}\,dx = [-e^{3-x}]_2^4 = -e^{-1} + e$$

Gesamtfläche:
$A = A_1 + A_2 = 3e - 2 - e^{-1} \approx 5{,}79$

Übung 6 Fläche zwischen zwei Graphen

Die Graphen von $f(x) = e^{\frac{x}{3}} - 2$ und $g(x) = e^{\frac{8-x}{5}} - 2$ begrenzen mit der y-Achse ein Flächenstück A_1.

a) Berechnen Sie die Schnittstelle von f und g.
b) Berechnen Sie den Inhalt von A_1.
c) Wie groß ist der Inhalt der Fläche A_2 im 4. Quadranten, welche von den Koordinatenachsen und dem Graphen von f begrenzt werden?

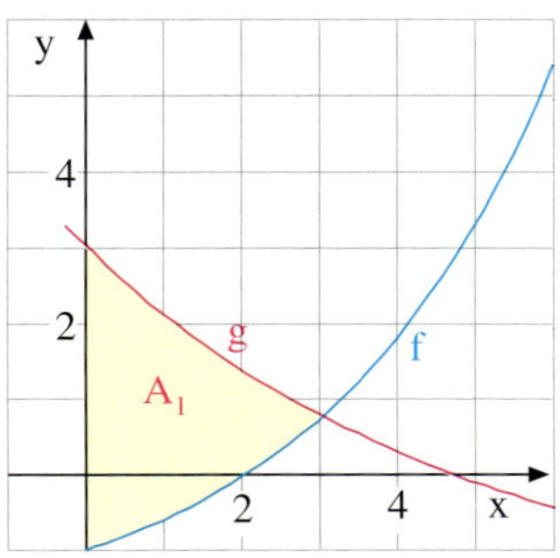

C. Parameteraufgaben

Die folgenden Beispiele erfordern die Verwendung von Parametern, wodurch der Schwierigkeitsgrad erhöht ist. Außerdem dienen die Aufgaben der Wiederholung von Elementen der Kurvenuntersuchung.

Beispiel: Parameterbestimmung
Die Parabelschar $f_a(x) = a x^2 + 1$ sei gegeben. Wie muss $a > 0$ gewählt werden, damit die Fläche zwischen dem Graphen von f_a und der x-Achse über dem Intervall $[0; 1]$ den Inhalt 2 hat?

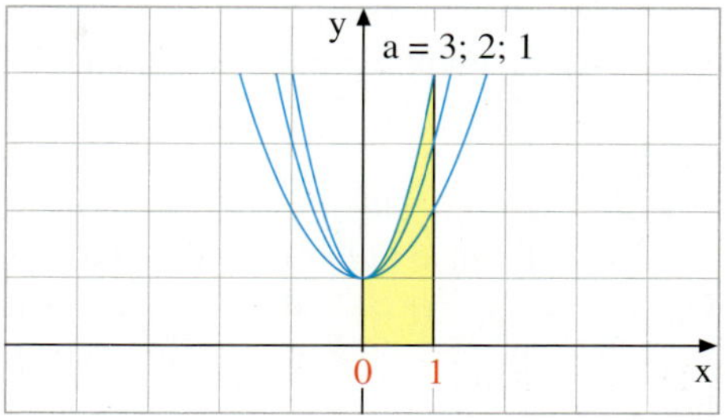

Lösung:
Wir berechnen das bestimmte Integral von f_a in den Grenzen von 0 bis 1. Den von a abhängigen Ergebnisterm setzen wir gleich 2. Auflösen der so entstandenen Bestimmungsgleichung liefert den gesuchten Parameterwert $a = 3$.

$$\int_0^1 (a x^2 + 1)\,dx = \left[\frac{a}{3}\,x^3 + x\right]_0^1 = \frac{a}{3} + 1 \stackrel{!}{=} 2$$

$$\Rightarrow a = 3$$

Beispiel: Flächenteilung
Gegeben ist die Parabel $f(x) = x^2$.
Gesucht ist derjenige Wert des Parameters a, für den die senkrechte Gerade $x = a$ die Fläche unter f über dem Intervall $[0; 2]$ halbiert.

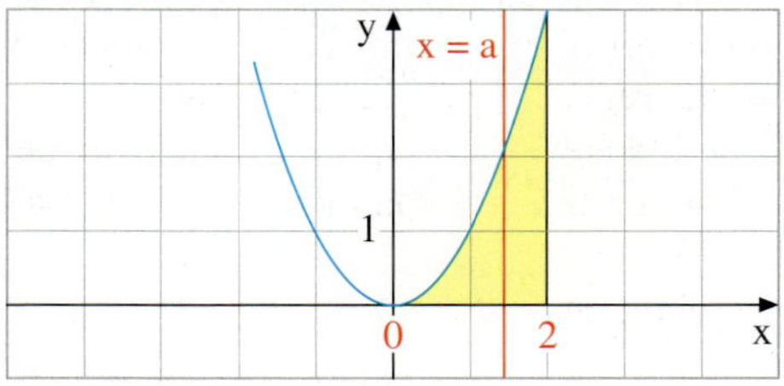

Lösung:
Wir errechnen den Inhalt A unter f über $[0; 2]$. Er beträgt $\frac{8}{3}$.
Der Inhalt A_1 unter f über dem Intervall $[0; a]$ beträgt $\frac{a^3}{3}$.
Der Ansatz $A_1 = \frac{1}{2}A$ liefert daraus den Parameterwert $a = \sqrt[3]{4}$. $x = \sqrt[3]{4}$ ist die Gleichung der gesuchten Geraden.

$$A = \int_0^2 x^2\,dx = \left[\frac{x^3}{3}\right]_0^2 = \frac{8}{3}$$

$$A_1 = \int_0^a x^2\,dx = \left[\frac{x^3}{3}\right]_0^a = \frac{a^3}{3}$$

$$A_1 = \frac{1}{2}\,A \Rightarrow \frac{a^3}{3} = \frac{4}{3} \Rightarrow a = \sqrt[3]{4} \approx 1{,}59$$

Übung 7
Gegeben ist $f_a(x) = x^3 - a^2 x$, $a > 0$. Wie muss a gewählt werden, damit die beiden von f_a und der x-Achse eingeschlossenen Flächen jeweils den Inhalt 4 haben?

Übung 8
Die Fläche unter $f(x) = x^2$ über $[0; 4]$ soll durch die senkrechte Gerade $x = a$ im Verhältnis $1:7$ geteilt werden.
Wie muss a gewählt werden?

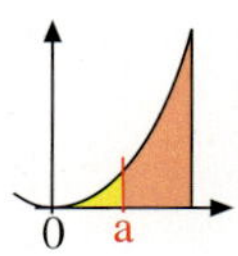

D. Rekonstruktionsaufgaben

Beispiel: Rekonstruktion

Eine ganzrationale Funktion f dritten Grades hat die aufgeführten Eigenschaften I, II und III.
Um welche Funktion handelt es sich?

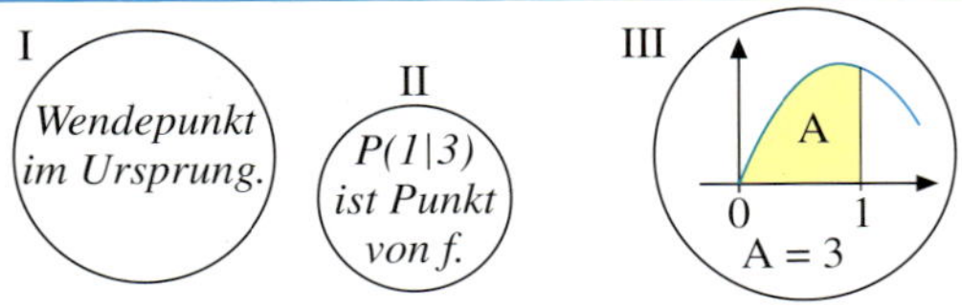

Lösung:
Ausgehend vom allgemeinen Ansatz für eine ganzrationale Funktion dritten Grades $f(x) = ax^3 + bx^2 + cx + d$ errechnen wir zunächst die benötigten Ableitungen f′ und f″.

Anschließend stellen wir die Bedingungen für f, f′ und f″ auf, die den geforderten Eigenschaften I bis III entsprechen.

Nachdem die Parameter $b = 0$ und $d = 0$ feststehen, ergibt sich ein Gleichungssystem mit den Variablen a und c, das wir mittels Additionsverfahren lösen.

Das Resultat ist $f(x) = -6x^3 + 9x$.

Ansatz:

$f(x) \;= ax^3 + bx^2 + cx + d$

$f'(x) \;= 3ax^2 + 2bx + c$

$f''(x) = 6ax + 2b$

Bedingungen:

I. $f''(0) = 0 \qquad \Rightarrow b = 0$

$f(0) = 0 \qquad \Rightarrow d = 0$

Neuer Ansatz: $f(x) = ax^3 + cx$

II. $f(1) = 3 \qquad \Rightarrow a + c = 3$

III. $\int_0^1 f(x)\,dx = 3 \qquad \Rightarrow \frac{1}{4}a + \frac{1}{2}c = 3$

$\Rightarrow \; a = -6, \; c = 9$

Resultat: $f(x) = -6x^3 + 9x$

Übung 9

Eine quadratische Funktion mit einer Nullstelle bei x = 1 und einem Hochpunkt auf der y-Achse schließt mit den Koordinatenachsen im 1. Quadranten eine Fläche mit dem Inhalt 1 ein. Um welche Funktion handelt es sich?

Übung 10

Eine quadratische Parabel schneidet die y-Achse bei −1 und nimmt ihr Minimum bei x = 4 an. Im 4. Quadranten liegt unterhalb der x-Achse über dem Intervall [0; 1] ein Flächenstück zwischen der Parabel und der x-Achse, dessen Inhalt 12 beträgt.
Um welche Kurve handelt es sich?

Übung 11

Es handelt sich um eine nicht maßstäbliche Skizze einer Parabel. Bestimmen Sie deren Funktionsgleichung.

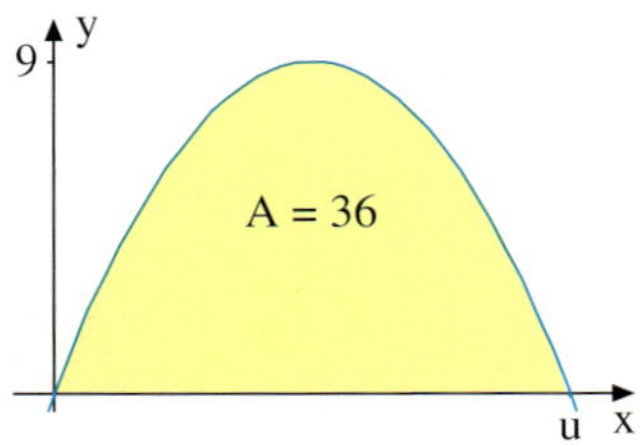

Übungen

12. Einfache Flächenberechnungen

Gesucht ist der Inhalt A der markierten Fläche.

a) 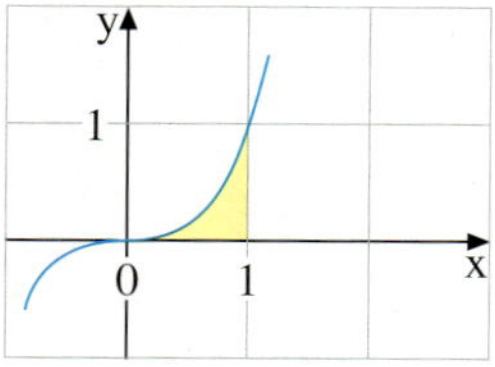

$f(x) = x^3$

b) 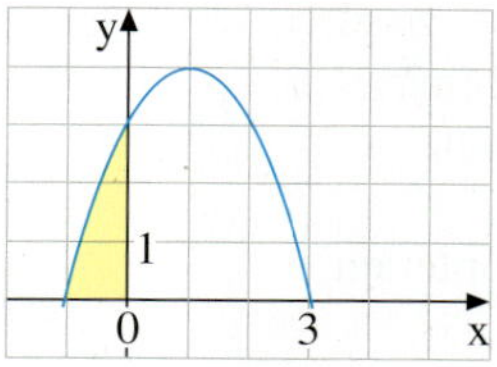

$f(x) = -x^2 + 2x + 3$

c) 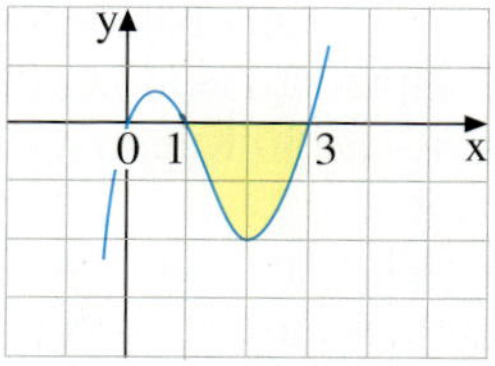

$f(x) = x^3 - 4x^2 + 3x$

13. Komplexere Flächenberechnungen

Skizzieren Sie den Graphen von f. Berechnen Sie sodann den Inhalt der Fläche, die über dem Intervall I zwischen dem Graphen von f und der x-Achse liegt.

a) $f(x) = -\frac{1}{3}x^2 + \frac{4}{3}x + \frac{5}{3}$, $I = [-1; 6]$
b) $f(x) = 0{,}5x^2 - x - 1{,}5$, $I = [-2; 3]$
c) $f(x) = 2x^3 - 8x$, $I = [-1; 2]$
d) $f(x) = \frac{2}{x^2}$, $I = [1; 5]$
e) $f(x) = x^4 - 1$, $I = [0{,}5; 2]$
f) $f(x) = x^3 - 4x$, $I = [-1; 2{,}5]$

14. Flächenberechnungen mit dem GTR

Zeichnen Sie den Graphen von f mit dem GTR. Ermitteln Sie die Nullstellen von f sowie den Inhalt der Fläche, die über dem Intervall I zwischen dem Graphen von f und der x-Achse liegt.

a) $f(x) = -\frac{1}{2}x^3 - \frac{1}{2}x^2 + 2x + 2$, $I = [-2; 2]$
b) $f(x) = \frac{1}{2}x^4 - \frac{5}{2}x^2 + 2$, $I = [-2; 1]$
c) $f(x) = \frac{1}{6}(x^5 - x^3 - 12x)$, $I = [-1; 2]$
d) $f(x) = -\frac{1}{2}x^3 + \frac{3}{2}x^2$, $I = [-1; 2]$

15. Nullstellen- und Flächenbestimmung

Gesucht ist der Gesamtinhalt der Fläche zwischen dem Graphen von f und der x-Achse über dem Intervall I. Bestimmen Sie zunächst die Nullstellen von f.

a) $f(x) = x^3 + 2x^2 - 3x$, $I = [-2; 2{,}5]$
b) $f(x) = (x + 2)(x - 1)^2$, $I = [-2; 2]$
c) $f(x) = (x - 1)(x + 2)(x - 3)$, $I = [-1; 2]$
d) $f(x) = x^4 + x^2 - 2$, $I = [-2; 3]$

16. Logo

Das abgebildete Logo soll durch die folgenden Randfunktionen grob modelliert werden:

$f(x) = \frac{1}{4}(1 - x)(x + 3)$

$g(x) = \frac{1}{4}(x + 1)(3 - x)$

$h(x) = \frac{1}{4}(x - 3)(x + 3)$

Wie groß ist die gefärbte Fläche (1 LE = 1 m)?

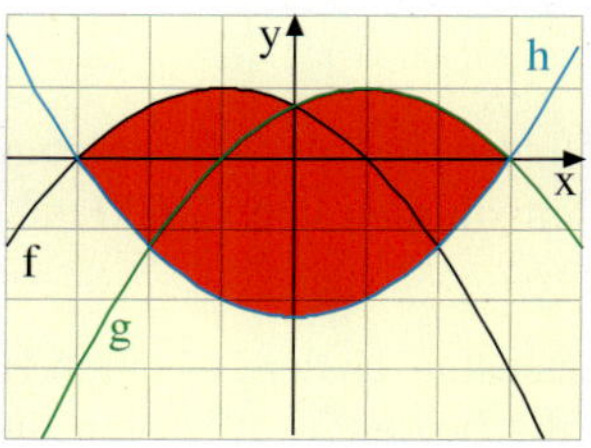

E. Modellierungsaufgaben mit Anwendungen

Wir schließen diesen Abschnitt mit zwei typischen Anwendungsbeispielen ab.

Beispiel: Luftvolumen einer Halle
Eine Bahnhofshalle wird über zwei Ventilatoren belüftet, deren Leistung jeweils ca. 80 Kubikmeter pro Minute beträgt.
Welche Zeit wird für einen kompletten Luftaustausch benötigt?
Das Dach der Halle ist eine parabelförmige Holzkonstruktion.

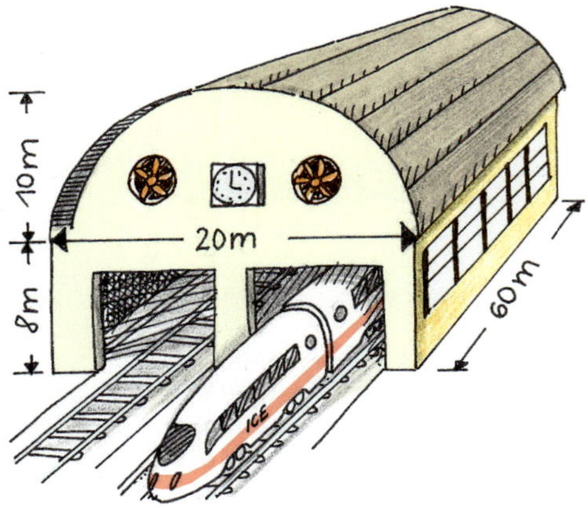

Lösung:
Wir errechnen zunächst die Parabelgleichung aus den gegebenen Bedingungen. In dem festgelegten Koordinatensystem lässt sich nach nebenstehender Rechnung das Dach der Halle durch die Gleichung $f(x) = -\frac{1}{10}x^2 + 10$ beschreiben.

Gleichung der Parabel:

$f(x) = ax^2 + c$
$f(0) = 10$
$f(10) = 0$
$\Rightarrow c = 10,\ a = -\frac{1}{10}$
$f(x) = -\frac{1}{10}x^2 + 10$

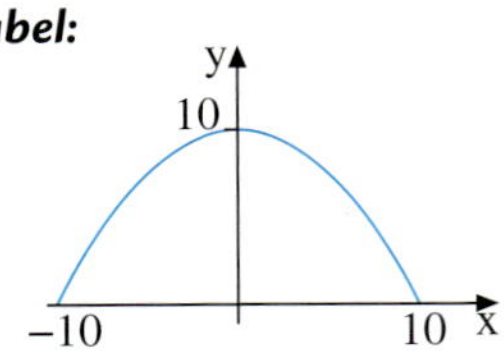

Das Luftvolumen der Halle erhalten wir als Produkt aus dem Inhalt der Hallenquerschnittsfläche und der gegebenen Hallenlänge. Die Querschnittsfläche der Halle setzt sich aus zwei Teilflächen zusammen, einer Rechteckfläche und einer Parabelfläche.

Fläche unter der Parabel:

$$A_1 = 2 \cdot \int_0^{10} f(x)\,dx = 2 \cdot \left[-\frac{1}{30}x^3 + 10x\right]_0^{10}$$
$$= 2 \cdot \left(-\frac{1000}{30} + 100\right) = 133{,}\overline{3}$$

Den Inhalt dieser Fläche zwischen der Parabel und der x-Achse errechnen wir nun durch Integration. Er beträgt $133{,}\overline{3}$ m². Die Vorderfront der Halle besitzt also einen Flächeninhalt von $293{,}\overline{3}$ m².

Gesamtfläche:

$$A = 8 \cdot 20 = 160 + 133{,}\overline{3} = 293{,}\overline{3}$$

Multiplikation mit der Hallenlänge ergibt das Hallenvolumen von 17 600 m³.

Gesamtvolumen:

$V = 293{,}\overline{3} \cdot 60 = 17\,600$

Zum Luftaustausch der gesamten Halle benötigen die beiden Ventilatoren dann eine Stunde und 50 Minuten.

Zeit für Luftaustausch:

$t = \frac{V}{160} = \frac{17\,600}{160} = 110$
$110\,\text{min} = 1\,\text{h}\ 50\,\text{min}$

Beispiel: Pflasterfläche

Am Ufer führt ein Radweg entlang. Dieser soll auf 20 m Länge durch eine neue Trasse ersetzt werden, die einen Brunnen umgeht. Die Übergänge sollen fließend sein.
Welche ganzrationale Funktion wäre zur Linienführung geeignet?
Wie groß wäre dann die markierte neu zu pflasternde Fläche zwischen dem Ufer und der neuen Trasse?

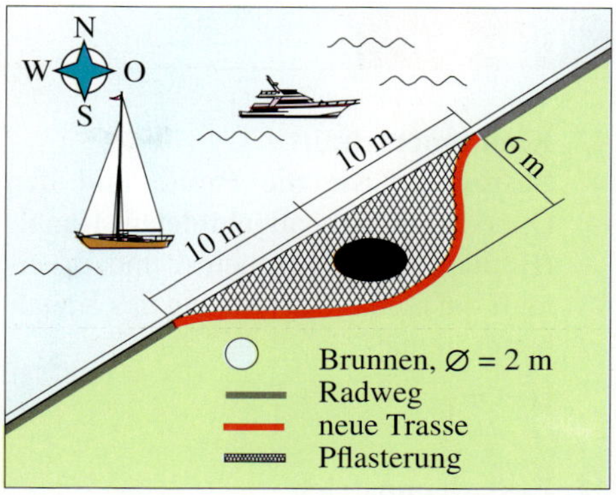

Lösung:
Es handelt sich um eine Konstruktionsaufgabe mit einer zusätzlichen Inhaltsbestimmung.
Zunächst führen wir ein passend liegendes Koordinatensystem ein und überlegen, welche Kurvenart die geforderten Eigenschaften haben könnte. Eine ganzrationale Funktion 4. Grades erscheint prinzipiell geeignet. Sie sollte symmetrisch zur y-Achse sein, woraus sich der Ansatz $f(x) = ax^4 + bx^2 + c$ mit geraden Exponenten ergibt. Ihr Tiefpunkt sollte $T(0|-6)$ sein und ihr rechter Hochpunkt wegen des fließenden Übergangs in die x-Achse bei $H(10|0)$ liegen. Der linke Hochpunkt liegt symmetrisch. Hieraus erhalten wir die Bedingungen I bis IV für f und f′, die auf 3 Bestimmungsgleichungen für a, b und c führen. Die Auflösung des Gleichungssystems ergibt das Resultat $f(x) = -0{,}0006x^4 + 0{,}12x^2 - 6$.

Zur Inhaltsberechnung der Pflasterfläche verwenden wir das bestimmte Integral von f von 0 bis 10, das uns, abgesehen vom negativen Vorzeichen, den halben Flächeninhalt liefert. Nach Verdopplung erhalten wir die Pflasterfläche, wovon evtl. noch $3{,}14\,m^2$ für den Brunnen abgezogen werden müssen, sodass $60{,}86\,m^2$ verbleiben.

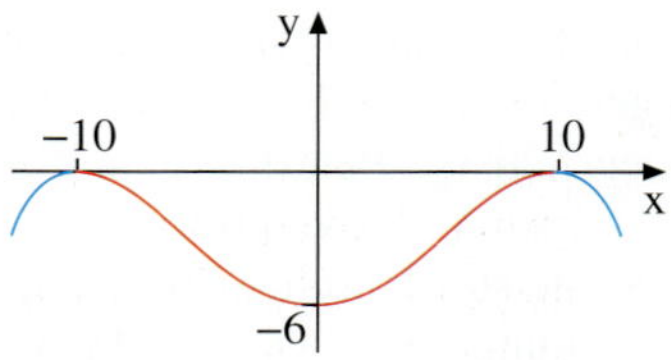

Ansatz für f:
$f(x) = ax^4 + bx^2 + c$
$f'(x) = 4ax^3 + 2bx$

Eigenschaften von f:
Tiefpunkt $T(0|-6)$
Hochpunkt $H(10|0)$
I: $f(0) = -6$: $c = -6$
II: $f'(0) = 0$: durch Symmetrie erfüllt
III: $f(10) = 0$: $10000a + 100b - 6 = 0$
IV: $f'(10) = 0$: $4000a + 20b = 0$

Auflösung des Gleichungssystems:
$c = -6$, $a = -0{,}0006$, $b = 0{,}12$
$f(x) = -0{,}0006x^4 + 0{,}12x^2 - 6$

Flächeninhalt:
$$\int_0^{10} f(x)\,dx = \int_0^{10} (-0{,}0006x^4 + 0{,}12x^2 - 6)\,dx$$
$$= \left[-0{,}00012x^5 + 0{,}04x^3 - 6x\right]_0^{10} = -32$$
$$\Rightarrow A = 2 \cdot 32 = 64$$

Übungen

17. Kanalquerschnitt

Bestimmen Sie die Breite und den Querschnitt des abgebildeten Kanals (Breite 20 m). Zwischen A und B verläuft die rechte Begrenzung des Kanalbettes gemäß

$f(x) = \frac{3}{100}\left(-\frac{1}{3}x^3 + 5x^2\right)$.

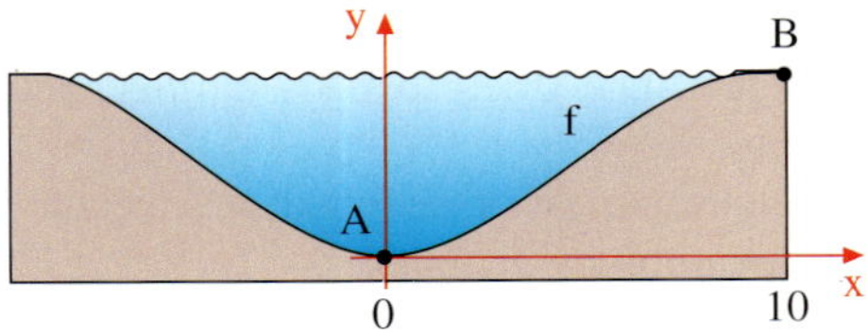

18. Fassadenanstrich

Der alte Stadtmauerturm soll einen neuen Fassadenanstrich erhalten. Für Angebote hat die Stadtverwaltung die nebenstehende Planskizze an die ortsansässigen Maler verteilt.

Malermeister Husch will 25 Euro pro m^2 kalkulieren. In welcher Höhe wird sein Angebot liegen?

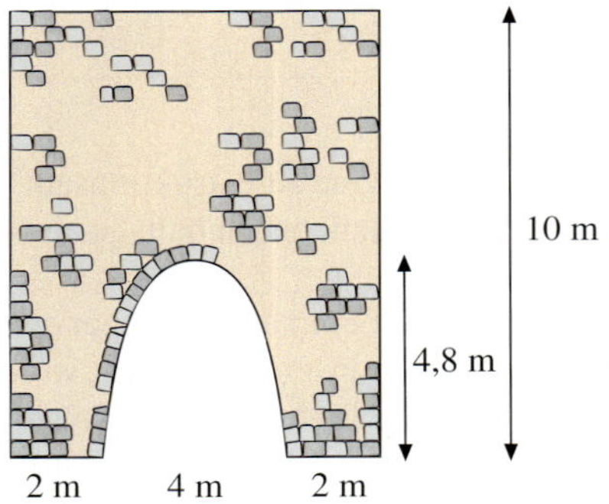

19. Grundstücksfläche

Ein Grundstück wird durch zwei Straßen und einen Fluss begrenzt.

a) Modellieren Sie den Fluss durch ein Polynom 3. Grades. Verwenden Sie die gesicherten Punkte aus der Planskizze. Im Punkt P(2|3) verläuft der Fluss exakt von Westen nach Osten.

b) Berechnen Sie die Grundstücksgröße. 1 LE = 1 km

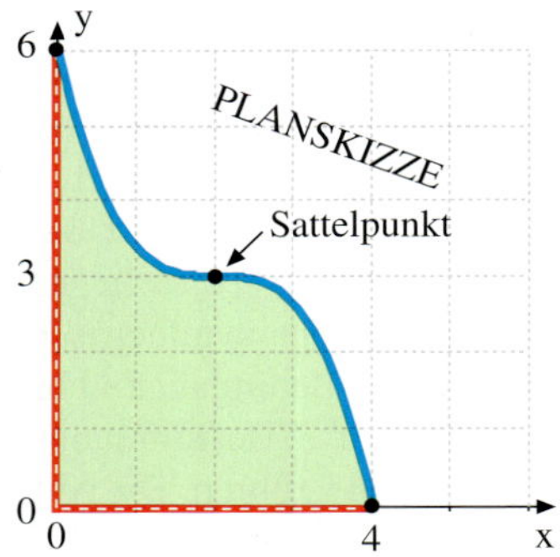

20. Hängebrücke

Eine Hängebrücke wird von zwei Stahlseilen getragen, die parabelförmig zwischen den Pylonen verlaufen. Acht Tragseile auf jeder Seite tragen die eigentliche Fahrbahn.

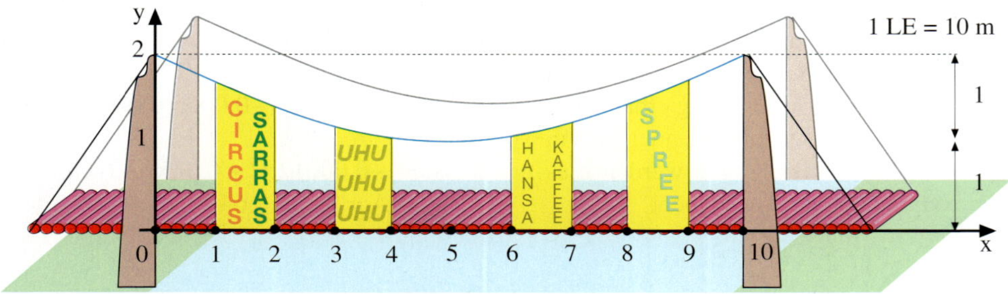

a) Stellen Sie das vordere Stahlseil durch eine quadratische Funktion dar.

b) Wie lang sind die acht Tragseile, die am vorderen Stahlseil hängen?

c) Welchen Flächeninhalt haben die vier Werbeverkleidungen zwischen den Tragseilen?

3. Flächen zwischen Funktionsgraphen

A. Grundlagen

Wir befassen uns nun mit Flächen, die von zwei oder mehr Kurven berandet sind. Wir erläutern das Prinzip am einfachsten Fall zweier Randkurven, die genau zwei Schnittpunkte haben. Es gibt im Wesentlichen zwei Methoden, die wir nun näher ausführen.

Methode 1: Zurückführung auf den Fall nur einer Randfunktion

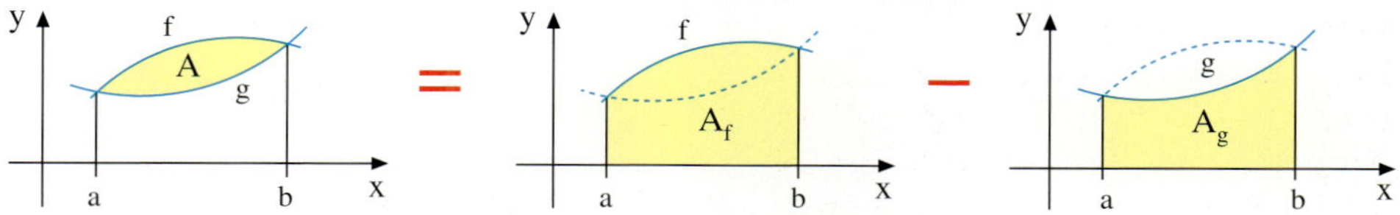

$$A = \int_a^b f(x)\,dx - \int_a^b g(x)\,dx$$

Inhalt A der Fläche **zwischen** f und g über dem Intervall [a; b] = Inhalt A_f der Fläche **unter** f über dem Intervall [a; b] − Inhalt A_g der Fläche **unter** g über dem Intervall [a; b]

Beispiel: Gesucht ist der Inhalt A der Fläche zwischen den Graphen von $f(x) = \frac{1}{4}x^2 + 1$ und $g(x) = -\frac{1}{4}x^2 + x$ über dem Intervall [1; 2].

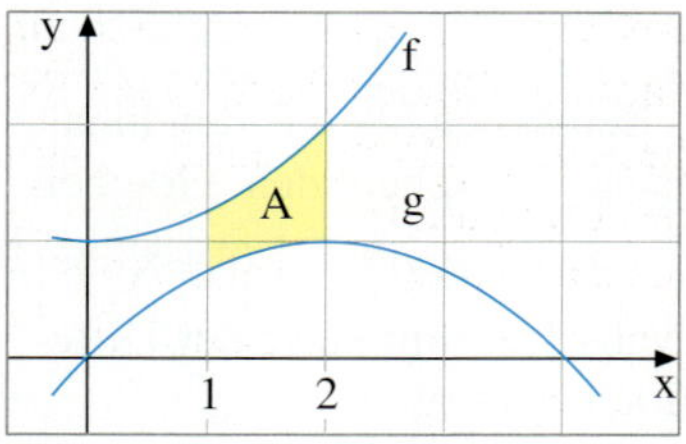

Lösung:

$$A_f = \int_1^2 f(x)\,dx = \int_1^2 \left(\tfrac{1}{4}x^2 + 1\right)dx = \left[\tfrac{1}{12}x^3 + x\right]_1^2 = \tfrac{32}{12} - \tfrac{13}{12} = \tfrac{19}{12}$$

$$A_g = \int_1^2 g(x)\,dx = \int_1^2 \left(-\tfrac{1}{4}x^2 + x\right)dx = \left[-\tfrac{1}{12}x^3 + \tfrac{1}{2}x^2\right]_1^2 = \tfrac{16}{12} - \tfrac{5}{12} = \tfrac{11}{12}$$

$$A = A_f - A_g = \tfrac{19}{12} - \tfrac{11}{12} = \tfrac{8}{12} = \tfrac{2}{3}$$

Übung 1

Berechnen Sie den Inhalt A der Fläche zwischen den Graphen der Funktionen $f(x) = x^2 + 2$ und $g(x) = x + 1$ über dem Intervall [−1; 2]. Fertigen Sie zunächst eine Skizze an.

Übung 2

Die Graphen der Funktionen $f(x) = 1 - x^2$ und $g(x) = x^2 - 2x + 1$ schneiden sich. Zwischen den Schnittpunkten umschließen sie die Fläche A vollständig.
Bestimmen Sie deren Inhalt.

Methode 2: Verwendung der Differenzfunktion

Man denkt sich die Fläche zwischen f und g aus unendlich vielen senkrechten Strecken zusammengesetzt. Die Länge der Strecke an der Stelle x ist die Differenz der Funktionswerte von f(x) und g(x). Senkt man alle Strecken auf die x-Achse ab, so entsteht dort eine neue Fläche mit dem gleichen Inhalt, deren obere Berandung die Differenzfunktion $h(x) = f(x) - g(x)$ ist. Der Inhalt dieser Fläche kann mit dem bestimmten Integral von h berechnet werden.

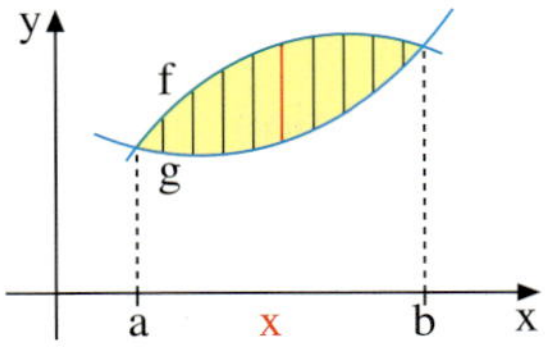

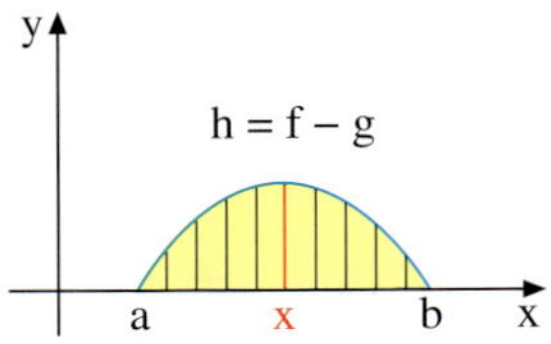

$$A = \int_a^b (f(x) - g(x))\,dx$$

Inhalt der Fläche **zwischen f und g** über dem Intervall [a; b] = Inhalt der Fläche **unter der Differenzfunktion h = f − g** über dem Intervall [a; b]

Beispiel: Berechnen Sie nun den Inhalt A der Fläche zwischen den Graphen $f(x) = \frac{1}{4}x^2 + 1$ und $g(x) = -\frac{1}{4}x^2 + x$ über dem Intervall [1; 2] mit Hilfe der Differenzfunktion $h = f - g$.

Lösung:
Die Differenzfunktion von f und g ist $h(x) = \frac{1}{2}x^2 - x + 1$. Das bestimmte Integral der Funktion h von 1 bis 2 hat den Wert $\frac{2}{3}$. Die Fläche unter h bzw. zwischen f und g über [1; 2] hat also den Inhalt $\frac{2}{3}$.

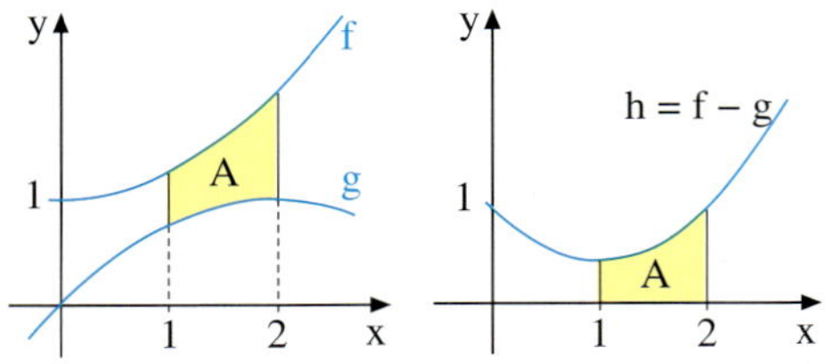

$$A = \int_1^2 h(x)\,dx = \int_1^2 \left(\tfrac{1}{2}x^2 - x + 1\right)dx$$
$$= \left[\tfrac{1}{6}x^3 - \tfrac{1}{2}x^2 + x\right]_1^2 = \tfrac{2}{3}$$

Übung 3
Gesucht ist der Inhalt A der Fläche zwischen den Graphen von $f(x) = 4 - x^2$ und $g(x) = \frac{1}{2}x + 4$ über dem Intervall [1; 2].

Übung 4
Die Graphen von $f(x) = -x^2 + 2x$ und $g(x) = x^3$ umschließen im 1. Quadranten eine Fläche vollständig.
Wie groß ist der Inhalt dieser Fläche?

B. Standardaufgaben

Im Folgenden werden verschiedene Standardaufgaben zur Berechnung des Inhalts der von zwei sich schneidenden Funktionsgraphen eingeschlossenen Flächenstücke behandelt. Gibt es mehrere Schnittpunkte und demzufolge auch mehrere Flächenstücke, so berechnet man die Inhalte der Teilflächen einzeln. Das erste Beispiel behandelt den einfachsten Fall.

Beispiel: Schnittfläche

Gesucht ist der Inhalt A der Fläche, die von den Graphen der Funktionen $f(x) = -x^2 + \frac{3}{2}x + 4$ und $g(x) = \frac{1}{2}x^2 + 1$ eingeschlossen wird.

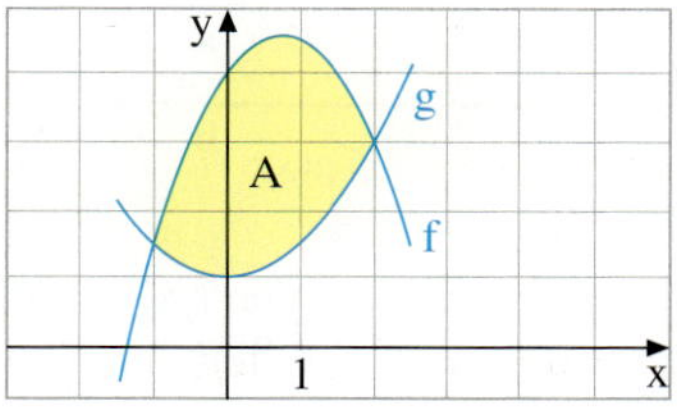

Lösung:
Zunächst fertigen wir eine Planungsskizze an. So können wir die Lage der betrachteten Fläche grob einschätzen.
Außerdem können wir sehen, dass f obere und g untere Randfunktion der Fläche ist.
Die genaue Lage der Flächenbegrenzungen a und b müssen wir allerdings errechnen. Es sind die Schnittstellen von f und g. Wir erhalten a = –1 und b = 2.

1. *Schnittstellen von f und g*

$$f(x) = g(x)$$
$$-x^2 + \frac{3}{2}x + 4 = \frac{1}{2}x^2 + 1$$
$$-\frac{3}{2}x^2 + \frac{3}{2}x + 3 = 0$$
$$x^2 - x - 2 = 0 \Rightarrow x_1 = -1,\ x_2 = 2$$

Nun errechnen wir die Differenzfunktion $h(x) = f(x) - g(x)$ wie rechts dargestellt.

2. *Bestimmung der Differenzfunktion*

$$h(x) = f(x) - g(x)$$
$$= \left(-x^2 + \frac{3}{2}x + 4\right) - \left(\frac{1}{2}x^2 + 1\right)$$
$$= -\frac{3}{2}x^2 + \frac{3}{2}x + 3$$

Der gesuchte Flächeninhalt ergibt sich dann als Wert des bestimmten Integrals der Funktion h in den Grenzen von –1 bis 2.

3. *Flächeninhaltsbestimmung*

$$A = \int_{-1}^{2} h(x)\,dx = \int_{-1}^{2} \left(-\frac{3}{2}x^2 + \frac{3}{2}x + 3\right) dx$$
$$= \left[-\frac{1}{2}x^3 + \frac{3}{4}x^2 + 3x\right]_{-1}^{2} = \frac{27}{4} = 6{,}75$$

Resultat: $A = \frac{27}{4} = 6{,}75$

Übung 5

Berechnen Sie den Inhalt der von den Graphen der Funktionen f und g begrenzten Fläche.

a) $f(x) = 2x,\ g(x) = x^2$
b) $f(x) = -x^2 + 8,\ g(x) = x^2$
c) $f(x) = \frac{1}{4}x^2,\ g(x) = (x-1)^2$
d) $f(x) = \frac{1}{4}x^3 + 2,\ g(x) = \frac{3}{4}x + \frac{3}{2}$
e) $f(x) = \frac{4}{x^2},\ g(x) = -\frac{5}{4}x + \frac{21}{4}$
f) $f(x) = \frac{1}{6}x^3,\ g(x) = \frac{1}{6}x^3 - \frac{3}{2}x^2 + \frac{9}{2}x$

Übung 6

Bestimmen Sie a > 0 so, dass die von den Graphen der Funktionen f und g eingeschlossene Fläche den angegebenen Inhalt A hat.

a) $f(x) = -x^2 + 2a^2$
$g(x) = x^2$
$A = 72$

b) $f(x) = x^2$
$g(x) = ax$
$A = \frac{4}{3}$

c) $f(x) = x^2 + 1$
$g(x) = (a^2 + 1) \cdot x^2$
$A = \frac{4}{3}$

Alle bisher betrachteten Beispiele hatten eines gemeinsam: Die zu betrachtende Fläche A lag oberhalb der x-Achse. Wir untersuchen nun, wie man vorgeht, wenn die Fläche A zwischen den Kurven von der x-Achse in zwei Teilflächen zerschnitten wird, von denen eine oberhalb und die andere unterhalb der x-Achse liegt.

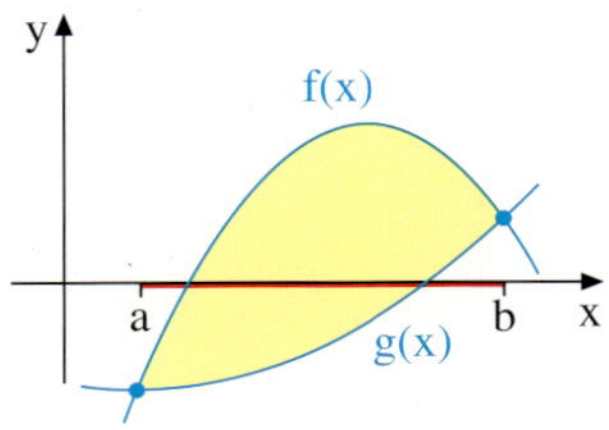

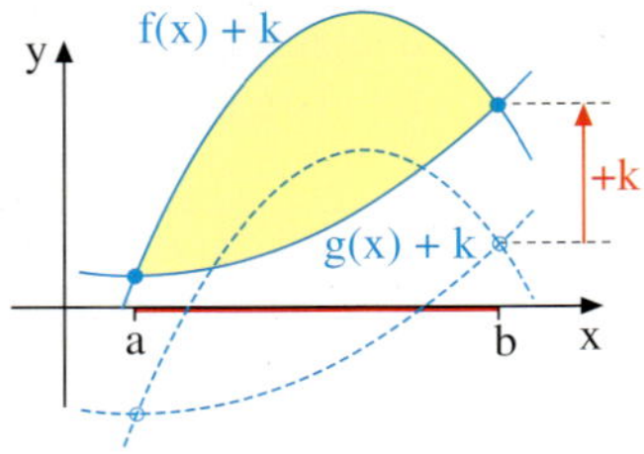

Man kann die Graphen von f und g wie abgebildet so weit nach oben verschieben, dass die Fläche A ganz oberhalb der x-Achse liegt. Nun lässt sich der Inhalt von A nach der Differenzfunktionsmethode berechnen:

$$A = \int_a^b ((f(x) + k) - (g(x) + k))\,dx = \int_a^b (f(x) - g(x))\,dx$$

Im Integranden fällt dann die Verschiebungsgröße k wieder heraus. Die Verschiebung muss also praktisch gar nicht ausgeführt werden.
Fazit: Der Inhalt der Fläche zwischen zwei Kurven f und g lässt sich – unabhängig von der Lage der Fläche – stets durch Integration der Differenzfunktion f – g bestimmen. Es muss jedoch gesichert sein, dass im Integrationsintervall kein Vorzeichenwechsel von h auftritt.

Beispiel: Schnittfläche
Gesucht ist der Flächeninhalt A zwischen
$f(x) = x + 1$
und $g(x) = x^2 + 2x - 1$.

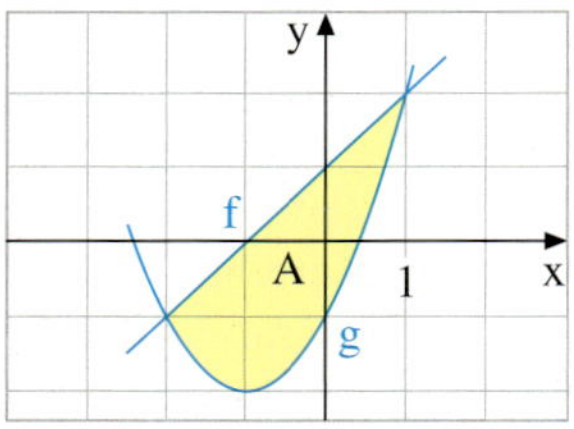

Lösung:
Die Kurven schneiden sich an den Stellen $a = -2$ und $b = 1$. Daher gilt:

$$A = \int_{-2}^{1} (f(x) - g(x))\,dx = \int_{-2}^{1} (-x^2 - x + 2)\,dx = \left[-\tfrac{1}{3}x^3 - \tfrac{1}{2}x^2 + 2x\right]_{-2}^{1} = \tfrac{9}{2} = 4{,}5$$

Übung 7
Gesucht ist der Inhalt A der Fläche, die von den Graphen von $f(x) = -x^3 + 1$ und $g(x) = 6x^2 - 7x + 1$ im ersten und vierten Quadranten umschlossen wird.

Übung 8
Gesucht ist der Inhalt A der rechts abgebildeten Fläche.

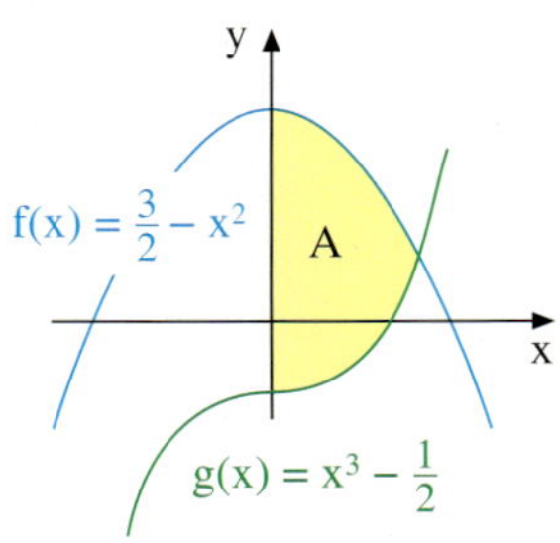

Wir betrachten nun den Fall, dass die von zwei Kurven f und g eingeschlossene Fläche in zwei oder mehr Teilflächen zerfällt. Dieser Fall tritt z. B. dann ein, wenn f und g mehr als zwei Schnittpunkte besitzen. Das Lösungsprinzip ist denkbar einfach: Man berechnet die Inhalte der Teilflächen einzeln, z. B. mittels Differenzfunktion.

Beispiel: Berechnen Sie den Inhalt A der Fläche, die von den Graphen von $f(x) = \frac{1}{3}x^3 - \frac{4}{3}x$ und $g(x) = \frac{1}{3}x^2 + \frac{2}{3}x$ eingeschlossen wird.

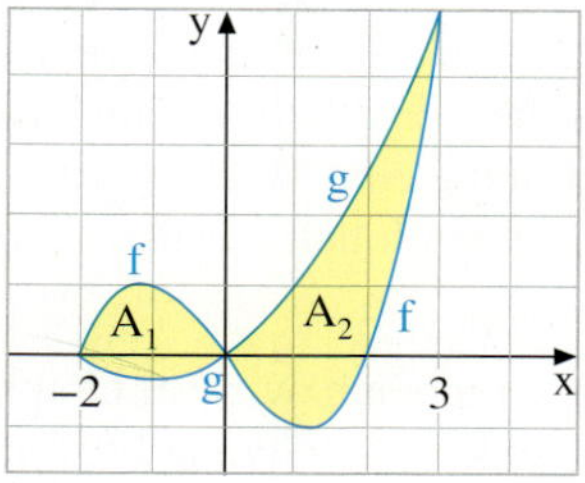

Lösung:
Wir skizzieren zunächst die Graphen von f und g. Diese haben drei Schnittpunkte, wodurch die Fläche in zwei Teilflächen A_1 und A_2 zerfällt, die von Schnittpunkt zu Schnittpunkt reichen.

1. Schnittstellen von f und g

$$f(x) = g(x)$$
$$\frac{1}{3}x^3 - \frac{4}{3}x = \frac{1}{3}x^2 + \frac{2}{3}x$$
$$\frac{1}{3}x^3 - \frac{1}{3}x^2 - 2x = 0$$
$$x \cdot (x^2 - x - 6) = 0$$
$$\Rightarrow x_1 = 0,\ x_2 = -2,\ x_3 = 3$$

Die Berechnung der Schnittstellen ergibt $x_1 = 0$, $x_2 = -2$ und $x_3 = 3$.

Des Weiteren errechnen wir die Differenzfunktion $h(x) = f(x) - g(x)$. Gleichwertig wäre $h(x) = g(x) - f(x)$.

2. Differenzfunktion

$$h(x) = f(x) - g(x) = \frac{1}{3}x^3 - \frac{1}{3}x^2 - 2x$$

Anschließend berechnen wir die bestimmten Integrale der Differenzfunktion von der ersten Schnittstelle −2 bis zur zweiten Schnittstelle 0 sowie von der zweiten Schnittstelle 0 bis zur dritten Schnittstelle 3.

3. Flächeninhaltsberechnung

$$\int_{-2}^{0} h(x)\,dx = \left[\frac{1}{12}x^4 - \frac{1}{9}x^3 - x^2\right]_{-2}^{0} = \frac{16}{9}$$
$$\int_{0}^{3} h(x)\,dx = \left[\frac{1}{12}x^4 - \frac{1}{9}x^3 - x^2\right]_{0}^{3} = -\frac{21}{4}$$
$$A_1 = \frac{16}{9},\ A_2 = \frac{21}{4}$$
$$A = A_1 + A_2 = \frac{16}{9} + \frac{21}{4} = \frac{253}{36} \approx 7{,}03$$

Diese haben die Werte $\frac{16}{9}$ bzw. $-\frac{21}{4}$, woraus sich $A_1 = \frac{16}{9}$ und $A_2 = \frac{21}{4}$ ergeben. Addition ergibt den Inhalt A.

Resultat: $A = \frac{253}{36} \approx 7{,}03$.

Übung 9

Berechnen Sie den Inhalt der Fläche zwischen den Kurven f und g über dem Intervall I.

a) $f(x) = x^3 + x^2$
$g(x) = x^2 + x$
$I = [-2; 1]$

b) $f(x) = 3x$
$g(x) = x^3 - x$
$I = [-1; 2]$

Übung 10

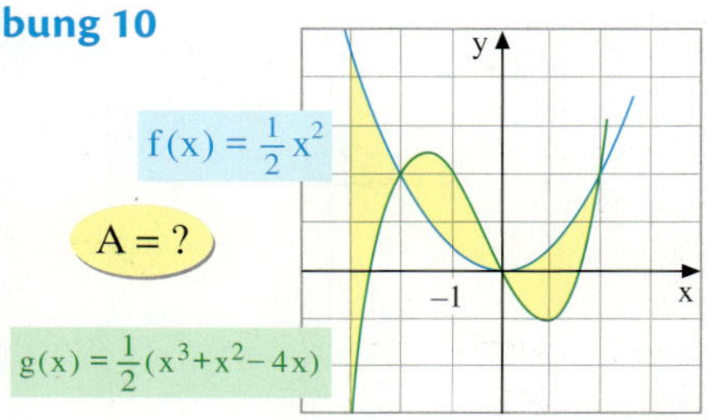

Übungen

11. Die Graphen von f und g besitzen zwei Schnittpunkte. Bestimmen Sie diese und fertigen Sie eine Skizze an.
Zwischen den Schnittpunkten schließen f und g eine Fläche A ein. Berechnen Sie den Inhalt von A.

a) $f(x) = 0{,}5\,x^2 - 2$
$g(x) = -0{,}5\,x + 1$

b) $f(x) = -x^2 + 4\,x$
$g(x) = -0{,}5\,x^2 - 2\,x$

c) $f(x) = x^3 + 4\,x^2$
$g(x) = 2\,x^2$

d) $f(x) = \frac{1}{4}x^3 + \frac{5}{4}x^2$
$g(x) = \frac{3}{4}x^2$

12. Zwei Graphen bzw. zwei Graphen und eine senkrechte Gerade begrenzen die abgebildete Fläche A.
Bestimmen Sie zunächst, über welchem Intervall die Fläche A liegt.
Berechnen Sie dann den Inhalt von A.

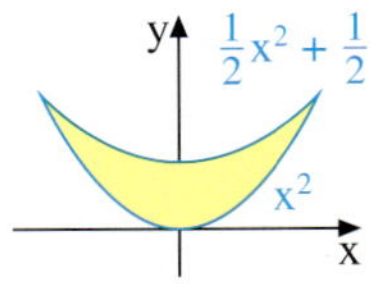

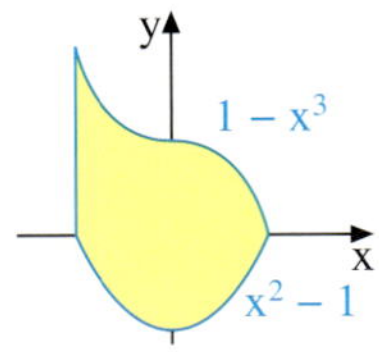

13. Gesucht ist jeweils der Inhalt der markierten Fläche A.
a) A wird durch zwei Geraden und eine Hyperbel mit gegebenen Gleichungen eingeschlossen.
b) A wird durch eine Gerade und zwei Kurven eingeschlossen. Im ersten Schritt müssen die Gleichungen dieser Funktionen bestimmt werden.

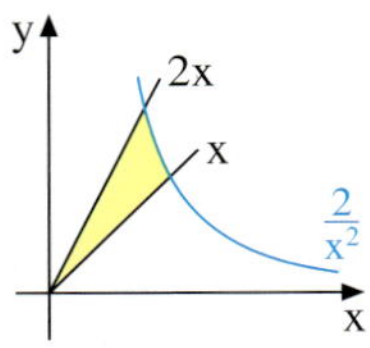

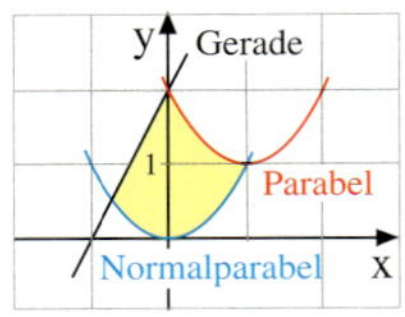

14. Bestimmen Sie, für welchen Wert des Parameters $a > 0$ die von f und g eingeschlossene Fläche A den angegebenen Inhalt hat.
Berechnen Sie zunächst die beiden Schnittpunkte von f und g in Abhängigkeit vom Parameter a.

a) $f(x) = a\,x^2$
$g(x) = x$
$A = \frac{2}{3}$

b) $f(x) = x^2$
$g(x) = -a\,x + 2\,a^2$
$A = 4{,}5$

c) $f(x) = x^2 - 2\,x + 2$
$g(x) = a\,x + 2$
$A = 36$

d) $f(x) = x^3$
$g(x) = a^2\,x$
$A = 8$

15. Wie muss $a > 0$ gewählt werden, damit die markierte Fläche den Inhalt $\frac{1}{8}$ hat?

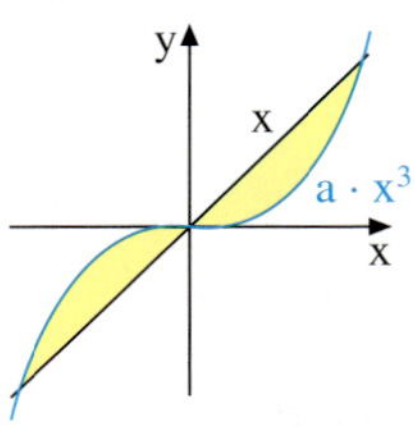

16. Wie muss $a > 0$ gewählt werden, wenn die beiden markierten Flächen gleichgroß sein sollen?

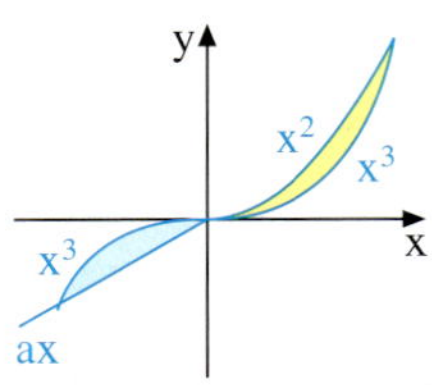

C. Bestimmung von Flächeninhalten mit dem Rechner

Einige Teilschritte beim Bestimmen des Inhalts einer Fläche zwischen Funktionsgraphen lassen sich mit den erweiterten Funktionen des Taschenrechners ausführen.

Beispiel: Fläche zwischen Graph und Tangente

Bestimmen Sie den Inhalt der Fläche, die vom Graphen der Funktion $f(x) = \frac{1}{16}x^3 - \frac{1}{4}x + \frac{1}{2}$ und der Tangente t durch $P(-2|0,5)$ eingeschlossen wird.

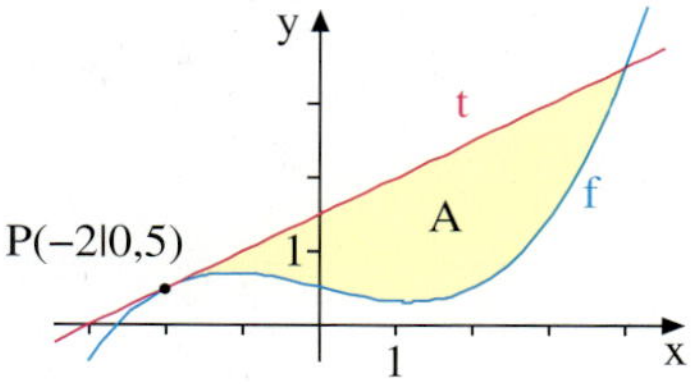

Lösung:
Zur Ermittlung der Tangentengleichung bestimmen wir mit dem Taschenrechner die Ableitung von f an der Stelle $x = -2$.
Sie lautet $m = f'(-2) = 0{,}5$.
Dieses Zwischenergebnis und den Funktionswert $f(-2) = 0{,}5$ setzen wir in die allgemeine Tangentengleichung ein.
Resultat: $t(x) = 0{,}5\,x + 1{,}5$.

Wir berechnen die Differenzfunktion $h(x) = t(x) - f(x)$ und bestimmen mit dem Menü zum Lösen von Gleichungen höheren Grades die Lösung der Gleichung $h(x) = 0$.
Nach Eingabe von $a = -\frac{1}{16}$, $b = 0$, $c = \frac{3}{4}$ und $d = 1$ erhalten wir $x = 4$ als zweite Schnittstelle neben der Berührstelle $x = -2$.

Der gesuchte Flächeninhalt ergibt sich dann mit dem Rechner als bestimmtes Integral der Funktion h in den Grenzen von −2 bis 4.
Resultat: A = 6,75

1. Tangentengleichung

$t(x) = f'(x_0) \cdot (x - x_0) + f(x_0)$
$t(x) = f'(-2) \cdot (x - (-2)) + f(-2)$
$t(x) = 0{,}5\,(x + 2) + 0{,}5$
$\quad = 0{,}5x + 1{,}5$

2. Schnittstelle von f und t

$h(x) = t(x) - f(x)$
$\quad = (0{,}5\,x + 1{,}5) - \left(\frac{1}{16}x^3 - \frac{1}{4}x + \frac{1}{2}\right)$
$\quad = -\frac{1}{16}x^3 + \frac{3}{4}x + 1$

Lösen von $h(x) = 0$ mit dem Rechner:
Resultat: $x = -2$ und $x = 4$

3. Berechnung von A mit dem Rechner

$$\int_{-2}^{1}\left(-\frac{1}{16}x^3 + \frac{3}{1}x + 1\right)dx$$

6,75

Übung 17

Der Graph von $f(x) = 0{,}05\,x^3 + 0{,}25\,x^2 - 0{,}2\,x + 1$ und die Tangente t von f im Punkt $P(-5|2)$ schließen eine Fläche A ein.

a) Bestimmen Sie die Gleichung der Tangente t.
b) Begründen Sie zunächst durch inhaltliche Überlegungen, warum der Graph von f und die Tangente t neben P einen weiteren Schnittpunkt besitzen.
c) Bestimmen Sie mit dem TR/Computer den Inhalt der Fläche A, welche vom Graphen von f und der Tangente t eingeschlossen wird.

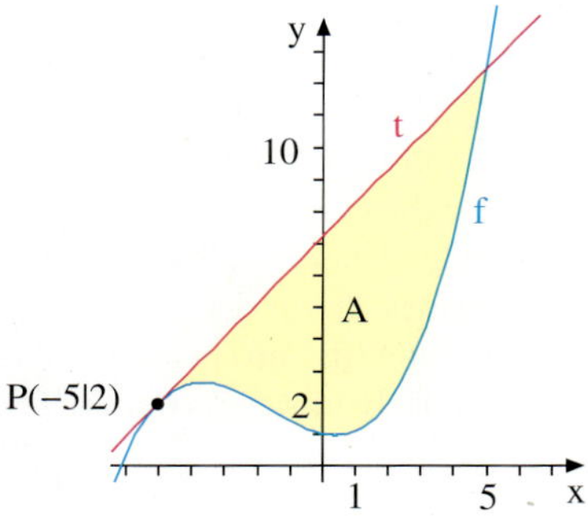

D. Modellierungsaufgaben

Beispiel: Das Dach einer 20 m breiten und 60 m langen Tennishalle soll einen Parabelbogen spannen. Welchen Zuwachs erhält das Luftvolumen der Halle, wenn anstelle der ursprünglich geplanten Bauhöhe von 8 m eine Höhe von 10 m gewählt wird?

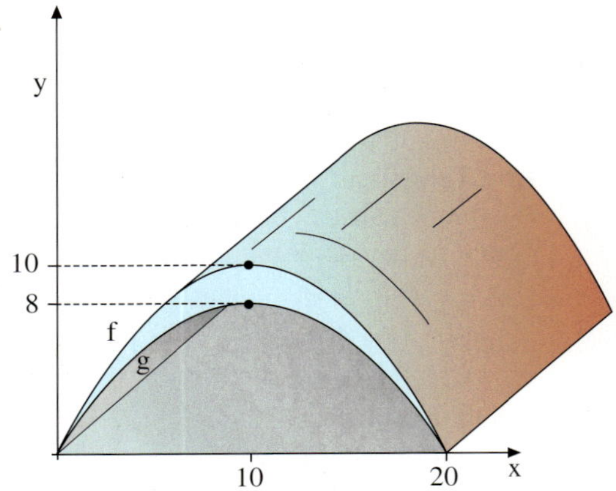

Lösung:
Die Skizze lässt uns erkennen, dass es genügt, den Inhalt A der Fläche zwischen dem aktuellen Dachprofil f und dem ursprünglich geplanten, niedrigeren Dachprofil g zu berechnen. Der Luftzuwachs ergibt sich durch Multiplikation von A mit der gegebenen Länge der Halle.

Wir modellieren nach Festlegung des Koordinatensystems f und g durch quadratische Parabeln der Form $a x^2 + b x + c$.
Aus den ablesbaren Informationen $f(0) = 0$, $f(10) = 10$, $f(20) = 0$ bzw. $g(0) = 0$, $g(10) = 8$, $g(20) = 0$ ergeben sich mittels linearer Gleichungssysteme die Funktionsgleichungen:
$f(x) = -\frac{1}{10}x^2 + 2x$, $g(x) = -\frac{2}{25}x^2 + \frac{8}{5}x$.

Anschließend bestimmen wir A, indem wir die Differenzfunktion f − g von a = 0 bis b = 20 integrieren. Wir erhalten so den Flächeninhalt von $A = \frac{80}{3}\,m^2$.

Hieraus ergibt sich ein Volumenzuwachs von $1600\,m^3$ Luft.

Ansatz: $f(x) = a x^2 + b x + c$

$$\left.\begin{array}{l} f(0) = 0 \\ f(10) = 10 \\ f(20) = 0 \end{array}\right\} \Rightarrow \begin{array}{r} c = 0 \\ 100a + 10b + c = 10 \\ 400a + 20b + c = 0 \end{array}$$

$$\Rightarrow a = -\frac{1}{10},\ b = 2,\ c = 0$$

Also gilt: $f(x) = -\frac{1}{10}x^2 + 2x$

Analog: $g(x) = -\frac{2}{25}x^2 + \frac{8}{5}x$

$$A = \int_0^{20} (f(x) - g(x))\,dx = \int_0^{20} \left(-\frac{1}{50}x^2 + \frac{2}{5}x\right) dx$$

$$= \left[-\frac{1}{150}x^3 + \frac{1}{5}x^2\right]_0^{20} = \frac{80}{3}$$

$$V = \frac{80}{3}\,m^2 \cdot 60\,m = 1600\,m^3$$

Übung 18

Aus 16 mm dickem Plexiglas wird eine Bikonvexlinse ausgeschnitten. Ihre beiden Brechungsflächen sollen parabelförmiges Profil sowie die in der Zeichnung angegebenen Maße (in mm) besitzen. Wie groß ist der Materialverbrauch (in mm³)?

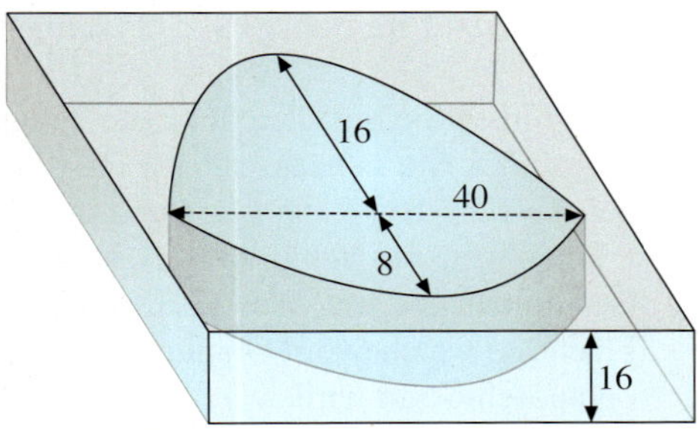

Übungen

19. Gebäudefront

Das Foto zeigt eine Gebäudefront, welche parabelförmig begrenzt ist. Die Front ist 12 m breit und 9 m hoch, wobei 5 m auf die untere und 4 m auf die obere Parabel entfallen.

a) Bestimmen Sie die Gleichungen der beiden Parabeln (Ursprung in der Mitte zwischen den Parabeln).

b) Welchen Querschnitt hat die Front?

20. Grundstücksgröße

Ein Grundstück wird wie abgebildet durch eine Straße f, einen Fluss g und die zwei Parallelen $x = -10$ und $x = 10$ begrenzt. Der Fluss wird durch $g(x) = 0{,}005\,x^3 - 1{,}5\,x$ erfasst.

a) Bestimmen Sie die Gleichung der Straßengerade.

b) Bestimmen Sie die Größe des Grundstücks.

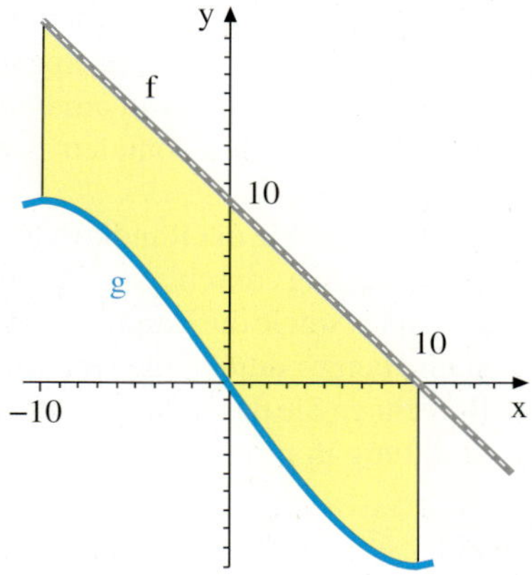

21. Fischlogo

Mac Fish plant als Firmenlogo für die Fenster ein transparentes Symbol. Ein Designer liefert den Entwurf rechts.

a) Bestimmen Sie die quadratischen Parabelgleichungen von f und g.

b) Welchen Inhalt A hat das Logo?

c) Das Logo lässt nur 50 % des Lichtes durch. Wie stark reduziert sich der Lichteinfall des gesamten Fensters?

d) In welchem Bereich ist das Logo mindestens 25 cm hoch?

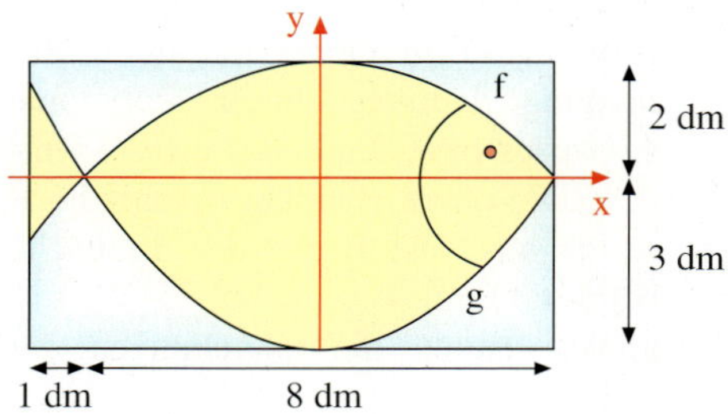

22. Campinganlage

Eine neue Campinganlage wird geplant. Sie soll von der Straße g, dem Küstenabschnitt $f(x) = -\frac{1}{4}x^4 + x^2$ sowie den Geraden h und k begrenzt werden (1 LE = 100 m).

a) Bestimmen Sie die Gleichungen der Parabel g sowie der Geraden h.

b) Welchen Flächeninhalt hat die geplante Anlage insgesamt?

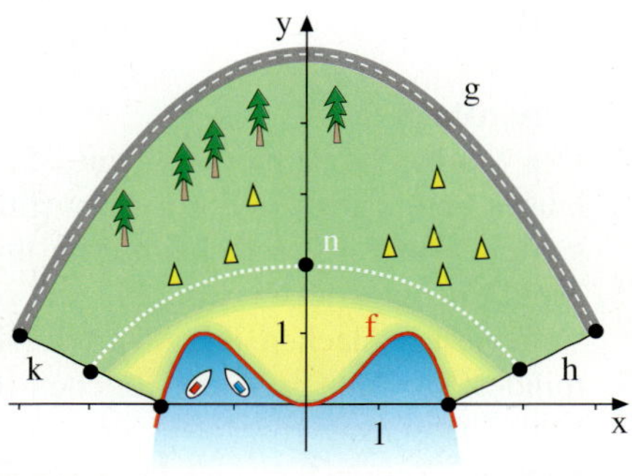

c) Der Bereich zwischen der Straße g und der Parabel n durch A $(-3|0{,}5)$, B $(0|2)$ und C $(3|0{,}5)$ soll in je 100 m² große Parzellen geteilt werden. Wie viele Parzellen sind möglich?

23. Thermalbad

Ein Innenarchitekt plant für ein neues Thermalbad einen Whirlpool.

a) Wie lauten die Gleichungen der Randfunktionen f und g? g läuft bei P(4|2) horizontal aus.

b) Wie viele Liter Wasser fasst das 1,5 m tiefe Becken?

c) Wie groß ist der Winkel α, unter dem die Kurven f und g sich im Punkt P(4|2) treffen?

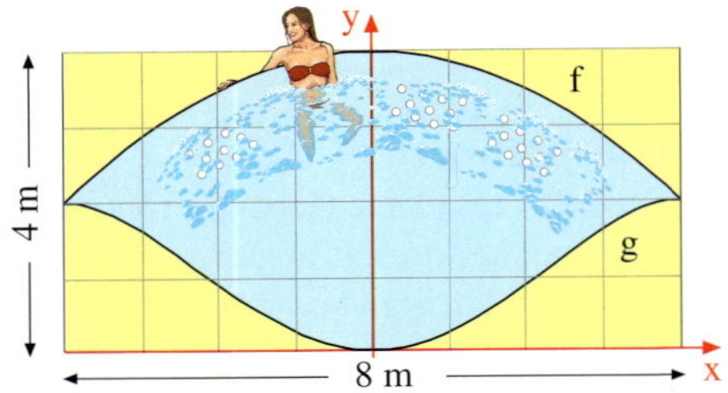

$f(x) = ax^2 + b$

$g(x) = ux^4 + vx^2$

24. Damm

Ein Hang, der 1000 m lang, 100 m breit und 40 m hoch ist, wird durch eine Aufschüttung neu gestaltet, um am oberen Hangende einen horizontalen Übergang zu schaffen.

a) Modellieren Sie die Randkurve f der Aufschüttung durch ein Polynom 2. Grades sowie die Randkurve g des alten Hanges durch eine Gerade.

b) Berechnen Sie das Volumen der Aufschüttung in m^3.

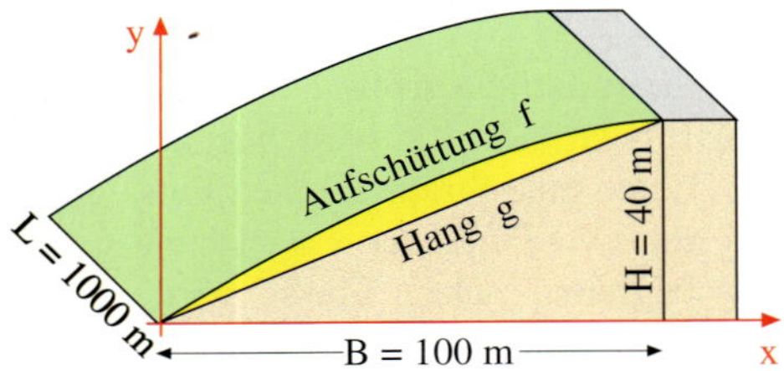

$f(x) = ax^2 + bx + c$

$g(x) = ux$

25. Wippe

Eine Wippe aus Kunststoff hat die abgebildete Form. Obere und untere Berandung können durch Polynome 4. Grades bzw. 2. Grades erfasst werden. Die obere Randkurve läuft horizontal aus. Die Breite der Sitzfläche beträgt 30 cm.

a) Wie lauten die Gleichungen der Randkurven f und g?

b) Wie groß ist die Masse der Wippe? (Dichte Kunststoff: $0{,}7\ g/cm^3$)

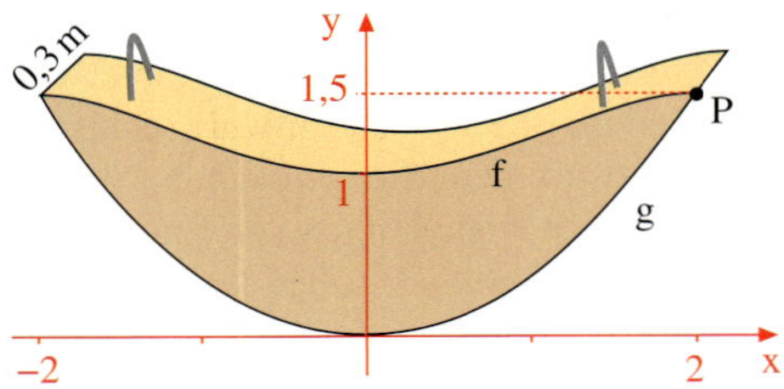

$f(x) = ax^4 + bx^2 + c$ 1 LE = 1 m

$g(x) = ux^2$ P(2|1,5)

26. Vereinslogo

Der Marineclub erhält ein neues 5 m langes Vereinslogo in Form eines stilisierten Wals. Es soll beidseitig mit Zinkfarbe gestrichen werden, um es wetterfest zu machen. Der Anstrich soll mindestens 1 mm dick sein. Reichen 10 Liter Farbe aus?

Hinweis: Zeigen Sie zunächst, dass die Schwanzflosse des Logos 1 m lang ist.

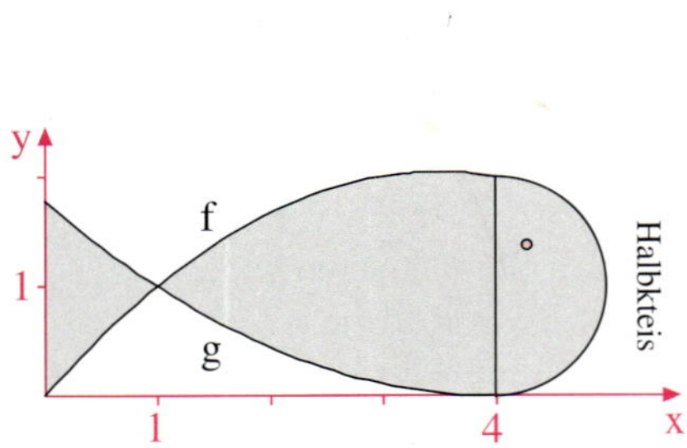

$f(x) = -\frac{1}{6}x^2 + \frac{7}{6}x\,,\ 0 \le x \le 4$

$g(x) = \frac{1}{9}(x^2 - 8x + 16)\,,\ 0 \le x \le 4$

4. Rekonstruktion von Beständen

Bei zahlreichen Prozessen kennt man die Bestandsfunktion, die den Prozess beschreibt, nicht unmittelbar, sondern nur deren Änderungsrate. Dann ist es möglich, von der Änderungsrate auf den Bestand zurückzuschließen. Man bezeichnet dies als ***Bestandsrekonstruktion***.
Dieses Verfahren soll nun an zwei typischen Beispielen verdeutlicht werden.

A. Rekonstruktion des Bestandes aus der Wachstumsrate

Beispiel: Insel des Todes

Auf der Insel des Todes Quaimada vor der Küste Brasiliens lebt eine giftige Schlangenart, die Lanzenotter. Bei einer Expedition vor 20 Jahren wurde die Schlangenpopulation erfasst. Es lebten damals ca. 2000 Schlangen auf der Insel und die Wachstumsgeschwindigkeit der Population betrug $N'(t) = \frac{1}{30}(23 - 2t)$ (t: Zeit in Jahren; N′(t): Wachstumsgeschwindigkeit zum Zeitpunkt t in Tausend Schlangen/Jahr).

a) Wie groß war der *Zuwachs* an Schlangen in den verflossenen 20 Jahren?
b) Wie lautet die *Bestandsfunktion* der Schlangen, wenn bei der ersten Expedition 2000 Schlangen gezählt wurden?
c) Wann existierten ca. 6000 Schlangen?

Lösung zu a:
Die Änderungsrate N′ ist gegeben. Den Zuwachs ΔN erhalten wir, indem wir die Änderungsrate über das Intervall [0; 20] integrieren, d. h. „aufsummieren“.

Der Zuwachs ΔN entspricht nämlich der „orientierten“ Fläche unter der Funktion der Änderungsrate N′ im Intervall [0; 20].

Wir erhalten ΔN = 2, d. h., es sind 2000 Schlangen hinzugekommen.

Gleichung der Änderungsrate N′:

$N'(t) = \frac{1}{30}(23 - 2t)$

Anschauliche Bedeutung des Zuwachses ΔN als Flächeninhalt:

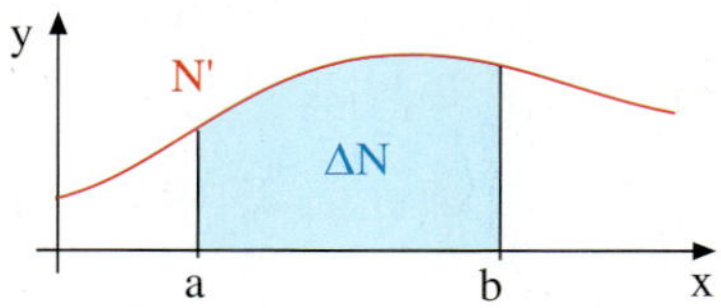

Bestimmung des Zuwachses ΔN:

$$\Delta N = \int_0^{20} N'(t)\,dt = \int_0^{20} \frac{1}{30}(23 - 2t)\,dt$$
$$= \left[\frac{1}{30}(23t - t^2)\right]_0^{20}$$
$$= (2) - (0) = 2$$

Lösung zu b:
Die Funktion der Änderungsrate N′ ist gegeben. Wir bestimmen N als Stammfunktion: $N(t) = \frac{1}{30}(23t - t^2) + C$.

Die Konstante C ergibt sich aus der *Anfangsbedingung* N(0) = 2, d. h. C = 2.

Damit lautet die endgültige Bestandsfunktion $N(t) = \frac{1}{30}(23t - t^2) + 2$.

Bestimmung der Bestandsfunktion N:

$$N(t) = \int \frac{1}{30}(23 - 2t)\,dt = \frac{1}{30}(23t - t^2) + C$$
$$N(0) = 2 \Rightarrow C = 2$$
$$\Rightarrow N(t) = \frac{1}{30}(23t - t^2) + 2$$

Lösung zu c:
Wenn die Bestandsfunktion rekonstruiert ist, kann man leicht weitere Fragestellungen beantworten. Hier führt der Lösungsansatz N (t) = 6 (6000 Schlangen) zum Ziel. Nach 8 Jahren und dann noch einmal nach 15 Jahren war dieser Bestand erreicht.

Zeitbestimmung

$N(t) = 6$

$\frac{1}{30}(23t - t^2) + 2 = 6$

$23t - t^2 = 120$

$t^2 - 23t + 120 = 0 \Rightarrow t = 8 \text{ oder } t = 15$

B. Rekonstruktion des Weges aus der Geschwindigkeit

Beispiel: Fallschirmspringer
Ein Fallschirmspringer springt ab und zählt im Sekundentakt bis 10. Dann zieht er die Reißleine und der Schirm öffnet sich. Seine Geschwindigkeit steigt dabei gemäß der Funktion v (t) = 5 t an.*
a) Welche Strecke hat er bis zum Ziehen der Leine zurückgelegt ?
b) Wie lautet seine Weg-Zeit-Funktion s (t)?

Lösung zu a:
Die Geschwindigkeit v ist gegeben. Sie ist bekanntlich die Änderungsrate des Weges s nach der Zeit t. Also gilt $v = s'$.

Formel für die Änderungsrate:
$v(t) = 5t$
$s'(t) = 5t$

Den Wegzuwachs Δs erhalten wir, indem wir die Geschwindigkeit über das Intervall [0; 10] integrieren, d. h. „aufsummieren“.

Der Zuwachs entspricht auch hier der „orientierten“ Fläche unter der Geschwindigkeitsfunktion über dem Intervall [0; 10].

Anschauliche Bedeutung des Wegzuwachses Δs als Flächeninhalt:

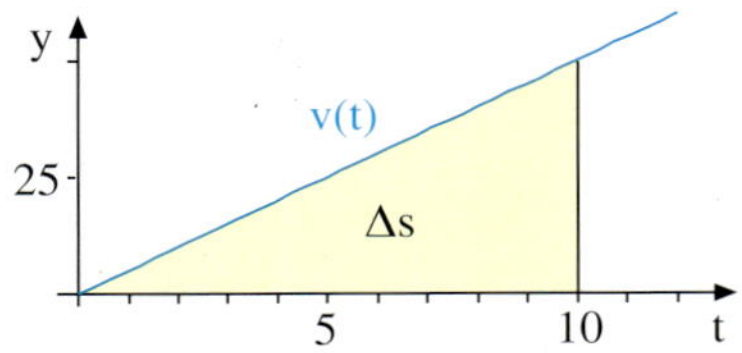

Wir erhalten $\Delta s = 250$, d.h., der Springer legt 250 m im freien Fall zurück.

Bestimmung des Wegzuwachses:

$$\Delta s = \int_0^{10} s'(t)\,dt = \int_0^{10} v(t)\,dt = \int_0^{10} 5t\,dt$$
$$= [2{,}5\,t^2]_0^{10}$$
$$= (250) - (0) = 250$$

Lösung zu b:
Die Geschwindigkeitsfunktion v ist gegeben. Wir bestimmen s als Stammfunktion: $s(t) = 2{,}5\,t^2 + C$.

Die Konstante C ergibt sich aus der Anfangsbedingung $s(0) = 0$, d. h. $C = 0$.

Damit lautet die endgültige Weg-Zeit-Funktion $s(t) = 2{,}5\,t^2$.

Bestimmung der Weg-Zeit-Funktion s:

$$s(t) = \int v(t)\,dt = \int s'(t)\,dt = \int 5t\,dt = 2{,}5\,t^2 + C$$
$$s(0) = 0 \Rightarrow C = 0$$
$$\Rightarrow s(t) = 2{,}5\,t^2$$

* Aufgrund des Luftwiderstandes beträgt die Fallbeschleunigung im Mittel $5\,\frac{m}{s^2}$ anstelle der normalen $9{,}81\,\frac{m}{s^2}$.

Wir fahren mit einem weiteren Beispiel zu einer Bewegung fort, diesmal ist es ein Abnahmeprozess in Form eines Bremsvorgangs.

Beispiel: Bremsweg

Ein Schlitten wird gebremst. Während des Bremsens wird seine Geschwindigkeit durch die Funktion $v(t) = 40 - 8t$ beschrieben (t in s, v in m/s). Wie lautet die Funktion s für den Bremsweg? Wie lang ist der Bremsweg bis zum Stillstand des Schlittens?

Lösung:

Hier gilt wieder $s'(t) = v(t)$. Um den Weg s zu erhalten, bestimmen wir zunächst wieder das unbestimmte Integral von v.
Es lautet $s(t) = 40t - 4t^2 + C$.
Da $s(0) = 0$ gilt, folgt $C = 0$.
Also gilt $s(t) = 40t - 4t^2$.

Der Schlitten steht still, wenn $v(t) = 0$ ist, also zum Zeitpunkt $t = 5$.
Der Bremsweg bis zum Stillstand ist das bestimmte Integral von v über dem Intervall [0; 5]. Es hat den Wert 100 m.

Gleichung der Funktion s:

Ansatz: $s'(t) = v(t) = 40 - 8t$

$$\Rightarrow s(t) = \int v(t)\,dt = \int (40 - 8t)\,dt = 40t - 4t^2 + C$$

Anfangswert: $s(0) = 0 \Rightarrow C = 0$

$$\Rightarrow s(t) = 40t - 4t^2$$

Berechnung des Bremsweges:

$$\int_0^5 v(t)\,dt = [s(t)]_0^5 = s(5) - s(0) = 100 - 0 = 100$$

Übung 1 Großstadt

Eine Stadt hat zu Beginn eines Planungszeitraumes 2 Millionen Einwohner. Ein Prognoseinstitut geht davon aus, dass die Änderungsrate der Einwohnerzahl N in den nächsten 20 Jahren durch die lineare Funktion $N'(t) = 0{,}002x + 0{,}05$ modelliert werden kann. Wie lautet die Gleichung von N? Wie viele Einwohner gewinnt die Stadt in dem 20-Jahres-Zeitraum hinzu?

Übung 2 Testfahrt

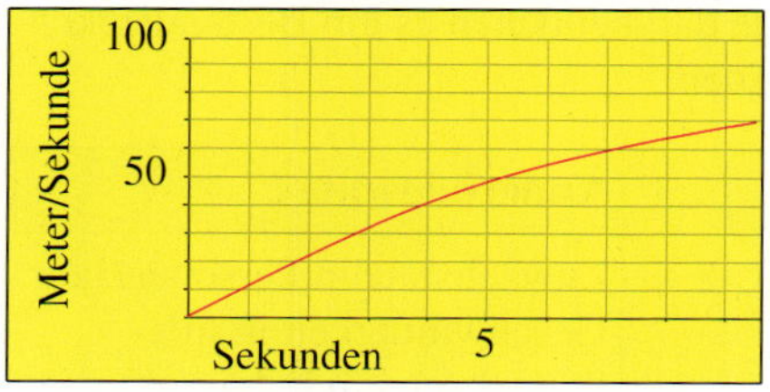

Der Fahrtenschreiber zeichnet bei der Testfahrt eines Sportwagens die Geschwindigkeit v auf. Sie kann durch die quadratische Funktion $v(t) = -\frac{1}{2}t^2 + 12t$ beschrieben werden.
(t in s, v in m/s)

a) Wie lautet die Weg-Zeit-Funktion des Fahrvorgangs?

b) Nach welcher Zeit kommt das Fahrzeug zum Stehen ($v = 0\,m/s$)? Welche Strecke hat das Fahrzeug insgesamt zurückgelegt?

C. Ein Prozess mir abschnittsweise definierter Änderungsrate

Im folgenden Beispiel tritt sowohl Zuwachs als auch Abnahme auf. Außerdem ist die Änderungsrate nur abschnittsweise definiert und zunächst nur graphisch erfasst.

Beispiel: Steigflug

Ein Heißluftballon ändert seine Steiggeschwindigkeit v gemäß dem abgebildeten Diagramm. Er startet in einer Höhe von 350 m über dem Meeresspiegel.

a) Stellen Sie die Steiggeschwindigkeit als zusammengesetzte Funktion dar.

b) Welcher Höhengewinn wird erzielt?

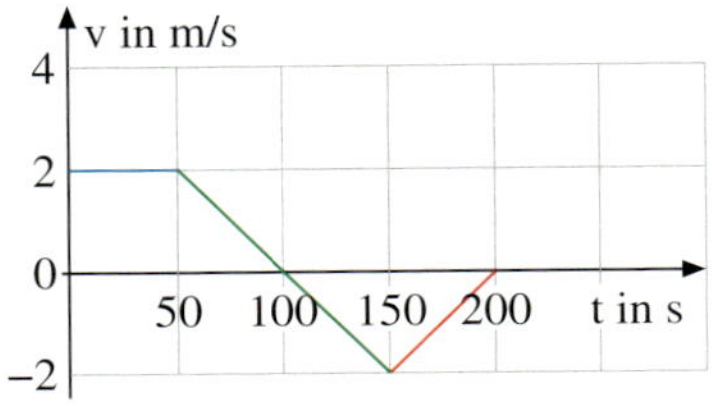

Lösung:

Wir bestimmen zunächst die drei Teilgeraden der Geschwindigkeitsfunktion v und ihre Definitionsmengen.

Geschwindigkeitsfunktion:

$$v(t) = \begin{cases} 2, & 0 \le t \le 50 \\ -0{,}04t + 4, & 50 \le t \le 150 \\ 0{,}04t - 8, & 150 \le t \le 200 \end{cases}$$

Anschließend berechnen wir das bestimmte Integral von v über dem Intervall [0; 200] in drei Schritten.

Es geht zunächst 100 m nach oben, dann weitere 50 m nach oben und gleich darauf wieder 50 m nach unten und schließlich noch einmal 50 m nach unten.

Der Höhengewinn beträgt also in der Bilanz nur 50 m. Der Ballon befindet sich 200 Sekunden nach Beobachtungsbeginn in 400 m Höhe über dem Meeresspiegel.

Berechnung des Höhengewinns:

$$\int_0^{50} 2\,dt = [2t]_0^{50} = 100\,\text{m}$$

$$\int_{50}^{150} (-0{,}04t + 4)\,dt = [-0{,}02t^2 + 4t]_{50}^{150} = 0\,\text{m}$$

$$\int_{150}^{200} (0{,}04t - 8)\,dt = [0{,}02t^2 - 8t]_{150}^{200} = -50\,\text{m}$$

D. Überblick über Prozesse zu Bestandsrekonstruktionen

Wir stellen nun im Überblick einige Anwendungsprozesse dar, bei denen es um Bestandsrekonstruktionen geht und die im Folgenden angesprochen werden.

Prozess	Bestandsfunktion f	Änderungsrate f′
Bevölkerungswachstum	Bevölkerung in Personen	Zuwachsrate in Personen/Jahr
Bewegungsvorgang	Zurückgelegter Weg in m	Geschwindigkeit in m/s
Ballonflug	Höhe des Ballons in m	Steiggeschwindigkeit in m/s
Fassentleerung	Wasserhöhe im Fass in cm	Abnahmerate in cm/min
Lernprozess	Anzahl gelernter Vokabeln in Stück	Lernrate in Stück/min
Festbesuch	Besucheranzahl in Personen	Zustrom/Abstrom in Pers./h
Heizvorgang	Heizkosten eines Jahres in Euro	Kostenrate in Euro/Tag
Staudammleck	Wasserverlust in m^3	Verlustrate in m^3/Tag
Arbeitsvorgang	Verrichtete Arbeit in Joule	Kraft in Joule/m bzw. Newton

E. Exkurs: Etwas Theorie zum Thema „Bestandsrekonstruktionen"

In den vorhergehenden Beispielen wurden im Prinzip jeweils zwei Probleme gelöst:

Problem I: Bestandsfunktion gesucht
Die Änderungsrate f′ einer Funktion f ist gegeben. Die Bestandsfunktion f ist gesucht.

Hier muss weiter noch ein Punkt $P(x_0|y_0)$ des Funktionsgraphen als ***Anfangswert*** gegeben sein, damit das Problem eindeutig lösbar ist. Die Lösung besteht darin, das ***unbestimmte Integral*** von f zu bestimmen (blaue Graphen). Die Integrationskonstante C wird dann mit Hilfe des Anfangswertes bestimmt (blauer Graph durch P).

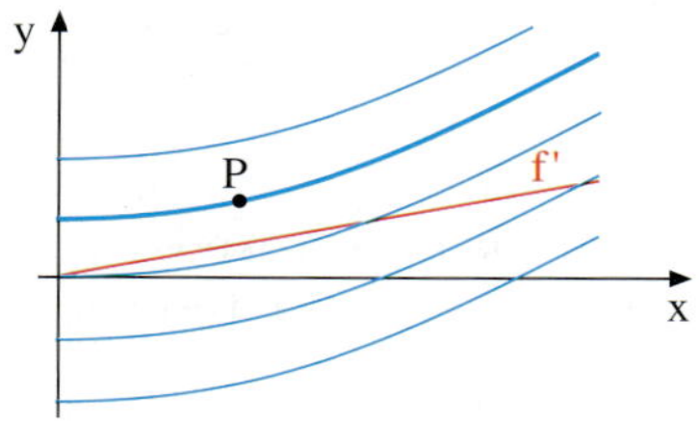

Problem II: Bestandsänderung Δf gesucht
Die Änderungsrate f′ einer Funktion f ist gegeben. Die Bestandsänderung Δf über einem Intervall [a; b] ist gesucht.

Ist die Änderungsrate f′ konstant, so gilt $f'(x) = \frac{\Delta f}{\Delta x}$, woraus $\Delta f = f'(x) \cdot \Delta x$ folgt, Dieses Produkt lässt sich als Flächeninhalt des Rechtecks mit der Breite Δx und der Höhe f′(x) interpretieren.
Δf ist daher der Inhalt der Fläche unter dem Graphen von f′, über [a; b] (Bild 1).

Zuwachs bei konstanter Änderungsrate:

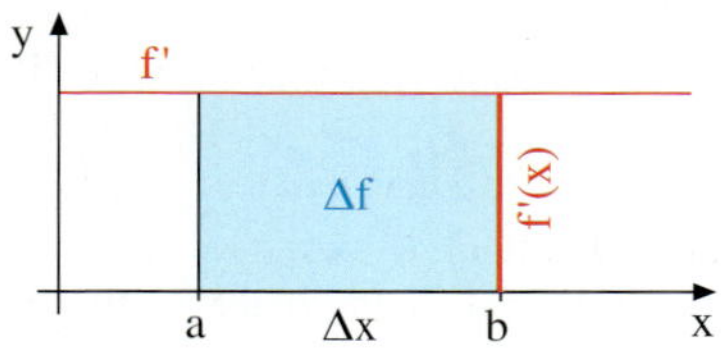

Bild 1

Ist die Änderungsrate f′ variabel wie in Bild 2, so teilt man das Intervall [a; b] in eine Vielzahl kleiner Streifen der gleichen Breite Δx ein. Über jedem dieser Teilintervalle verwendet man als Streifenhöhe die Änderungsrate $f'(x_i)$ in der Intervallmitte.

Wegen $f'(x_i) \approx \frac{\Delta f_i}{\Delta x}$ gilt $\Delta f_i \approx f'(x_i) \cdot \Delta x$. Dieses Produkt kann als Flächeninhalt des i-ten Rechteckstreifens mit der Breite Δx und der Höhe $f'(x_i)$ gedeutet werden. Die gesamte Zuwachsrate entspricht der Summe dieser Rechtecksflächen.

Zuwachs bei variabler Änderungsrate:

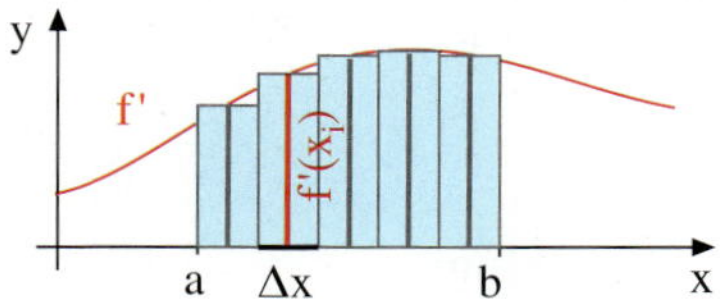

Bild 2

Vergrößert man die Streifenzahl zunehmend bei gleichzeitiger Verminderung der Streifenbreite, so wird klar, dass der Zuwachs Δf auch hier dem ***Flächeninhalt*** unter der Kurve f′ entspricht (Bild 3) und sich als ***bestimmtes Integral*** berechnen lässt.

Zuwachs Δf als orientierte Fläche:

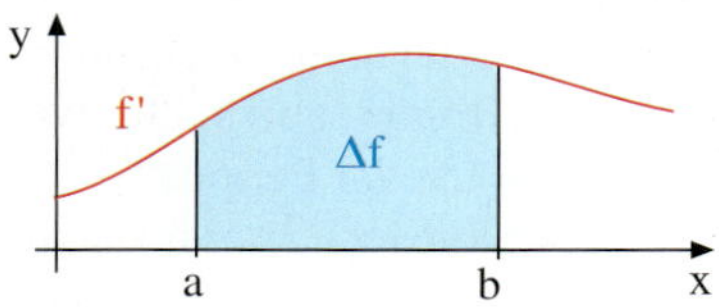

Bild 3

F. Die Berechnung des Wasserstands aus der Abflussrate

Beispiel: Wasserstand

Ein zylindrischer Wasserspeicher ist 300 cm hoch und misst im Durchmesser 60 cm. Er ist bis oben mit Wasser gefüllt, als versehentlich der Abflusshahn geöffnet wird.

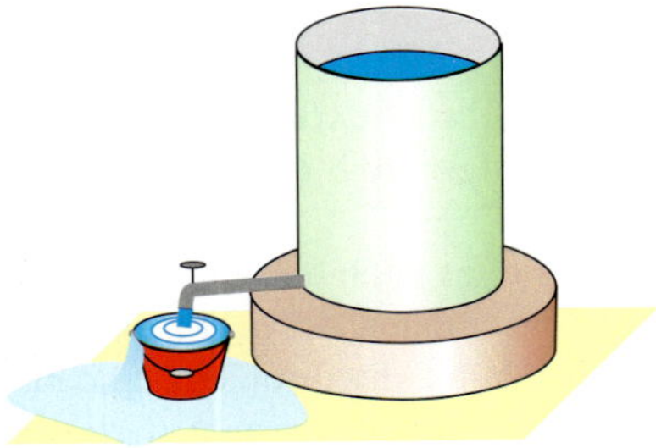

Der Wasserstand erniedrigt sich mit der Geschwindigkeit $h'(t) = \frac{1}{54}t - \frac{10}{3}$ (t in min, h' in cm/min).

a) Wie lautet die Gleichung von h?

b) Nach 1,5 Stunden wird der Schaden entdeckt. Welche Wassermenge ging verloren?

Lösung zu a):

Die Funktion h für den Wasserstand kann durch Integration ihrer Änderungsrate h' gewonnen werden:

$h(t) = \frac{1}{108}t^2 - \frac{10}{3}t + C.$

Der Anfangsstand $h(0) = 300$ ist bekannt. Damit kann die Integrationskonstante C ermittelt werden. Wir erhalten $C = 300$.

$h(t) = \frac{1}{108}t^2 - \frac{10}{3}t + 300$

Lösung zu b):

Nach 1,5 Stunden, d.h. nach 90 Minuten hat sich die Wasserstandshöhe um -225 cm verändert und beträgt nur noch 75 cm.

Der Wasserverlust entspricht einem Zylinder mit dem Radius $r = 30$ cm und der Höhe $h = 225$ cm.

Das ergibt ca. 636 Liter.

Bestimmung der Gleichung von h:

$h'(t) = \frac{1}{54}t - \frac{10}{3}$

$h(t) = \int\left(\frac{1}{54}t - \frac{10}{3}\right)dt$

$h(t) = \frac{1}{108}t^2 - \frac{10}{3}t + C$

Aus $h(0) = 300$ folgt $C = 300$.

$h(t) = \frac{1}{108}t^2 - \frac{10}{3}t + 300$

Berechnung des Wasserverlustes:

Höhenabnahme:

$$\Delta h = \int_0^{90} h'(t)\,dt = [h(t)]_0^{90} = h(90) - h(0)$$
$$= 75 - 300 = -225$$

Wasserverlust:

$$\Delta V = \pi \cdot r^2 h = \pi \cdot 30^2 \cdot (-225) = -636173$$
$$-636173\ \text{cm}^3 \approx -636\ \text{Liter}$$

Übung 3 Spiralblume

Die Wachstumsgeschwindigkeit v einer Spiralblume (flos helica) wurde in einer Graphik erfasst (t in Tage, v in cm/Tag).

a) Modellieren Sie v durch eine quadratische Funktion.

b) Zu Beginn der 3-tägigen Wachstumsperiode ist die Blume 1 m hoch. Wie hoch ist sie am Ende der Periode?

c) Wann ändert sich die Höhe nur noch um 1 cm/Tag? Wie hoch ist die Blume dann?

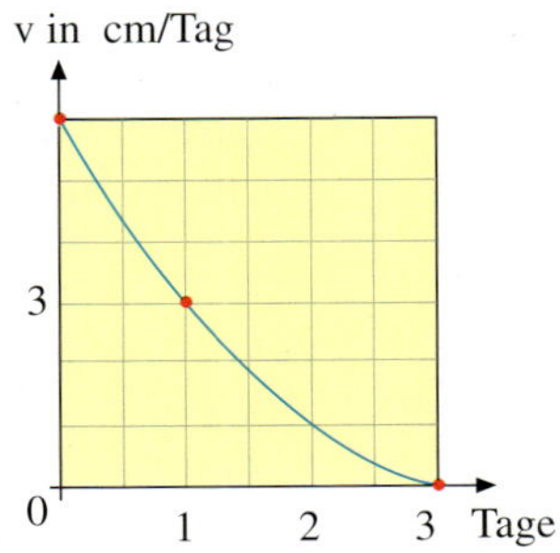

G. Berechnung der Bevölkerung N aus der Änderungsrate N′

Beispiel: Bevölkerungswachstum

Ein Land besitzt 60 Millionen Einwohner. Die Wachstumsrate beträgt zu Beginn 1 Mio. Personen/Jahr und nach 5 Jahren 0,951 Mio. Personen/Jahr.

a) Es wird angenommen, dass die Wachstumsrate gemäß der Funktion $N'(t) = a e^{-bt}$ verläuft. Bestimmen Sie a und b.

b) Wie lautet die Bestandsfunktion N(t)?

c) Wann hat sich die Bevölkerungszahl verdoppelt?

d) Welcher Sättigungsgrenze nähert sie sich langfristig?

Lösung zu a):

Aus $N'(0) = 1$ und $N'(5) = 0{,}951$ ergibt sich durch Einsetzen in den Ansatz $N'(t) = a e^{-bt}$ ein System mit zwei Gleichungen. Wir lösen es mit dem Einsetzungsverfahren und erhalten $a = 1$ sowie $b \approx 0{,}01$.

Resultat: $N'(t) = e^{-0{,}01t}$

Bestimmung von a und b

Ansatz: $N'(t) = a \cdot e^{-bt}$

$N'(0) = 1 \Rightarrow a = 1$

$N'(5) = 0{,}951 \Rightarrow a \cdot e^{-5b} = 0{,}951$

$\Rightarrow 1 \cdot e^{-5b} = 0{,}951$

$\Rightarrow -5b = \ln 0{,}951$

$\Rightarrow b \approx 0{,}01$

Lösung zu b):

Die Bestandsfunktion N(t) muss durch Integration der Änderungsrate N′(t) rekonstruiert werden.

Wie rechts vorgerechnet ergibt sich als Resultat $N(t) = 160 - 100 \cdot e^{-0{,}01t}$.

Bestimmung der Bestandsfunktion N(t)

$$N(t) = \int N'(t)\,dt = \int e^{-0{,}01t}\,dt = -100 \cdot e^{-0{,}01t} + C$$

$$N(0) = 60 \Rightarrow -100 + C = 60 \Rightarrow C = 160$$

$$\Rightarrow N(t) = 160 - 100 \cdot e^{-0{,}01t}$$

Lösung zu c):

Zur Berechnung der Verdopplungszeit verwenden wir den Ansatz $N(t) = 2N(0)$. Auflösen der Gleichung nach t ergibt eine Verdopplungszeit von ca. 92 Jahren.

Bestimmung der Verdopplungszeit

$$N(t) = 2 \cdot N(0)$$

$$160 - 100 \cdot e^{-0{,}01t} = 120$$

$$-0{,}01t = \ln 0{,}4$$

$$t \approx 91{,}63 \text{ Jahre}$$

Lösung zu d):

Wir berechnen den Grenzwert der Bestandsfunktion N(t) für $t \to \infty$. Er beträgt 160. Die Bevölkerungszahl nähert sich also langfristig der Sättigungsgrenze von 160 Millionen Menschen.

Bestimmung der Grenzbevölkerung

$$\text{Grenzbestand} = \lim_{t \to \infty} N(t) = \lim_{t \to \infty} (160 - 100 \cdot e^{-0{,}01t}) = 160$$

Übung 4 Bevölkerungswachstum (Fortsetzung)

Betrachtet wird der Wachstumsprozess aus dem obigen Beispiel.

a) Wann sinkt die Wachstumsrate auf 500 000 Personen/Jahr?

b) Wie groß ist die durchschnittliche Wachstumsrate der ersten 50 Jahre?

c) Welcher Bevölkerungszuwachs wird im zweiten Jahrzehnt der Beobachtung erzielt?

H. Die Berechnung der Arbeit W aus der Kraft F

Eine Maschine, die längs ihres Weges s die Kraft F aufbringt, verrichtet die Arbeit $W = F \cdot s$. Dies führt auf die Gleichung $F = \frac{\Delta W}{\Delta s}$ bzw. $F = W'$ (s. rechts).
Die Kraft ist die Ableitung der Arbeit nach dem Weg: $F = W'$.

Arbeit = Kraft · Weg
$\Delta W = F \cdot \Delta s$
$F = \frac{\Delta W}{\Delta s} \quad \Rightarrow \quad F = W'$

Beispiel: Hubarbeit
Ein Bagger hebt eine Ladung Kies aus dem Meer, um 9 m auf einen Kahn. Beim Heben fließt Wasser ab, so dass sich die benötigte Kraft stetig verringert, und zwar nach der Formel:
$F(s) = 50\,000 - 9000 \cdot \sqrt{s}$.
(s: Hubweg in m, F: Kraft in N)
Wie lautet die Arbeitsfunktion W? Welche Arbeit wird insgesamt verrichtet?

Lösung:
Die Kraft F ist die lokale Änderungsrate der Arbeit W bezüglich des Weges s.
Daher kann die Arbeitskurve durch Integration der Kraftkurve gewonnen werden:
$W(s) = -6000\,s^{3/2} + 50\,000\,s$.

Die Integrationskonstante ist 0, da zu Beginn des Prozesses noch keine Arbeit verrichtet wurde: $W(0) = 0$.

Die Gesamtarbeit ist das bestimmte Integral der Kraftkurve über dem Wegintervall [0;9]. Sie beträgt 288000 Joule = 288 kJoule.

Gleichung der Arbeitsfunktion W:

$$W(s) = \int F(s)\,ds$$
$$= \int \left(50\,000 - 9000 \cdot s^{\frac{1}{2}}\right) ds$$
$$= -6000 \cdot s^{\frac{3}{2}} + 50\,000\,s + C$$
$$W(0) = 0 \quad \Rightarrow \quad C = 0$$
$$W(s) = -6000 \cdot s^{\frac{3}{2}} + 50\,000\,s$$

Berechnung der Gesamtarbeit:

$$\Delta W = \int_0^9 F(s)\,ds = [W(s)]_0^9$$
$$= W(9) - W(0) = 288\,000 - 0 = 288\,000$$

Übung 5 Bergtour
Bei einer Bergtour wird die Leistung des Fahrers durch $P(t) = -\frac{1}{3240}t^3 + \frac{1}{36}t^2$ erfasst.
(t in min, P in Watt)
Hinweis: Die Leistung P ist die momentane Änderungsrate der Arbeit W nach der Zeit t $\left(P = \frac{\Delta W}{\Delta t}, P = W'\right)$.

a) Wie lautet die Gleichung von W(t)?
b) Welche Arbeit wird bei der 90-minütigen Tour insgesamt erbracht?
c) Wann war die Leistung maximal?

I. Berechnung der Manntage aus der Beschäftigtenzahl

Bei großen Bauprojekten wird in Manntagen gerechnet. $m = 50$ Mann über $t = 20$ Tage bedeutet $M = 1000$ Manntage. Es gilt $m = M'$. Daher berechnet man die Manntage M durch Integration von m.

Manntage = Mann · Tage
$\Delta M = m \cdot \Delta t$
$m = \frac{\Delta M}{\Delta t} \quad \Rightarrow \quad m = M'$

Beispiel: Staudammbau

Beim Bau eines Staudamms kann die Anzahl der eingesetzten Männer durch die Funktion $m(t) = 800 - 2t$ beschrieben werden (t in Tagen, m in Personen), $0 \leq t \leq 400$. Pro Mann und Stunde entstehen Kosten von 30 Euro.

a) Wie lautet die Gleichung der Funktion M(t), welche die Anzahl der Manntage angibt, die bis zum Zeitpunkt t zustande kamen?
b) Wie viele Manntage erfordet der Dammbau insgesamt?
c) Die tägliche Arbeitszeit beträgt 8 Stunden. Welche Arbeitskosten erfordert das Projekt?

Lösung zu a):
Die Funktion m ist die Änderungsrate der Funktion M: $m = M'$.
Daher kann M durch Integration von m gewonnen werden. Unter Berücksichtigung von $M(0) = 0$ erhalten wir:
$M(t) = -t^2 + 800t$.

$$\text{Mann} = \frac{\text{Manntage}}{\text{Tage}} \Rightarrow m = \frac{\Delta M}{\Delta t} \Rightarrow m = M'$$

Bestimmung der Funktion M:

$M(t) = \int m(t)\,dt = \int (800 - 2t)\,dt$

$M(t) = -t^2 + 800t + C$
Aus $M(0) = 0$ folgt $C = 0$
$M(t) = -t^2 + 800t$

Lösung zu b):
Das gesamte Projekt dauert 400 Tage. Daher werden 160 000 Manntage eingesetzt.

Berechnung der gesamten Manntage:

$$\Delta M = \int_0^{400} m(t)\,dt = [M(t)]_0^{400} = M(400) - M(0) = 160\,000$$

Lösung zu c):
Pro Manntag entstehen 240 Euro Kosten. Insgesamt betragen die Arbeitskosten daher 38,4 Millionen Euro.

Berechnung der Arbeitskosten:

Kosten = Manntage · Kosten pro Tag
$= 160\,000 \cdot 8 \cdot 30 = 38\,400\,000$

Übung 6 Hochhaus

Für den Bau eines Hochhauses werden 400 Tage eingeplant. Die Anzahl der eingesetzten Arbeiter wird durch die Funktion $a(t) = \frac{1}{450}(-t^2 + 200t + 80\,000)$ erfasst, t in Tagen, a in Mann. Die Männer arbeiten durchschnittlich sechs Stunden pro Tag. Berechnen Sie den Aufwand in Manntagen.

Übungen

7. Gezeitenkraftwerk

Der Wasserstand im Staubecken eines Gezeitenkraftwerkes verändert sich im Laufe eines Tages durch ein- und ausströmendes Wasser. Die Änderungsrate kann durch die Funktion $h'(t) = \frac{1}{216}(5t^2 - 120t + 480)$ erfasst werden (t in Stunden, h in m/Std., $0 \le t \le 24$). Zur Zeit $t = 0$ beträgt der Wasserstand 5 m.

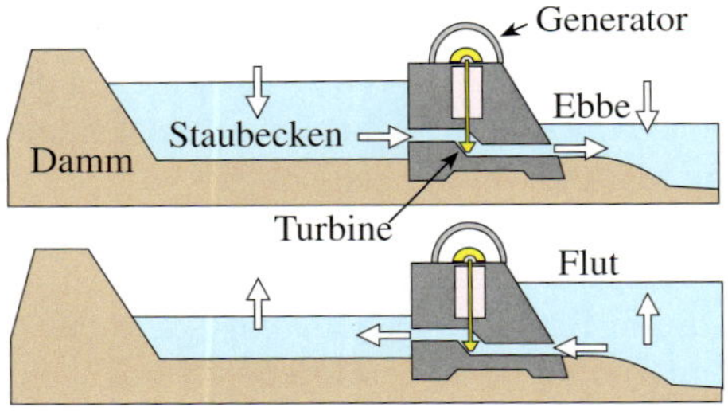

a) Wie lautet die Gleichung von h?
b) Wann war der Wasserstand am höchsten bzw. am niedrigsten?
c) Wann änderte sich der Wasserstand am schnellsten? Wie schnell änderte er sich?

8. Hubschrauberflug

Ein neues Hubschraubermodell wird auf einem Testflug erprobt, der eine Minute dauert. Durch außen angebrachte Staurohre kann die Fluggeschwindigkeit v permanent ermittelt werden. Sie kann durch die Funktion $v(t) = -0{,}012t^2 + 7{,}2t$ erfasst werden (t in s, v in m/s). Welche Flugstrecke legt das Gerät zurück?

9. Besucherzahl

Auf einem Volksfest wird die Änderungsrate der Besucherzahl kontinuierlich festgestellt. Es zeigt sich, dass sie durch $B'(t) = 20t^3 - 300t^2 + 1000t$ erfasst wird.
(t in Std., B'(t) in Besucher/Std.)
Nach einer Stunde sind 405 Besucher anwesend.

a) Wie lautet die Gleichung der Funktion B (t), welche die Besucheranzahl zum Zeitpunkt t angibt?
b) Wie viele Besucher sind 3 Std. nach Eröffnung anwesend?
c) Wie groß ist die maximale Besucherzahl?
d) Wann steigt die Besucherzahl am schnellsten an?
e) In welchen Zeitgrenzen kann das Modell höchstens gelten?

10. Ballwurf

Ein Ball wird in 35 m Höhe senkrecht nach oben geworfen.
Die Abwurfgeschwindigkeit beträgt 30 m/s.

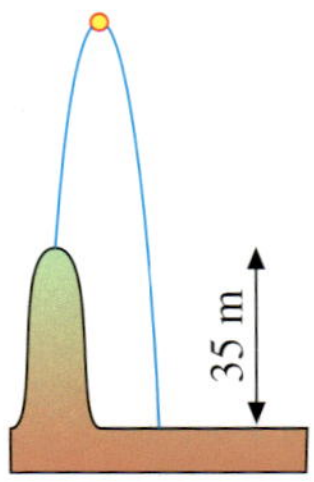

a) Wie lautet die Gleichung der Funktion h, welche die Höhe des Balles zur Zeit t beschreibt?
Hinweis: Die Geschwindigkeitsfunktion lautet: $v(t) = 30 - 10t$.
Dies ist eine zwangsläufige Folge des Gravitationsgesetzes.
b) Mit welcher Geschwindigkeit trifft der Ball auf dem Boden auf? Wie groß ist die Gipfelhöhe des Balles?

11. Anhalteweg

Ein LKW fährt mit einer Geschwindigkeit von 108 km/h, d. h. 30 m/s, als 100 m voraus plötzlich ein Reh auf die Fahrbahn springt. Der Fahrer reagiert eine Sekunde später mit einer Vollbremsung. Von diesem Zeitpunkt an verringert sich seine Geschwindigkeit nach der Formel $v(t) = 30 - 10t$ (t in s, v in m/s). s sei der Bremsweg.

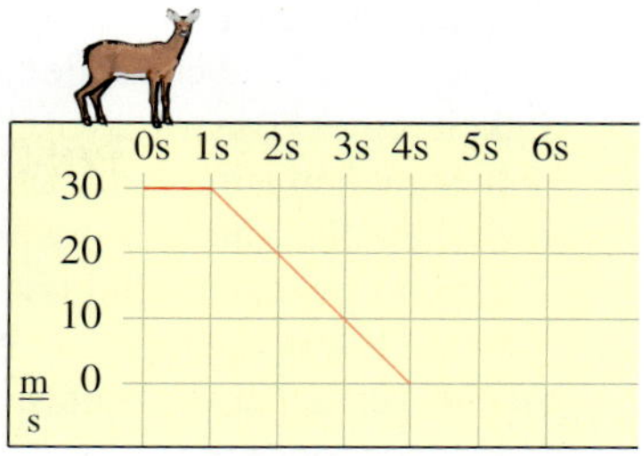

a) Wie lautet die Gleichung von s?
b) Wie lange dauert die Bremsung?
c) Wie groß ist der Anhalteweg (Bremsweg + Reaktionsweg)? Kommt es zu einem Unfall?

12. Ballonflug

Ein Heißluftballon ändert seine Flughöhe h (über Normalnull) mit der Geschwindigkeit $v(t) = -0{,}12\,t^2 + 1{,}2\,t$, er startet zur Zeit $t = 0$ in einer Höhe von 520 m. (t in min, v in m/min)
Fünf Minuten nach dem Start befindet sich der Ballon in einer Höhe von 530 m.

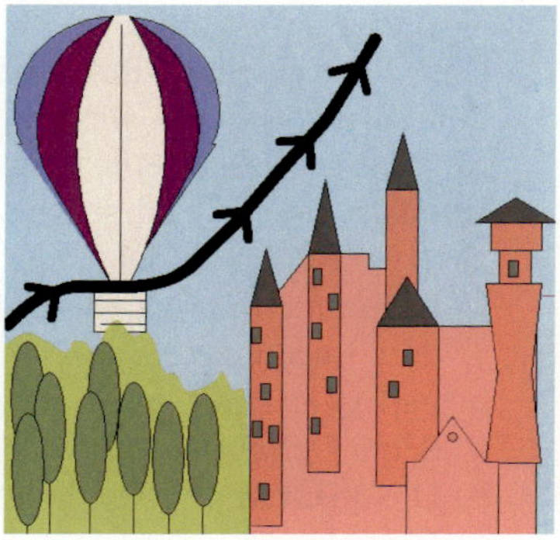

a) Wie lautet die Gleichung der Höhenfunktion?
b) Welche maximale Höhe erreicht der Ballon?
c) Wann befindet sich der Ballon wieder auf Starthöhe?

13. Pyramidenbau

Für den Bau einer Pyramide werden 100 Tage veranschlagt.
Die Anzahl der Arbeiter zur Zeit t wird durch $N(t) = 5 + 0{,}5 \cdot \sqrt{t} - 0{,}1\,t$ erfasst, $0 \le t \le 100$. Dabei ist t die Zeit in Tagen und N die Zahl der Arbeiter in Tausend.

a) Skizzieren Sie den Graphen von N.
b) Wann ist die Zahl der Arbeiter maximal?
c) Wann sind 3600 Arbeiter im Einsatz?
d) Wie viele Manntage waren insgesamt erforderlich?

14. Tomatenpflanze

Ein Tomatensetzling besitzt beim Einpflanzen eine Höhe von 5 cm.
Seine Höhe nimmt mit der Geschwindigkeit $v(t) = -0{,}1\,t^3 + t^2$ zu.
(t in Wochen, v in cm/Woche)
Rekonstruieren Sie die Funktion h, die die Höhe der Pflanze erfasst. Klären Sie folgende Fragen:

a) Wie lange dauert die Wachstumsphase?
b) Wie hoch wird die Pflanze maximal?
c) Wie hoch wird die Pflanze zum Zeitpunkt des schnellsten Wachstums sein?

15. Fahrtenschreiber

Der Fahrtenschreiber hat die Geschwindigkeit eines Busses zwischen zwei Haltestationen aufgezeichnet.

a) Stellen Sie die Geschwindigkeitsfunktion v als abschnittsweise definierte Funktion dar.

b) Wie weit liegen die Haltestellen voneinander entfernt?

c) Welche Durchschnittsgeschwindigkeit wird erzielt?

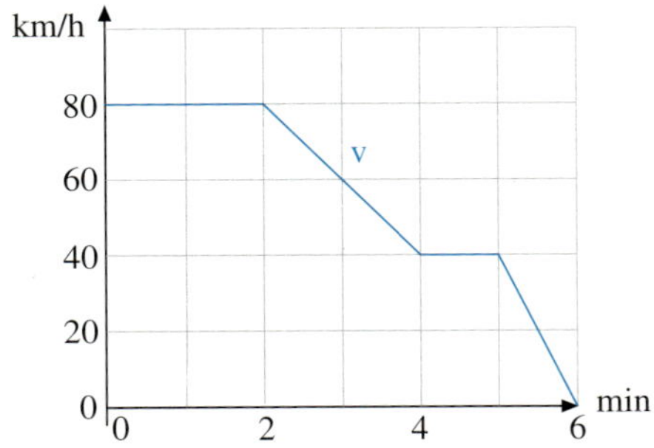

16. Trainingsprogramm

Eine Skaterin läuft ihr Trainingsprogramm ab, welches ihr die auf dem Smartphone dargestellte Geschwindigkeitskurve vorgibt. Diese Kurve besteht aus vier Teilfunktionen.

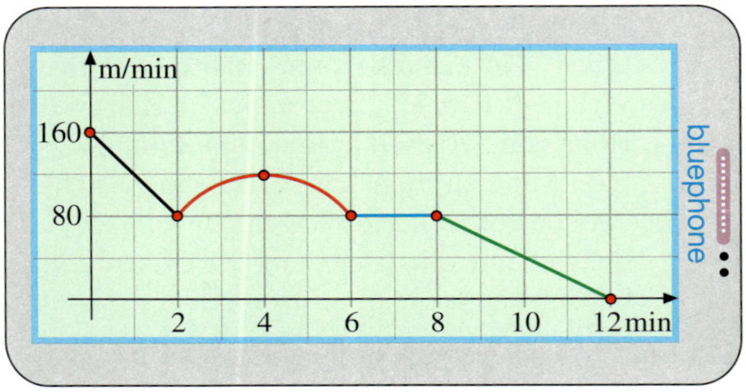

a) Bestimmen Sie die Gleichungen der drei linearen Teilfunktionen f_1, f_3 und f_4 an. Geben Sie jeweils auch deren Definitionsintervalle an.

b) Die quadratische Teilfunktion f_2 hat die Gleichung $f_2(x) = -10x^2 + 80x - 40$. Bestätigen Sie dies.

c) Wie lang ist die gesamte Laufstrecke der Skaterin?

d) Wie groß ist ihre Durchschnittsgeschwindigkeit?

17. Volksfest

Bei einem Volksfest wird die Zustromrate durch die Funktion $z(t) = -24t^2 + 190t + 500$ und die Abstromrate durch die Funktion $a(t) = -7{,}8t^3 + -78t^2$ bestimmt.

t: Zeit in Std. seit 12.00 Uhr; z, a: Zu- bzw. Abstromrate in Besucher/Std.)

a) Stellen Sie die Graphen von f und g für $0 \leq t \leq 10$ dar.

b) Zu welchen Zeitpunkten sind die Raten maximal?
Zeigen Sie, dass für $t \approx 4{,}5\,h$ und $t = 10\,h$ Zustromrate und Abstromrate gleich sind.

c) Wie viele Besucher hatte das Volksfest insgesamt?

d) Wie groß ist die maximale Zahl von Besuchern, die sich gleichzeitig auf dem Volksfest befanden?

e) Zeigen Sie, dass insgesamt alle Besucher das Fest wieder verließen.
Hinweis: Zustromrate und Abstromrate integrieren.

Überblick

Flächeninhalt unter einem Graphen

Fall 1:
$f(x) \geq 0$

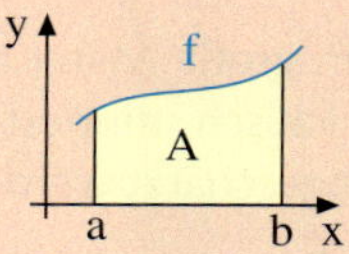

$$A = \int_a^b f(x)\,dx$$

Fall 2:
$f(x) \leq 0$

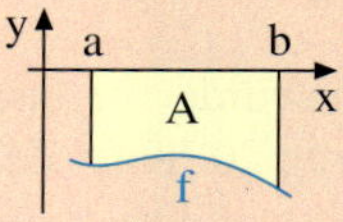

$$A = -\int_a^b f(x)\,dx$$

Fall 3:
f wechselt das Vorzeichen

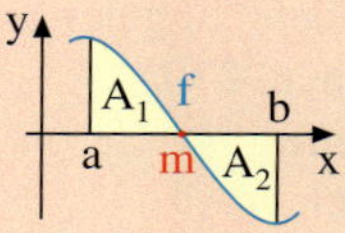

$$A = \int_a^m f(x)\,dx - \int_m^b f(x)\,dx$$

Flächeninhalt zwischen Graphen

Methode:
Differenzfunktion

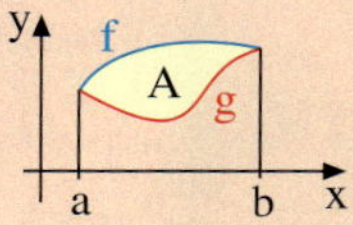

$$A = \int_a^b (f(x) - g(x))\,dx$$

$$= \int_a^b f(x)\,dx - \int_a^b g(x)\,dx$$

Fächeninhalt bei geteilten Flächen

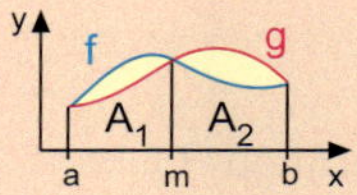

$$A = A_1 + A_2$$

$$= \int_a^m (f(x) - g(x))\,dx$$

$$+ \int_m^b (g(x) - f(x))\,dx$$

Rekonstruktion der Bestandsfunktion f aus der Änderungsrate f′

Ist f′ gegeben sowie ein Funktionswert $f(x_0)$ von f, so kann man die Funktion f mit Hilfe des unbestimmten Integrals von f′ bestimmen. Der Funktionswert von f wird benötigt, um die Integrationskonstante C festzulegen.

$$f(x) = \int f'(x)\,dx + C$$

Rekonstruktion der Bestandsänderung Δf aus der Änderungsrate f′

Ist die Änderungsrate f′ gegeben über dem Intervall [a; b], so kann man die Änderung Δf der Funktion f über dem Intervall mit Hilfe des bestimmten Integrals von f′ über [a; b] berechnen.

$$\Delta f = \int_a^b f'(x)\,dx = f(b) - f(a)$$

Hubarbeit beim Pyramidenbau

Beim Bau der Pyramiden wurden große Materialmassen schichtweise in die jeweilige Einbauhöhe gehoben. Die hierbei physikalisch mindestens aufgewandte Hubarbeit soll im Folgenden mit Hilfe der Integralrechnung abgeschätzt werden.

Die Cheopspyramide bei Gizeh wurde vor fast 5000 Jahren als Grabstätte für den Pharao Cheops erbaut. Die Bauzeit betrug 20 Jahre. Zehntausende von Arbeitern waren gleichzeitig beim Bau des Monuments eingesetzt. Die Hauptarbeit wurde während der jährlichen Überschwemmung der Felder durch den Nil geleistet.

Die Grundfläche der Pyramide maß 230 Meter im Quadrat. Die Höhe betrug 146 Meter. In 210 Gesteinsschichten wurden über 2 Millionen Kalksandsteinblöcke mit Seitenlängen von 0,5 bis 1,5 m verbaut. Wie diese technische Meisterleistung im Einzelnen vollbracht werden konnte, ist bis heute unbekannt. Die Abbildung zeigt die Cheopspyramide mit der Sphinx.

Wir betrachten eine quaderförmige Querschnittsscheibe durch die Pyramide. Diese liege in der Höhe x parallel zur Grundfläche. Ihre Seitenlänge sei a_x und ihre Dicke sei Δx. Für a_x gilt nach dem Strahlensatz die Formel $a_x = \frac{a}{h}(h - x)$.

Die Gewichtskraft der Querschnittsscheibe errechnet sich nach der Formel $F_x = m \cdot g = V_x \cdot \varrho \cdot g$. Wir berechnen zunächst das Volumen V_x dieser Scheibe.

Durch Multiplikation des Volumens mit der Dichte ϱ des Materials und dem Ortsfaktor g erhalten wir dann die Gewichtskraft F_x der Scheibe.

Der Ortsfaktor g gibt an, welche Gewichtskraft eine Masse von 1 kg auf der planetarischen Oberfläche besitzt.

Auf der Erde hat g den Wert $g = 9{,}81\,\frac{N}{kg}$.

1. Die Seitenlänge der Scheibe

$$\frac{a_x}{h - x} = \frac{a}{h}$$

$$a_x = \frac{a}{h} \cdot (h - x)$$

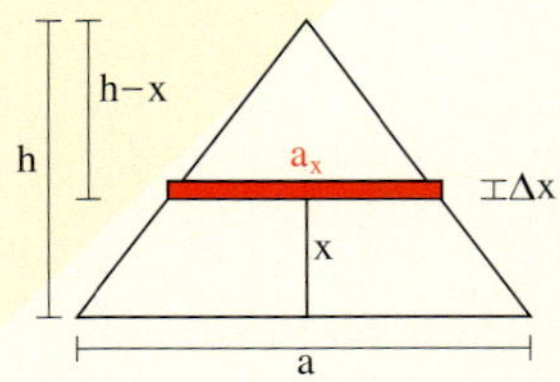

2. Das Volumen der Scheibe

$$V_x = a_x^2 \cdot \Delta x = \frac{a^2}{h^2} \cdot (h - x)^2 \cdot \Delta x$$

3. Die Gewichtskraft der Scheibe

$$F_x = V_x \cdot \varrho \cdot g$$

$$F_x = \frac{a^2}{h^2} \cdot \varrho \cdot g \cdot (h - x)^2 \cdot \Delta x$$

Nach einer weiteren Multiplikation mit der Hubhöhe x der Scheibe, vom Boden bis in ihre Liegehöhe x gerechnet, erhalten wir die Hubarbeit für den Einbau der Querschnittsscheibe.

4. Die Hubarbeit für die Scheibe

$$W_x = F_x \cdot x$$

$$W_x = \frac{a^2}{h^2} \cdot \varrho \cdot g \cdot (h - x)^2 \cdot \Delta x \cdot x$$

$$W_x = \frac{a^2}{h^2} \cdot \varrho \cdot g \cdot (x^3 - 2hx^2 + h^2 x) \cdot \Delta x$$

Summieren wir nun die Arbeit für den Einbau aller Querschnittsscheiben der Pyramide, so erhalten wir näherungsweise die Hubarbeit für den Bau der gesamten Pyramide. Es handelt sich hierbei um eine Produktsumme der Gestalt $\sum t(x) \cdot \Delta x$.
Lassen wir nun die Anzahl der Scheiben gegen unendlich streben, wobei die Scheibendicke Δx gegen null strebt, so geht die Produktsumme in das bestimmte Integral $\int_0^h t(x)\,dx$ über, das die gesuchte Hubarbeit W exakt angibt.
Die konkrete Berechnung ergibt hierfür den folgenden Wert:
$W = \frac{1}{12} a^2 h^2 \cdot \varrho \cdot g$.

5. Die Hubarbeit für die Pyramide

$$W \approx \sum W_x$$

$$= \sum \frac{a^2}{h^2} \cdot \varrho \cdot g \cdot (x^3 - 2hx^2 + h^2 x) \cdot \Delta x$$

$$W = \int_0^h \frac{a^2}{h^2} \cdot \varrho \cdot g \cdot (x^3 - 2hx^2 + h^2 x) \cdot dx$$

$$= \left[\frac{a^2}{h^2} \cdot \varrho \cdot g \cdot \left(\frac{1}{4}x^4 - \frac{2}{3}hx^3 + \frac{h^2}{2}x^2\right)\right]_0^h$$

$$= \frac{1}{12} a^2 h^2 \cdot \varrho \cdot g$$

Für die Cheopspyramide ergibt sich mit den Einsetzungen $a = 230\,\text{m}$, $h = 146\,\text{m}$, $\varrho = 2500\,\frac{\text{kg}}{\text{m}^3}$ (Dichte von Sandstein) und $g = 9{,}81\,\frac{\text{N}}{\text{kg}}$ (Ortsfaktor, Erdbeschleunigung) für die verrichtete Arbeit der Wert W = 2,3 Billionen Joule. Das entspricht 640 157 kWh (Kilowattstunden).
In Wirklichkeit wurde natürlich erheblich mehr Arbeit aufgewandt wegen der in der Praxis auftretenden Reibungsverluste etc.

Übungen

Übung 1
Welche Hubarbeit muss aufgebracht werden, um einen massiven Sandsteinquader schichtenweise aus Steinblöcken aufzutürmen, wenn die Länge 50 m, die Breite 20 m und die Höhe 40 m betragen sollen? Hinweis: Die Dichte von Sandstein beträgt $2500\,\text{kg/m}^3$.

Übung 2
Ein Ameisenhaufen aus sandigem Material (Dichte $1600\,\text{kg/m}^3$) hat die Form eines Kegelstumpfes. Der Grundflächenradius beträgt 1 m, die Höhe beträgt ebenfalls 1 m. Der Neigungswinkel der Böschung ist 60°. Welche Hubarbeit verrichteten die Ameisen beim Bau?

Test

Anwendungen der Integralrechnung

1. Fläche unter Kurven

a) Gesucht ist der Inhalt des rechts abgebildeten markierten Flächenstücks A.

b) Wie groß ist der Inhalt der Fläche A, die vom Graphen der Funktion $f(x) = -x^2 + 4x - 3$ und der x-Achse umschlossen wird?

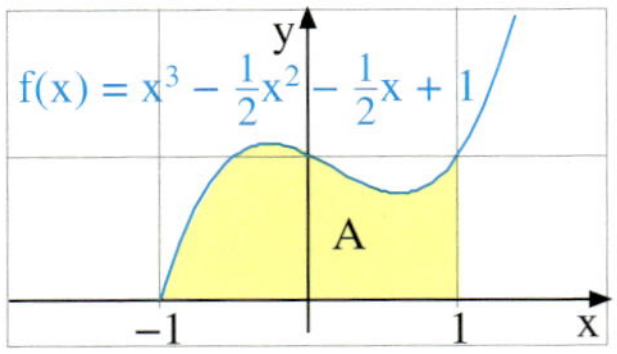

2. Flächen zwischen Kurven

Der Graph von $f(x) = x^2 - 6x + 10$ und die Gerade $g(x) = x$ beranden gemeinsam ein Flächenstück A. Bestimmen Sie die Schnittpunkte von f und g. Fertigen Sie dann eine Skizze an. Berechnen Sie anschließend den Inhalt von A.

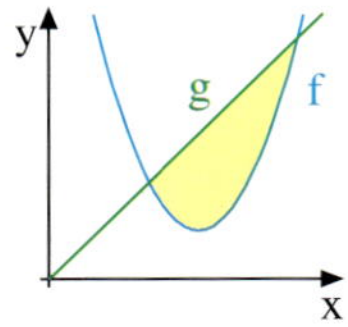

3. Tunnel

Ein 10 m langer Fußgängertunnel aus Beton hat die eingezeichneten Maße. Die innere Berandungsparabel hat die Gleichung $g(x) = -\frac{10}{9}x^2 + \frac{5}{2}$.

a) Bestimmen Sie die Gleichungen der äußeren Berandungsparabel f.

b) Wie viel m^3 Beton werden für den Bau des Tunnels benötigt?

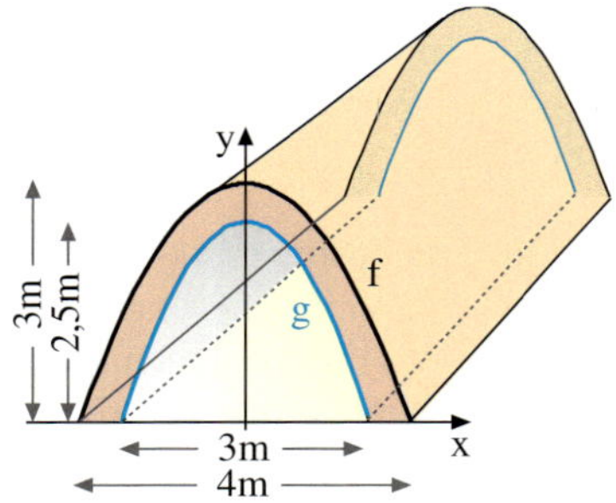

4. Wolfspopulation

Ein Rudel Wölfe hat sein Revier auf einer abgelegenen Halbinsel in Alaska gefunden. Die Wolfspopulation vermehrt sich nun mit der Wachstumsgeschwindigkeit $w'(t) = -0{,}024t^2 + 0{,}12t + 9{,}8$.
t: Zeit in Jahren; $w'(t)$: Wachstumsgeschwindigkeit der Population zur Zeit t in Wölfen/Jahr.

a) Wie viele Wölfe kommen in den ersten zehn Jahren hinzu?

b) Nach 20 Jahren besteht die Population aus 172 Wölfen. Wieviele Tiere waren es zu Beginn?

5. Rekonstruktion einer Bestandsfunktion

Ein Heißluftballon befindet sich in 2000 m Höhe, als der Pilot die Landung einleitet. Die Sinkgeschwindigkeit kann durch die Funktion $v(t) = 0{,}0015t^2 - 0{,}3t$ erfasst werden.
t: Zeit in Sekunden; $v(t)$: Geschwindigkeit in m/s.

a) Wie lautet die Gleichung der Funktion $h(t)$, welche die Höhe des Ballons beschreibt?

b) In welcher Höhe ist der Ballon nach zwei Minuten? Wie schnell sinkt er dann?

c) Die Landung erfolgt weich, d. h. die Sinkgeschwindigkeit ist dann gleich null. Nach welcher Zeit und in welcher Höhe erfolgt die Landung?

Lösungen: S. 225

III. Vertiefung der Differential- und Integralrechnung

1. Wiederholung: Regeln aus der Differentialrechnung

In diesem Kapitel wird neben der Integralrechnung die Differentialrechnung aus der Einführungsphase angewandt und vertieft. Aus diesem Anlass stellen wir hier einige der elementarsten Regeln und Kriterien aus der Differentialrechnung zum Nachlesen bereit.

Notwendige Bedingung für Extrema:
Liegt bei x_E ein lokales Extremum von f, so gilt die Bedingung $f'(x_E) = 0$.

Notwendige Bedingung für Wendepunkte:
Liegt bei x_W ein Wendepunkt von f, so gilt die Bedingung $f''(x_W) = 0$.

Hinreichende Bedingung für Extrema:
Gilt $f'(x_E) = 0$ und $f''(x_E) \neq 0$, so liegt bei x_E ein lokales Extremum von f.
$f''(x_E) < 0 \Rightarrow$ Maximum
$f''(x_E) > 0 \Rightarrow$ Minimum

Hinreichende Bedingung für Wendepunkte:
Gilt $f''(x_W) = 0$ und $f'''(x_W) \neq 0$, so liegt bei x_W ein Wendepunkt von f.
$f'''(x_W) > 0 \Rightarrow$ Rechts-Links-WP
$f'''(x_W) < 0 \Rightarrow$ Links-Rechts-WP

Gleichung der Tangente von f bei x_0:
$y_T(x) = f'(x_0) \cdot (x - x_0) + f(x_0)$.

Gleichung der Normalen von f bei x_0:
$y_N(x_0) = -\frac{1}{f'(x_0)} \cdot (x - x_0) + f(x_0)$.

Allgemeine Ableitungsregeln:
Summenregel: $[f(x) + g(x)]' = f'(x) + g'(x)$
Faktorregel: $[c \cdot f(x)]' = c \cdot f'(x)$
Konstantenregel: $(c)' = 0$
Kettenregel: $[f(g(x))]' = f'(g(x)) \cdot g'(x)$
Lineare Kettenregel: $[f(ax + b)]' = f'(ax + b) \cdot a$
Produktregel:
$[f(x) \cdot g(x)]' = f'(x) \cdot g(x) + f(x) \cdot g'(x)$

Spezielle Ableitungsregeln:
Potenzregel: $(x^n)' = n \cdot x^{n-1}$, $n \in \mathbb{Z}$
Reziprokenregel: $\left(\frac{1}{x}\right)' = -\frac{1}{x^2}$
Wurzelregel: $(\sqrt{x})' = -\frac{1}{2\sqrt{x}}$
Exponentialregeln: $(e^x)' = e^x$, $(e^{-x})' = -e^{-x}$
Trigonometrische Regeln: $(\sin x)' = \cos x$
$(\cos x)' = -\sin x$

Übungen

1. Untersuchen Sie die Funktion f auf lokale Extrema und Wendepunkte.
a) $f(x) = \frac{1}{3}x^3 - 2x^2 + 3x$ b) $f(x) = \frac{1}{6}x^3 + x^2$ c) $f(x) = \frac{1}{2}x^4 - 3x^2 + 4$ d) $f(x) = x^4 - \frac{8}{3}x^3$

2. Bestimmen Sie die Ableitung von f.
a) $f(x) = x^3 + x$ b) $f(x) = \sin(\pi x)$ c) $f(x) = 3 \cdot e^{2x}$ d) $f(x) = \frac{2}{x^2} + x$

3. Bestimmen Sie die Gleichungen der Tangente und der Normalen von f an der Stelle x_0.
a) $f(x) = \frac{1}{x}$, $x_0 = 2$ b) $f(x) = e^{-x}$, $x_0 = 1$

4. Berechnen Sie die Steigung und den Steigungswinkel α von f an der Stelle x_0.
a) $f(x) = x^2 + 2x$, $x_0 = 1$ b) $f(x) = e^{0,5x}$, $x_0 = 0$

2. Ganzrationale und trigonometrische Funktionen

A. Ganzrationale Funktionen

Ganzrationale Funktionen wurden bereits in den vorhergehenden Kapiteln und in der Einführungsphase untersucht. Die folgenden Beispiele greifen diese Thematik daher nur exemplarisch auf, um einige Techniken zu reaktivieren, auch im Anwendungszusammenhang.

Beispiel: Minigolf/Tangenten

Beim Minigolf soll eine gebogene Laufröhre durchlaufen werden, deren Mittelkurve $f(x) = -\frac{1}{6}(x^3 - 5x^2)$ ist.

a) Der Spieler wählt den Startpunkt S(5|4) und schlägt den Ball nach A(3|3). Trifft der Ball die Kurve f dort tangential?

b) Der Ball verlässt das Rohr im Punkt B(−1|1) tangential. Wie groß muss y sein, damit der Ball das Loch bei L(−2|y) trifft?

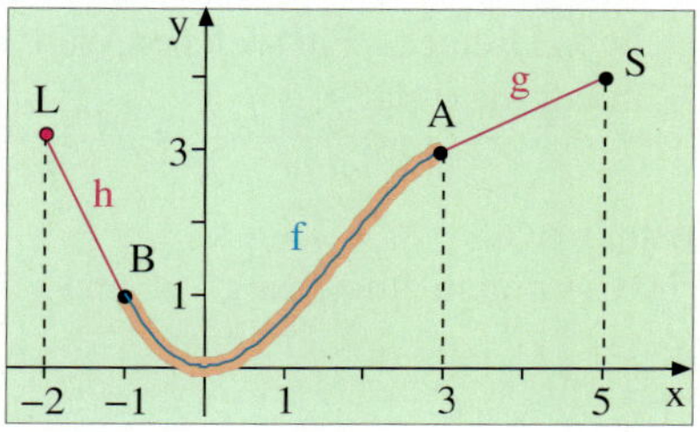

Lösung zu a:
Wir bestimmen zunächst die Steigung der Bahngeraden g durch die Punkte S und A mit Hilfe des Differenzenquotienten. Sie beträgt $m = \frac{1}{2}$. Die Steigung von f im Punkt A beträgt $f'(3) = \frac{1}{2}$. Damit liegt Übereinstimmung vor. Die Gerade g trifft tangential auf die Mittelkurve f der Röhre.

Steigung der Geraden g

$m = \frac{\Delta y}{\Delta x} = \frac{f(5) - f(3)}{5-3} = \frac{4-3}{5-3} = \frac{1}{2}$

Steigung der Funktion f bei x = 3

$f'(x) = -\frac{1}{6}(3x^2 - 10x)$

$f'(3) = \frac{1}{2}$

⇒ g ist Tangente an f bei $x = 3$

Lösung zu b:
Wir bestimmen nun die Gleichung der Tangente t von f im Punkt B(−1|1). Dazu wenden wir die allgemeine Tangentengleichung $t(x) = f'(x_0) \cdot (x - x_0) + f(x_0)$ an.
Wir erhalten $t(x) = -\frac{13}{6}x - \frac{7}{6}$.
Nun berechnen wir $t(-2) = \frac{19}{6}$.
Daher muss $y = \frac{19}{6}$ gewählt werden, d.h. ist der gesuchte Einlochpunkt.

Gleichung der Tangente t bei x = −1

Ansatz: $t(x) = f'(x_0) \cdot (x - x_0) + f(x_0)$

$$\begin{aligned} t(x) &= f'(-1) \cdot (x - (-1)) + f(-1) \\ &= -\frac{13}{6}(x+1) + 1 \\ &= -\frac{13}{6}x - \frac{7}{6} \end{aligned}$$

Berechnung des y-Wertes von L

$t(-2) = -\frac{13}{6} \cdot (-2) - \frac{7}{6} = \frac{19}{6}$

⇒ Einlochpunkt: $L\left(-2\middle|\frac{19}{6}\right)$

Übung 1 Straßenverlauf

Ein Straßenstück wird für $-1 \le x \le 2$ beschrieben durch $f(x) = -\frac{1}{5}(x^3 - 4x^2)$ (1 LE = 1 km).

Für $x \le -1$ und $x \ge 2$ wird der Straßenverlauf durch zwei lineare Funktionen g und h beschrieben, die an den Stellen $x = -1$ bzw. $x = 2$ tangential an den Graphen von f anschließen.
Fertigen Sie eine Planskizze an und berechnen Sie die Gleichungen der Geraden g und h.

Beispiel: Abstrakte Kurvenuntersuchung

Gegeben sind die beiden Funktionen $f(x) = -2x^2 + 6x$ und $g(x) = \frac{1}{2}x^3 - 3x^2 + \frac{9}{2}x$, deren Graphen abgebildet sind.

a) Untersuchen Sie g auf Extrema und Wendepunkte.

b) Berechnen Sie die Schnittstellen von f und g.

c) Berechnen Sie den Inhalt der Fläche A, welche von f und g im ersten Quadranten umrandet wird.

d) Der Ursprung O(0|0), der Punkt Q(x|0) und der Punkt P(x|g(x)) (0 < x < 3) sind Ecken eines bei Q rechtwinkligen Dreiecks. Für welchen Wert von x ist der Dreiecksinhalt maximal?

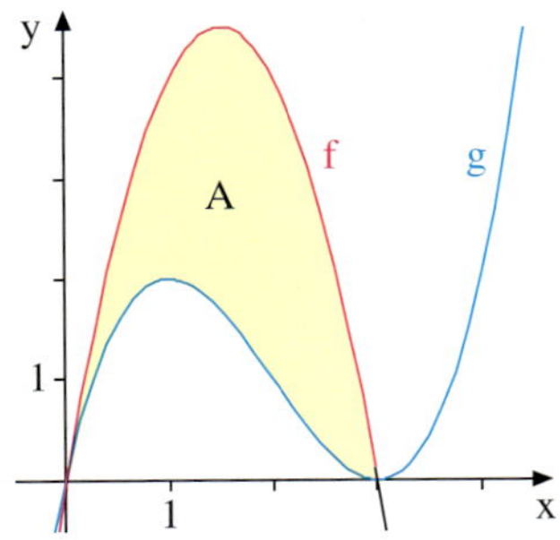

Lösung zu a:
Wir bestimmen zunächst g', g'' und g'''.

$g'(x) = \frac{3}{2}x^2 - 6x + \frac{9}{2}$

$g''(x) = 3x - 6$

$g'''(x) = 3$

Mit der notwendigen Bedingung $g'(x) = 0$ errechnen wir die Extremstellen von g. Sie liegen bei x = 3 und x = 1.
Die Überprüfung dieser potentiellen Extremstellen mit dem g''-Kriterium liefert den Tiefpunkt T(3|0) und den Hochpunkt H(1|2).

Analog errechnen wir mit der notwendigen Bedingung $g''(x) = 0$ die Lage der Wendestelle von g bei x = 2.
Die Überprüfung mit dem hinreichenden g'''-Kriterium ergibt einen Rechts-Links-Wendepunkt W(2|1).

Lösung zu b:
Zur Berechnung der Schnittstellen von f und g muss die Ansatzgleichung f(x) = g(x) gelöst werden. Die rechts dargestellte Rechnung liefert als Lösung drei Schnittstellen bei x = −1, x = 0 und x = 3.

Lösung zu c:
Um den Inhalt von A zu berechnen, nutzen wir die Differenzfunktion von f und g. Sie lautet $d(x) = -\frac{1}{2}x^3 + x^2 + \frac{3}{2}x$. Durch Integration der Differenzfunktion d in den Grenzen von 0 bis 3 erhalten wir den Inhalt von A.

Resultat: A = 5,625 FE

Extrema von g:

$$g'(x) = \frac{3}{2}x^2 - 6x + \frac{9}{2} = 0$$
$$x^2 - 4x + 3 = 0$$
$$x = 2 \pm \sqrt{4-3} = 2 \pm 1$$
$$x = 3,\ y = 0;\ g''(3) = \ 3 > 0 \Rightarrow \text{Min}$$
$$x = 1,\ y = 2;\ g''(1) = -3 < 0 \Rightarrow \text{Max}$$

Wendepunkt von g

$$g''(x) = 3x - 6 = 0$$
$$x = 2,\ y = 1$$
$$g'''(2) = 3 > 0 \Rightarrow \text{RL-Wp } W(2|1)$$

Schnittstellen von f und g

$$f(x) = g(x)$$
$$-2x^2 + 6x = \frac{1}{2}x^3 - 3x^2 + \frac{9}{2}x$$
$$\frac{1}{2}x^3 - x^2 - \frac{3}{2}x = 0$$
$$x^3 - 2x^2 - 3x = 0$$
$$x \cdot (x^2 - 2x - 3) = 0$$
$$x = 0 \text{ bzw. } x^2 - 2x - 3 = 0$$
$$x = 1 \pm \sqrt{1+3}$$
$$x = -1,\ x = 3$$

Flächeninhalt von A

$$A = \int_0^3 (f(x) - g(x))\,dx$$
$$= \int_0^3 \left(-\frac{1}{2}x^3 + x^2 + \frac{3}{2}x\right)dx$$
$$= \left[\left(-\frac{1}{8}x^4 + \frac{1}{3}x^3 + \frac{3}{4}x^2\right)\right]_0^3$$
$$= \left(-\frac{81}{8} + 9 + \frac{27}{4}\right) - (0) = \frac{45}{8} = 5{,}625$$

Lösung zu d:
Die Abbildung rechts verdeutlicht die Lage des eingesperrten Dreiecks.

Skizze des eingesperrten Dreiecks

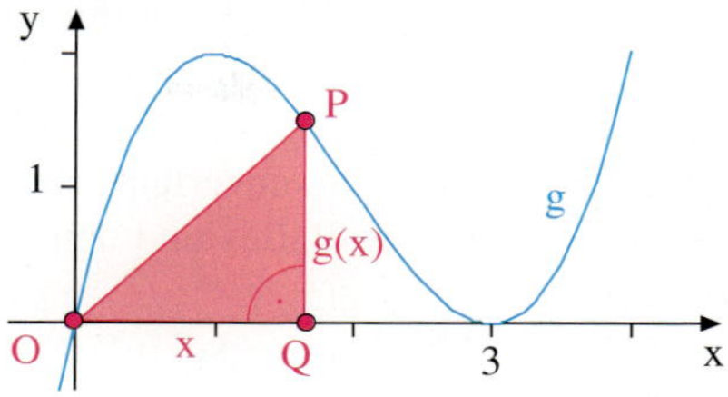

Der Flächeninhalt A des Dreicks wird nach der altbekannten Formel $A = \frac{1}{2}g \cdot h$ bestimmt (g: Grundlinie; h: Höhe). Mit der Grundlinie x und der Höhe g(x) folgt also:
$A = \frac{1}{2}x \cdot g(x) = \frac{1}{4}x^4 - \frac{3}{2}x^3 + \frac{9}{4}x^2$

Die notwendige Bedingung für ein Extremum von A lautet $A'(x) = 0$. Damit ergibt sich die rechts aufgeführte Rechnung.

Extremalrechnung
$A'(x) = 0$
$x^3 - \frac{9}{2}x^2 + \frac{9}{2}x = 0$
$x \cdot \left(x^2 - \frac{9}{2}x + \frac{9}{2}\right) = 0$
$x = 0$ bzw. $x = \frac{9}{4} \pm \sqrt{\frac{81}{16} - \frac{9}{2}}$
$x = 0$ bzw. $x = 3$ bzw. $x = 1{,}5$

$\Rightarrow$ Maximum von A bei $x = 1{,}5$
$A_{MAX} = A\left(\frac{3}{2}\right) = \frac{81}{64} = 1{,}25$

Bei $x = 0$ und $x = 3$ liegen offensichtlich Minimalstellen von A. Auf die hinreichende Bedingung für Extrema kann verzichtet werden, da die Lage völlig klar ist.

Bei $x = 1{,}5$ liegt das Maximum von A.
Für die maximale Fläche gilt daher:
$A_{MAX} = A\left(\frac{3}{2}\right) = \frac{81}{64} \approx 1{,}25$

Übung 2 Kurvenuntersuchung
Gegeben sind zwei Funktionen f und g:
$f(x) = \frac{1}{4}x^3 - x$, $g(x) = \frac{1}{4}x^2 + \frac{1}{2}x$.

a) Berechnen Sie die Extrema und den Wendepunkt der Funktion f.
b) Ermitteln Sie die Schnittpunkte der Funktionen f und g.
c) Wie groß ist der Inhalt der Gesamtfläche A, welche von den Graphen von f und g eingeschlossen wird?

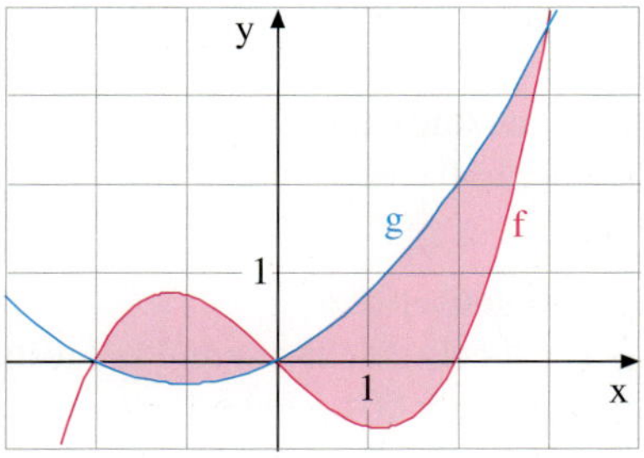

Übung 3 Polynomfunktion
Gegeben ist die Funktion $f(x) = \frac{1}{12}x^3 - \frac{1}{2}x^2$.

a) Erstellen Sie eine Wertetabelle und zeichnen Sie auf dieser Grundlage den Graphen von f.
b) Untersuchen Sie die Funktion f auf Nullstellen, Extrema und Wendepunkte.
c) Bestimmen Sie die Gleichung der Wendenomalen von f.
d) Wie groß ist der Inhalt der Fläche A, welche vom Graphen von f und der x-Achse im 4. Quadranten umschlossen wird?

Beispiel: Golf

Kurt spielt Golf. Ein Schlag kann durch die Bahnkurve $f(x) = -0{,}003\,x^2 + 0{,}36\,x$ beschrieben werden (1 LE = 1 m).
Untersuchen Sie den Kurvenverlauf. Berechnen Sie dazu die Flugweite des Balles und den Gipfelpunkt der Parabelbahn.
Wie groß ist der Abschlagwinkel α?

Lösung:
Wir berechnen durch Faktorisieren oder mit der p-q-Formel die Nullstellen von f. Sie liegen bei x = 0 und x = 120.
Der zweite Wert stellt die Flugweite dar. Diese beträgt 120 m.

Die Nullstellen von f

$f(x) = -0{,}003\,x^2 + 0{,}36\,x = 0$

$x \cdot (-0{,}003\,x + 0{,}36) = 0$

$x = 0$ bzw. $x = 120$

Das Maximum von f bestimmen wir mit Hilfe der notwendigen Bedingung für Extrema, indem wir $f'(x) = 0$ setzen. Die Parabel ist nach unten geöffnet. Also ist an der berechneten Stelle x = 60 m das Maximum von f. Der Gipfelpunkt der Flugbahn ist $H(60|10{,}8)$.

Der Hochpunkt von f

$f'(x) = -0{,}006\,x + 0{,}36 = 0$

$x = 60$

$y = f(60) = 10{,}8$

$\Rightarrow H(60|10{,}8)$

Der Abschlag erfolgt bei x = 0.
Der Abschlagswinkel ist also der Steigungswinkel von f an der Stelle x = 0. Dieser ergibt sich aus der Formel
$\tan\alpha = f'(0) = 0{,}36$.
Es folgt $\alpha = \arctan(0{,}36) = 19{,}79°$.
Das ist ein recht flacher Winkel*.

Der Abschlagswinkel

$\tan\alpha = f'(0)$

$\tan\alpha = 0{,}36$

$\alpha = \arctan(0{,}36)$

$\alpha \approx 19{,}8°$

Übung 4 Bogenschütze

Ein Bogenschütze schießt seinen Pfeil testweise senkrecht nach oben. Die Steighöhe kann durch die Funktion $h(t) = 60\,t - 5\,t^2$ erfasst werden. t: Zeit in Sekunden; h: Höhe in Metern.

a) Wie groß ist die Abschussgeschwindigkeit?
b) Welche Gipfelhöhe wird erreicht? Wie lange fliegt der Pfeil bis zum Gipfelpunkt?
c) Wann ist die Geschwindigkeit des Pfeils auf ca. 100 km/h gesunken?
d) In einem zweiten Versuch schießt der Schütze fast horizontal ab. Die Flugbahn lautet nun $f(x) = 1{,}70 + 0{,}035\,x - 0{,}0005\,x^2$.
Wie groß ist der Abschusswinkel α? Welche Maximalhöhe erreicht der Pfeil?
Trifft er das Ziel, eine Kreisscheibe mit 10 cm Durchmesser um den Mittelpunkt $M(80|1{,}34)$?

* Der Abschlagswinkel α beim Golf wird durch die *Abschrägung* des Golfschlägers bestimmt.

In den folgenden Beispielen geht es um die Beschreibung von Prozesses und um Änderungsraten.

Beispiel: Konzentration eines Medikaments

Nach der Einnahme eines Medikamentes wird die Konzentration des Wirkstoffs im Blut durch die Polynomfunktion $k(x) = \frac{1}{18}t \cdot (t-9)^2$ beschrieben (t: Zeit in Stunden; k: Konzentration in mg/ml).

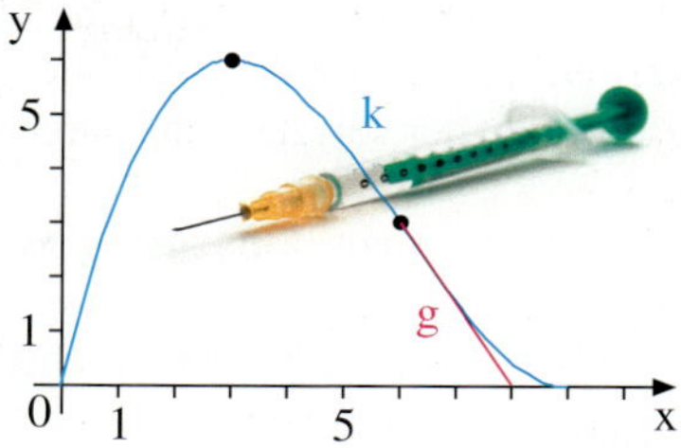

a) Berechnen Sie die Maximalkonzentration. Zu welchem Zeitpunkt tritt sie auf?

b) Zu welchem Zeitpunkt t_W wird das Medikament im Blut am schnellsten abgebaut? Wie groß ist die Änderungsrate von k zu diesem Zeitpunkt?

c) Bestimmen Sie den Zeitpunkt, zu dem das Medikament vollständig abgebaut ist.

d) Ab dem Zeitpunkt t_W (s. Aufg.teil b) erhält der Patient ein Gegenmittel, welches bewirkt, dass die Konzentration nun linear abnimmt. Die beschreibende Gerade g schließt tangential an die Kurve k an. Stellen Sie die Gleichung von g auf und berechnen Sie, wann die Konzentration nun auf Null gesunken ist.

Lösung zu a:
Wir multiplizieren zunächst den Funktionsterm von k aus und bestimmen anschließend die Ableitungen k′ und k″.

Die übliche Untersuchung auf Extrema ergibt einen Hochpunkt H(3|6) und einen Tiefpunkt T(9|0).

Die maximale Konzentration wird also nach drei Stunden erreicht und beträgt 6 mg/ml.

Berechnung des Maximums von k:

$k(t) = \frac{1}{18}(t^3 - 18t^2 + 81t)$

$k'(t) = \frac{1}{18}(3t^2 - 36t + 81)$

$k''(t) = \frac{1}{18}(6t - 36)$

$k'(t) = 0$

$3t^2 - 36t + 81 = 0$

$t^2 - 12t + 27 = 0$

$t = 6 \pm \sqrt{36 - 27}$

$t = 3,\quad k = 6,\quad k''(3) = -1 \Rightarrow \text{Max}$

$t = 9,\quad k = 0,\quad k''(9) = +1 \Rightarrow \text{Min}$

Lösung zu b:
Die stärkste Abfall der Konzentration liegt an der Wendestelle von k vor. Diese wird durch Nullsetzen von k″ ermittelt. Sie liegt bei t = 6.
Zu diesem Zeitpunkt wird das Minimum der Änderungsrate erreicht. Dieses Minimum beträgt $k'(6) = -1{,}5$ mg/ml pro Stunde.

Maximale Abnahmerate:

$k''(t) = \frac{1}{18}(6t - 36) = 0$

$6t - 36 = 0$

$t = 6$ (Minimum von k′)

$k'(6) = -1{,}5$ mg/ml pro Stunde

Lösung zu c:
Nun ist die rechte der beiden Nullstellen der Konzentration k gefragt. Sie liegt nach nebenstehender Rechnung bei t = 9.
Nach 9 Stunden ist das Medikament vollständig abgebaut.

Nullstelle von k:

$k(x) = 0$

$\frac{1}{9}t \cdot (t-9)^2 = 0$

$t = 0,\ t = 9$

Lösung zu d:
Die gesuchte Gerade g ist die Tangente der Konzentrationsfunktion k in deren Wendepunkt, also an der Stelle $t_W = 6$, wie in der Abbildung auf der vorigen Seite dargestellt.

Mit der allgemeinen Tangentengleichung $t(x) = f'(x_0) \cdot (x - x_0) + f(x_0)$ bestimmen wir die Gleichung von g (siehe rechts):
Wir erhalten $g(t) = -\frac{3}{2}t + 12$.

Die Nullstelle von g liegt bei t = 8. Nach 8 Stunden ist die Konzentration auf Null gesunken, also eine Stunde früher als beim Verlauf ohne Gegenmittel.

Bestimmung der Gleichung von g
Allgemeine Tangentengleichung:
$t(x) = f'(x) \cdot (x - x_0) + f(x_0)$
Gleichung von g:
$g(t) = k'(6) \cdot (t - 6) + k(6)$
$g(t) = -\frac{3}{2} \cdot (t - 6) + 3$
$g(t) = -\frac{3}{2}t + 12$

Nullstelle der Tangente g
$g(t) = 0$
$-\frac{3}{2}t + 12 = 0$
$t = 8$

Übung 5 Diskuswurf
Einem Diskuswerfer gelingt ein sehr guter Wurf. Die Flugbahn des Diskus wird dabei erfasst durch $f(x) = -\frac{1}{144}x^2 + \frac{1}{2}x$.
(Von der Starthöhe des Diskus von ca. 1 m wird zwecks Vereinfachung abgesehen).
(Alle Maße sind in Metern zu nehmen)
a) Wie weit geht der Wurf?
b) Welche Höhe erreicht der Diskus?
c) In welchem Winkel erfolgte der Abwurf?

Übung 6 Skater-Parcours
Das Höhenprofil eines Skater-Parcours wird in einem Abschnitt beschrieben durch die Funktion $f(x) = \frac{1}{144}x^3 - \frac{3}{4}x \ (-12 \le x \le 0)$.

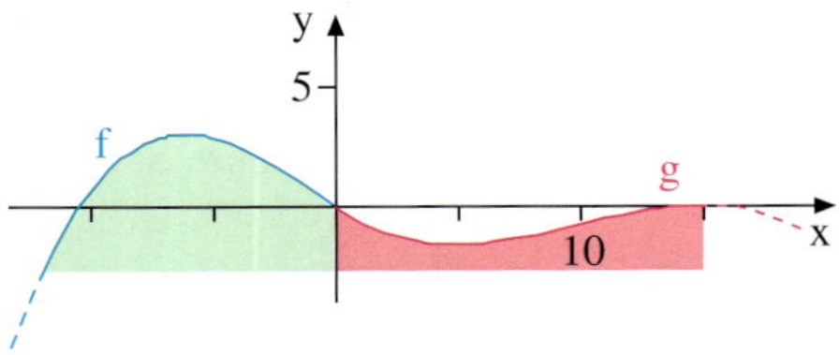

a) Der Punkt B sei der höchste Punkt der Strecke. Wie groß ist der durchschnittliche Anstieg zwischen den Punkten $A(-12|f(-12))$ und B?
b) Unter welchem Winkel fährt der Skater im Koordinatenursprung?
c) Das Höhenprofil des Skater-Parcours wird für $0 \le x \le 15$ fortgesetzt durch die Funktion $g(x) = -\frac{1}{300}x^3 + \frac{1}{10}x^2 - \frac{3}{4}x$. Zeigen Sie, dass f und g ohne Knick ineinander übergehen.
d) Weisen Sie nach, dass g im Punkt $C(15|0)$ waagerecht verläuft.
e) Wo liegt die tiefste Stelle des Parcours?
f) In welchem Punkt ist die Steigung von g maximal?

Beispiel: Hochwasser
Bei einem Unwetter kann die Strömungsrate in einer überfluteten Straße durch $s(t) = 600 \cdot (9t^2 - t^3)$ erfasst werden.
(t: Zeit in Std.; s: Strömungsrate in m^3/h)
Skizzieren Sie den Graphen von s für $0 \leq t \leq 9$.
Wann ist die Strömung am stärksten?
Wann erhöht sich die Strömungsrate am schnellsten?
Welche Wassermenge passiert die Straße insgesamt?

Lösung:
Wir zeichnen den Graphen mit Hilfe einner Wertetabelle:

x	0	1	3	6	8	9
y	0	4800	32400	64800	38400	0

Man erkennt, dass das Hochwasser von $t = 0$ bis $t = 9$ dauert, denn dort liegen die Nullstellen von s.

Der Graph von s

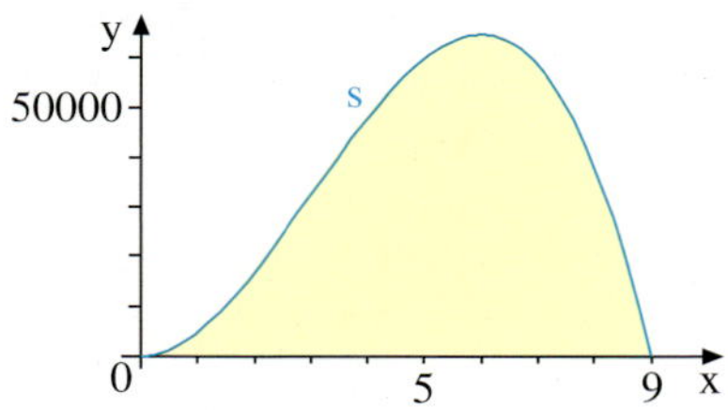

Das Maximum von s bestimmen wir mit Hilfe der notwendigen Bedingung für Extrema, indem wir $s'(t) = 0$ setzen.
Es liegt bei $t = 6$.
Die maximale Strömungsrate beträgt $64\,800\,m^3/h$. Das entspricht $18\,m^3/s$.

Die maximale Strömungsrate
$s(t) = 600 \cdot (9t^2 - t^3)$
$s'(t) = 600 \cdot (18t - 3t^2) = 0$
$t = 0$ (Min, da $s''(0) = 10\,800 > 0$)
$t = 6$ (Max, da $s''(6) = -10\,800 < 0$)
$\Rightarrow$ Hochpunkt $H(6|64\,800)$

Die Strömungsrate erhöht sich am schnellsten, wenn $s''(t) = 0$ gilt, d. h. im Wendepunkt der Funktion s. Dieser liegt bei $t = 3$.
Die Strömungsrate ändert sicht dann pro Stunde um $16\,200\,m^3/h$. Pro Sekunde erhöht sie sich also um ca. $4{,}5\,m^3/h$.

Die größte Änderung der Strömungsrate
$s''(t) = 600 \cdot (18 - 6t) = 0$
$18 - 6t = 0$
$t = 3$
$s'(3) = 16\,200$

Die während des Unwetters durch die Straße geflossene Wassermenge S bestimmt man durch Integration von s in den Grenzen von 0 bis 9. Insgesamt sind $32\,8050\,m^3$ durch die Straße geflossen.

Die geflossene Wassermenge
$$S = \int_0^9 s(t)\,dt = \int_0^9 (5\,400t^2 - 600t^3)\,dt$$
$$= [1\,800t^3 - 150t^4]_0^9 = (32\,8050) - (0)$$
$$= 32\,8050\,m^3$$

Übung 7 Schweinemast
Die Gewichtszunahme eines Mastschweins wird durch $f(t) = t^2 - \frac{1}{8}t^3$ beschrieben $(0 \leq t \leq 8)$
(t: Zeit in Monaten, f(t) Gewichtsänderung in kg/Monat).
a) Untersuchen Sie f auf Nullstellen, Extrema und Wendepunkte. Skizzieren Sie den Graphen von f. Wann steigt das Gewicht am schnellsten?
b) Am Beginn der Mast wiegt das Schwein 55 kg. Welches Endgewicht wird es erreichen?

B. Trigonometrische Funktionen

Wir betrachten nun elementare Probleme und Anwendungssituationen der Differential- und Integralrechnung, die bei trigonometrischen Funktionen auftreten können.

Beispiel: Tangente und Normale
Bestimmen Sie die Gleichung der Tangente und die Gleichung der Normalen an den Graphen von $f(x) = 2\sin(2x)$ an der Stelle $x_0 = \frac{\pi}{6}$.

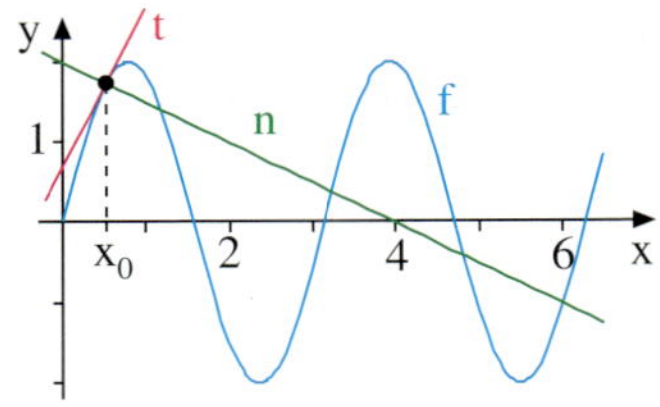

Lösung:
Wir wählen für die Tangentengleichung den Ansatz $t(x) = m(x - x_0) + y_0$, wobei gilt: $x_0 = \frac{\pi}{6}$, $y_0 = f(x_0)$ und $m = f'(x_0)$.

Mit diesen Werten erhalten wir die Tangentengleichung $t(x) \approx 2 \cdot x + 0{,}68$.

Für die Normalengleichung lautet der Ansatz ebenfalls $n(x) = m(x - x_0) + y_0$, wobei wieder $x_0 = \frac{\pi}{6}$ und $y_0 = f(x_0)$ gilt.
Für m allerdings gilt nun $m = -\frac{1}{f'(x_0)}$.

Mit diesen Werten erhalten wir die Normalengleichung $n(x) \approx -\frac{1}{2} \cdot x + 1{,}99$.

Gleichung der Tangente:
Ansatz: $t(x) = m(x - x_0) + y_0$,
$x_0 = \frac{\pi}{6}$
$y_0 = f(x_0) = f\left(\frac{\pi}{6}\right) = 2\sin\left(\frac{\pi}{3}\right) = \sqrt{3}$
$m = f'(x_0) = f'\left(\frac{\pi}{6}\right) = 4\cos\left(\frac{\pi}{3}\right) = 2$
$\Rightarrow t(x) = 2 \cdot \left(x - \frac{\pi}{6}\right) + \sqrt{3} \approx 2x + 0{,}68$

Gleichung der Normalen:
Ansatz: $n(x) = m(x - x_0) + y_0$,
$x_0 = \frac{\pi}{6}$
$y_0 = f(x_0) = f\left(\frac{\pi}{6}\right) = 2\sin\left(\frac{\pi}{3}\right) = \sqrt{3}$
$m = -\frac{1}{f'(x_0)} = -\frac{1}{4\cos\left(\frac{\pi}{3}\right)} = -\frac{1}{2}$
$\Rightarrow n(x) = -\frac{1}{2}\left(x - \frac{\pi}{6}\right) + \sqrt{3} \approx -\frac{1}{2}x + 1{,}99$

Übung 8 y-Achsenabschnitt von Tangente und Normale
Wie groß sind die y-Achsenabschnitte der Tangente bzw. der Normalen an den Graphen von $f(x) = \cos x$ an der Stelle $x = \frac{\pi}{4}$?

Beispiel: Flächeninhalt
Welchen Inhalt A hat die Fläche unter einem einzelnen Bogen des Graphen der Funktion $f(x) = 2\sin(2x)$?

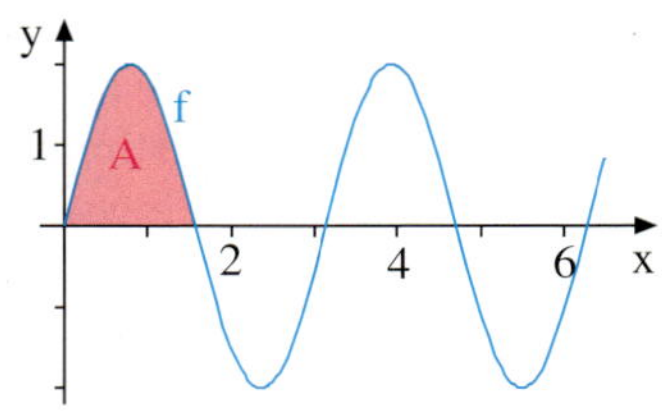

Lösung:
Die erste positive Nullstelle der Funktion $f(x) = 2\sin(2x)$ liegt bei $x_0 = \frac{\pi}{2}$. Daher ist das bestimmte Integral von f in den Grenzen von 0 bis $\frac{\pi}{2}$ zu berechnen. Sein Wert beträgt A = 2. Das Ergebnis ist überraschenderweise ganzzahlig.

Flächeninhalt:
$$A = \int_0^{\frac{\pi}{2}} 2 \cdot \sin(2x)\,dx$$
$$= [-\cos(2x)]_0^{\frac{\pi}{2}} = (-\cos\pi) - (-\cos 0)$$
$$= 1 - (-1) = 2$$

Übung 9 Flächeninhalt

a) Zeigen Sie, dass sich die Graphen von $f(x) = \sin x$ und $g(x) = \cos x$ an der Stelle $x = \frac{\pi}{4}$ schneiden. Fertigen Sie dann eine Skizze an.

b) Berechnen Sie den Inhalt des Flächenstücks A, das von den Graphen von f und g und der x-Achse im ersten Quadranten umschlossen wird.

Beispiel: Fläche zwischen zwei Graphen

Berechnen Sie den Inhalt der Fläche A, die von den Graphen von $f(x) = \cos\left(\frac{x}{2}\right)$ und $g(x) = x \cdot (x - \pi)$ und der y-Achse im ersten und vierten Quadranten begrenzt wird. Orientieren Sie sich an der Skizze.

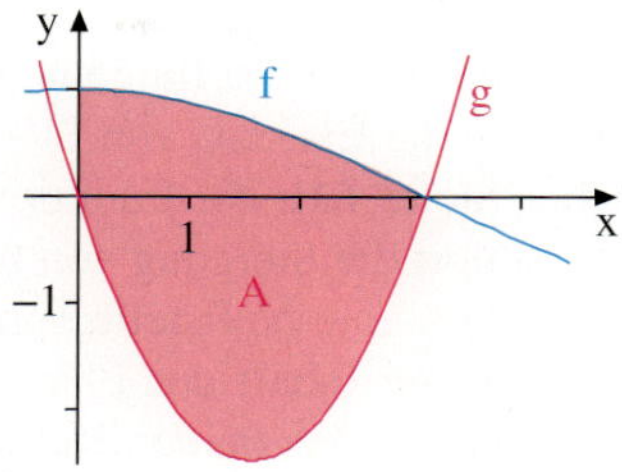

Lösung:

Man erkennt, dass die Funktionen sich bei $x = \pi$ schneiden. Durch Einsetzen kann man das nachweisen.

Die Integrationsgrenzen sind also 0 und π. Daher wird das Integral der Differenzfunktion $f(x) - g(x)$ von 0 bis π berechnet.

Resultat: $A \approx 7{,}17$

Flächeninhalt:

$$A = \int_0^{\pi}\left(\cos\left(\tfrac{x}{2}\right) - (x^2 - \pi x)\right)dx$$

$$= \left[2\sin\left(\tfrac{x}{2}\right) - \left(\tfrac{1}{3}x^3 - \tfrac{1}{2}\pi x^2\right)\right]_0^{\pi}$$

$$= \left(2 + \tfrac{1}{6}\pi^3\right) - (0)$$

$$= 2 + \tfrac{1}{6}\pi^3 \approx 7{,}17$$

Übung 10 Flächenberechnung

$f(x) = \sin x$ und $g(x) = 2\sin x \cos x = \sin(2x)$ schließen die abgebildete Fläche A ein. Berechnen Sie den rechten Schnittpunkt der Graphen sowie den Inhalt der Fläche A.

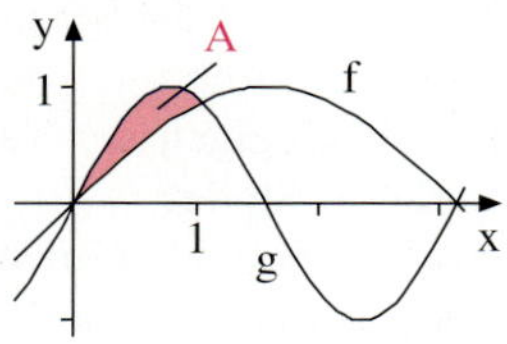

Beispiel: Flächeninhalt

Gesucht ist der Inhalt der Fläche A, die vom ersten Bogen der Sinusfunktion $f(x) = \sin x$ und der horizontalen Geraden $g(x) = 0{,}5$ umschlossen wird $(0 \le x \le \pi)$.

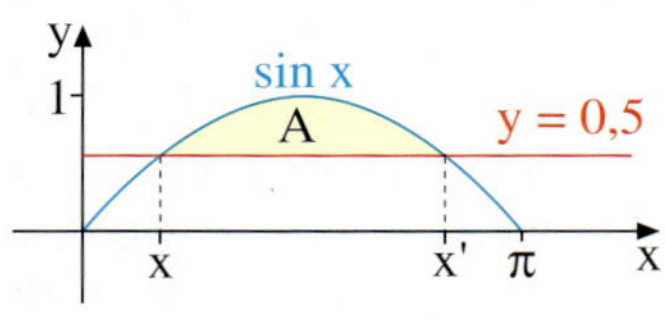

Lösung:

Wir errechnen zunächst die Schnittstellen von f und g durch Gleichsetzen der Funktionsterme. Sie liegen bei 0,5236 und 2,6180.

Schnittstellen von f und g:

$\sin x = 0{,}5$

$x \approx 0{,}5236$

$x' = \pi - x = \pi - 0{,}5236 \approx 2{,}6180$

Anschließend integrieren wir die Differenzfunktion $d(x) = \sin x - 0{,}5$ in den berechneten Grenzen.*

Flächeninhalt:

$$A \approx \int_{0{,}5236}^{2{,}6180} (\sin x - 0{,}5)\,dx$$

$$= [-\cos x - 0{,}5\,x]_{0{,}5236}^{2{,}6180} \approx 0{,}68$$

Resultat: $A \approx 0{,}68$.

* Das bestimmte Integral kann man auch mit den erweiterten Funktionen des Taschenrechners berechnen.

Übungen

11. Kurvenuntersuchung

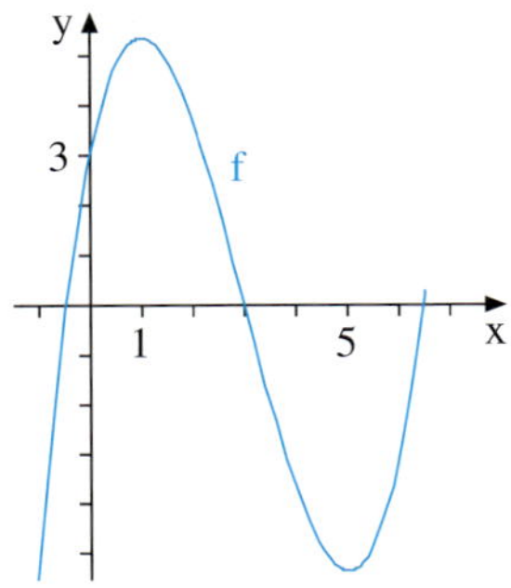

Gegeben ist die Funktion $f(x) = \frac{1}{3}x^3 - 3x^2 + 5x + 3$.

a) Ermitteln Sie die Gleichung der Tangente t an den Graphen von f an der Stelle $x_0 = 0$.
Welchen Winkel bildet die Tangente t mit der y-Achse?

b) Berechnen Sie die Extrema von f.

c) An welcher Stelle fällt die Funktion f am stärksten? Wie groß ist dort die Steigung von f?

d) Zeigen Sie, dass eine Nullstelle von f bei $x = 3$ liegt. Ermitteln Sie den Inhalt der Fläche A, welche vom Graphen von f und den beiden Koordinatenachsen im ersten Quadranten begrenzt wird.

12. Funktionenschar

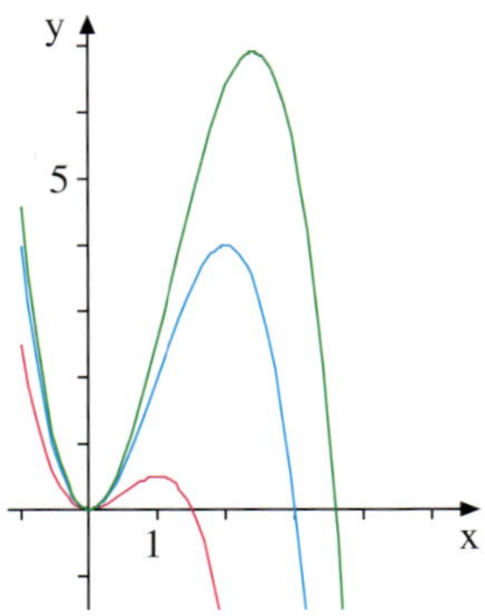

Von der Funktionenschar $f_a(x) = -x^3 + 3ax^2$ $(a > 0)$ sind rechts die Graphen für $a = 0{,}5$, $a = 1$ und $a = 1{,}2$ abgebildet.

a) Ordnen Sie die Graphen den passenden Parametern zu.

b) Berechnen sie die Nullstellen, Extrema und Wendepunkte der Scharkurven in Abhängigkeit vom Parameter a.

c) Für welchen Wert von a ist die Steigung in der rechten Nullstelle von f_a gleich -1?
Wie lauten die Gleichungen der Tangente t und der Normalen n an dieser Stelle?

d) Welche Funktion der Schar hat im Wendepunkt die Steigung 2?

e) Der Graph einer Scharkurve f_a und die x-Achse umschließen eine Fläche A. Für welchen Wert von a hat das Flächenstück A den Inhalt $\frac{4}{3}$?

13. Segelflugzeug

Ein Segelflugzeug ändert seine Flughöhe h mit der Geschwindigkeit $v_1(t) = -0{,}15t^2 + 0{,}9t$ (t in min, v in m/min). Es wird von einem motorisierten Flugzeug nach oben gezogen und ausgeklinkt. Der Segelflug startet zur Zeit $t = 0$ in 80 m Höhe über dem Erdboden.

a) Bestimmen Sie die Gleichung der Höhenfunktion.

b) Welche maximale Flughöhe erreicht das Segelflugzeug?

c) Wann ist die Höhenänderung am größten?

d) Wann befindet der Segler sich wieder auf Starthöhe?

e) Nach 14 min leitet der Pilot den Landeanflug ein. In dieser Phase ändert sich die Flughöhe h mit der Geschwindigkeit $v_2(t) = at + b$.
Berechnen Sie, wie groß a und b sein müssen, damit er nach 18 min weich landet.

14. Neubausiedlung

Ein Baugrundstück wird durch zwei Straßen f und g und die Parallelen $x = 10$ und $x = -10$ begrenzt (1 LE = 10 m). Die Straße f wird durch die Funktion $f(x) = 0{,}004\,x^3 - 1{,}2\,x$ erfasst, die Straße g durch $g(x) = 10 - 0{,}5\,x$. Berechnen Sie die Größe des Grundstücks auf zwei Wegen, über bestimmte Integrale und ohne Integrale. Vergleichen Sie beide Ansätze.

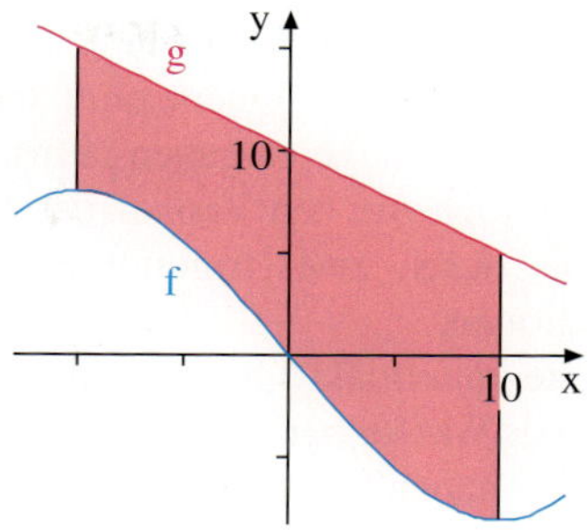

15. Schnittwinkel

Welchen Steigungswinkel besitzt der Graph von $f(x) = \sin\left(\frac{\pi}{4}x\right)$ bei $x = 0$?

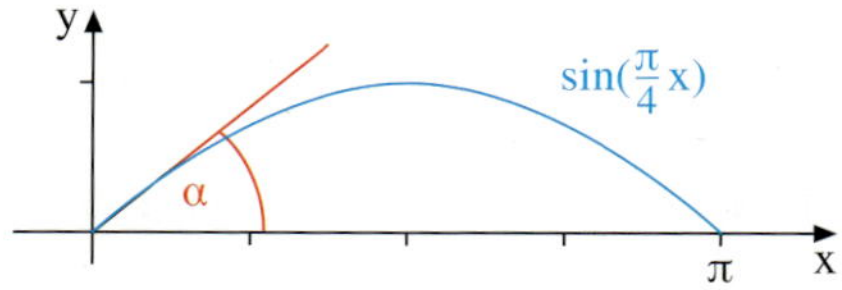

16. Flächenberechnung

Berechnen Sie den Inhalt der abgebildete Fläche A zwischen dem Graphen der Kosinusfunktion, dem Graphen von $g(x) = x - x^2$ und der x-Achse.

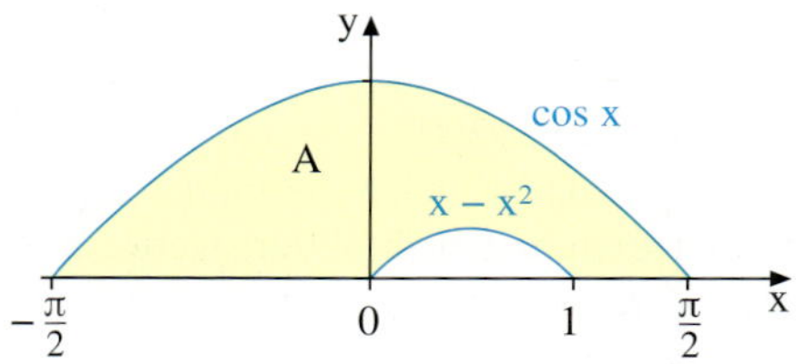

17. Flächenberechnung mit drei Funktionen

Wie groß ist der Inhalt der abgebildeten Fläche A?

A wird von den Graphen der drei Funktionen $f(x) = \sin x$, $g(x) = 2\sin x$, $h(x) = 4x - x^2$ sowie von der x-Achse begrenzt.

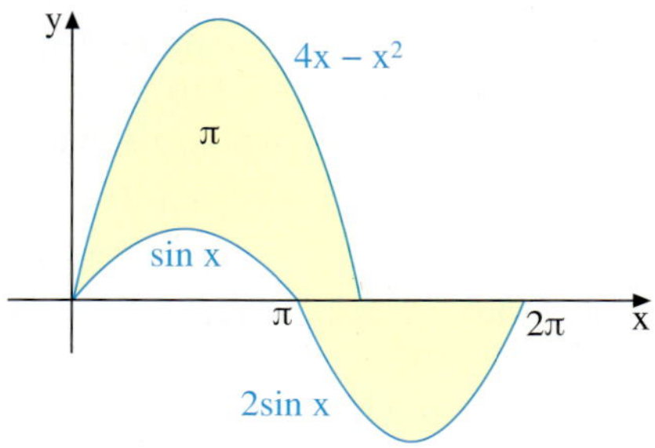

18. Parabel und Sinusfunktion

Eine zur y-Achse achsensymmetrische Parabel läuft durch den ersten Hochpunkt der Sinusfunktion rechts des Ursprungs. Sie umschließt mit dieser eine Fläche A. Welchen Inhalt besitzt A?

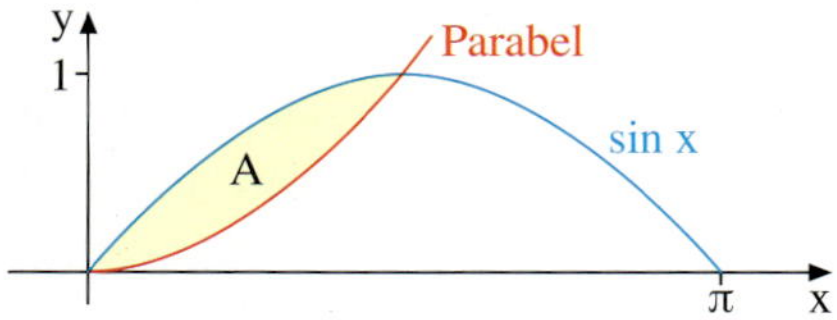

19. Flächenberechnung mit Rechnereinsatz

Gegeben ist die Funktion $f(x) = 3\sin(2x - 2) + 1$. Bestimmen Sie den Inhalt der Fläche A, die zwischen den beiden kleinsten positiven Nullstellen von f vom Graphen und der x-Achse berandet wird.

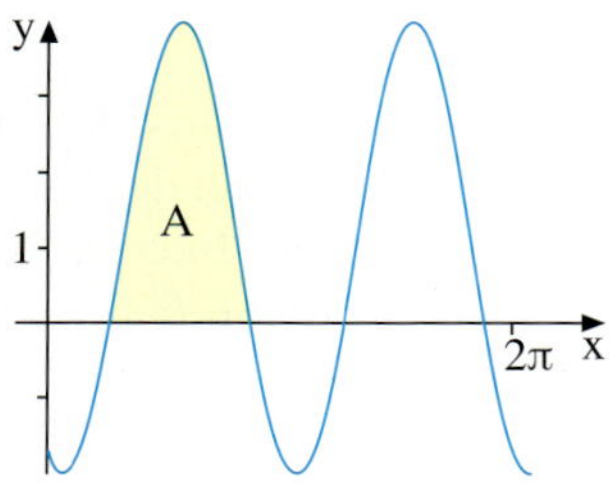

Beispiel: Wasser im Stausee

Die Skizze zeigt den Querschnitt durch einen Stausee (Längenangaben in m).

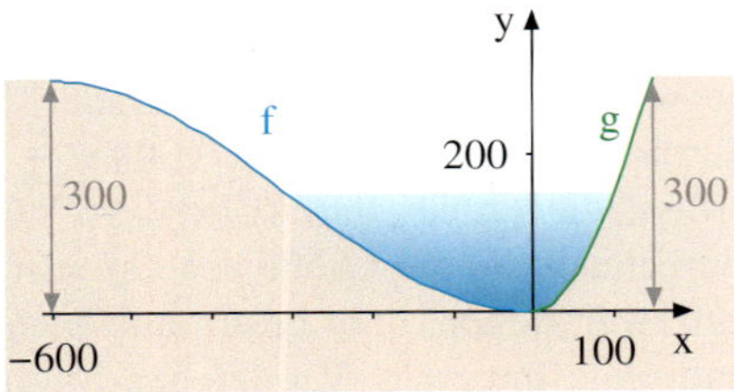

a) Beschreiben Sie den Verlauf des Seebodens durch zwei trigonometrische Funktionen.

b) Welche maximale Querschnittsfläche kann das Wasser bei vollständig gefülltem See haben?

c) Die Wassertiefe beträgt momentan an der tiefsten Stelle 150 m. Berechnen Sie zur Abschätzung der Wassermenge im See die Querschnittsfläche des Wassers.

Lösung zu a):

Die Bodenkontur links der y-Achse lässt sich durch eine sinusförmige Funktion, die auf der Hälfte ihrer Periode benötigt wird, beschreiben. Daher ist die Periode der Funktion gleich 1200.

Die Amplitude ist gleich der halben Differenz der extremalen Funktionswerte, also gleich 150.

Die Verschiebungen in x-Richtung und in y-Richtung sind so zu wählen, dass der minimale Funktionswert im Ursprung liegt, also gleich –900 bzw. gleich 150.

Damit ergibt sich die Funktionsgleichung $f(x) = 150 \cdot \sin\left(\frac{\pi}{600}(x + 900)\right) + 150$.

Gleichung der linken Randkurve:

Ansatz: $f(x) = a\sin(b(x + c)) + d$

Amplitude: $a = 150$

Periode: 1200

$b = \frac{2\pi}{1200} = \frac{\pi}{600}$

x-Verschiebung: –900

$c = 900$

y-Verschiebung: +150

$d = 150$

Funktionsgleichung von f:

$f(x) = 150 \cdot \sin\left(\frac{\pi}{600}(x + 900)\right) + 150$

Die sinusförmige Funktion rechts von der y-Achse wird für $0 \le x \le 150$ benötigt. Dieser Bereich entspricht einem Viertel ihrer Periode. Diese ist also gleich 600.

Die Amplitude ist gleich 300. Die x-Verschiebung ist +150, die y-Verschiebung ist 300. Hieraus ergibt sich die Gleichung $g(x) = 300 \cdot \sin\left(\frac{\pi}{300}(x - 150)\right) + 300$.

Gleichung der rechten Randkurve:

Amplitude: $a = 300$

Periode: 600

$b = \frac{2\pi}{600} = \frac{\pi}{300}$

x-Verschiebung: +150

$c = -150$

y-Verschiebung: +300

$d = 300$

Funktionsgleichung von g:

$g(x) = 300 \cdot \sin\left(\frac{\pi}{300}(x - 150)\right) + 300$

Lösung zu b):

Die y-Achse teilt die Querschnittsfläche in zwei Teile A_1 und A_2. Der Inhalt der linken Teilfläche A_1 ist gleich dem Integral von $300 - f(x)$ über dem Intervall [–600; 0].

Er beträgt $90\,000\,m^2$.

Inhalt der linken Teilfläche A_1:

$$A_1 = \int_{-600}^{0} (300 - f(x))\,dx$$

$$= \left[150x + 150 \cdot \frac{600}{\pi}\cos\left(\frac{\pi}{600}(x + 900)\right)\right]_{-600}^{0}$$

$$= 90\,000$$

Der Inhalt der rechten Teilfläche A_2 ist gleich dem Integral von 300 – g (x) über dem Intervall [0; 150].
Sie beträgt ca. 28 648 m^2.

Inhalt der rechten Teilfläche A_2:

$$A_2 = \int_0^{150} (300 - g(x))\,dx$$
$$= \left[300 \cdot \tfrac{300}{\pi} \cos\left(\tfrac{\pi}{300}(x - 150)\right)\right]_0^{150}$$
$$= \tfrac{90\,000}{\pi} \approx 28\,648$$

Der Flächeninhalt der Gesamtquerschnittsfläche ist gleich der Summe der berechneten Flächeninhalte. Er beträgt daher ca. 11 8648 m^2.

Inhalt der Querschnittsfläche A:

$A = A_1 + A_2 \approx 118\,648\,m^2$

Lösung zu c):
Bei einer Wassertiefe von nur 150 m ist der Stausee nicht vollständig gefüllt. Nun sind die Integrationsgrenzen neu zu wählen.
Links der y-Achse gilt:
Die linke Integrationsgrenze erhält man als Lösung der Gleichung f (x) = 150 oder direkt aus der Skizze, sie liegt bei –300. Die rechte Integrationsgrenze liegt im Ursprung.

Inhalt der linken Teilfläche B_1:

$$B_1 = \int_{-300}^{0} (150 - f(x))\,dx$$
$$= \left[150 \cdot \tfrac{600}{\pi} \cos\left(\tfrac{\pi}{600}(x + 900)\right)\right]_{-300}^{0}$$
$$\approx 28\,648$$

Rechts der y-Achse gilt:
An der rechten Integrationsgrenze muss g (x) = 150 gelten. Diese Gleichung hat die Lösung x = 100.

Inhalt der rechten Teilfläche B_2:

$$B_2 = \int_0^{100} (150 - g(x))\,dx$$
$$= \left[-150x + 300 \cdot \tfrac{300}{\pi} \cos\left(\tfrac{\pi}{300}(x - 150)\right)\right]_0^{100}$$
$$\approx 9\,810$$

Nun sind die Terme 150 – f (x) über dem Intervall [–300; 0] und 150 – g (x) über dem Intervall [0; 100] zu integrieren.
Die Querschnittsfläche B ist ca. 38 458 m^2 groß.

Inhalt der Querschnittsfläche B:

$B = B_1 + B_2 \approx 38\,458\,m^2$

20. Rutschbahn

Eine Rutschbahn im Adventure-Park wird im Querschnitt dargestellt von zwei sinusförmigen Teilen, jeweils auf der Länge einer halben Periode.

a) Entwickeln Sie zwei trigonometrische Funktionen f (für $-10 \le x \le 0$) und g (für $0 \le x \le 8$), die zusammen das Profil der Rutsche beschreiben.

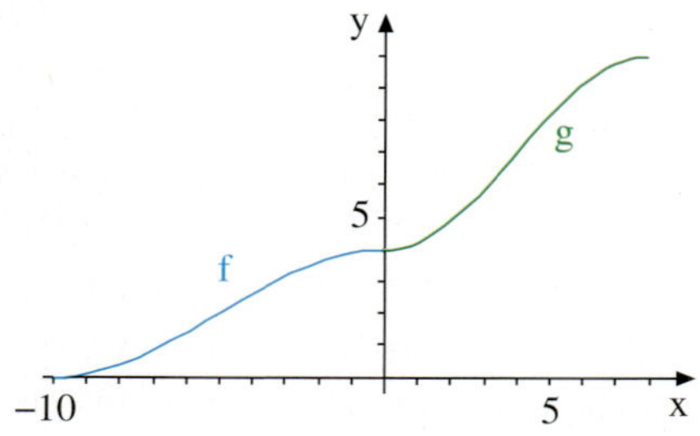

b) Bestimmen Sie das maximale Gefälle auf der Rutsche und das durchschnittliche Gefälle sowie die zugehörigen Neigungswinkel.

c) Eine Firma möchte eine Werbefläche von mindestens 60 m^2 mieten. Würde eine seitliche Verkleidung der Rutsche dieser Anforderung genügen?

21. Logo

Gegeben sind $f(x) = 2 \cdot \sin\left(\frac{\pi}{2}x\right) + 3$ und $g(x) = -4 \cdot \sin\left(\frac{\pi}{4}x\right) + 3,\ 0 \le x \le 4$.

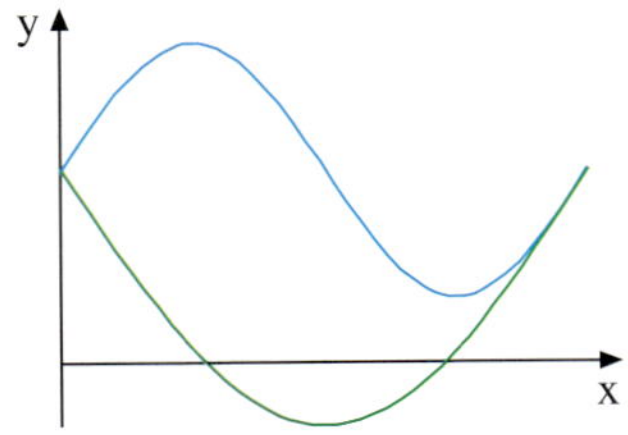

a) Welche Perioden besitzen f und g? Bestimmen Sie die Nullstellen von g. Bestimmen Sie die Extrema von f. Zeichnen Sie die Graphen von f und g.

b) Welchen Steigungswinkel hat der Graph von f im Schnittpunkt mit der y-Achse? Wann fällt der Steigungswinkel des Graphen von f erstmals auf 45°?

c) Der von den Graphen von f und g umschlossene Bereich soll als Vorlage für ein Firmenlogo verwendet werden. Bestimmen Sie die Fläche des Logos (Längeneinheit: 1 cm).

d) Jemand behauptet: Die Gerade durch den Hochpunkt des Graphen von f und den Tiefpunkt des Graphen von g halbiert die Fläche des Logos. Untersuchen Sie, ob dies stimmt.

22. Spiegelung und Flächenberechnung

a) Rechts dargestellt ist der Graph einer Funktion $f(x) = a + \cos(bx)$. Geben Sie mögliche Werte für die Parameter an.

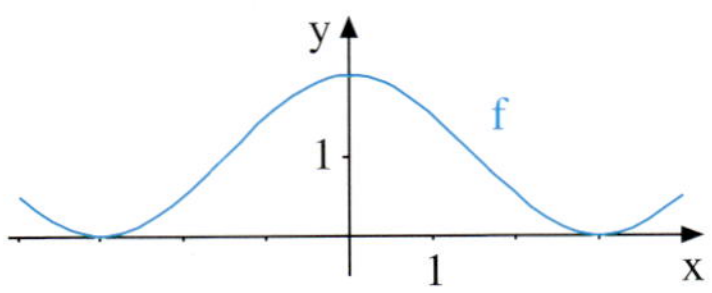

b) Wie groß ist die maximale Steigung, wie groß die durchschnittliche Steigung im Intervall [–3; 0]?

c) Welche Fläche bildet der Graph von f mit der x-Achse über [–3; 3]?

d) Der Graph von f wird an der Parallelen zur x-Achse durch y = 3 gespiegelt, wodurch der Graph einer Funktion g entsteht. Zeichnen Sie den Graphen von g und geben Sie die Funktionsgleichung an.

e) Ein Biologe hat einen exotischen Schmetterling vergeblich gejagt. Angenähert wird der Schmetterling mit ausgebreiteten Flügeln durch die Funktionen f und g für $-3 \le x \le 3$ dargestellt. Wie groß ist angenähert die Flügelfläche des Schmetterlings?

23. Gegeben ist die Funktion $f(x) = x + 2\cos x$ für $-4 \le x \le 4$.

a) Untersuchen Sie die Funktion auf Extrema und Wendepunkte im angegebenen Intervall.

b) Erstellen Sie eine geeignete Wertetabelle und zeichnen Sie den Graphen für $-4 \le x \le 4$.

c) Bestimmen Sie die Gleichung der Tangente t an den Graphen von f an der Stelle $x = \frac{\pi}{2}$.

d) Die Koordinatenachsen, der Graph von f und die in c) bestimmte Tangente t begrenzen ein Flächenstück A. Berechnen Sie den Inhalt von A.

e) Die Geschwindigkeit eines Schwimmers im Training wird beschrieben durch die Funktion $v(t) = 1 - \frac{1}{4}\sin\left(\frac{\pi}{30}t\right)$, (t in s, v(t) in m/s). Welche Strecke legt er in 2 Minuten zurück?

f) Sei allgemein $f_a(x) = x + a\cos x$. Für welche Werte des Parameters a gibt es waagerechte Tangenten an den Graphen von f_a?

24. Straßenplanung

Die Landstraße verläuft geradlinig durch A(–4|1) zum Punkt B(–2|0). Zwischen B und C(2|0) soll die Straße erneuert werden. Danach verläuft sie wieder geradlinig von C durch Punkt D(4|1).

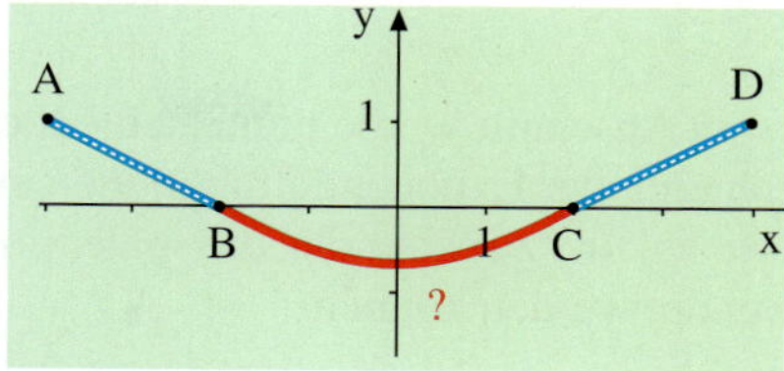

Der neue Straßenabschnitt zwischen B und C soll im Punkt C „ohne Knick" in den Abschnitt CD übergehen.

a) Zur Modellierung des Abschnitts BC werden folgende Funktionstypen betrachtet: $f(x) = ax^2 + b$, $g(x) = a e^{-x^2} + b$.
Bestimmen Sie für jeden Funktionstyp die Parameter a und b so, dass die Funktion den Straßenverlauf zwischen den Punkten B und C beschreibt.

b) Begründen Sie, dass Ihre Lösungen auch im Punkt B „ohne Knick" die Straßenstücke verbinden.

c) Zeichnen Sie den Straßenverlauf mit Ihren Lösungen und leiten Sie aus der Zeichnung eine begründete Entscheidung über den besten Straßenverlauf zwischen B und C ab.

25. Strandpromenade

Der Aufgang der Strandpromenade zu einem 8 m hohen Deich soll in der Waagerechten 20 m lang sein. Das Planungsbüro erwägt mehrere Varianten.

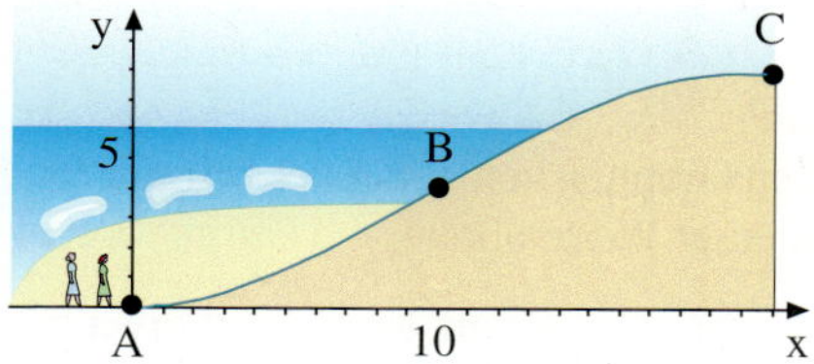

a) Variante 1:
Die Trassenführung wird durch eine trigonometrische Funktion durch die Punkte A und C realisiert. Dabei soll die Funktion in den Anschlusspunkten A und C die Steigung null haben. Geben Sie die Funktionsgleichung für diese Variante an.
Zur Kontrolle: $f(x) = 4 \cdot \sin\left(\frac{\pi}{20}(x - 10)\right) + 4$

b) Variante 2:
Die Trassenführung wird durch eine ganzrationale Funktion realisiert, die in den Anschlusspunkten A und C die Steigung null hat. Bestimmen Sie die Funktionsgleichung.

c) Berechnen Sie für beide Lösungen den stärksten Anstieg.

d) Der Aufgang soll 2 m breit sein. Bei welcher Trasse wird weniger Sand als Untergrund benötigt?

e) Variante 3:
Diese Variante sieht vor, die Punkte A und B durch eine Funktion $h_1(x) = e^{ax} - b$ und die Punkte B und C durch eine Funktion $h_2(x) = 10 - c e^{-dx}$ zu verbinden. Stellen Sie die Funktionsgleichungen auf.

f) Variante 3 soll nur dann vorgeschlagen werden, wenn in den Übergangspunkten A, B und C der Winkel zwischen den beiden Trassenteilen bzw. zwischen jeweils einem Trassenteil und der unteren bzw. oberen Ebene kleiner als 10° ist. Prüfen Sie, ob diese Bedingung erfüllt ist.

3. Exponentialfunktionen

In diesem Abschnitt werden unterschiedliche Problemstellungen aus der Differential- und Integralrechnung der Exponentialfunktionen exemplarisch angesprochen, um Lösungsprinzipien zu wiederholen und zu sammeln, die später im Rahmen umfassender Kurvenuntersuchungen gezielt angewendet werden können.

A. Funktionswerte und Graphen

Beispiel: Gegeben sei die Funktion $f(x) = 2 \cdot e^{-0,5x} + 1$.

a) Skizzieren Sie den Graphen von f für $-1 \leq x \leq 4$.

b) An welcher Stelle hat die Funktion den Wert 2?

c) Untersuchen Sie das Verhalten der Funktion für $x \to \infty$.

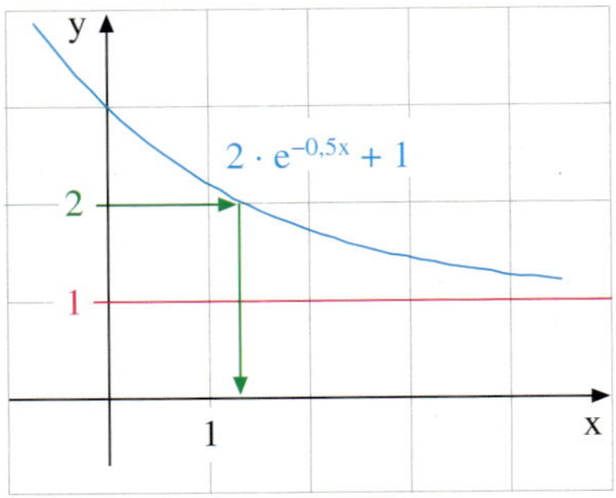

Lösung:

a) Den Graphen von f erstellen wir mit Hilfe einer Wertetabelle.

Wertetabelle:

x	−1	0	1	2	3	4
y	4,30	3,00	2,21	1,74	1,45	1,27

b) Der Funktionswert $y = 2$ wird etwa bei $x = 1,3$ angenommen, was wir der Zeichnung entnehmen können. Genauer ist das rechnerische Resultat, das sich aus dem Ansatz $f(x) = 2$ durch Logarithmieren ergibt: $x \approx 1,39$.

Berechnung des x-Wertes zu *f*(*x*) = 2:

$$f(x) = 2$$
$$2 \cdot e^{-0,5x} + 1 = 2$$
$$e^{-0,5x} = 0,5$$
$$-0,5x = \ln 0,5$$
$$x = \frac{\ln 0,5}{-0,5} \approx 1,39$$

c) Mit zunehmendem x-Wert verläuft der Graph von f zusehends flacher.
Er schmiegt sich der horizontalen Geraden $y = 1$ von oben immer dichter an. Dies liegt daran, dass sich der Exponentialterm $e^{-0,5x}$ mit wachsendem x dem Grenzwert 0 ***asymptotisch*** nähert.

Bestimmung des Grenzwertes für *x* → ∞:

$$\lim_{x \to \infty} (2 \cdot e^{-0,5x} + 1) = 1$$

Übung 1

Gegeben ist die Funktion $f(x) = e^{2x} + 1$.

a) Skizzieren Sie den Graphen von f für $-3 \leq x \leq 0,5$.

b) Welche Wertemenge hat f? Untersuchen Sie das Verhalten der Funktion für $x \to -\infty$.

c) In welchem Bereich sind die Funktionswerte von f kleiner als 1,1?

d) Für welches x gilt $f(x) \approx 1000$?

B. Schnittpunkte von Graphen

Beispiel: Schnittpunkte von Graphen
Gegeben seien die Funktionen $f(x) = e^x$ und $g(x) = 3 \cdot e^{-x}$.
Berechnen Sie, in welchem Punkt sich die Graphen von f und g schneiden.

Zeichnerische Lösung (genähert):
Wir zeichnen die Funktionsgraphen und lesen den Schnittpunkt S ab. Er liegt etwa bei S(0,5|1,7).

Rechnerische Lösung (exakt):
Wir verwenden die Bestimmungsgleichung $f(x) = g(x)$ für die Schnittstelle x.
Durch Umformung und Logarithmieren können wir die Gleichung nach x auflösen.
Die Schnittstelle liegt bei $x \approx 0{,}55$.
Der zugehörige y-Wert beträgt $y \approx 1{,}73$.

Graph

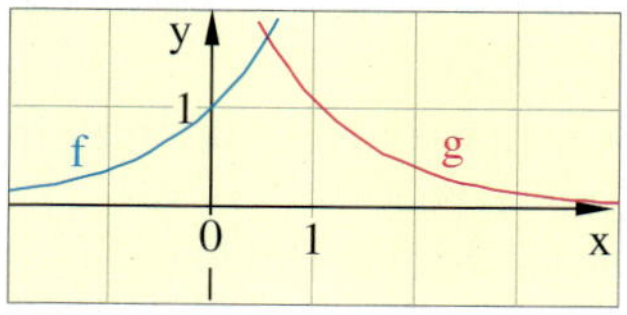

Rechnung

$$f(x) = g(x)$$
$$e^x = 3 \cdot e^{-x}$$
$$e^{2x} = 3$$
$$2x = \ln 3$$
$$x = \frac{\ln 3}{2} \approx 0{,}55,\ y = f(0{,}55) \approx 1{,}73$$

Der Schnittpunkt zweier Funktionen kann bei Bedarf mit dem Rechner bestimmt werden.

Beispiel: Schnittpunktbestimmung mit dem Rechner
Ermitteln Sie den Schnittpunkt der Funktionen $f(x) = e^x$ und $g(x) = 4 - x$.

Lösung mit dem GTR:
Die beiden Funktionen werden eingegeben und im Graphikfenster dargestellt.
Nun kann der Schnittpunkt angenähert bestimmt werden. Resultat: S(1,07|2,93)

Lösung mit dem WTR:
Die Option zum numerischen Lösen von Gleichungen (num-solv) wird aufgerufen, die Gleichung wird eingegeben, ein Startwert gewählt und die Berechnung gestartet.
Resultat: x = 1,07…, S(1,07|2,93).

Lösung mit dem GTR

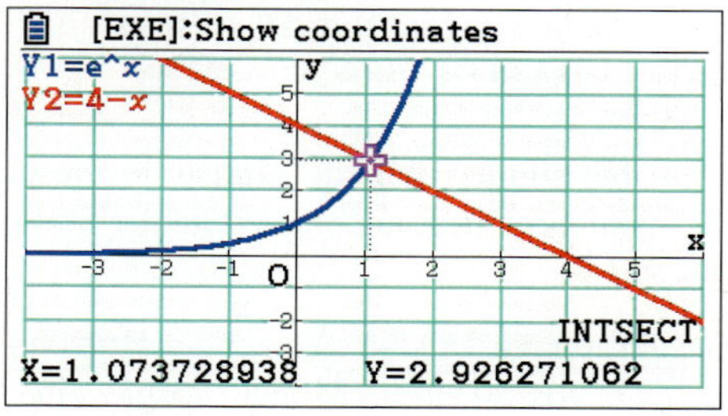

Lösungen mittels WTR

$e^x = 4 - x$■

ENTER AND SOLVE
x = 1
SOLVE: x

SOLUTION
x = 1.073728938
L – R = 0

Übung 2
Gesucht ist der Schnittpunkt der Funktionen $f(x) = 2{,}5 \cdot e^x$ und $g(x) = e^{2x}$.

Übung 3
Bestimmen Sie die kleinste positive Schnittstelle von $f(x) = e^x$ und $g(x) = 2 \cdot x^2$.

C. Tangenten

In diesem Abschnitt werden Tangentenprobleme bei Exponentialfunktionen untersucht.

Beispiel: Holzproduktion

Der abgebildete Graph der Funktion $h(t) = \frac{1}{10}(50 - t) \cdot e^{\frac{1}{20}t}$ zeigt die Planung des monatlichen Holzeinschlags in einem Urwaldgebiet, $0 \le t \le 50$.

t: Zeit in Monaten; h(t): Holzeinschlag in Kubikmeter pro Hektar.

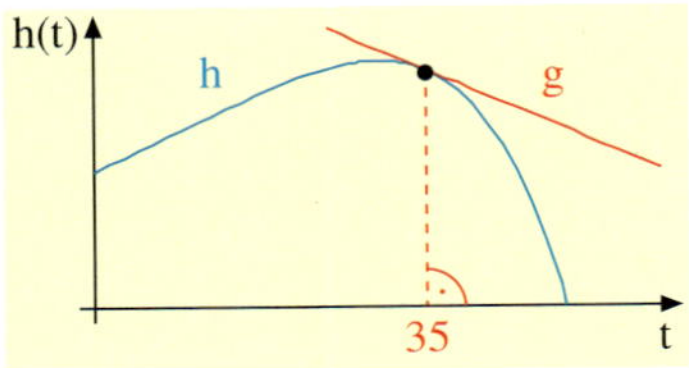

Nach 35 Monaten wird der Plan geändert: Der Holzeinschlag soll von nun an linear als Tangente von h zurückgeführt werden (Funktion g). Wie lange wird die Zeitdauer des Holzeinschlags durch diese Maßnahme verlängert?

Lösung:
Wir bestimmen durch Anwendung der Produktregel die Ableitung von h.

Ableitung der Funktion h:

$h(t) = (5 - 0{,}1\,t) \cdot e^{0{,}05\,t}$

$h'(t) = (-0{,}1) \cdot e^{0{,}05\,t} + (5 - 0{,}1\,t) \cdot (0{,}05 \cdot e^{0{,}05\,t})$

$\quad = (0{,}15 - 0{,}005\,t) \cdot e^{0{,}05\,t}$

Anschließend ermitteln wir die Gleichung der Tangente g bei $t_0 = 35$.
Dazu wenden wir die allgemeine Formel für die Tangente an. Sie lautet:
$g(t) = h'(t_0) \cdot (t - t_0) + h(t_0)$.
Wir erhalten angenähert das Resultat:
$g(t) \approx -0{,}144\,t + 13{,}672$

Gleichung der Tangente g bei $t_0 = 35$:

$g(t) = h'(t_0) \cdot (t - t_0) + h(t_0)$ (Ansatz)

$g(t) = h'(35) \cdot (t - 35) + h(35)$

$g(t) \approx -0{,}144 \cdot (t - 35) + 8{,}632$

$g(t) \approx -0{,}144\,t + 13{,}672$

Nun bestimmen wir die Nullstelle dieser Tangente. Sie liegt angenähert an der Stelle $t = 95$.

Nullstelle der Tangente g:

$g(t) = 0$

$-0{,}144\,t + 13{,}672 = 0$

$t \approx 95$

Insgesamt wird also die Dauer des Holzeinschlags von 50 auf 95 Monate ausgeweitet, d.h. um 45 Monate verlängert.

Übung 4 Tangente

Bei einem Motorradrennen stürzt ein Fahrer unglücklich im Wendepunkt W der Kurve. Das Motorrad rutscht tangential weiter. Landet er in der Auffangbarriere aus Stroh, die zwischen den Positionen A(2|1) und B(2|2) aufgebaut ist?
Der Kurvenverlauf wird durch die Funktion $f(x) = (1 - x) \cdot e^x$ beschrieben.

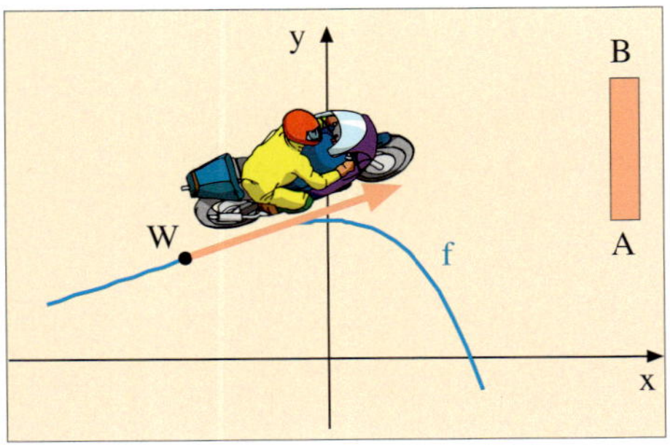

D. Extrema und Wendepunkte

Mit Hilfe der bekannten notwendigen und hinreichenden Bedingungen untersuchen wir nun exemplarisch einfache Exponentialfunktionen auf Extrema und Wendepunkte.

Beispiel: Skizzieren Sie den Graphen der Funktion $f(x) = e^x - 2x$ und errechnen Sie anschließend die genaue Lage des Extremums der Funktion.

Lösung:
Der mit einer Wertetabelle oder durch Überlagerung von e^x und $-2x$ erstellte Graph zeigt ein Minimum bei $x \approx 0{,}5$.

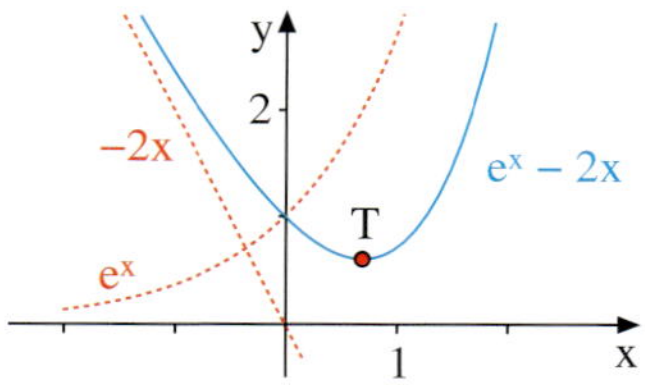

Notwendige Bedingung:

$f'(x) = 0$
$e^x - 2 = 0$
$e^x = 2$
$x = \ln 2 \approx 0{,}69$

Zugehöriger Funktionswert:

$y = e^{\ln 2} - 2 \cdot \ln 2 \approx 0{,}61$

Überprüfung mit f'':

$f''(\ln 2) = e^{\ln 2} = 2 > 0 \Rightarrow$ Minimum

Resultat:

Tiefpunkt bei $T(0{,}69|0{,}61)$

Beispiel: Skizzieren Sie den Graphen der Funktion $f(x) = x \cdot e^x$ für $-3 \le x \le 1$. Berechnen Sie die genaue Lage des Wendepunktes der Funktion.

Lösung:
Mit einer Wertetabelle erhalten wir den Graphen, der im 3. Quadranten einen Rechts-Links-Wendepunkt aufweist.

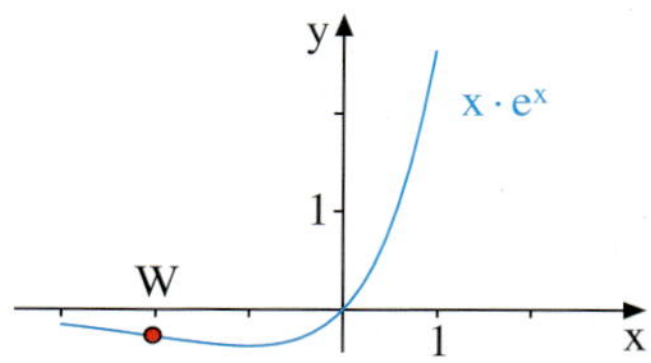

Notwendige Bedingung:

$f''(x) = 0$
$(x + 2) \cdot e^x = 0$
$(x + 2) = 0$, da $e^x > 0$
$x = -2$

Zugehöriger Funktionswert:

$y = -2 \cdot e^{-2} \approx -0{,}27$

Überprüfung mit f''':

$f'''(-2) = 1 \cdot e^{-2} > 0 \Rightarrow$ Rechts-Links-WP

Resultat:

Wendepunkt bei $W(-2|-0{,}27)$

Übung 5

Untersuchen Sie die Funktion f auf lokale Extrempunkte. Skizzieren Sie den Graphen oder stellen Sie ihn mit dem TR/Computer dar.

a) $f(x) = x - 2 + e^{-x}$
b) $f(x) = x^2 \cdot e^{x+1}$

Übung 6

Untersuchen Sie die Funktion f auf Wendepunkte. Skizzieren Sie den Graphen oder stellen Sie ihn mit dem TR/Computer dar.

a) $f(x) = 2 \cdot e^x - e^{-x}$
b) $f(x) = (x^2 - 1) \cdot e^{-0{,}5x}$

E. Flächenberechnungen mit einfachen Exponentialfunktionen

Jeder Ableitungsregel für Exponentialfunktionen entspricht eine Integrationsregel.

Ableitungsregel:

$(e^x)' = e^x$

$(e^{-x})' = -e^{-x}$

$(e^{ax+b})' = a \cdot e^{ax+b}$

Integrationsregel:

$\int e^x dx = e^x + C$

$\int e^{-x} dx = -e^{-x} + C$

$\int e^{ax+b} = \frac{1}{a} e^{ax+b} + C$

Diese Integrationsregeln ermöglichen die Berechnung des Inhalts von Flächenstücken, die durch einfache Exponentialfunktionen begrenzt sind.

Beispiel: Fläche unter Graphen
Gegeben ist die Funktion $f(x) = \frac{1}{2} \cdot e^{-x}$. Wie groß ist der Inhalt des abgebildeten Flächenstücks?

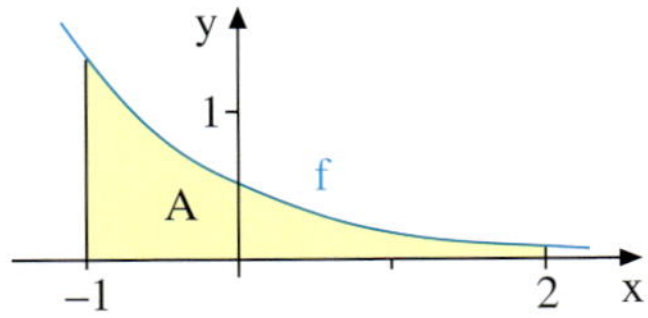

Lösung:
Wir bestimmen zunächst eine Stammfunktion F von f: $F(x) = -\frac{1}{2} \cdot e^{-x}$.
Nun berechnen wir das bestimmte Integral von f in den Grenzen von −1 bis 2 und erhalten so den gesuchten Flächeninhalt.
Er lautet $A \approx 1{,}29$.

$$A = \int_{-1}^{2} \frac{1}{2} \cdot e^{-x} dx = \left[-\frac{1}{2} \cdot e^{-x}\right]_{-1}^{2}$$
$$= -\frac{1}{2} \cdot e^{-2} + \frac{1}{2} \cdot e^{1} \approx 1{,}29$$

Beispiel: Fläche zwischen Graphen
Gesucht ist der Inhalt der Fläche A, die von den Graphen der Funktionen $f(x) = 2 \cdot e^{\frac{1}{4}x}$ und $g(x) = e^{\frac{5}{4}x - 1}$ sowie der y-Achse begrenzt wird.

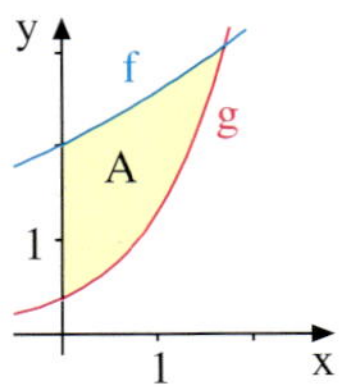

Lösung:
Zunächst fertigen wir eine Planungsskizze an. So können wir die Lage der betrachteten Fläche grob einschätzen.
Dort können wir sehen, dass f die obere und g die untere Randfunktion von A ist. Für die genaue Lage der rechten Begrenzung berechnen wir die Schnittstelle von f und g: $x \approx 1{,}69$.

Nun geben wir die Differenzfunktion $h(x) = f(x) - g(x)$ an, wie rechts dargestellt.

Der gesuchte Flächeninhalt ergibt sich dann als Wert des bestimmten Integrals der Funktion h in den Grenzen von 0 bis 1,69.
Resultat: $A \approx 2{,}07$

1. Schnittstelle von f und g

$$2 \cdot e^{\frac{1}{4}x} = e^{\frac{5}{4}x - 1}$$
$$2 = e^{\frac{5}{4}x - \frac{1}{4}x - 1}$$
$$2 = e^{x-1}$$
$$\ln 2 = x - 1$$
$$x = \ln 2 + 1 \approx 1{,}69$$

2. Angeben der Differenzfunktion

$$h(x) = f(x) - g(x) = 2 \cdot e^{\frac{1}{4}x} - e^{\frac{5}{4}x - 1}$$

3. Flächeninhaltsberechnung

$$A = \int_{0}^{1{,}69} \left(2 \cdot e^{\frac{1}{4}x} - e^{\frac{5}{4}x - 1}\right) dx$$
$$= \left[8 \cdot e^{\frac{1}{4}x} - \frac{4}{5} \cdot e^{\frac{5}{4}x - 1}\right]_{0}^{1{,}69} \approx 2{,}07$$

Das folgende Beispiel zeigt, dass auch ein unendlich langes Flächenstück einen endlichen Flächeninhalt besitzen kann.

Beispiel: Unbegrenzte Fläche
Gesucht ist der Inhalt des nach rechts unbegrenzten Flächenstückes, das im 1. Quadranten zwischen dem Graphen von $f(x) = e^{-x}$ und der x-Achse liegt.

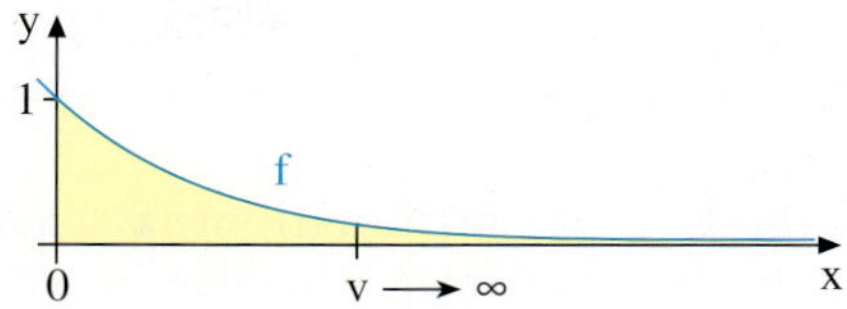

Lösung:
Wir berechnen zunächst den Inhalt der Fläche unter f über dem endlichen Intervall $[0; v]$. Er ist $A(v) = 1 - e^{-v}$.
Nun schieben wir v immer weiter nach rechts, d. h. wir betrachten den Grenzwert für $v \to \infty$.
Wir erhalten $A = \lim\limits_{v \to \infty}(1 - e^{-v}) = 1$.

1. Fläche unter f über [0; v]:

$$A(v) = \int_0^v e^{-x}\,dx = (-e^{-x})_0^v = 1 - e^{-v}$$

2. Fläche unter f über [0; ∞):

$$A = \lim_{v \to \infty} A(v) = \lim_{v \to \infty}(1 - e^{-v}) = 1$$

Beispiel: Anwendung
Welches Luftvolumen hat das abgebildete Festzelt?
$f(x) = 20 \cdot e^{-\frac{1}{40}x}$ und $g(x) = 20 \cdot e^{\frac{1}{40}x}$ sind die Randfunktionen des Zeltdaches.

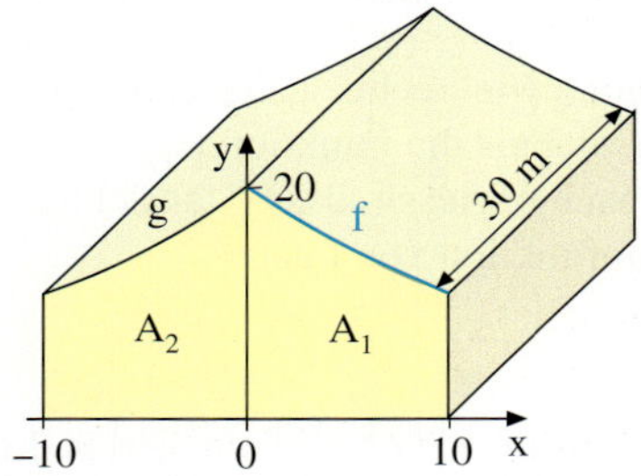

Lösung:
Wir berechnen die Querschnittsfläche A des Zeltes. Sie beträgt ca. 353,92 m². Diese multiplizieren wir mit der Tiefe des Zeltes, die 30 m beträgt.
Das Volumen beträgt ca. 10 618 m².

Querschnittsfläche:

$$A_1 = \int_0^{10} 20 \cdot e^{-\frac{1}{40}x}\,dx = \left[-800 \cdot e^{-\frac{1}{40}x}\right]_0^{10}$$
$$\approx 176{,}96$$
$$A = A_1 + A_2 = 2A_1 \approx 353{,}92$$

Luftvolumen:
$$V = A \cdot 30 \approx 10\,617{,}6$$

Übung 7
Gegeben sind die Funktionen $f(x) = e^x$ und $g(x) = e^{1-x}$. Diese begrenzen gemeinsam mit der x-Achse und den beiden senkrechten Geraden $x = -1$ und $x = 1$ ein Flächenstück. Skizzieren Sie dieses und berechnen Sie seinen Flächeninhalt.

Übung 8
Gesucht ist der Inhalt derjenigen Fläche A, die von den Graphen der Funktionen f und g sowie der y-Achse begrenzt wird. Fertigen Sie zunächst eine Grobskizze an.

a) $f(x) = \frac{1}{4}(e^x - 1)$, $g(x) = 2 - e^x$

b) $f(x) = \frac{1}{2}e^{\frac{1}{2}x}$, $g(x) = e^{1 - \frac{1}{4}x}$

Übung 9
Gesucht ist der Inhalt des im 1. Quadranten liegenden Flächenstückes zwischen den Graphen von $f(x) = e^{-x}$ und $g(x) = e^{-2x}$, das nach rechts unbegrenzt ist.

F. Integration durch direkten Nachweis bzw. mittels Formansatz

Mit den Methoden, die uns im Grundkurs zur Verfügung stehen, ist es nicht möglich, kompliziert aufgebaute Funktionen zu integrieren. Ersatzweise stehen aber zwei Methoden zur Verfügung, die es gestatten, unter bestimmten *Vorgaben* dennoch Stammfunktionen aufzufinden.

Methode 1: Stammfunktionsnachweis

Bei diesem einfachsten Verfahren ist die gesuchte Stammfunktion F der zu untersuchenden Funktion f bereits vorgegeben. Der Nachweis wird durch Differenzieren erbracht. Es wird gezeigt, dass $F'(x) = f(x)$ gilt.

Beispiel: Zeigen Sie, dass $F(x) = (x^2 - x)e^{2x}$ eine Stammfunktion von $f(x) = (2x^2 - 1)e^{2x}$ ist.

Lösung:

Wir leiten die Funktion F mit der Produktregel und der Kettenregel der Differentialrechnung ab.

Wir erhalten, wie rechts genauer ausgeführt, als Ergebnis die Funktion f.

Damit ist nachgewiesen, dass F tatsächlich eine Stammfunktion von f ist.

Nachweis: F' = f

$$F'(x) = [\underbrace{(x^2 - x)}_{u} \cdot \underbrace{e^{2x}}_{v}]'$$

$$= [\underbrace{(2x - 1)}_{u'} \cdot \underbrace{e^{2x}}_{v}] + [\underbrace{(x^2 - x)}_{u} \cdot \underbrace{2e^{2x}}_{v'}]$$

$$= (2x^2 - 1) \cdot e^{2x} = f(x)$$

Übung 10 Stammfunktionsnachweis durch Differenzieren

Ordnen Sie jeder Funktion f die passende Stammfunktion F zu. Führen Sie den Nachweis.

A: $f(x) = (3x - 1 - x^2)e^{-x}$

B: $f(x) = -x e^{1-x}$

C: $f(x) = (x - 1)e^{1-x}$

I: $F(x) = -x e^{1-x}$

II: $F(x) = (x^2 - x)e^{-x}$

III: $F(x) = (1 + x)e^{1-x}$

Methode 2: Formansatz

Vorgegeben ist ein sog. ***Formansatz*** über die Gestalt des Funktionsterms einer Stammfunktion von f. Dieser Ansatz enthält einige zunächst noch unbekannte Koeffizienten. Diese Koeffizienten können dann durch einen Koeffizientenvergleich der Funktionsterme von F' und von f berechnet werden.

Beispiel: Gesucht ist eine Stammfunktion F von $f(x) = (4x - 4) \cdot e^{2x}$.Verwenden Sie für die Stammfunktion F den Formansatz $F(x) = (ax + b) \cdot e^{2x}$. Berechnen Sie a und b.

Lösung:

Wir differenzieren den vorgegebenen Formansatz $F(x) = (ax + b) \cdot e^{2x}$ und erhalten $F'(x) = (2ax + a + 2b) \cdot e^{2x}$.

Diese Ableitung F' muss mit der Funktion $f(x) = (4x - 4) \cdot e^{2x}$ übereinstimmen, da bekanntlich $F'(x) = f(x)$ gilt.

Formansatz

$$F(x) = (ax + b) \cdot e^{2x}$$

$$F'(x) = a \cdot e^{2x} + (ax + b) \cdot 2e^{2x}$$

$$= (2ax + a + 2b) \cdot e^{2x}$$

Insbesondere müssen die Koeffizienten von x, also $2a$ im Term von F′ und 4 im Term von f, übereinstimmen.
Gleiches gilt für die konstanten Koeffizienten, also für $a + 2b$ im Term von F′ und -4 im Term von f.

Koeffizientenvergleich

$F'(x) = f(x)$

$\Rightarrow (2ax + a + 2b) \cdot e^{2x} = (4x - 4) \cdot e^{2x}$

Diese Überlegung führt also auf ein Gleichungssystem mit zwei Gleichungen und zwei Variablen. Das System lässt sich einfach lösen. Die Lösung lautet $a = 2$, $b = -3$.

$\Rightarrow$ I: $2a = 4$
II: $a + 2b = -4$

$\Rightarrow a = 2,\ b = -3$

Durch Einsetzen in den Formansatz erhalten wir die Funktion $F(x) = (2x - 3) \cdot e^{2x}$ als eine Stammfunktion von f.

$\Rightarrow F(x) = (2x - 3) \cdot e^{2x}$

Wir rechnen ein weiteres, etwas komplizierteres Beispiel zu der wichtigen Methode des Formansatzes. Hier enthält der Ansatzterm einen quadratischen Teil.

Beispiel: Bestimmen Sie eine Stammfunktion F von $f(x) = (1 - 2x^2) \cdot e^{-2x}$. Verwenden Sie als Formansatz für die Stammfunktion $F(x) = (ax^2 + bx + c) \cdot e^{-2x}$.

Lösung:
Ableiten des gegebenen Formansatzes $F(x) = (ax^2 + bx + c) \cdot e^{-2x}$ ergibt $F'(x) = (-2ax^2 + (2a - 2b)x + b - 2c) \cdot e^{-2x}$.
Wegen $F' = f$ muss dieser Term mit dem Term von f übereinstimmen.

Formansatz

$F(x) = (ax^2 + bx + c) \cdot e^{-2x}$
$F'(x) = (2ax + b) \cdot e^{-2x} + (ax^2 + bx + c) \cdot (-2e^{-2x})$
$= (-2ax^2 + (2a - 2b)x + b - 2c) \cdot e^{-2x}$

Ein Koeffizientenvergleich des Funktionsterms von F′ mit dem Funktionsterm von f liefert ein Gleichungssystem mit drei Gleichungen und drei Variablen a, b und c.

Die Lösung des Gleichungssystems ist einfach und ergibt $a = 1$, $b = 1$ und $c = 0$.
Daher ist $F(x) = (x^2 + x) \cdot e^{-2x}$ eine Stammfunktion von f.

Koeffizientenvergleich

$F'(x) = f(x)$
$\Rightarrow [-2ax^2 + (2a - 2b)x + b - 2c]e^{-2x} = (1 - 2x^2) \cdot e^{-2x}$
$\Rightarrow$ I: $-2a = -2$
II: $2a - 2b = 0$
III: $b - 2c = 1$
$\Rightarrow a = 1,\ b = 1,\ c = 0$
$\Rightarrow F(x) = (x^2 + x) \cdot e^{-2x}$

Übung 11 Vorgegebener Formansatz
Berechnen Sie mit dem gegebenen Formansatz eine Stammfunktion von f.
a) $f(x) = (2x - 3) \cdot e^{3x}$, $F(x) = (ax + b) \cdot e^{3x}$ b) $f(x) = -x \cdot e^{-0,5x}$, $F(x) = (ax + b) \cdot e^{-0,5x}$
c) $f(x) = x^2 \cdot e^{-x}$, $F(x) = (ax^2 + bx + c) \cdot e^{-x}$ d) $f(x) = x \cdot e^{2x} + e^{-2x}$, $F(x) = (ax + b) \cdot e^{2x} + c \cdot e^{-2x}$
Erläutern Sie in einem kurzen Text, wie man mit Formansätzen Stammfunktionen berechnen kann.

Übung 12 Formansatz gesucht

Stellen Sie zunächst einen geeigneten Formansatz auf. Berechnen Sie dann mit Hilfe des Formansatzes eine Stammfunktion F.

a) $f(x) = (5 - 3x) \cdot e^{-x}$ b) $f(x) = x \cdot e^{x} - e^{2x}$ c) $f(x) = (x^2 - x) \cdot e^{-x}$

Erläutern Sie, wie man bei Produkten aus Exponentialfunktionen und ganzrationalen Funktionen passende Formansätze zur Integration aufstellen kann.

Eine weitere Methode zur Bestimmung von Stammfunktionen ist die sog. ***Rückschlussmethode****.

Methode 3: Die Rückschlussmethode

Bei diesem Verfahren wird die gegebene Funktion f mehrfach differenziert. Aus der Gestalt der Ableitungsterme kann auf den Funktionsterm einer Stammfunktion F zurückgeschlossen werden.

Beispiel: Bestimmen Sie mittels Rückschluss eine Stammfunktion F von $f(x) = (2x + 3) \cdot e^{x}$.

Lösung:

Die Ableitungen lassen ein klares Bildungsgesetz erkennen. Bei jedem Differentiationsschritt erhöht sich der reine Zahlterm des linearen Faktors im Funktionsterm um 2.

In Analogie dazu kann man annehmen, dass der Zahlterm sich bei der Integration um 2 verringert. Das führt im Rückschluss auf $F(x) = (2x + 1) \cdot e^{x}$. Durch Bildung der Ableitung F′ bestätigt sich, dass F tatsächlich eine Stammfunktion von f ist.

Ableitungen von f

$f(x) = (2x + 3) \cdot e^{x}$

$f'(x) = (2x + 5) \cdot e^{x}$

$f''(x) = (2x + 7) \cdot e^{x}$

Rückschluss auf F

$F(x) = (2x + 1) \cdot e^{x}$

Prüfung durch Ableitung von F

$F'(x) = 2e^{x} + (2x + 1)e^{x} = (2x + 3)e^{x}$

Übung 13 Stammfunktionsnachweis

Weisen Sie durch Differenzieren von F nach, das F eine Stammfunktion von f ist.

a) $f(x) = 2x^3$, $F(x) = \frac{1}{2}x^4 + 2$

b) $f(x) = 4e^{2x-4} + 1$, $F(x) = 2e^{2x-4} + x$

c) $f(x) = 2x - \frac{6}{x^2}$, $F(x) = x^2 + \frac{6}{x} + 1$

d) $f(x) = 24x^2 + 24x + 6$, $F(x) = (2x + 1)^3$

e) $f(x) = (x + 1)^2 \cdot e^{x}$, $F(x) = x^2 \cdot e^{x} + e^{x}$

f) $f(x) = x \cdot \sin x$, $F(x) = \sin x - x \cdot \cos x$

Übung 14 Rückschluss

Bestimmen Sie eine Stammfunktion F von f. Berechnen Sie dazu f′ und f″ und schließen Sie aus den Funktionsgleichungen von f, f′ und f″ auf die Funktionsgleichung von F zurück.

a) $f(x) = (4x + 3) \cdot e^{x}$ b) $f(x) = -x \cdot e^{-x}$ c) $f(x) = (3x + 2) \cdot e^{x}$

d) $f(x) = \left(\frac{1}{2}x - 1\right) \cdot e^{x}$ e) $f(x) = x \cdot e^{x} - 2e^{-x}$ f) $f(x) = (3 - 5x) \cdot e^{-x}$

Übung 15 Formansatz

Bestimmen Sie eine Stammfunktion F von f. Verwenden Sie den vorgegebenen Formansatz.

a) $f(x) = (1 - x) \cdot e^{x}$, $F(x) = (ax + b) \cdot e^{x}$

b) $f(x) = (6x - 1) \cdot e^{2x}$, $F(x) = (ax + b) \cdot e^{2x}$

c) $f(x) = (6 - 4x) \cdot e^{0,5x}$, $F(x) = (ax + b) \cdot e^{0,5x}$

d) $f(x) = (3x^2 - 7x + 1) \cdot e^{-x}$, $F(x) = (ax^2 + bx + c) \cdot e^{-x}$

e) $f(x) = (6x^2 + 4x - 3) \cdot e^{3x}$, $F(x) = (ax^2 + bx + c) \cdot e^{3x}$

f) $f(x) = (1 - x^2) \cdot e^{0,5x}$, $F(x) = (ax^2 + bx + c) \cdot e^{0,5x}$

* Die Rückschlussmethode ist nur für Funktionen der Art $f(x) = (ax + b) \cdot e^{\pm x}$ geeignet.

4. Untersuchungen von Exponentialfunktionen

Im Folgenden werden Kurven untersucht, deren Funktionsgleichungen Terme enthalten, die aber etwas komplizierter aufgebaut sind als die bisherigen elementaren Beispiele. Zu den Routineuntersuchungspunkten – Ableitungen, Nullstellen, Extrema, Wendepunkte, Verhalten für $x \to \infty$, Graph – werden zusätzlich individuelle Aufgabenstellungen angeboten, deren Lösungen Transferleistungen erfordern.

Das erste Beispiel dient als Musteraufgabe ohne Verwendung von Hilfsmitteln. Daher werden hier mehrere Zusatzaufgaben angeboten.

A. Exponentialfunktionen

Beispiel: Kurvendiskussion

Gegeben ist die Funktion $f(x) = x \cdot e^{1-x}$. Untersuchen Sie f auf Nullstellen, Extrema und Wendepunkte. Prüfen Sie, wie sich die Funktionswerte für $x \to \infty$ bzw. $x \to -\infty$ verhalten. Zeichnen Sie den Graphen von f für $-1 \le x \le 3$.

Lösung:

1. Ableitungen:

Wir bestimmen die ersten drei Ableitungen, die wir zur Untersuchung auf Nullstellen, Extrema und Wendepunkte benötigen. Dabei wenden wir die Produktregel und die Kettenregel an.

Ableitungen

$f(x) = x \cdot e^{1-x}$

$f'(x) = 1 \cdot e^{1-x} - x \cdot e^{1-x} = (1-x) \cdot e^{1-x}$

$f''(x) = -1 \cdot e^{1-x} + (1-x) \cdot (-e^{1-x})$

$\quad = (x-2) \cdot e^{1-x}$

$f'''(x) = 1 \cdot e^{1-x} + (x-2) \cdot (-e^{1-x})$

$\quad = (3-x) \cdot e^{1-x}$

2. Nullstellen:

Die notwendige und hinreichende Bedingung für Nullstellen lautet $f(x) = 0$. Wir finden die Nullstelle bei $x = 0$.

Nullstellen

$f(x) = 0$

$x \cdot e^{1-x} = 0$

$x = 0$, da $e^{1-x} > 0$

3. Extrema:

Die notwendige Bedingung lautet $f'(x) = 0$. Dies führt auf ein mögliches Extremum bei $x = 1$ mit dem y-Wert $y = 1$. Die Überprüfung mit Hilfe der zweiten Ableitung zeigt, dass es sich um ein Maximum handelt: Hochpunkt $H(1|1)$.

Extrema

$f'(x) = 0$

$(1-x) \cdot e^{1-x} = 0$

$1 - x = 0$, da $e^{1-x} > 0$

$x = 1, y = 1$

Überprüfung mit f'':

$f''(1) = -1 < 0 \Rightarrow$ Maximum

4. Wendepunkte:

Die notwendige Bedingung lautet $f''(x) = 0$. Damit ergibt sich ein möglicher Wendepunkt bei $x = 2$, $y = \frac{2}{e}$.

Die Überprüfung mit Hilfe der dritten Ableitung ergibt, dass es sich um einen Rechts-Links-Wendepunkt handelt: $W\left(2\middle|\frac{2}{e}\right)$.

Wendepunkte

$f''(x) = 0$

$(x-2) \cdot e^{1-x} = 0$

$x - 2 = 0$, da $e^{1-x} > 0$

$x = 2, y = \frac{2}{e} \approx 0{,}74$

$f'''(2) = \frac{1}{e} > 0 \Rightarrow$ R-L-Wendepunkt

5. Verhalten für $x \to \pm\infty$:
Wir verwenden Wertetabellen, um das Verhalten von f für $x \to \infty$ bzw. $x \to -\infty$ zu untersuchen. Wir erhalten folgende Resultate:

$\lim\limits_{x \to \infty} x \cdot e^{1-x} = 0$

$\lim\limits_{x \to -\infty} x \cdot e^{1-x} = -\infty$

Verhalten für $x \to \infty$

x	1	5	10	∞
f(x)	1	0,09	0,0012	0

Verhalten für $x \to -\infty$

x	−1	−5	−10	$-\infty$
f(x)	−7	$-2 \cdot 10^3$	$-6 \cdot 10^5$	$-\infty$

6. Graph von f:
Der Graph von f verläuft rechtsgekrümmt durch den Ursprung bis zum Hochpunkt H(1|1). Dann fällt er weiterhin rechtsgekrümmt bis zum Wendepunkt W(2|0,74). Anschließend fällt er linksgekrümmt weiter und schmiegt sich dabei von oben an die x-Achse, der er beliebig nahe kommt.

Graph:

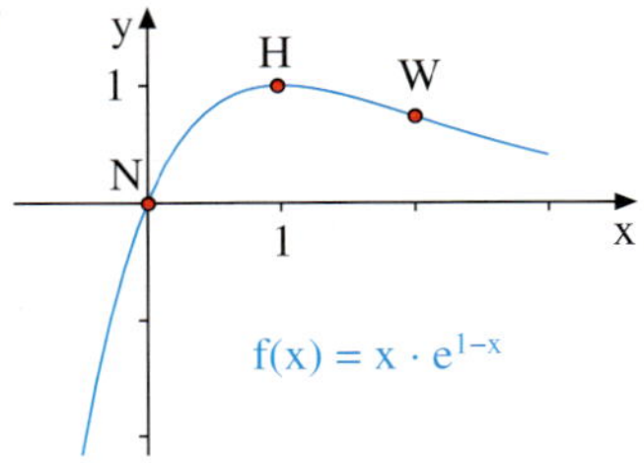

Zusatzaufgaben zum vorhergehenden Beispiel

Wir untersuchen nun einige Zusatzprobleme zum vorhergehenden Beispiel, die auch bei zukünftigen Aufgabenstellungen von Interesse sind, wie Tangenten, Flächeninhalte etc.

Beispiel: Tangente
Die Funktion $f(x) = x \cdot e^{1-x}$ stellt eine Straße dar. Im Punkt $P\left(2 \middle| \frac{2}{e}\right)$ soll tangential eine gerade Ausfahrt abgehen.
Wie lautet die Gleichung der Ausfahrt?
Wo überquert die Ausfahrt den Fluss?

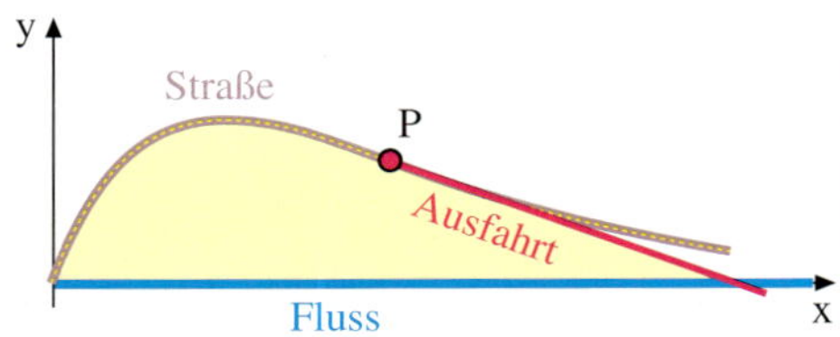

Lösung:
Wir verwenden als Ansatz die allgemeine Gleichung der Tangente von f im Punkt $P(x_0|f(x_0))$.
Wir kennen $x_0 = 2$ und $f(x_0) = f(2) = \frac{2}{e}$.
Mithilfe der Produkt- und der Kettenregel berechnen wir $f'(x) = (1-x) \cdot e^{1-x}$.
Daher gilt $f'(x_0) = f'(2) = -\frac{1}{e}$.
Durch Einsetzen dieser Daten in die allgemeine Tangentengleichung erhalten wir die Gleichung der Tangente (Ausfahrt).
$t(x) = -\frac{1}{e}x + \frac{4}{e}$.
Sie schneidet die x-Achse, d. h. den Fluss an der Stelle x = 4.

Allgemeine Tangentengleichung
$t(x) = f'(x_0) \cdot (x - x_0) + f(x_0)$

Steigung der Tangente
$f(x) = x \cdot e^{1-x}$
$f'(x) = (1-x) \cdot e^{1-x}$
$f'(2) = -\frac{1}{e}$

Gleichung der Tangente
$t(x) = -\frac{1}{e}(x-2) + \frac{2}{e}$
$t(x) = -\frac{1}{e}x + \frac{4}{e}$

Schnittpunkt mit der x-Achse
$t(x) = -\frac{1}{e}x + \frac{4}{e} = 0,\ x = 4$

Beispiel: Flächeninhalt

Die Straße $f(x) = x \cdot e^{1-x}$, der Fluss längs der x-Achse und der vertikale Verbindungsweg vom Punkt P zum Fluss begrenzen ein Grundstück, das mit Obstbäumen bepflanzt werden soll (1 LE = 100 m).
Ein Obstbaum benötigt $20\,m^2$. Wie viele Bäume können gepflanzt werden? Zeigen Sie zunächst, dass $F(x) = (-1 - x) \cdot e^{1-x}$ eine Stammfunktion von f ist.

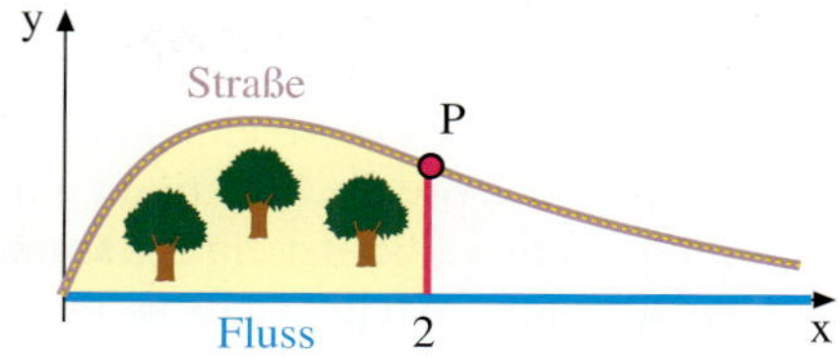

Lösung:
Durch Ableiten von F mit Hilfe der Produkt- und der Kettenregel wird nachgewiesen, dass F eine Stammfunktion von f ist.

Stammfunktionsnachweis

$F(x) = (-1 - x) \cdot e^{1-x}$
$F'(x) = (-1) \cdot e^{1-x} + (-1 - x) \cdot (-e^{1-x})$
$= x \cdot e^{1-x} = f(x)$

Anschließend berechnen wir den Inhalt der Fläche A unter f über [0; 2].
Resultat: $A \approx 1{,}61$
Das entspricht $16\,100\,m^2$.

Flächeninhalt

$$A = \int_0^2 f(x)\,dx = \int_0^2 x \cdot e^{1-x}\,dx$$
$$= [(-1 - x) \cdot e^{1-x}]_0^2 = -\tfrac{3}{e} + e \approx 1{,}61$$

Diese Fläche reicht bei $20\,m^2$ pro Baum für ca. 805 Bäume.

Zahl der Bäume

$$B = \frac{16\,100}{20} = 805$$

Beispiel: Extremalproblem

Der Punkt $P(x|y)$ mit $x > 0$ liegt im ersten Quadranten auf dem Graphen von $f(x) = x \cdot e^{1-x}$ und ist die rechte obere Ecke eines achsenparallelen Rechtecks, dessen linke untere Ecke der Ursprung ist. Wie muss die Punktabszisse x gewählt werden, wenn der Flächeninhalt A des Rechtecks maximal werden soll?

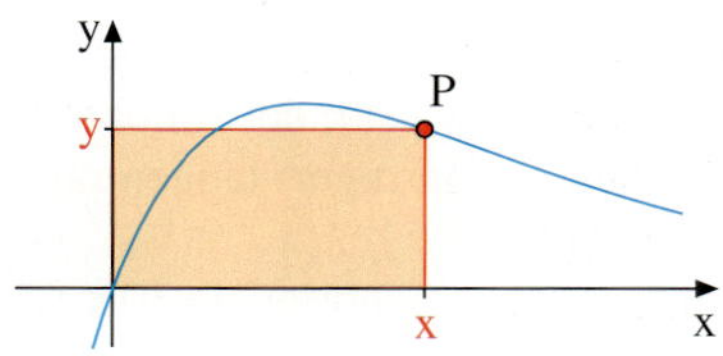

Lösung:
Wir stellen zunächst den Inhalt A als Funktion von x dar: $A(x) = x^2 \cdot e^{1-x}$.
Dann bilden wir die Ableitung A′ von A und setzen diese null. Wir erhalten zwei Nullstellen von A′ bei x = 0 und x = 2. Die erste kommt nicht in Frage, die zweite ist die gesuchte Maximalstelle, was man durch Überprüfen mittels A″ bestätigen könnte.
Resultat: Der Punkt $P\left(2\middle|\frac{2}{e}\right)$ führt zum Rechteck mit der Maximalfläche $\frac{4}{e} \approx 1{,}47$.

$A = x \cdot y = x \cdot f(x) = x \cdot x e^{1-x} = x^2 \cdot e^{1-x}$

$A'(x) = 2x e^{1-x} + x^2 \cdot (-e^{1-x})$
$= (2x - x^2) \cdot e^{1-x}$

$A' = 0:\quad (2x - x^2) \cdot e^{1-x} = 0$
$2x - x^2 = 0$
$x = 0$ (Min), $x = 2$ (Max)

$y = f(2) = \frac{2}{e} \approx 0{,}74$

$A_{Max} = \frac{4}{e} \approx 1{,}47$

Übungen

1. Kurvendiskussion

Gegeben ist die Funktion $f(x) = (x - 1) \cdot e^x$.

a) Bestimmen Sie die Ableitungen f′, f″ und f‴.

b) Untersuchen Sie die Funktion f auf Nullstellen.

c) Die Funktion f besitzt ein Extremum und einen Wendepunkt. Wo liegen diese Punkte?

d) Untersuchen Sie das Verhalten von f für $x \to -\infty$ bzw. $x \to \infty$ mit einer Tabelle.

e) Skizzieren Sie den Graphen von $f(-3 \leq x \leq 2)$.

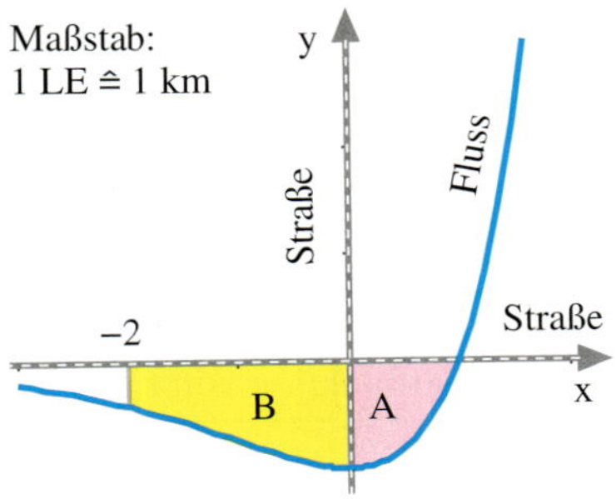

2. Flächeninhalt

Die Funktion $f(x) = (x - 1) \cdot e^x$ (s. Bild oben) beschreibt den Verlauf eines Flusses, der von zwei Straßen überbrückt wird, die längs der Koordinatenachsen laufen. (1 LE = 1 km)
Die beiden Straßen und der Fluss schließen im 4. Quadranten ein Grundstück A ein, welches für 80 € pro m^2 zum Kauf angeboten wird.

a) Zeigen Sie, dass $F(x) = (x - 2) \cdot e^x$ eine Stammfunktion von f ist.

b) Berechnen Sie den Verkaufspreis für das Grundstück A.

c) Wie groß ist das im 3. Quadranten liegende Grundstück B, welches durch die Straßen, den Fluss und den Fußweg bei $x = -2$ begrenzt wird?

3. Tangenten

Gegeben ist die Funktion $f(x) = e^x - x$. Sie beschreibt den Verlauf einer Autobahn. (1 LE = 1 km)

a) Besitzt f Extrem- und Wendepunkte?

b) Schließen Sie aus den Ergebnissen, dass f keine Nullstellen besitzt.

c) Vom Bahnhof B(0|0) führt ein Zubringer zum Punkt P(1|f(1)) der Autobahn. Zeigen Sie, dass dieser Zubringer tangential in die Autobahn mündet.
Wie lange benötigt ein 30 km/h schneller Transporter vom Bahnhof bis zur Autobahn?

d) Wie viel Hektar Fläche hat das Grundstück zwischen Straße, Zubringer und Bahnlinie? (1 Hektar = 10 000 m^2)

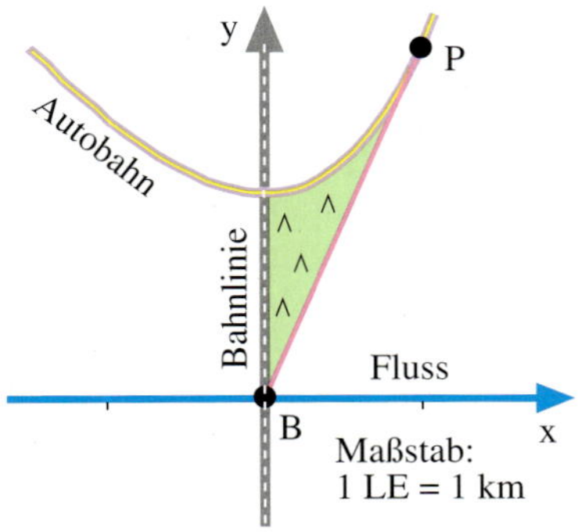

4. Kurvenuntersuchung

Gegeben ist die Funktion $f(x) = x \cdot e^{x+1}$.

a) Untersuchen Sie f auf Nullstellen, Extrem- und Wendepunkte.

b) Zeichnen Sie den Graphen von f für $-3 \leq x \leq 0{,}5$.

c) Der Ursprung wird mit dem Punkt P(−1|f(−1)) durch eine Strecke s verbunden.
Wie groß ist das Flächenstück zwischen Kurve f und Strecke s?
(*Hinweis:* Bestimmen Sie mit dem Formansatz $F(x) = (ax + b) \cdot e^{x+1}$ eine Stammfunktion von f.)
Wie lang ist die Strecke s?

Beispiel: Kurvendiskussion Untersuchen Sie die Funktion $f(x) = (x^2 - 2x) \cdot e^{0,5x}$ auf Nullstellen, Extrema und Wendepunkte. Wie verhält sich die Funktion für $x \to \infty$ bzw. $x \to -\infty$? Zeichnen Sie den Graphen von f für $-7 \le x \le 2{,}5$.

Lösung:

1. Ableitungen:

Die Ableitungen werden mit der Produktregel und der Kettenregel bestimmt.

$$f'(x) = [(x^2 - 2x) \cdot e^{0,5x}]'$$
$$= (2x-2) \cdot e^{0,5x} + (x^2 - 2x) \cdot (0{,}5\,e^{0,5x})$$
$$= \left(\tfrac{1}{2}x^2 + x - 2\right) \cdot e^{0,5x}$$
$$f''(x) = \left(\tfrac{1}{4}x^2 + \tfrac{3}{2}x\right) \cdot e^{0,5x}$$
$$f'''(x) = \left(\tfrac{1}{8}x^2 + \tfrac{5}{4}x + \tfrac{3}{2}\right) \cdot e^{0,5x}$$

2. Nullstellen:

Die Funktion besitzt zwei Nullstellen, nämlich bei $x = 0$ und $x = 2$.

3. Extrema:

Die Ableitung f' hat zwei Nullstellen, bei $x = -1 - \sqrt{5} \approx -3{,}24$ und $x = -1 + \sqrt{5} \approx 1{,}24$. Die Überprüfung mittels f'' ergibt ein Maximum im ersten Fall und ein Minimum im zweiten Fall. Nach Berechnung der zugehörigen y-Werte erhalten wir einen Hochpunkt $H(-3{,}24|3{,}36)$ sowie einen Tiefpunkt $T(1{,}24|-1{,}75)$.

4. Wendepunkte:

Die Nullstellen von f'' liegen bei $x = 0$ und $x = -6$. Nach Überprüfung mit Hilfe von f''' und nach Berechnung der zugehörigen y-Werte erhalten wir einen Links-Rechts-Wendepunkt $W_1(-6|2{,}39)$ und einen Rechts-Links-Wendepunkt $W_2(0|0)$.

5. Verhalten für $x \to \pm\infty$:

Wir überprüfen das Grenzverhalten von f durch Testeinsetzungen. Ergebnis:

Für $x \to -\infty$ streben die Funktionswerte gegen 0. Der Graph von f schmiegt sich von oben an die negative x-Achse.

Für $x \to \infty$ steigt der Graph von f steil an und wächst über alle Grenzen.

6. Graph:

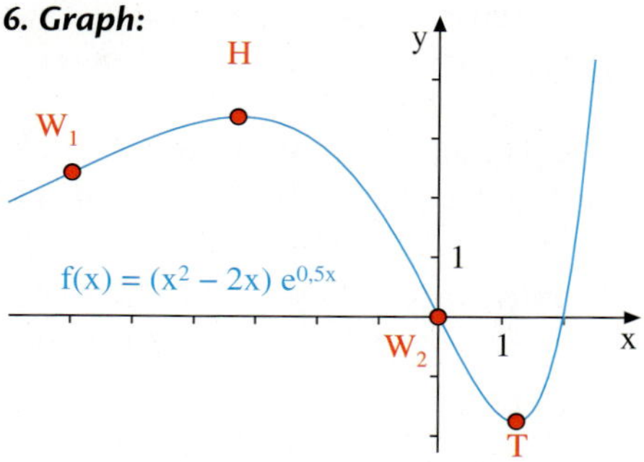

$f(x) = 0$:
$$(x^2 - 2x) \cdot e^{0,5x} = 0$$
$$x^2 - 2x = 0$$
$$x(x-2) = 0$$
$$\mathbf{x = 0;\ x = 2}$$

$f'(x) = 0$:
$$\left(\tfrac{1}{2}x^2 + x - 2\right) \cdot e^{0,5x} = 0$$
$$\tfrac{1}{2}x^2 + x - 2 = 0$$
$$x^2 + 2x - 4 = 0$$
$$x = -1 \pm \sqrt{5} \approx -1 \pm 2{,}24$$

x ≈ −3,24	**x ≈ 1,24**
$y \approx 3{,}36$	$y \approx -1{,}75$
$f''(-3{,}24) < 0$	$f''(1{,}24) > 0$
Maximum	Minimum

$f''(x) = 0$:
$$\left(\tfrac{1}{4}x^2 + \tfrac{3}{2}x\right) \cdot e^{0,5x} = 0$$
$$\tfrac{1}{4}x^2 + \tfrac{3}{2}x = 0$$
$$x\left(\tfrac{1}{4}x + \tfrac{3}{2}\right) = 0$$

x = 0	**x = −6**
$y = 0$	$y \approx 2{,}39$
$f'''(0) > 0$	$f'''(-6) < 0$
R-L-WP	L-R-WP

x	−1	−5	−10	→ −∞
f(x)	1,82	2,9	0,81	→ 0

x	1	5	10	→ ∞
f(x)	−1,65	182,7	$1{,}2 \cdot 10^4$	→ ∞

Übungen

5. Kurvendiskussionen

Führen Sie eine Kurvendiskussion durch. Überprüfen Sie hierzu f auf Nullstellen, Extrema und Wendepunkte. Untersuchen Sie, wie f sich für $x \to \pm\infty$ verhält. Skizzieren Sie den Graphen von f in einem sinnvollen Bereich. Überprüfen Sie Ihre Skizze mit dem TR/Computer.

a) $f(x) = (2x + 2) \cdot e^{-0{,}5x}$ b) $f(x) = (1 - x) \cdot e^{2-x}$ c) $f(x) = e^x - 2e^{-x}$

6. Graph und Funktionsterm

Ordnen Sie jedem Funktionsterm den passenden Graphen zu. Begründen Sie.

$f(x) = e^{-x} - 1$

$g(x) = x + e^{x+1}$

$h(x) = (1 - x^2)e^{-x}$

$k(x) = -(1 + x)e^{-x}$

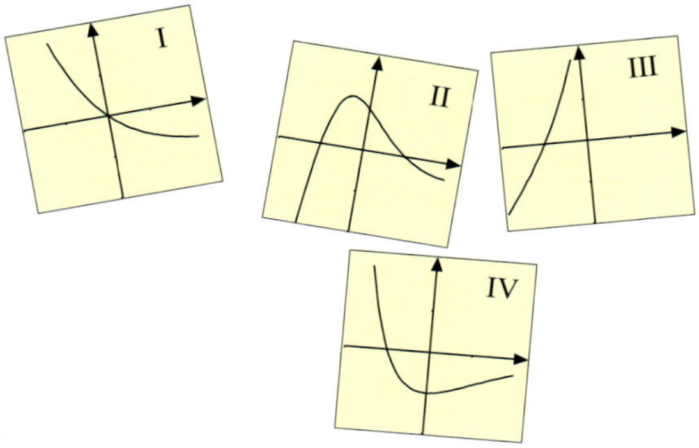

7. Funktion und Stammfunktion

Ordnen Sie jeder Funktion f die passende Stammfunktion F zu. Führen Sie den Nachweis.

A: $f(x) = x - e^{2x}$

B: $f(x) = x \cdot e^{2x}$

C: $f(x) = (1 - 2x)e^{-2x}$

D: $f(x) = 1 + 2e^{-2x}$

I: $F(x) = xe^{-2x}$

II: $F(x) = 0{,}5x^2 - 0{,}5e^{2x}$

III: $F(x) = (0{,}5x - 0{,}25)e^{2x}$

IV: $F(x) = x - e^{-2x}$

8. Kanalprofil

Das Querschnittsprofil eines 400 m langen Kanals kann durch die Funktion $f(x) = 2x\,e^{-0{,}25x^2}$ modelliert werden. ($0 \le x \le 5$, 1 LE = 1 m)

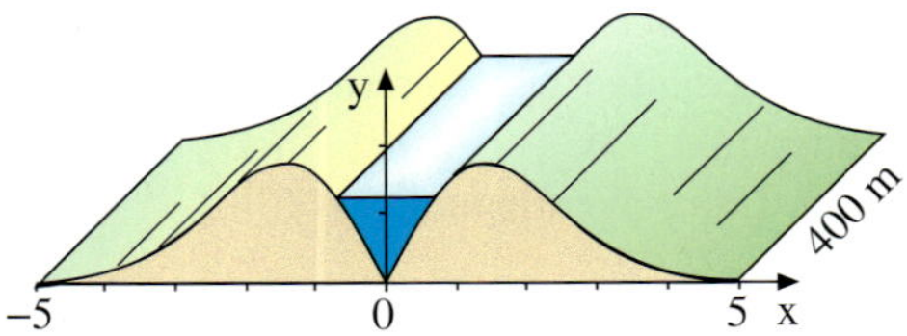

a) Wie hoch ist die Dammkrone? Wie breit ist die Wasserrinne?

b) Zeigen Sie durch Ableiten, dass $F(x) = -4e^{-0{,}25x^2}$ eine Stammfunktion von f ist. Verwenden Sie die allgemeine Kettenregel von S. 84.

c) Berechnen Sie das maximale Fassungsvermögen des Kanals.

d) Der städtische Hangrasenmäher hat eine maximale Steigfähigkeit von 40°. Kann der Hang des Dammes damit bis zur Dammkrone befahren werden?

9. Kurvendiskussion

Gegeben ist die Funktion $f(x) = 4x \cdot e^{-0,5x}$.

a) Untersuchen Sie f auf Nullstellen. Wie verhält sich f für $x \to \pm\infty$?

b) Bestimmen Sie den Extremalpunkt und den Wendepunkt von f. Beschreiben Sie das Monotonieverhalten und das Krümmungsverhalten von f.

c) Bestimmen Sie die Gleichung der Wendetangente t von f. $\left(\text{Kontrolle: } t(x) = -\frac{4}{e^2}x + \frac{32}{e^2}\right)$

d) Zeichnen Sie die Graphen von f und t für $-1 \le x \le 8$.

10. Kurvenuntersuchung

Gegeben sind die Funktionen $f(x) = e^{0,5x}$ und $g(x) = e^{1,5-0,25x}$.

a) Skizzieren Sie die Graphen von f und g in einem Koordinatensystem für $-2 \le x \le 4$.

b) Bestimmen Sie die Ableitungen f′ und g′.

c) Wo schneiden sich die Graphen von f und g? Wie groß ist ihr Schnittwinkel?

d) Eine Ursprungsgerade h berührt den Graphen von f als Tangente. Wo liegt der Berührpunkt von f und h? Wie lautet die Gleichung von h?

e) Wie groß ist die Fläche A, welche von f und g und der y-Achse umschlossen wird?

11. Flächeninhalt

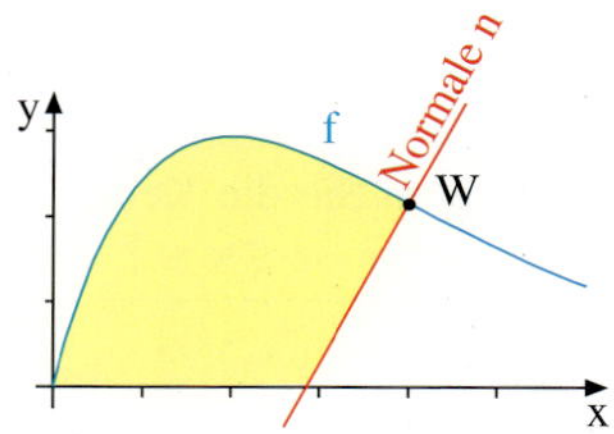

Die Abbildung rechts zeigt den Graphen von $f(x) = 4x\,e^{-0,5x}$.
Die Normale n im Wendepunkt $W\left(4 \,\middle|\, \frac{16}{e^2}\right)$ hat die Gleichung $n(x) = \frac{e^2}{4}x - e^2 + \frac{16}{e^2}$.

a) Zeigen Sie, dass $F(x) = (-8x - 16)e^{-0,5x}$ eine Stammfunktion von f ist.

b) Berechnen Sie den Inhalt der markierten Fläche.

12. Extremalproblem

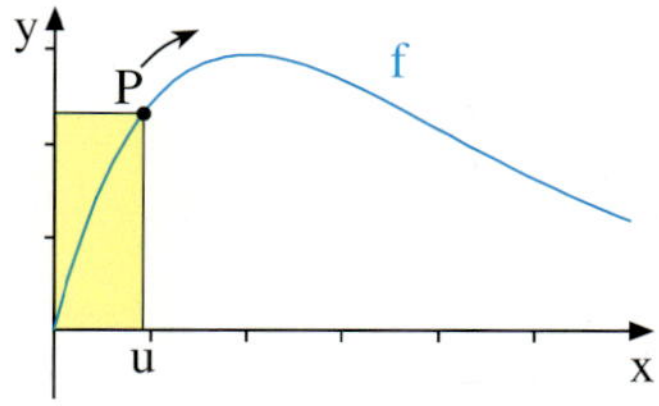

Auf dem Graphen von $f(x) = 4x \cdot e^{-0,5x}$ wandert der Punkt $P(u\,|\,f(u))$, $u > 0$.
Wie muss u gewählt werden, damit der Inhalt des markierten achsenparallelen Rechtecks maximal wird?
Was passiert, wenn u gegen ∞ strebt?

13. Fledermausgaube

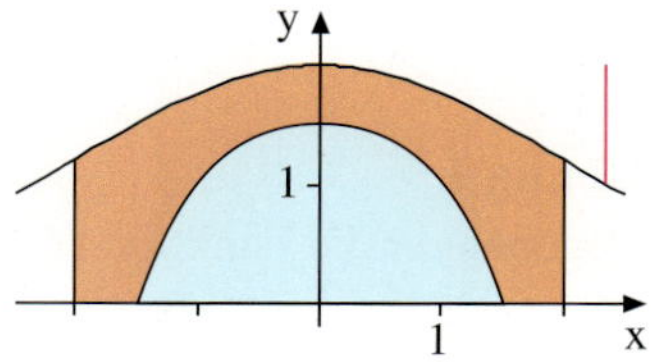

Die Abbildung zeigt eine Fledermausgaube, die 4 m breit ist. Das obere Randprofil wird durch die Funktion
$f(x) = 2e^{-\frac{1}{8}x^2}$ für $-2 \le x \le 2$ modelliert.

a) Wie hoch ist die Gaube an ihrer höchsten Stelle?

b) An welchen Stellen ist das Profil am steilsten? Wie groß ist dort der Steigungswinkel?

c) Die Gaube besitzt ein parabelförmiges Fenster. Es ist 3 m breit und 1,5 m hoch. Wie lautet die Gleichung der Fensterparabel? Wie groß ist die Glasfläche?

d) Am Gaubenrand soll eine Antenne (im Bild rot) von 1 m Höhe stehen. Sie soll die Gaubenspitze nicht überragen. In welchem Bereich kann sie aufgestellt werden?

5. Exkurs: Anwendungen von Exponentialfunktionen

A. Die Kettenlinie

Eine an zwei Aufhängepunkten befestigte Kette nimmt unter der Last ihres eigenen Gewichts eine ganz bestimmte Form an.
Diese Kurvenform wird als **Kettenlinie** *bezeichnet. Kettenlinien können bei geeigneter Wahl eines Koordinatensystems durch eine Funktionsgleichung der Form*

$$f_a(x) = \frac{a}{2} \cdot \left(e^{\frac{x}{a}} + e^{-\frac{x}{a}}\right),\ a > 0,$$

dargestellt werden. Der Parameter a hängt nur von der Lage der Aufhängepunkte und von der Kettenlänge ab.

Beispiel: Eine Kettenlinie
Diskutieren Sie die Kettenlinienfunktion $f(x) = \frac{1}{2} \cdot (e^x + e^{-x})$. Zeichnen Sie den Graphen der Funktion für $-2 \le x \le 2$.

Lösung:
Die Funktion f ist achsensymmetrisch zur y-Achse. Sie hat keine Nullstellen, da die Teilterme e^x und e^{-x} beide positiv sind.
Die Ableitungen lauten:

$$f'(x) = \frac{1}{2} \cdot (e^x - e^{-x})$$
$$f''(x) = \frac{1}{2} \cdot (e^x + e^{-x})$$

f' hat eine Nullstelle bei $x = 0$. Dort liegt ein Extremum. Der Punkt $P(0|1)$ ist ein Tiefpunkt. f'' hat keine Nullstellen. Daher gibt es keine Wendepunkte.

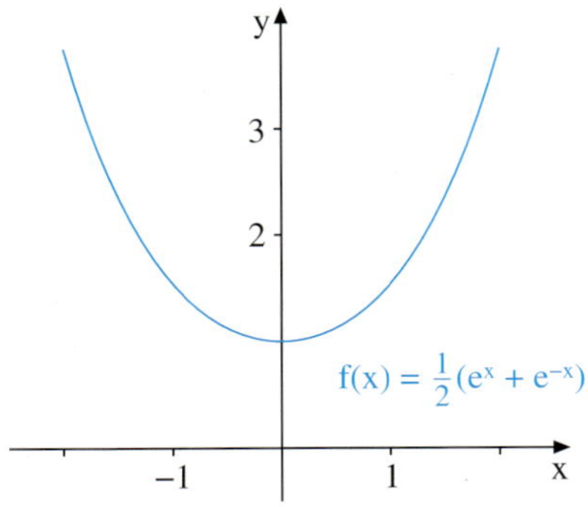

Übung 1
Gegeben sei die Funktion $f(x) = \frac{1}{4}e^x + 2e^{-x}$.

a) Diskutieren Sie die Funktion (Nullstellen, Extrema, Wendepunkte, Graph für $-0{,}5 \le x \le 2{,}5$).
b) Bestimmen Sie eine Stammfunktion von f.
c) Gesucht ist der Inhalt der Fläche A zwischen dem Graphen von f und der x-Achse über dem Intervall [0; 1].
d) Wie muss a gewählt werden, wenn das relative Extremum von $f_a(x) = \frac{1}{4}e^x + a\,e^{-x}$ an der Stelle $x = 0{,}5$ liegen soll?

Beispiel: Gleichung einer Kettenlinie

Eine Kette hat – bezogen auf ein bestimmtes Koordinatensystem – folgende Koordinatenpunkte.

x	−2	−1	0	1	2
y	3,04	1,85	1,5	1,85	3,04

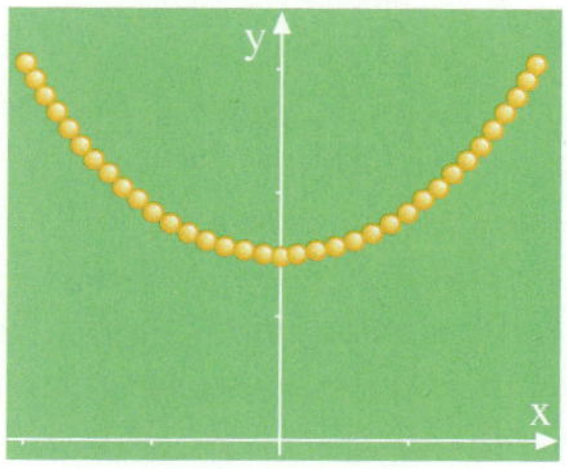

Bestimmen Sie die Gleichung der Kettenlinie.
Verwenden Sie den Ansatz $f_a(x) = \frac{a}{2} \cdot \left(e^{\frac{x}{a}} + e^{-\frac{x}{a}}\right)$.
Überprüfen Sie die Tabellenwerte.

Lösung:
Zur Bestimmung von a verwenden wir den Messwert bei x = 0, der 1,5 beträgt. Also gilt $f_a(0) = 1{,}5$.
Daraus folgt a = 1,5, d. h. $f_{1,5}(x) = \frac{3}{4}\left(e^{\frac{x}{1,5}} + e^{-\frac{x}{1,5}}\right)$.
Dann gilt $f_{1,5}(0) = 1{,}5$, $f_{1,5}(\pm 1) \approx 1{,}85$, $f_{1,5}(\pm 2) \approx 3{,}04$

$f_a(0) = 1{,}5$
$\frac{a}{2} \cdot (e^0 + e^{-0}) = 1{,}5$
$a = 1{,}5$
$f_{1,5}(x) = \frac{3}{4} \cdot \left(e^{\frac{x}{1,5}} + e^{-\frac{x}{1,5}}\right)$

Übung 2

Die Einfahrt zu einer Autowaschstraße ist mit einer Spritzschutzschürze aus Kunststoff versehen, die wiederum an einer Kette befestigt ist. Die Kettenlinie sei gegeben durch $f(x) = e^{\frac{x}{2}} + e^{-\frac{x}{2}}$.

a) Wie hoch ist die Türöffnung?
b) Wie groß ist der Durchhang d der Kette?
c) Unter welchem Winkel α gegen die Horizontale hängt die Kette?
d) Welchen Flächeninhalt A hat die Schürze?

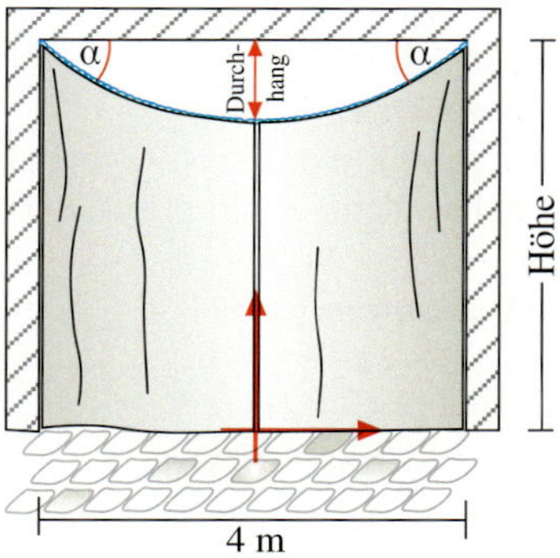

Übung 3

In St. Louis steht der Gateway-Arch. Er hat die Gestalt einer umgekehrten Kettenlinie, die den stabilsten aller Tragebögen darstellt. Die äußere Randkurve ist 180 m hoch und an der Basis 180 m breit. Die innere Randkurve ist 175 m hoch und an der Basis 150 m breit. Die Gleichungen der Randkurven können jeweils in der Form
$f(x) = b - \frac{a}{2} \cdot \left(e^{\frac{x}{a}} + e^{-\frac{x}{a}}\right)$ modelliert werden:
Äußere Kurve: a = 36,5 und b = 216,5
Innere Kurve: a = 28,14 und b = 203,14

a) In welcher Höhe beträgt der Abstand der beiden inneren Bogenseiten 100 m?
b) Unter welchem Winkel trifft der äußere Bogen auf den Boden?
c) Der Winddruck auf den Bogen wird durch die Fläche zwischen den Randkurven bestimmt. Wie groß ist der Inhalt dieser Fläche?

B. Die Glockenkurve

Carl Friedrich Gauß *(1777–1855) gilt als einer der größten Mathematiker aller Zeiten. Der in Braunschweig geborene Sohn einfacher Leute entdeckte schon im Alter von 17 Jahren das nach ihm benannte Gauß'sche Fehlergesetz, welches er vier Jahre später mit Hilfe der Wahrscheinlichkeitsrechnung auch theoretisch absichern konnte.*

Die zugehörige ***Gauß'sche Glockenkurve*** *spielt in der Wahrscheinlichkeitsrechnung der Normalverteilung eine entscheidende Rolle. Ihre Gleichung lautet:*

$$\varphi(x) = \frac{1}{\sqrt{2\pi}} \cdot e^{-\frac{1}{2}x^2}.$$

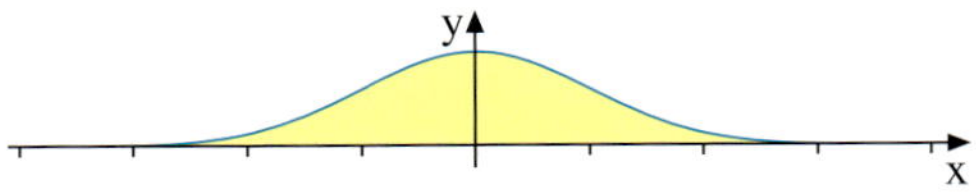

Beispiel: Eine Glockenkurve

Diskutieren Sie die Glockenfunktion $f(x) = e^{-x^2}$ und zeichnen Sie deren Graphen.

Lösung:

1. Symmetrie:

Der Graph von f ist symmetrisch zur y-Achse, denn es gilt $f(-x) = f(x)$.

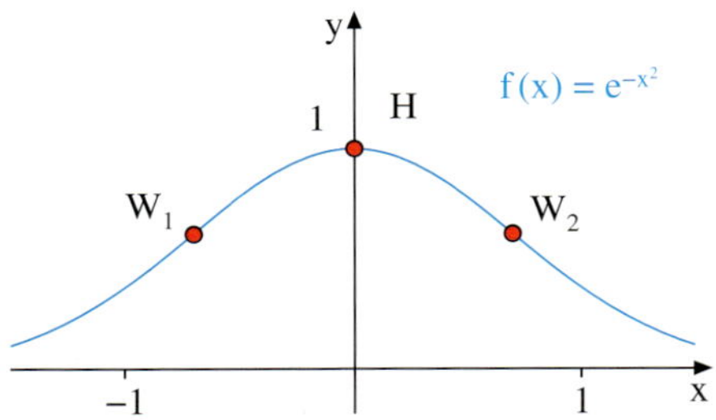

2. Ableitungen:*

$f'(x) = -2x \cdot e^{-x^2}$

$f''(x) = (4x^2 - 2) \cdot e^{-x^2}$

$f'''(x) = (-8x^3 + 12x) \cdot e^{-x^2}$

3. Nullstellen:

Die Funktion hat keine Nullstellen.

$f(x) = e^{-x^2} > 0$

4. Extrema:

f hat ein Maximum bei $x = 0$.

Hochpunkt: $H(0|1)$

$f'(x) = -2x \cdot e^{-x^2} = 0 \Rightarrow x = 0, y = 1$

$f''(0) = -2 < 0 \qquad \Rightarrow$ Maximum

5. Wendepunkte:

$W_1\left(-\frac{1}{\sqrt{2}} \middle| \frac{1}{\sqrt{e}}\right) \approx W_1(-0{,}71 | 0{,}61)$

$W_2\left(\frac{1}{\sqrt{2}} \middle| \frac{1}{\sqrt{e}}\right) \approx W_2(0{,}71 | 0{,}61)$

$f''(x) = (4x^2 - 2) \cdot e^{-x^2} = 0$

$x = \pm\frac{1}{\sqrt{2}}, \quad y = e^{-\frac{1}{2}} = \frac{1}{\sqrt{e}}$

$f'''\left(\pm\frac{1}{\sqrt{2}}\right) = \pm\frac{8}{\sqrt{2}} \cdot e^{-\frac{1}{2}} \neq 0 \quad \Rightarrow$ Wendep.

6. Verhalten für $x \to \infty$ und $x \to -\infty$:

Für $x \to -\infty$ und $x \to \infty$ schmiegt sich der Graph von f an die x-Achse.

x	1	5	10	$\to \infty$
f(x)	0,37	$1{,}4 \cdot 10^{-11}$	$3{,}7 \cdot 10^{-44}$	$\to 0$

* Nach der Kettenregel gilt: $(e^{f(x)})' = f'(x) \cdot e^{f(x)}$, also z. B.: $(e^{-x^2})' = -2x \cdot e^{-x^2}$

Übung 4

Für einen Film soll eine Landschaft digitalisiert werden. Hierbei wird das Profil eines Berges durch eine Glockenkurve der Form $f(x) = a + b \cdot e^{-x^2}$ modelliert.

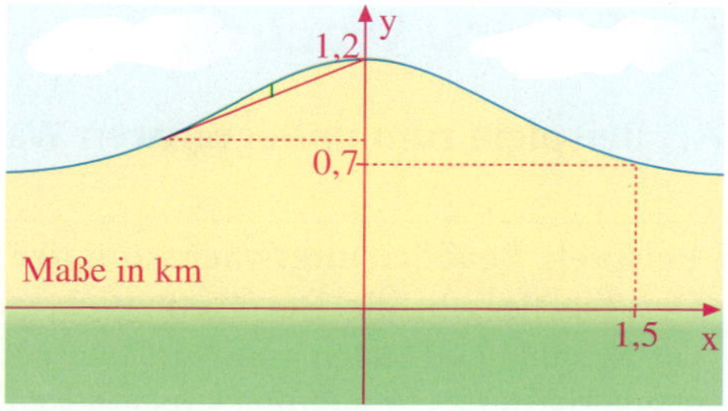

a) Bestimmen Sie mit Hilfe der Daten aus der Abbildung die Werte von a und b.
b) An welcher Stelle ist der Berg am steilsten? Wie groß ist der Anstieg dort?
c) Auf dem westlichen Bergrücken beginnt in 800 m Höhe ein gerader Tunnel durch den Berg, der bis zur Spitze geht. Wo liegt der Tunneleingang? Wie lang ist der Tunnel?
d) Aus der Mitte des Tunnels soll ein senkrechter Schacht zur Oberfläche des Berges führen. Wie lang wird dieser Schacht?

Übung 5 Tangente und Normale

Betrachtet wird $f(x) = e^{-x^2}$.

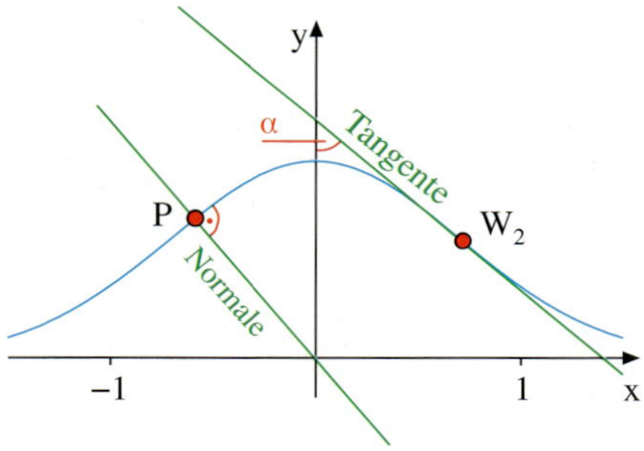

a) Wie lautet die Gleichung der Wendetangente im Wendepunkt W_2 (vgl. Abb.)?
b) Unter welchem Winkel α schneidet die Wendetangente aus a) die y-Achse?
c) Zeigen Sie, dass die Normale an den Graphen von f im Punkt $P\left(-\sqrt{\frac{\ln 2}{2}}\,\middle|\,\sqrt{\frac{1}{2}}\right)$ durch den Ursprung geht.

Übung 6 Extremalproblem

Unter dem Graphen von $f(x) = e^{-x^2}$ wird ein achsenparalleles Rechteck mit den Eckpunkten $A(-z;\, 0)$, $B(z;\, 0)$, $C(z;\, f(z))$, $D(-z;\, f(-z))$ einbeschrieben.
Wie muss z gewählt werden, wenn der Flächeninhalt des Rechtecks maximal werden soll?

Übung 7 Approximation durch Parabel

Betrachtet wird die Glockenkurve

$f(x) = e^{-x^2}$ für $-\frac{1}{\sqrt{2}} \le x \le \frac{1}{\sqrt{2}}$.

Diese soll durch eine quadratische Parabel g approximiert werden, deren Graph durch das Maximum und die beiden Wendepunkte von f verläuft.

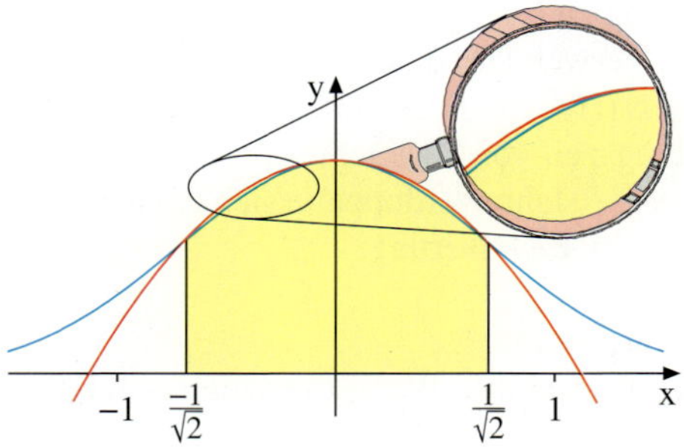

a) Wie lautet die Gleichung der Parabel (Kontrolle: $g(x) = -0{,}79\,x^2 + 1$)?
b) Berechnen Sie die maximale Abweichung von g und f im Approximationsintervall.
c) Wie groß ist der Inhalt der markierten Fläche A?

6. Exkurs: Wachstums- und Zerfallsprozesse

A. Beispiele zum unbegrenzten Wachstum und Zerfall

Beispiel: Bevölkerungswachstum der USA

Die Tabelle gibt die Bevölkerungsentwicklung der Vereinigten Staaten von Nordamerika in der ersten Hälfte des 19. Jahrhunderts wieder. Damals lag nahezu unbegrenztes Wachstum vor.

a) Stellen Sie die Wachstumsfunktion auf.
b) In welcher Zeitspanne verdoppelte sich die Bevölkerung?
c) Wie groß war die momentane Wachstumsrate 1790 bzw. 1850?
Wie groß war die mittlere Wachstumsrate?

Jahr	1790	1800	1810	1820	1830	1840	1850
Mio.	3,9	5,3	7,2	9,6	12,9	17,1	23,4

Lösung zu a):
Wir verwenden den Ansatz des unbegrenzten Wachstums $N(t) = N_0 \cdot e^{kt}$. Dabei ist t die Zeit in Jahren seit 1790.
$N_0 = N(0) = 3{,}9$ ist der Anfangsbestand.
Um k zu berechnen, verwenden wir eine zweite Information aus der Tabelle, z. B. $N(60) = 23{,}4$. Dies führt auf $k \approx 0{,}03$.
Resultat: $N(t) = 3{,}9 \cdot e^{0{,}03\,t}$

Bestimmung von N_0

$N_0 = N(0) = 3{,}9$ Mio.

Bestimmung von k

Ansatz: $N(60) = 23{,}4$

$$3{,}9 \cdot e^{60k} = 23{,}4$$
$$e^{60k} = 6$$
$$60k = \ln 6$$
$$k \approx 0{,}03$$

Lösung zu b):
Wir verwenden den Ansatz $N(t) = 2N_0$, d. h. $N(t) = 7{,}8$. Dies führt auf eine Verdoppelungszeit von 23,1 Jahren.
Alle 23,1 Jahre verdoppelte sich die amerikanische Bevölkerung.

Verdopplungszeit

Ansatz: $N(t) = 2N_0$

$$3{,}9 \cdot e^{0{,}03\,t} = 7{,}8$$
$$e^{0{,}03\,t} = 2$$
$$0{,}03\,t = \ln 2$$
$$t \approx 23{,}1$$

Lösung zu c):
Die momentanen Wachstumsgeschwindigkeiten (Zuwachsraten) berechnen wir mit Hilfe der Ableitung N'.

Die mittlere Zuwachsrate berechnen wir mit dem Differenzenquotienten $\frac{\Delta N}{\Delta t}$.

Sie beträgt ca. 325 000 Personen/Jahr bzw. 890 Pers./Tag.
Das ist also eine Kleinstadt pro Monat.

Momentane Wachstumsraten

$$N'(t) = 0{,}117 \cdot e^{0{,}03\,t}$$
$$N'(0) = 0{,}117 \text{ Mio./Jahr} = 321 \text{ Pers./Tag}$$
$$N'(60) = 0{,}708 \text{ Mio./Jahr} = 1939 \text{ Pers./Tag}$$

Mittlere Zuwachsrate von 1790–1850

$$\frac{\Delta N}{\Delta t} = \frac{N(60) - N(0)}{60 - 0} = \frac{23{,}4 - 3{,}9}{60}$$
$$= 0{,}325 \text{ Mio./Jahr} = 890 \text{ Pers./Tag}$$

Beispiel: Radioaktiver Zerfall

Beim Reaktorunfall von Fukushima im März des Jahres 2011 in Japan wurden zahlreiche radioaktive Isotope freigesetzt, unter anderem das Cäsiumisotop 137 Cs, durch das Pflanzen und Tiere und über die Nahrungskette auch der Mensch kontaminiert wurden.
Eine Probe mit 100 Mikrogramm des radioaktiven Isotops Cäsium, das eine Halbwertszeit von ca. 30 Jahren hat, soll untersucht werden.

a) Wie lautet die Zerfallsfunktion?
b) Wann ist die Aktivität auf 1 % des Ausgangswertes abgesunken?

Lösung zu a):
Für die Zerfallsfunktion verwenden wir den Ansatz $N(t) = N_0 \cdot e^{-kt}$, $k > 0$.
$N_0 = 100\,\mu g$ ist vorgegeben.
k errechnen wir anhand der bekannten Halbwertszeit von 30 Jahren: $k \approx 0{,}0231$.
Resultat: $N(t) = 100 \cdot e^{-0{,}0231 \cdot t}$

Zerfallsfunktion

$$N(0) = 100 \Rightarrow N_0 = 100\,\mu g$$
$$N(30) = \tfrac{1}{2} N_0 = 50$$
$$100 \cdot e^{-30k} = 50$$
$$e^{-30k} = 0{,}5$$
$$-30k = \ln 0{,}5$$
$$k \approx 0{,}0231$$
$$\Rightarrow N(t) = 100 \cdot e^{-0{,}0231 \cdot t}$$

Lösung zu b):
Der Ansatz $N(t) = \frac{1}{100} \cdot N_0$ führt auf eine Abklingzeit von knapp 200 Jahren. Nach dieser Zeit beträgt die Strahlung nur noch 1 % des Anfangswertes. In der Praxis sinkt die Aktivität durch Verdunstungs- und Ausschwemmprozesse aber stärker.

Abklingen (1 %)

$$N(t) = 0{,}01 \cdot N_0$$
$$100 \cdot e^{-0{,}0231 \cdot t} = 1$$
$$e^{-0{,}0231 \cdot t} = 0{,}01$$
$$-0{,}0231 \cdot t = \ln 0{,}01$$
$$t \approx 199{,}36 \text{ Jahre}$$

Übung 1 Abnahmeprozess

Während einer Konjunkturflaute sinkt der Absatz eines Autoherstellers im Verlauf von 6 Monaten von 27 000 Autos pro Monat auf 20 000 Autos pro Monat.

a) Wie lautet die Abnahmefunktion, wenn der Rückgang dem exponentiellen Modell $f(t) = a \cdot e^{-kt}$ folgt?
(t: Zeit in Monaten; f(t): Anzahl der monatlich abgesetzten Autos).
b) Wann hat sich der Absatz halbiert?
c) Um wie viele Autos sinkt der Absatz im Verlauf des 6. Monats?

Übungen

2. Ameisenkolonie
Eine Ameisenkolonie von 10000 Tieren wächst jährlich um 10%. Wie lautet die Wachstumsfunktion? Wann ist eine Bevölkerung von 1 Million erreicht?

3. Radioaktivität
Eine Probe des radioaktiven Isotops Actinium 225 zerfällt gemäß dem Gesetz
$N(t) = 1000 \cdot e^{-0{,}069\,t}$ (t: Zeit in Tagen; N(t): Rad. Substanz in mg).
a) Wie groß ist der Anfangsbestand? Wie groß ist der Bestand nach einem Tag? Welcher prozentuale Anteil der Probe zerfällt täglich?
b) Wie groß ist die Halbwertszeit? Eine Probe wird als ausgebrannt betrachtet, wenn die Strahlung auf 1% des Ausgangswerts gefallen ist. Schätzen Sie die Zeit hierfür mit Hilfe der Halbwertszeit ab.

4. Städte
Die Einwohnerzahl einer Stadt wird modellhaft beschrieben durch $N_1(t) = 30000 \cdot e^{-0{,}0513\,t}$.
Dabei ist t die Zeit in Jahren und $N_1(t)$ die Einwohnerzahl zum Zeitpunkt t.
a) Welche Einwohnerzahl liegt nach fünf Jahren vor?
b) Wann fällt die Einwohnerzahl auf 20000 Einwohner?
c) Wie groß ist die momentane Abnahmerate zu Beginn des Prozesses bzw. nach 10 Jahren?
d) Die Einwohnerzahl einer anderen Stadt wird beschrieben durch $N_2(t) = 10000 \cdot e^{0{,}09531\,t}$.
Wann sind beide Städte gleich groß? Wie groß sind sie dann?
e) Wann ist die Summe der Einwohnerzahlen beider Städte minimal?

5. Blutalkohol
Ein Zecher hat sich um 24^{00} Uhr einen Alkoholspiegel von 1,8 Promille angetrunken. Nach einer linearen Faustformel werden stündlich 0,2 Promille abgebaut. Ein anderes exponentielles Modell geht davon aus, dass stündlich ca. 20% des aktuellen Gehaltes abgebaut werden.
a) Stellen Sie für das lineare Modell eine Abnahmefunktion a(t) auf.
b) Weisen Sie nach, dass das zweite exponentielle Modell durch die Funktion
$b(t) = 1{,}8 \cdot e^{-0{,}2231\,t}$ erfasst wird. Zeichnen Sie beide Graphen in ein System.
c) Welchen Alkoholspiegel hat der Mann morgens um 6.00 Uhr nach dem linearen Modell? Darf er nun wieder fahren (Die erlaubte Grenze beträgt 0,5 Promille)?
d) Wann wird die Grenze von 0,5 Promille nach dem exponentiellen Modell erreicht?
e) Zu welchem Zeitpunkt ist der Unterschied zwischen den Modellen maximal?
f) Bestimmen Sie graphisch, durch Probieren oder mit einem Näherungsverfahren, zu welchem Zeitpunkt beide Modelle ungefähr den gleichen Alkoholspiegel anzeigen.

6. Luftdruck
Auf Meereshöhe beträgt der Luftdruck p 1013 mbar. Die Funktion p erfüllt die Gleichung
$p'(h) = -0{,}00013 \cdot p(h)$. h: Höhe in m, p: Luftdruck in mbar.
a) Begründen Sie, dass $p(h) = 1013\,e^{-0{,}00013\,h}$ die Abnahmefunktion ist.
b) Wie groß ist der Luftdruck in 2000 m Höhe bzw. auf dem Mount Everest?
c) Untrainierte Menschen benötigen ab 500 mbar Luftdruck eine Sauerstoffzufuhr per Maske. Ab welcher Höhe ist dies erforderlich?

B. Begrenztes exponentielles Wachstum

Reales Wachstum ist meistens begrenzt. Es gibt eine Obergrenze, die nicht überschritten werden kann. Eine Bevölkerung kann nicht endlos wachsen, ein Baum kann nur eine bestimmte Höhe erreichen und eine Epidemie ist spätestens zu Ende, wenn alle Einwohner erfasst sind.

Rechts ist der typische Verlauf des sog. ***begrenzten Wachstums*** dargestellt. Ausgehend von einem gewissen Anfangsbestand zur Zeit $t = 0$ steigt der Bestand N an, wobei sich die Wachstumsgeschwindigkeit N' zunehmend verkleinert. Schließlich nähert sich die Wachstumsfunktion einer Obergrenze a, die man als ***Grenzbestand*** oder auch als ***Sättigungsgrenze*** bezeichnet.

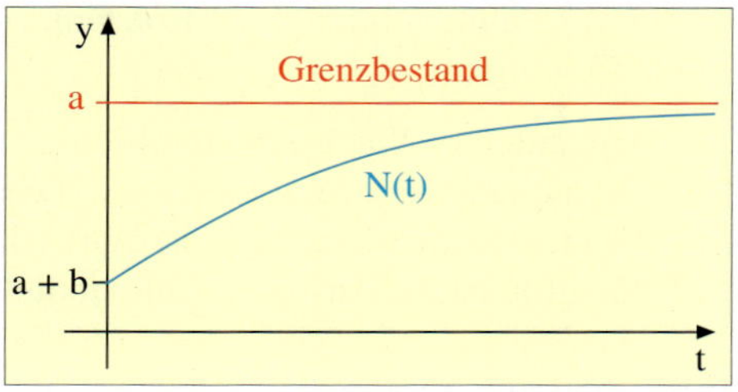

Das begrenzte Wachstum wird durch eine Bestandsfunktion des Gestalt $N(t) = a + b \cdot e^{-kt}$ beschrieben, wobei a positiv und b negativ ist.

a stellt dabei den Grenzbestand oder auch die Sättigungsgrenze dar.

Der Anfangsbestand ist $N(0) = a + b$.

Modell des begrenzten Wachstums

Begrenztes Wachstum kann durch folgende Funktion beschrieben werden.

Wachstumsfunktion:

$$N(t) = a + b \cdot e^{-kt},\ k > 0$$

Dabei ist a die Sättigungsgrenze und $N(0) = a + b$ der Anfangsbestand.

Beispiel: Die Höhe eines Kaktus

Ein kleiner Kaktus wird gepflanzt. Seine Höhe wird durch die Wachstumsfunktion $h(t) = 9{,}90 - 9{,}85 \cdot e^{-0{,}01t}$ beschrieben (t: Zeit in Jahren; h: Höhe in m).
Wie groß war die Pflanzhöhe des Kaktus? Welche Größe kann er maximal erreichen? Nach welcher Zeit wird der Kaktus 2 m hoch sein?

Lösung:
Die Anfangshöhe ist:
$h(0) = 9{,}90\,m - 9{,}85\,m = 0{,}05\,m$.

Die Grenzhöhe ergibt sich, wenn t immer weiter vergrößert wird und schließlich gegen unendlich strebt. Dabei strebt der Teilterm $e^{-0{,}01t}$ gegen 0. Die Funktion h strebt gegen die Grenzhöhe 9,90 m.

Der Kaktus erreicht ca. 22 Jahre nach der Pflanzung die Höhe von 2 Metern, wie die Rechnung rechts zeigt.

Anfangshöhe

$$h(0) = 9{,}90 - 9{,}85 \cdot e^0 = 9{,}90 - 9{,}85 = 0{,}05$$

Grenzhöhe

$$\lim_{t \to \infty} h(t) = \lim_{t \to \infty} (9{,}90 - 9{,}85 \cdot e^{-0{,}01t}) = 9{,}90$$

Berechnung der Zeit

$$h(t) = 2$$
$$9{,}90 - 9{,}85 \cdot e^{-0{,}01t} = 2$$
$$e^{-0{,}01t} = \frac{7{,}90}{9{,}85} \approx 0{,}802$$
$$-0{,}01t = \ln 0{,}802$$
$$t \approx 22{,}06$$

Beispiel: Tropfinfusion

Ein Medikament wird dem Patienten per Tropfinfusion zugeführt. Die Konzentration im Blut steigt gemäß der Funktion $k(t) = a - a e^{-0{,}04 t}$ (t: Zeit in min; k(t): Konzentration zur Zeit t in µg/ml).
Nach 23 Minuten beträgt die Konzentration 30,07 µg/ml.

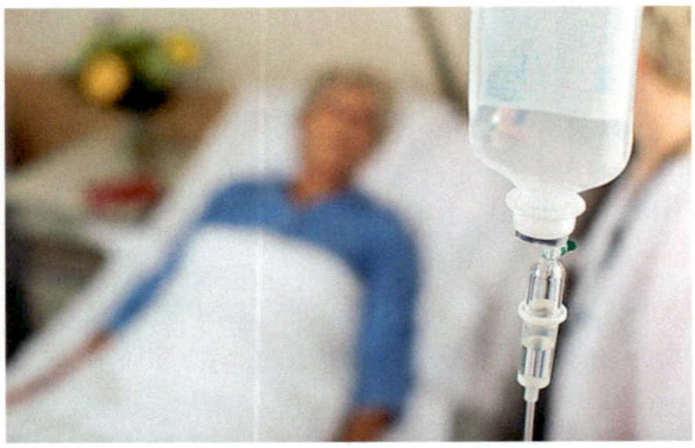

a) Wie lautet die Wachstumsfunktion?
b) Welche Grenzkonzentration kann nicht überschritten werden?
c) Wann wird die therapeutische Wirkschranke von 40 µg/ml erreicht?
d) Wie groß ist die Anstiegsgeschwindigkeit zu Beginn des Prozesses?

Lösung zu a):
Hier muss a bestimmt werden. Die Information $k(23) = 30{,}07$ führt nach nebenstehender Rechnung auf $a \approx 50$.
Die Gleichung der Wachstumsfunktion lautet daher $k(t) = 50 - 50 e^{-0{,}04 t}$.

Gleichung der Wachstumsfunktion

$k(23) = 30{,}07$
$a - a \cdot e^{-0{,}04 \cdot 23} = 30{,}07$
$a(1 - e^{-0{,}92}) = 30{,}07$
$a = \frac{30{,}07}{1 - e^{-0{,}92}} \approx 49{,}99$
$a \approx 50$

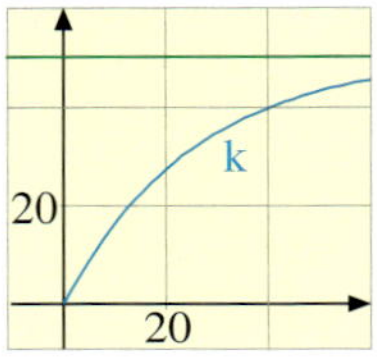

Lösung zu b):
Die Konzentration nähert sich langfristig, d.h. für $t \to \infty$, einer oberen Grenze an. Da der exponentielle Teilterm $e^{-0{,}04 t}$ dabei gegen null strebt, nähert sich die Wachstumsfunktion k der Grenze 50 an.

Grenzkonzentration

$\lim_{t \to \infty} k(t) = \lim_{t \to \infty} (50 - 50 e^{-0{,}04 t}) = 50$

Lösung zu c):
Die Schranke, ab der die gewünschte therapeutische Wirkung einsetzt, liegt bei 40 mg/ml. Der Ansatz $k(t) = 40$ führt nach einer logarithmischen Rechnung auf die Zeit $t \approx 40{,}24$ Minuten.

Therapeutische Schranke

$k(t) = 40$
$50 - 50 \cdot e^{-0{,}04 \cdot t} \cdot t = 40$
$50 \cdot e^{-0{,}04 \cdot t} = 10$
$e^{-0{,}04 \cdot t} = 0{,}2$
$-0{,}04 t = \ln 0{,}2$
$t = \frac{\ln 0{,}2}{-0{,}04} \approx 40{,}24$

Lösung zu d):
Die Wachstumsgeschwindigkeit der Konzentration k ist deren Ableitung k'.
Mit der Kettenregel folgt $k'(t) = 2 \cdot e^{-0{,}04 t}$.
Hieraus ergibt sich $k'(0) = 2$ µg/ml.

Anstiegsgeschwindigkeit zu Beginn

$k'(t) = (50 - 50 \cdot e^{-0{,}04 \cdot t})'$
$= 0 - (50 \cdot e^{-0{,}04 \cdot t}) \cdot (-0{,}04)$
$= 2 \cdot e^{-0{,}04 \cdot t}$
$k'(0) = 2$

Übung 7 Wachstum von Pilzen

Die Masse eines Pilzes wächst nach der Formel $m(t) = 40 - 25 e^{-kt}$ (t: Tage, m: Gramm), wobei k vom Nährboden abhängt (Boden A: $k = 0{,}10$; Boden B: $k = 0{,}20$).
Skizzieren Sie beide Graphen im gleichen Koordinatensystem. Wann werden 30 Gramm erreicht? Vergleichen Sie die Wachstumsgeschwindigkeiten zur Zeit $t = 0$ und $t = 10$.

Übungen

8. Population

Der Bestand einer Population wird durch die Funktion $N(t) = 10 - 8 \cdot e^{-0,2t}$ erfasst. Dabei gibt t die Zeit in Stunden seit Beobachtungsbeginn an und N(t) die Anzahl der Individuen in Tausend.

a) Zeichnen Sie den Graphen von N mit Hilfe einer Wertetabelle ($0 \leq t \leq 20$, Schrittweite 5).
b) Bestimmen Sie den Anfangsbestand und den Grenzbestand der Population.
c) Welcher Bestand liegt zur Zeit $t = 3$ vor?
d) Nach welcher Zeit hat sich der Anfangsbestand vervierfacht?
e) Wie groß ist die Wachstumsgeschwindigkeit (gemessen in Tausend Individuen pro Stunde) zu Beginn des Wachstumsprozesses bzw. nach 10 Stunden?

9. Stausee

Ein neuer natürlicher Stausee wird angelegt. Er wird durch einen konstanten Zufluss gefüllt, verliert aber mit zunehmender Füllung aufgrund des steigenden Wasserdrucks wieder Wasser durch den undichten Seeboden.

Berechnungen ergaben, dass die Erstbefüllung durch die Funktion W erfasst werden kann:

$W(t) = 1\,000\,000 \cdot (1 - e^{-0,025t})$

(t: Zeit in Std., W: Wasservolumen in m^3)

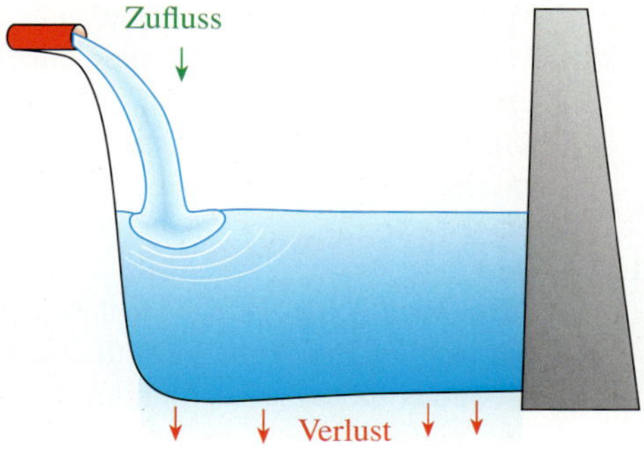

a) Fertigen Sie eine Wertetabelle für die Funktion W an ($0 \leq t \leq 100$, Schrittweite 20). Skizzieren Sie den Graphen von W.
b) Wie groß wird das Wasservolumen nach 50 bzw. nach 200 Stunden sein? Welches Wasservolumen wäre maximal erreichbar?
c) Der See hat ein Leervolumen von $1\,200\,000\,m^3$. Kann er völlig gefüllt werden? Nach welcher Zeit ist er zur Hälfte gefüllt?
d) Mit welcher Geschwindigkeit (in m^3/h) füllt sich der See zur Zeit $t = 20$? Wie stark ist der konstante Zufluss?

10. Eisenschmelze

Eisen schmilzt bei 1538 °C. Eine glühende Eisenschmelze kühlt sich bei einer Umgebungstemperatur von 20 °C innerhalb von 10 Minuten von 2000 °C auf 1800 °C ab.

a) Wie lautet die Abkühlungsfunktion?
b) Wie lange dauert es bis zur Erstarrung des Eisens?
c) Wie groß ist die Abkühlungsrate zu Beginn des Prozesses?

11. Chinesisch

Anja möchte China besuchen. Daher nimmt sie an einem Chinesisch-Kurs teil. Erfahrungsgemäß beginnen die Teilnehmer ohne Vorkenntnisse und besitzen eine maximale Lernkapazität von 500 Vokabeln. Ein durchschnittlicher Teilnehmer beherrscht nach einer Stunde 40 Vokabeln.

a) Wie lautet die Lernkurve eines durchschnittlichen Teilnehmers?
(t: Stunden, L(t): Anzahl der Vokabeln)

b) Wie lange benötigt ein Teilnehmer für die Hälfte der maximalen Kapazität?

c) Anja beherrscht nach einer Stunde schon 50 Vokabeln, nach zwei Stunden sind es sogar 98 Vokabeln.
Wie lautet ihre persönliche Lernkurve? Wo liegt ihre Kapazitätsgrenze?

d) Wann sinkt die Lernrate eines durchschnittlichen Teilnehmers auf 10 Vokabeln/Stunde? Welche Lernrate hat Anja zur Zeit t = 10?

12. Wölfe

In einem Waldgebiet ist Revierplatz vorhanden für maximal 800 Wölfe. Zu Beobachtungsbeginn werden 500 Wölfe gezählt. Nach drei Jahren sind es schon 700 Tiere.

a) Wie lautet die Bestandsfunktion N(t)?

b) Wie viele Wölfe gibt es nach fünf Jahren?

c) Zeichnen Sie den Graphen von N.

d) Durch intensivere Beforstung beginnt die Wolfspopulation seit Beginn des zehnten Jahres um 10% pro Jahr zu sinken.
Wann unterschreitet sie 100 Tiere?

13. Fanmeile

Die Fanmeile zur Fußball-WM wurde 60 Minuten vor Spielbeginn geöffnet. Nach 5 Minuten wurden bereits 32 135 Personen eingelassen. Es wird angenommen, dass die Anzahl der eingelassenen Personen durch $P(t) = 300\,000(1 - e^{-kt})$ beschrieben werden kann (t: Zeit in Minuten, P(t): Personenzahl).

a) Bestimmen Sie den Koeffizienten k.

b) Wie viele Personen sind nach 30 Minuten auf der Fanmeile?

c) Wie groß ist die Maximalkapazität der Meile? Wann erreicht die Auslastung 90%?

d) Wie groß ist die Einlassgeschwindigkeit zu Beginn bzw. nach 30 Minuten?

7. Modellierung mit Exponentialfunktionen

A. Randkurven

Die Form eines Grundstücks, der Querschnitt eines Gegenstands, der Verlauf einer Straße und das Höhenprofil eines Berges haben eines gemeinsam: Sie können durch **Randkurven** beschrieben werden. Der Vorteil besteht darin, dass diverse Eigenschaften der so erfassten realen Objekte rechnerisch mit den Methoden der Differential- und Integralrechnung untersucht werden können. Exemplarisch verdeutlichen wir am Beispiel des folgenden Inselproblems, was gemeint ist.

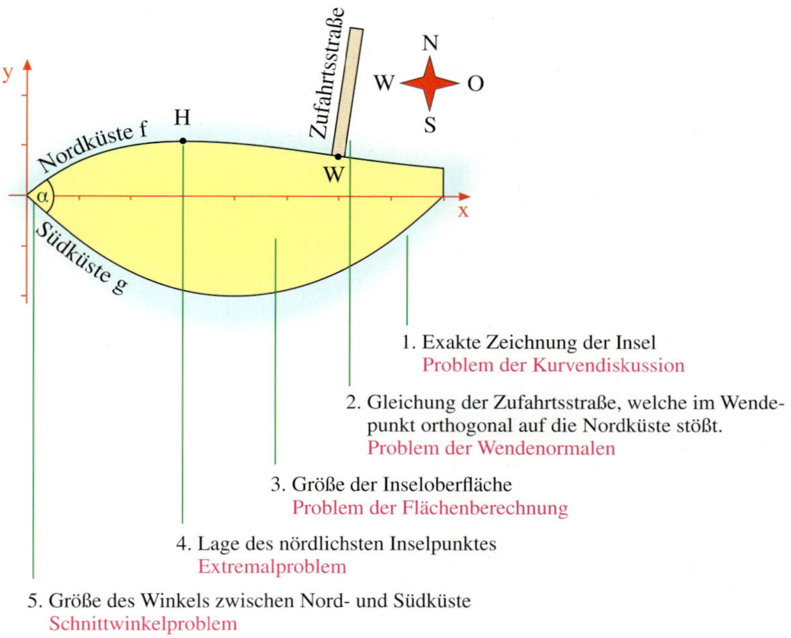

Beispiel: Inselproblem

Wie groß ist die abgebildete Insel, wenn die Nordküste durch die Randkurve $f(x) = x \cdot e^{-\frac{1}{3}x}$ und die Südküste durch die Randkurve $g(x) = \frac{1}{8}x^2 - x$ erfasst wird (1 LE = 1 km)?

Hinweis: Verwenden Sie, dass $F(x) = (-3x - 9) \cdot e^{-\frac{1}{3}x}$ eine Stammfunktion von f ist.

Lösung:

Die Stammfunktion F der Nordküste ist gegeben. Die Südküste $g(x) = \frac{1}{8}x^2 - x$ hat die Stammfunktion $G(x) = \frac{1}{24}x^3 - \frac{1}{2}x^2$.

Nun können wir durch Integration den Inhalt des nördlichen Inselteils und den Inhalt des südlichen Teils bestimmen (6,71 km^2 bzw. 10,67 km^2).

Die Insel hat also eine Gesamtfläche von $A = 17{,}38\ km^2$.

$$\int_0^8 f(x)\,dx = [F(x)]_8^0 = F(8) - F(0)$$
$$= \left(-33\,e^{-\frac{8}{3}}\right) - (-9) \approx 6{,}71$$

$$\int_0^8 g(x)\,dx = [G(x)]_8^0 = G(8) - G(0)$$
$$= \left(-\frac{32}{3}\right) - (0) \approx -10{,}67$$

$$A = 6{,}71 + 10{,}67 = 17{,}38$$

Wir erweitern nun das Inselproblem um einige typische Untersuchungspunkte.

Beispiel: Inselproblem, Teil 2

Eine Insel wird nach Norden durch die Randkurve $f(x) = x \cdot e^{-\frac{1}{3}x}$ und nach Süden durch $g(x) = \frac{1}{8}x^2 - x$ begrenzt ($0 \le x \le 8$, 1 LE = 1 km).

a) Bestimmen Sie f′ und f″.

b) Wo liegt der nördlichste Inselpunkt?

c) Eine vom Festland kommende Zufahrtsbrücke trifft im Wendepunkt W auf die Nordküste. Wie lautet die Geradengleichung der Brücke?

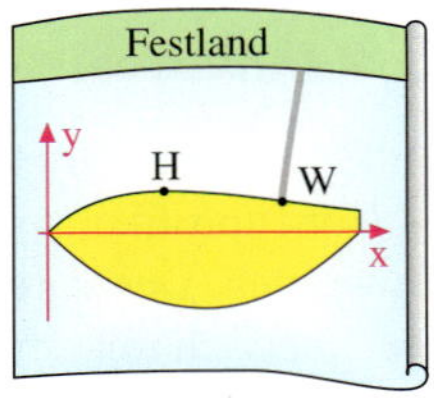

Lösung zu a:
Wir bestimmen f′ mit Produkt- und Kettenregel, ausgehend von

$f(x) = u \cdot v = x \cdot e^{-\frac{1}{3}x}$.

$f'(x) = u' \cdot v + u \cdot v' = 1 \cdot e^{-\frac{1}{3}x} + x \cdot \left(-\frac{1}{3}\, e^{-\frac{1}{3}x}\right)$

$f'(x) = \left(1 - \frac{1}{3}x\right) e^{-\frac{1}{3}x}$

Lösung zu b:
Der nördlichste Inselpunkt ist der Hochpunkt der Randkurve f. Diesen bestimmen wir mit Hilfe der notwendigen Bedingung $f'(x) = 0$. Er liegt bei H(3 | 1,10).
Die Überprüfung mit der hinreichenden Bedingung $f'(x) = 0$, $f''(x) < 0$ ergibt, dass es sich tatsächlich um ein Maximum handelt.

Lösung zu c:
Die Brücke schneidet die Kurve im Wendepunkt orthogonal. Also handelt es sich um die Wendenormale von f.
Wir berechnen zunächst den Wendepunkt von f. Er liegt bei W(6 | 0,81). Als nächstes wird die Steigung von f an der Wendestelle bestimmt: $f'(6) = -e^{-2} \approx -0{,}135$.
Nun werden diese Ergebnisse in die allgemeine Normalengleichung eingesetzt.

Resultat: $n(x) \approx 7{,}39x - 43{,}52$

1. Ableitungen

$f'(x) = \left(1 - \frac{1}{3}x\right) \cdot e^{-\frac{1}{3}x}$

$f''(x) = \left(\frac{1}{9}x - \frac{2}{3}\right) \cdot e^{-\frac{1}{3}x}$

2. Hochpunkt von f

$f'(x) = 0$

$\left(1 - \frac{1}{3}x\right) \cdot e^{-\frac{1}{3}x} = 0$

$1 - \frac{1}{3}x = 0$

$x = 3,\; y = 3 \cdot e^{-1} \approx 1{,}10$

Hochpunkt H(3 | 1,10)

3. Wendepunkt von f

$f''(x) = 0$

$\frac{1}{9}x - \frac{2}{3} = 0$

$x = 6,\; y = 6e^{-2} \approx 0{,}81$

Wendepunkt W(6 | 0,81)

4. Wendenormale

$n(x) = -\frac{1}{f'(x_0)}(x - x_0) + f(x_0)$

$n(x) = e^2(x - 6) + 6e^{-2}$

$n(x) \approx 7{,}39x - 43{,}52$

Übung 1 Zoo

Ein Tiergehege wird durch einen Zaun $f(x) = (4 - x) \cdot e^{\frac{x}{2}}$, einen Wassergraben und eine Mauer bei $x = -4$ wie abgebildet begrenzt (1 LE = 100 m).

a) Wie groß ist die maximale Nord-Süd-Ausdehnung des Geheges? Wie lang ist die Begrenzungsmauer?

b) Bestimmen Sie den Parameter a so, dass $F(x) = (a - 2x) \cdot e^{\frac{x}{2}}$ eine Stammfunktion von f ist. Welchen Flächeninhalt hat das Gehege?

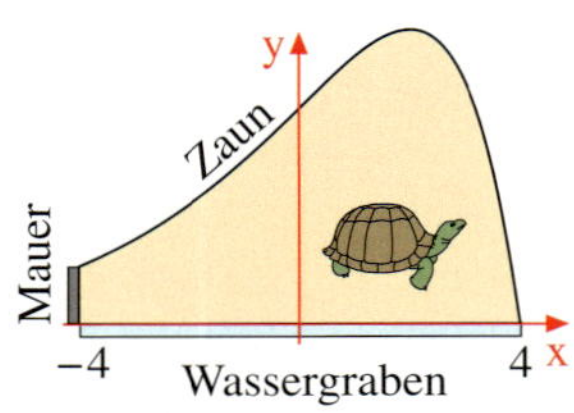

Beispiel: Pagode

Eine Pagode hat ein achsensymmetrisches Dach mit dem Profil $f(x) = 6 \cdot e^{-0,5x} + 1$, $0 \le x \le 6$.
Das parabelförmige Tor ist 4 m breit und 3 m hoch.
Die Fenstermaße sind jeweils 1 m × 0,5 m.
Die Vorderfront auf der Giebelseite soll mit Blattgold 0,1 mm stark vergoldet werden. Wie viel cm^3 Blattgold werden benötigt?

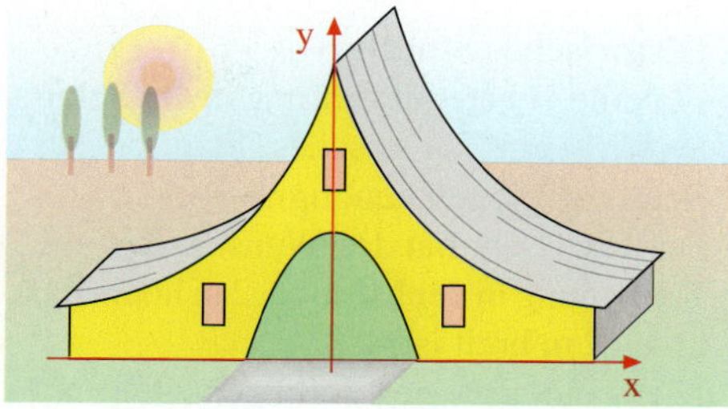

Lösung:
Zu bestimmen ist die Fläche der Giebelseite abzüglich der Flächen von Tor und Fenstern.
Der Inhalt der Giebelwand beträgt laut nebenstehender Integration $34{,}81\,m^2$.

Flächeninhalt der Giebelseite

$$A_1 = 2 \cdot \int_0^6 (6 \cdot e^{-0,5x} + 1)\,dx$$
$$= 2 \cdot [-12 \cdot e^{-0,5x} + x]_0^6 = 34{,}81\,m^2$$

Die Gleichung des Tores wird mit dem Parabelansatz $g(x) = ax^2 + b$ bestimmt.
Resultat: $g(x) = -\frac{3}{4}x^2 + 3$

Gleichung des Tores

Ansatz: $g(x) = ax^2 + b$
$g(0) = 3 \Rightarrow b = 3$
$g(2) = 0 \Rightarrow 4a + 3 = 0 \Rightarrow a = -\frac{3}{4}$
$g(x) = -\frac{3}{4}x^2 + 3$

Das Tor hat einen Flächeninhalt von $8\,m^2$, wie die Integration rechts zeigt.

Flächeninhalt des Tores

$$A_2 = 2 \cdot \int_0^2 \left(-\frac{3}{4}x^2 + 3\right)dx$$
$$= 2 \cdot \left[-\frac{1}{4}x^3 + 3x\right]_0^2 = 8$$

Da die drei Fenster jeweils einen Inhalt von $0{,}5\,m^2$ besitzen, ergibt sich für die zu vergoldende Fläche ein Inhalt von $25{,}31\,m^2$.

Multiplizieren wir diesen Wert mit der Dicke der Blattgoldschicht, wobei wir vorher alle Einheiten in cm umwandeln, so erhalten wir für das gesuchte Volumen $2531\,cm^3$, also etwas über 2,5 Liter.

Zu vergoldende Fläche und Goldvolumen

A = Giebel – Tor – drei Fenster
= 34,81 – 8 – 1,5 = 25,31

$V = \text{Fläche} \cdot \text{Dicke} = 25{,}31\,m^2 \cdot 0{,}1\,mm$
$= 253\,100\,cm^2 \cdot 0{,}01\,cm = 2531\,cm^3$

Übung 2 Lampenprofil

Die Abbildung zeigt das Querschnittsprofil einer Lampe.
Das Exponentialprofil des Schirmes ist unten 20 cm breit, oben dagegen nur 4 cm. Der Schirm ist 20 cm hoch. Berechnen Sie den Flächeninhalt des Schirmquerschnittes.

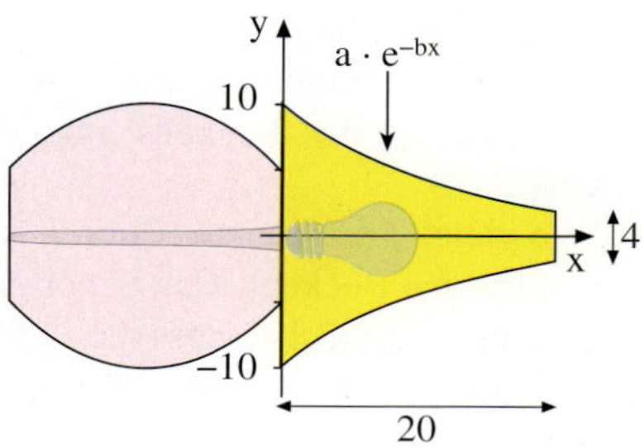

Übungen

3. Historisches Stadttor

Für eine Theateraufführung in der Schule wird ein historisches Stadttor aus Sperrholzplatten benötigt.
Der Regisseur hat den Wunsch, dass die Toröffnung in der Mitte ca. 2 m hoch und unten 2 m breit ist.
Die Randkurve des Torbogens soll modelliert werden durch die Funktion
$f(x) = 2{,}4 - 0{,}2\,(e^{2{,}5x} + e^{-2{,}5x})$.

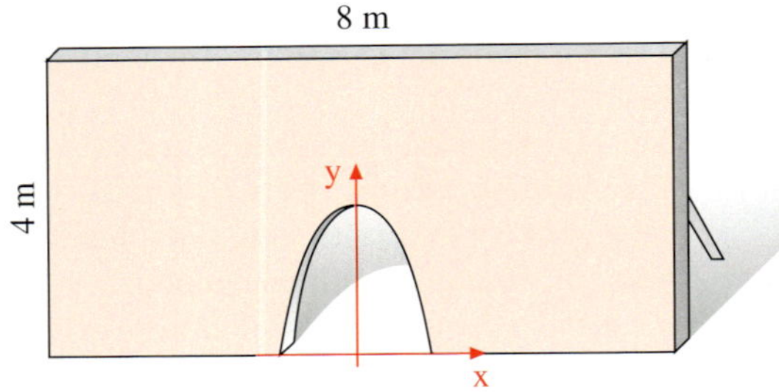

a) Werden die Vorgaben des Regisseurs in etwa eingehalten?
b) In welchem Winkel muss die Säge beim Ausschneiden des Torbogens angesetzt werden?
c) Der Aufbau wird nach dem Ausschneiden des Tors gestrichen. Wie groß ist die zu streichende Fläche?

4. Inseln

In Dubai werden im Meer künstliche Inseln aufgeschüttet. Die Küsten einer Insel werden wie abgebildet durch die Funktionen f (Strand) und g (Wohnen) beschrieben.
(1 LE = 100 m)

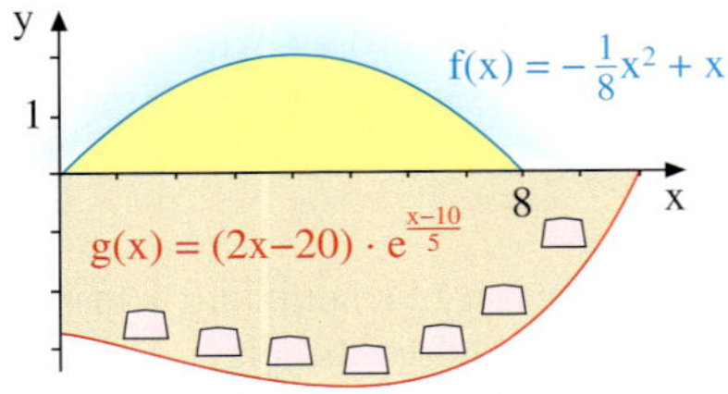

a) Zeigen Sie, dass $G(x) = (10x - 150) \cdot e^{\frac{x-10}{5}}$ eine Stammfunktion von g ist.
Berechnen Sie den Flächeninhalt der Insel.
b) Welche maximale Nord-Süd-Ausdehnung hat der untere Teil der Insel, d. h. das Wohngebiet?

5. Schwimmbad

Ein Wasserbecken wird durch die beiden Geraden $x = 4$ und $y = 4$ sowie die Funktion $f(x) = -10x \cdot e^{-x-1}$ begrenzt (1 LE = 10 m).

a) Wie lang ist der rechte Beckenrand?
Zeigen Sie, dass der obere Beckenrand ca. 46 m lang ist.
b) An welcher Stelle ist die vertikale Ausdehnung des Beckens am größten?
c) Wie viele Quadratmeter Fliesen werden für den Beckenboden benötigt?
Zeigen Sie zunächst, dass die Funktion $F(x) = 10(x + 1)e^{-x-1}$ Stammfunktion von f ist.

B. Exkurs: Steckbriefaufgaben zur Modellierung

Im Folgenden werden Anwendungsprobleme durch Funktionsterme modelliert, von denen man zunächst nur den Typ kennt. Die unbekannten Parameter müssen wie bei Steckbriefaufgaben berechnet werden.

Beispiel: Halfpipe

Eine Halfpipe soll gebaut werden. Ihre Profilkurve setzt sich aus einem Exponentialterm und einer linearen Funktion zusammen, wie auf der nichtmaßstäblichen Skizze rechts dargestellt. Der Übergang an der Stelle $x = 3$ soll glatt verlaufen, d. h. ohne Knick.

a) Bestimmen Sie a und k.
b) Wie hoch und wie breit wird die Halfpipe?
c) Wo ist die Halfpipe am steilsten? Wie groß ist dort der Steigungswinkel?

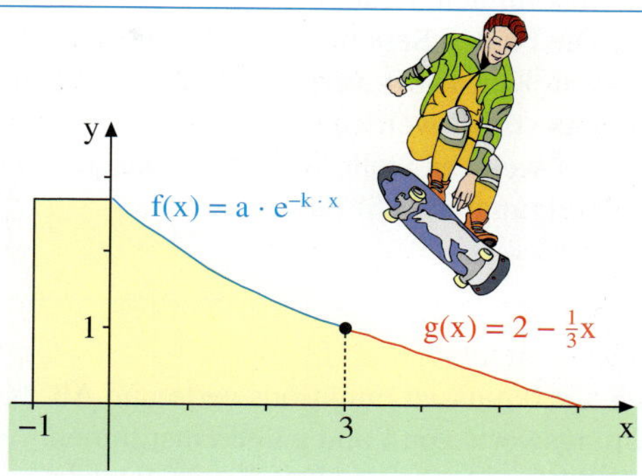

Lösung zu a:
Die beiden beteiligten Randfunktionen $f(x) = a \cdot e^{-kx}$ und $g(x) = 2 - \frac{1}{3}x$ müssen an der Stelle $x = 3$ übereinstimmende Funktionswerte und übereinstimmende Steigungen haben, damit weder ein Sprung noch ein Knick entsteht.
Dies führt auf die Gleichungen I und II.

Mit dem Einsetzungsverfahren können wir das so entstandene nichtlineare Gleichungssystem lösen. Wir erhalten $a = e$ und $k = \frac{1}{3}$.
Daher gilt: $f(x) = e \cdot e^{-\frac{1}{3}x} = e^{1 - \frac{1}{3}x}$.

Bestimmung von a und k

$f(3) = g(3) \quad \Rightarrow \text{I: } a \cdot e^{-3k} = 1$

$f'(3) = g'(3) \quad \Rightarrow \text{II: } -k \cdot a \cdot e^{-3k} = -\frac{1}{3}$

Aus I: $a = e^{3k}$

In II: $-k = -\frac{1}{3} \quad \Rightarrow k = \frac{1}{3}$

In I: $a = e$

$\Rightarrow f(x) = e \cdot e^{-\frac{1}{3}x} = e^{1 - \frac{1}{3}x}$

Lösung zu b:
Die Höhe der Halfpipe beträgt ca. 2,72 m. Zur Bestimmung ihrer Breite benötigen wir die Nullstelle der Funktion g. Sie liegt bei $x = 6$. Die gesuchte Breite beträgt 7 m.

Höhe der Halfpipe

Höhe $= f(0) = e \approx 2{,}72\,\text{m}$

Breite der Halfpipe

$g(x) = 0 \Rightarrow 2 - \frac{1}{3}x = 0 \Rightarrow x = 6$

$\Rightarrow$ Breite $= 1 + 6 = 7$

Lösung zu c:
Die Halfpipe ist bei $x = 0$ am steilsten. Ihre Steigung dort beträgt $f'(0) \approx -0{,}9061$. Daraus ergibt sich mit Hilfe der Arcustangensfunktion des Taschenrechners ein Steigungswinkel von $-42{,}18°$.

Steigungswinkel

$f'(x) = -\frac{1}{3}e^{1 - \frac{1}{3}x}$

$f'(0) = -\frac{1}{3}e \approx -0{,}9061$

$\alpha \approx \arctan(-0{,}9061) \approx -42{,}18°$

Beispiel: Rutsche

Im Stadtbad soll eine neue Wasserrutsche gebaut werden. Sie ist 5 m lang und kann nach beiden Seiten benutzt werden. Die Vorsichtigen rutschen nach links, wo $f(x) = e^x$ den Rand bildet. Die Mutigen rutschen nach rechts, wo $g(x) = ax^2 + bx + c$ einen höheren und steileren Hang bildet. Bei $x = 0$ gehen die Kurven knickfrei ineinander über (x, y in m).

a) Bestimmen Sie a, b und c.

b) Die beiden Seitenwände der Rutsche sind mit Kunststoff verkleidet. Wie viele m^2 Kunststoff werden benötigt?

c) An welcher Stelle weist die Rutsche eine Neigung von 45° auf?

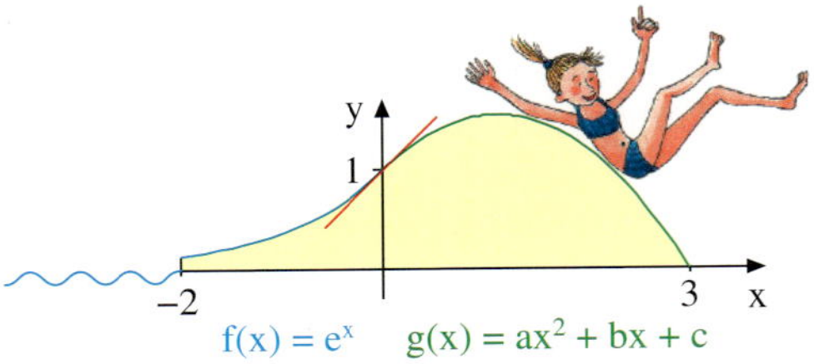

Lösung zu a:

Bei $x = 0$ müssen Funktionswerte und Ableitungswerte von f und g übereinstimmen, damit kein Sprung und kein Knick entsteht. Bei $x = 3$ muss g eine Nullstelle besitzen. Diese Bedingungen führen auf das rechts dargestellte lineare Gleichungssystem mit der Lösung $a = -\frac{4}{9}$, $b = 1$ und $c = 1$.

Daher gilt $g(x) = -\frac{4}{9}x^2 + x + 1$.

Bestimmung von a, b und c

$g(0) = f(0) \Rightarrow$ I: $c = 1$

$g'(0) = f'(0) \Rightarrow$ II: $b = 1$

$g(3) = 0 \Rightarrow$ III: $9a + 3b + c = 0$

I und II in III: $\Rightarrow a = -\frac{4}{9}$

$\Rightarrow g(x) = -\frac{4}{9}x^2 + x + 1$

Lösung zu b:

Um den gesuchten Flächeninhalt zu bestimmen, integrieren wir f über dem Intervall [−2; 0] und g über dem Intervall [0; 3]. Wie erhalten $0{,}86\,m^2$ bzw. $3{,}50\,m^2$. Insgesamt werden daher zweimal $4{,}36\,m^2$, also $8{,}72\,m^2$ Kunststoff benötigt.

Flächeninhalt über dem Intervall [−2; 3]

$$A_f = \int_{-2}^{0} e^x\,dx = [e^x]_{-2}^{0} = (1) - (e^{-2}) \approx 0{,}86$$

$$A_g = \int_{0}^{3} \left(-\frac{4}{9}x^2 + x + 1\right)dx$$

$$= \left[-\frac{4}{27}x^3 + \frac{1}{2}x^2 + x\right]_0^3$$

$$= 3{,}5 - 0 = 3{,}5$$

Lösung zu c:

Eine Neigung von 45° bedeutet eine Steigung von 1 ***oder*** von −1.

Der Ansatz $f'(x) = 1$ führt auf $x = 0$.

Wegen $f'(x) > 0$ entfällt der Ansatz $f'(x) = -1$.

Der Ansatz $g'(x) = 1$ führt auch auf $x = 0$.

Der Ansatz $g'(x) = -1$ führt auf $x = 2{,}25$.

Neigung von 45°

$f'(x) = 1 \Rightarrow e^x = 1 \Rightarrow x = 0$

$g'(x) = 1 \Rightarrow -\frac{8}{9}x + 1 = 1 \Rightarrow x = 0$

$g'(x) = -1 \Rightarrow -\frac{8}{9}x + 1 = -1 \Rightarrow x = \frac{9}{4} = 2{,}25$

Übung 6 Straße

Ein Fluss verläuft längs der x-Achse. Der Verlauf einer Straße wird beschrieben durch die Funktion $f(x) = x \cdot e^{2-x}$ $(0 \le x \le 2)$ sowie eine quadratische Funktion g, die an f im Punkt P(2|2) ohne Knick anschließt und auf den Fluss im Punkt Q(6|0) trifft. Ermitteln Sie die Funktionsgleichung von g. Weisen Sie nach, dass $F(x) = -(x + 1) \cdot e^{2-x}$ eine Stammfunktion von f ist. Wie groß ist die von Fluss und Straße eingeschlossene Fläche (LE: 1 km)?

C. Modellierung mit exponentiellen Termen

Beispiel: Wachstum von Kletterbohnen

Das Höhenwachstum zweier Kletterbohnensorten I, II wird durch folgende Funktionen erfasst:
$h_1(t) = 180 - 150\,e^{-0{,}05\,t}$, $h_2(t) = 10\,e^{0{,}1\,t}$ (t in Tagen, h in cm)

a) Wann ist eine Bohne der Sorte I 1 m hoch? Bestimmen Sie einen Näherungswert für den Zeitpunkt, an dem beide Sorten gleich hoch gewachsen sind.
b) Sorte I wächst zur Zeit $t = 0$ mit einer Geschwindigkeit von 7,5 cm/Tag. Wann erreicht Sorte II diese Geschwindigkeit?
c) Zu welchem Zeitpunkt sind die Wachstumsgeschwindigkeiten beider Sorten gleich?

Lösung zu a):
Der Ansatz $h_1(t) = 100$ führt nach nebenstehender Rechnung auf eine Zeit von ca. 12,57 Tagen.

Zeit für 1 m Höhe bei Sorte I:

$h_1(t) = 180 - 150\,e^{-0{,}05\,t} = 100$
$e^{-0{,}05\,t} \approx 0{,}5333$
$t \approx 12{,}57$ Tage

Die Lösungen der Gleichung $h_1(t) = h_2(t)$ können nicht durch Umformungen bestimmt werden. Man legt eine Wertetabelle mit dem TR/Computer an. Beide Sorten sind am 27. Tag gleich hoch. Genauer Wert: 26,38 Tage

Zeit für gleiche Höhe beider Sorten:

t	25	26	27
$h_1(t)$	137,02	139,12	141,11
$h_2(t)$	121,82	134,67	148,80

Lösung zu b):
Gesucht sind die Lösungen der Gleichung $h_2'(t) = 7{,}5$, d. h. $e^{0{,}1\,t} = 7{,}5$.
Nach ca. 20 Tagen wächst die Sorte II mit der Geschwindigkeit 7,5 cm/Tag.

Zeit für Geschwindigkeit 7,5 cm/Tag:

$h_2'(t) = e^{0{,}1\,t} = 7{,}5$
$0{,}1\,t = \ln 7{,}5$
$t \approx 20{,}15$ Tage

Lösung zu c):
Die Ansatzgleichung $h_1'(t) = h_2'(t)$ hat die Lösung $t \approx 13{,}43$ Tage. Zu diesem Zeitpunkt wachsen beide Sorten gleich schnell.

Zeitpunkt gleicher Geschwindigkeit:

$h_1'(t) = h_2'(t)$
$7{,}5\,e^{-0{,}05\,t} = e^{0{,}1\,t}$
$e^{0{,}15\,t} = 7{,}5$
$t \approx 13{,}43$ Tage

Übung 7

Die Masse einer Hefekultur wird erfasst durch $m(t) = 20 - 18\,e^{-0{,}12\,t}$ (t in Stunden, m in mg)
a) Nach welcher Zeit werden 15 mg Masse erreicht?
b) Wie groß ist die Wachstumsgeschwindigkeit zum Zeitpunkt $t = 0$ bzw. $t = 24$?

Beispiel: Aufstellen der Wachstumsfunktion

Die Höhe eines Kirschbaumes wird angenähert durch die Funktion $h(t) = 4 - a\,e^{-kt}$ modelliert, wobei t die Zeit in Jahren seit der Pflanzung und h(t) die Baumhöhe in Metern angibt.
5 Jahre nach der Pflanzung war der Baum 1,8 m hoch, nach weiteren 5 Jahren hatte er eine Höhe von 2,6 m.

a) Bestimmen Sie die Parameter a und k sowie die Gleichung der Funktion h.
b) Wie hoch war der Baum zum Zeitpunkt der Pflanzung? Wann erreicht er die Höhe 3 m?
c) Welches durchschnittliche Höhenwachstum hatte der Baum während der ersten 5 Jahre? Welches momentane Höhenwachstum hat er zu Beginn des 6. Jahres?

Lösung zu a):
Aus den beiden Bedingungen $h(5) = 1{,}8$ und $h(10) = 2{,}6$ erhalten wir ein Gleichungssystem mit den Variablen a und k.

Das Gleichungssystem wird, wie nebenstehend angegeben, gelöst. Die Lösungen sind $a \approx 3{,}46$ und $k \approx 0{,}0904$. Die Gleichung für die Funktion h lautet:
$h(t) = 4 - 3{,}46\,e^{-0{,}0904t}$.

Bestimmung der Parameter k und a

$h(5) = 1{,}8$: I: $4 - a\,e^{-5k} = 1{,}8$
$h(10) = 2{,}6$: II: $4 - a\,e^{-10k} = 2{,}6$
II nach a auflösen: III: $a = 1{,}4\,e^{-10k}$
III in I einsetzen: $4 - 1{,}4\,e^{-5k} = 1{,}8$
$e^{-5k} = \frac{11}{7}$
$k \approx 0{,}0904$
Rückeinsetzen von $k = 0{,}0904$ in (I):
$4 - a\,e^{-0{,}452} = 1{,}8 \Rightarrow a \approx 3{,}46$

Lösung zu b):
Für $t = 0$ erhalten wir die Höhe $h(0) = 0{,}54$. Der Baum war zu Beginn 0,54 m hoch.

Baumhöhe zur Zeit t = 0

$t = 0$: $h(0) = 4 - 3{,}46 = 0{,}54$ m

Aus dem Ansatz $h(t) = 3$ erhalten wir, dass der Baum nach ca. 13,73 Jahren eine Höhe von 3 m erreicht.

Bestimmung von t mit h(t) = 3

$h(t) = 4 - 3{,}46\,e^{-0{,}0904t} = 3$
$e^{-0{,}0904t} \approx 0{,}289$
$t \approx 13{,}73$ Jahre

Lösung zu c):
Zu berechnen ist die mittlere Änderungsrate im Zeitintervall [0; 5] sowie die Ableitung von h zur Zeit t = 5, d. h. h′(5).

Mittlere Wachstumsgeschwindigkeit

$\frac{\Delta h}{\Delta t} = \frac{h(5) - h(0)}{5 - 0} \approx \frac{1{,}80 - 0{,}54}{5 - 0} \approx 0{,}25$ m/Jahr

Die mittlere Höhenwachstumsgeschwindigkeit beträgt etwa 0,25 m/Jahr.
Die momentane Wachstumsgeschwindigkeit zur Zeit t = 5 beträgt nur $0{,}20\,\frac{\text{m}}{\text{Jahr}}$.

Momentane Wachstumsgeschwindigkeit

$h'(t) = 0{,}31\,e^{-0{,}0904t}$
$h'(5) \approx 0{,}20$ m/Jahr

Übung 8

Die Flughöhe eines Flugzeugs in einer Flugphase ist in der nebenstehenden Tabelle erfasst. Beschreiben Sie die Flughöhe durch eine Funktion $h(t) = 4 + a\,e^{-kt}$. Wie groß sind die durchschnittliche sowie die maximale Sinkgeschwindigkeit während der 10-minütigen Flugphase?

t (in min)	2	5
h (in km)	4,69	4,47

Übungen

9. Höhenwachstum einer Pfingstrose

Das Höhenwachstum einer Pfingstrose wurde in einer Messreihe erfasst.

t (in Tage)	0	4	8	12	16
h(t) (cm)	2,0	3,5	6,13	10,73	18,79

a) Zeichnen Sie den Graphen der Funktion h.

b) Zeigen Sie, dass eine Funktion der Form $h(x) = c \cdot e^{kx}$ das Höhenwachstum beschreibt. Berechnen Sie c und k.

c) Wie groß ist die mittlere Wachstumsgeschwindigkeit in den ersten 10 Tagen und die momentane zu Beginn des 10. Tages?

d) Wann erreicht die Pflanze eine Höhe von 40 cm?

10. Desinfektion

Durch Zugabe eines Desinfektionsmittels soll die Anzahl der Keime (in Mio. pro ml) in einem Erlebnisbad verringert werden. Die danach vorhandene Keimanzahl wird nach Ansicht eines Experten beschrieben durch $h_1(t) = 5 + 10e^{-0{,}02t}$ (t in Stunden). Ein zweiter Experte vertritt die Meinung, dass die Funktion $h_2(t) = 15 - 0{,}12t$ die Anzahl der Keime zutreffend angibt.

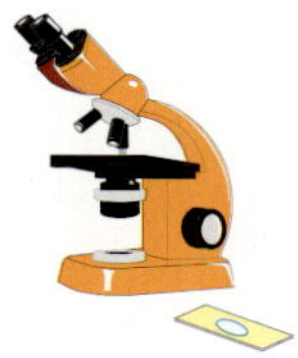

a) Welche Anzahl von Keimen enthält 1 ml Wasser in beiden Modellen 10 Stunden nach der Desinfektion?

b) Wann ist in beiden Modellen die Keimzahl auf die Hälfte des Anfangsstandes gefallen?

c) Für welchen Zeitpunkt ist der Unterschied beider Prognosen am größten?

11. Wachstum von Krokodilen

Ein Zoologe stellt fest, dass das Längenwachstum eines Krokodils durch $L(t) = 3 - ae^{-kt}$ $(0 < t < 12$, t in Monaten, L in Metern) erfasst wird. Zu Beginn $(t = 0)$ war das Krokodil 1,8 m lang, ein Jahr später wurde seine Länge mit 2,48 m gemessen.

a) Berechnen Sie a und k.

b) Welche maximale Länge erreicht das Krokodil?

c) Wann hat es 75% seiner maximalen Länge erreicht? Wie groß ist zu diesem Zeitpunkt seine momentane Wachstumsgeschwindigkeit?

d) Das Längenwachstum eines zweiten Krokodils wird modelliert durch die Funktion $L_2(t) = 2{,}5 - 2e^{-0{,}2t}$. Zeichnen Sie beide Graphen in ein gemeinsames Koordinatensystem. Wann ist die Größendifferenz beider Krokodile am geringsten?

12. Drosophila, das Haustier der Genforscher

Im Labor wurde eine kleine Population der Fruchtfliege Drosophila angelegt, deren Bestand angenähert durch $N(t) = 40t^2 \cdot e^{1-0{,}4t}$ beschrieben wird (t in Tagen, $t > 0$).

a) Bestimmen Sie für die Bestandsfunktion die Nullstellen, Extrema und Wendepunkte. Zeichnen Sie den Graphen für $0 < t < 20$.

b) Zu welchem Zeitpunkt ist die Population am stärksten? Wie groß ist sie dann?

c) Zu welchem Zeitpunkt wächst bzw. verringert sich der Bestand besonders stark?

8. Exponentielle Prozesse

A. Beschreibung von Prozessen

Im Folgenden werden Prozesse untersucht, deren zeitlicher Ablauf durch Exponentialfunktionen erfasst werden kann. Beispiele sind das Höhenwachstum einer Pflanze, der Temperaturverlauf bei einem Aufheizvorgang oder auch die Populationsentwicklung einer Tierart. Mit Hilfe der Differentialrechnung können dann Aussagen über diverse Aspekte des beobachteten Prozesses gewonnen werden. Exemplarisch verdeutlichen wir am Beispiel des folgenden Wildschweinproblems, was gemeint ist.

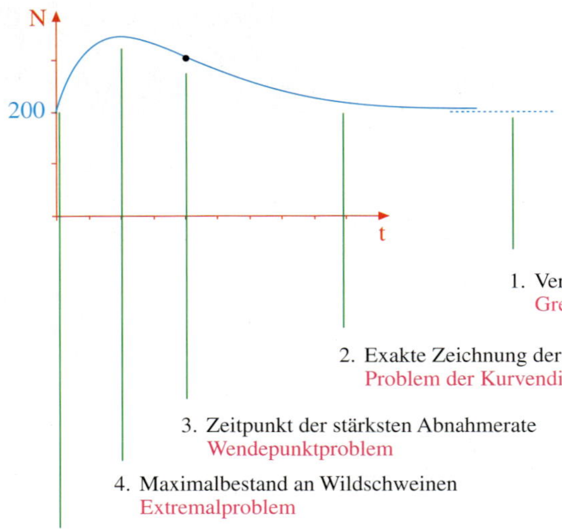

1. Verhalten von N für $t \to \infty$
   Grenzwertproblem
2. Exakte Zeichnung der Bestandskurve.
   Problem der Kurvendiskussion
3. Zeitpunkt der stärksten Abnahmerate
   Wendepunktproblem
4. Maximalbestand an Wildschweinen
   Extremalproblem
5. Zunahmerate des Bestandes zu Beobachtungsbeginn
   Problem der momentanen Änderungsrate

Beispiel: Wildschweinplage

Im Stadtgebiet breiten sich die Wildschweine aus. Durch ein Wildpflegeprogramm hofft man, der Plage Herr zu werden. Der Bestand soll sich damit kontrolliert gemäß der Funktion $N(t) = 200 + 200t \cdot e^{-0,5t}$ entwickeln (t: Jahre; N(t): Anzahl der Schweine).
Zu welchem Zeitpunkt nimmt der Bestand am stärksten ab? Wie groß ist die momentane Änderungsrate zu diesem Zeitpunkt?

Lösung:

Im Wendepunkt der Bestandsfunktion ist die Abnahmerate am größten. Wir bestimmen diesen Punkt, indem wir N″ gleich null setzen (notwendige Bedingung).

Dies führt auf die Wendestelle t = 4.

Die momentane Änderungsrate an dieser Stelle erhalten wir durch Berechnen von N′(4): Sie beträgt −27,07 Tiere/Jahr, was gleichbedeutend ist mit −2,26 Tiere/Monat.

Ableitungen von N

$N'(t) = (200 - 100t) \cdot e^{-0,5t}$

$N''(t) = (50t - 200) \cdot e^{-0,5t}$

Wendepunkt von N

$N''(t) = 0$

$(50t - 200) \cdot e^{-0,5t} = 0$

$50t - 200 = 0$

$t = 4$

$N'(4) = -27,07 \, \frac{\text{Tiere}}{\text{Jahr}} = -2,26 \, \frac{\text{Tiere}}{\text{Monat}}$

Beispiel: Wildschweinplage (Teil 2)

Ein Wildschweinbestand entwickelt sich gemäß der Bestandsfunktion $N(t) = 200 + 200t \cdot e^{-0,5t}$.
t: Zeit in Jahren; N (t): Bestand in Schweinen

a) Mit welcher Geschwindigkeit wächst der Bestand zu Beobachtungsbeginn? Wie groß ist die mittlere Zuwachsrate in den ersten beiden Jahren?
b) Welcher Maximalbestand wird erreicht?
c) Welchem Grenzbestand nähert sich die Population langfristig?

Lösung zu a:
Die momentane Änderungsrate zur Zeit $t = 0$ errechnen wir mit der Ableitungsfunktion N'. Resultat: Zu Beginn wächst die Population um ca. 17 Tiere pro Monat.

Momentane Wachstumsrate zur Zeit T = 0

$N'(t) = (200 - 100t) \cdot e^{-0,5t}$

$N'(0) = 200\,\frac{\text{Tiere}}{\text{Jahr}} \approx 16{,}67\,\frac{\text{Tiere}}{\text{Monat}}$

Die mittlere Zuwachsrate in den ersten zwei Jahren errechnen wir mit dem Differenzenquotienten. Sie beträgt 6 Tiere pro Monat.

Mittlere Wachstumsrate in 2 Jahren

$$\frac{N(2) - N(0)}{2 - 0} \approx \frac{347{,}15 - 200}{2} \approx 73{,}58\,\frac{\text{Tiere}}{\text{Jahr}}$$
$$\approx 6{,}13\,\frac{\text{Tiere}}{\text{Monat}}$$

Lösung zu b:
Mithilfe der notwendigen Bedingung für Extrema ($N'(t) = 0$) bestimmen wir die Lage des Maximums von N. Es liegt bei $t = 2$. Die Anzahl der Schweine beträgt maximal 347.

Maximaler Bestand

$N'(t) = (200 - 100t) \cdot e^{-0,5t}$

$N'(t) = 0$

$200 - 100t = 0,\ t = 2$

$N(2) = 347{,}15$ Schweine

Lösung zu c:
Wir erkennen anhand einer Tabelle, dass die Bestandsfunktion N (t) sich mit wachsendem t dem Wert 200 nähert. Dies ist der langfristige Grenzbestand.

Grenzbestand $t \to \infty$

t	0	1	10	20	$\to \infty$
N(t)	200	321,3	213,5	200,2	$\to 200$

$\lim\limits_{t \to \infty} N(t) = 200$

Übung 1

Ein Handwerker hat versehentlich aus einer Flasche mit einer giftigen Flüssigkeit getrunken. Eine erste Untersuchung ergibt eine Konzentration von 2 µg/dl im Blut. Bei einer Kontrolluntersuchung eine Stunde später sind es sogar 3 µg/dl.
Man weiß, dass es ab 6 µg/dl gefährlich wird. Außerdem ist bekannt, dass die Konzentration sich nach dem Gesetz $h(t) = (at + b) \cdot e^{-0,1t}$ entwickelt (t in Stunden, h in µg/dl).

a) Bestimmen Sie a und b.
b) Berechnen Sie die Maximalkonzentration. Kommt der Handwerker in die Gefahrenzone?
c) Wann fällt die Konzentration am stärksten ab?
d) Nach welcher Zeit ist die Ausgangskonzentration wieder erreicht? (Näherung)

Eine weitere Untersuchungsmöglichkeit besteht darin, zwei ähnliche Prozesse miteinander zu vergleichen, z. B. um herauszufinden, welcher Prozess sich günstiger verhält.

Beispiel: Labortemperatur

In einem Forschungsinstitut wird der Einfluss der Umgebungstemperatur auf das Wachstum von Pflanzen untersucht.

In Labor 1 ändert sich die Temperatur gemäß der Funktion $f(t) = 6t \cdot e^{\frac{1}{2}(2-t)}$, in Labor 2 gemäß $g(t) = 12 \cdot e^{\frac{1}{2}(2-t)}$.
(t: Zeit in Tagen; f(t), g(t): Temp. in °C)

a) Zeichnen Sie die Graphen von f und g mit dem TR/Computer für $0 \le t \le 10$.
b) Bestimmen Sie, wann die Labore die größte Temperaturdifferenz aufweisen.

Lösung zu a:
Wir zeichnen die Graphen für $0 \le t \le 10$. Man sieht, dass die Temperatur in Labor 1 von 0 °C ausgehend bis auf ein Maximum steigt, um dann zunächst schnell und später eher langsam abzusinken. In Labor 2 sinkt die Temperatur kontinuierlich und auch zunehmend langsamer ab.

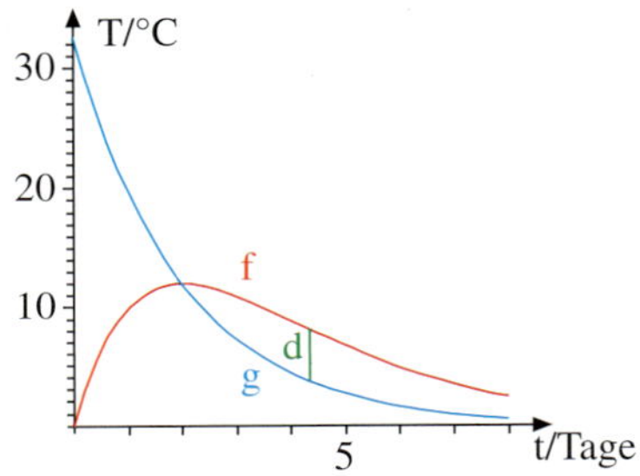

Lösung zu b:
Zu Beginn des Prozesses beträgt die Temperaturdifferenz maximal 32,16 °C zugunsten von Labor 2.
Für $t \ge 2$ ist es jedoch in Labor 1 wärmer. Die Differenz ist am größten, wenn die Differenzfunktion $d(x) = f(x) - g(x)$ ihr Maximum annimmt. Dies ist für $t = 4$ der Fall.
Die Differenz beträgt dann 4,41 °C.

Maximale Temperaturdifferenz
Differenzfunktion:
$$d(x) = f(x) - g(x)$$
$$d(x) = (6t - 12) \cdot e^{\frac{1}{2}(2-t)}$$
Lokales Maximum:
$$d'(x) = (-3t + 12) \cdot e^{\frac{1}{2}(2-t)} = 0$$
$$-3t + 12 = 0,\ t = 4$$
Differenz: $d(4) \approx 4{,}41$ °C

Übung 2 Höhenwachstum

Eine Großgärtnerei vergleicht das Höhenwachstum zweier Kaiserkronensorten während der Blütezeit. Blume 1 wächst nach dem Gesetz $h_1(t) = 10 \cdot e^{0,1t}$, Blume 2 nach dem Gesetz $h_2(t) = 50 - 40 \cdot e^{-0,1t}$ (t in Tagen, h in cm, $0 \le t \le 20$).

a) Zeichnen Sie die Graphen von h_1 und h_2.
b) Wann erreichen die Blumen 20 cm Höhe?
c) Wann wächst Blume 2 mit der Rate 1 cm/Tag?
d) Wann ist die Höhendifferenz während der ersten 10 Tage maximal?
e) Wann sind die Blumen gleich hoch?

Übungen

3. Kapitalanlage

Franz hat sein gesamtes Sparguthaben bei der Sparkasse abgehoben und in einige Hasen investiert, die nun bei ihm zuhause leben. Die Hasen vermehren sich schnell, aber es kommt auch zunehmend zu Fluchtvorgängen. Insgesamt verändert sich die Population nach der Formel $h(t) = (240 + 20t) \cdot e^{-0,05t}$ (t: Monate; h(t): Anzahl der Hasen zur Zeit t).

a) Wie viele Hasen hat Franz gekauft? Wie viele sind es nach einem Jahr?
b) Mit welcher Rate wächst die Hasenpopulation zu Beginn (in Hasen/Monat)?
c) Wann erreicht die Population ihr Maximum?
d) Zu welchem Zeitpunkt verringert sich die Population am stärksten?

4. Grippeepidemie

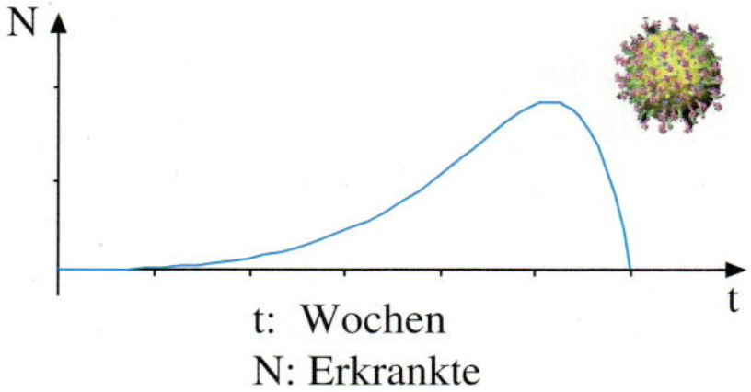

Die jährliche Grippeepidemie hat gerade begonnen. Aus den ersten eingehenden Meldungen modellieren die Epidemiologen des Robert-Koch-Instituts eine Prognosefunktion für die Entwicklung der Erkranktenzahlen: $N(t) = (6t - t^2) \cdot e^{t-6}$ $(t \geq 0)$.
Ihr Graph ist rechts grob skizziert.

a) Wie lange wird die Epidemie dauern?
b) Wann ist das Maximum erreicht? Wie groß ist die maximale Erkranktenzahl?
c) Wann nimmt die Anzahl der Erkrankten am schnellsten zu? Wie groß ist sie zu diesem Zeitpunkt? Wie groß ist zu diesem Zeitpunkt die momentane Zunahmerate?

5. Segelflug

Ein Segelflugzeug wird in 100 m Höhe ausgeklinkt. Seine vertikale Steig- bzw. Sinkgeschwindigkeit in den ersten zehn Minuten nach dem Ausklinken wird durch die Funktion $v(t) = 100 - 100t \cdot e^{-0,5(t-1)}$ beschrieben (t: Zeit in Minuten, v(t): Steiggeschwindigkeit in Meter/min).

a) Begründen Sie, dass das Flugzeug in der ersten Minute steigt, in den anschließenden 2,51 Minuten sinkt und danach wieder steigt.
b) Wann ist die Sinkgeschwindigkeit am größten? Zeichnen Sie den Graphen von v.
c) Weisen Sie nach, dass $V(t) = (2t + 4)e^{-0,5(t-1)}$ eine Stammfunktion von $v(t) = -t e^{-0,5(t-1)}$ ist.
Leiten Sie hieraus die Funktion h(t) her, welche angibt, in welcher Höhe sich das Flugzeug zum Zeitpunkt t nach dem Ausklinken befindet $(0 \leq t \leq 10)$.
Welche Höhe erreicht es vor dem Absinken? Welches ist seine geringste Höhe nach der Sinkphase? In welcher Höhe fliegt es 10 Minuten nach dem Ausklinken?

B. Rekonstruktion von Beständen

Bei manchen Prozessen kennt man die Bestandsfunktion f des Prozesses nicht unmittelbar, wohl aber deren Änderungsrate bzw. Ableitung f′.
Beispielsweise ist bei einem fahrenden Schiff der zurückgelegte Weg s nicht so leicht zu ermitteln wie dessen Änderungsrate v, die Momentangeschwindigkeit.
In solchen Fällen kann man die Bestandsfunktion f jedoch durch Integration von f′ rekonstruieren, wenn man einen Funktionswert von f kennt, den sogenannten Anfangswert.

Beispiel: Großtanker
Ein großes Öltankschiff führt eine Bremsung durch. Die Geschwindigkeit v wird dabei gemäß der Formel $v(t) = 8 \cdot e^{-0{,}005\,t} - 1$ bis zum Stillstand erniedrigt (t in s, v in m/s).
a) Wie lange dauert der Bremsvorgang?
b) Wie lautet die Weg-Zeit-Funktion des Schiffes?
c) Wie groß ist der Bremsweg?

Lösung zu a:
Das Schiff steht, wenn die Geschwindigkeit auf 0 gesunken ist. Der Ansatz v(t) = 0 führt auf die Bremszeit t = 415,89 s.
Der Bremsvorgang dauert ca. 7 Minuten.

1. Bremszeit
$v(t) = 0$
$8 \cdot e^{-0{,}005t} - 1 = 0$
$e^{-0{,}005t} = 0{,}125$
$t \approx 415{,}89$

Lösung zu b:
Durch Integration der Geschwindigkeit-Zeit-Funktion v erhalten wir die Weg-Zeit-Funktion s.
Sie lautet hier
$s(t) = -1600\,e^{-0{,}005\,t} - t + C.$
C ist zunächst unbekannt. Da aber s(0) = 0 gilt (Anfangswert), folgt C = 1600.

2. Weg-Zeit-Funktion
$s(t) = \int v(t)\,dt = \int (8 \cdot e^{-0{,}005\,t} - 1)\,dt$
$= -1600\,e^{-0{,}005\,t} - t + C$
$s(0) = 0 \Rightarrow -1600 + C = 0 \Rightarrow C = 1600$
$s(t) = -1600\,e^{-0{,}005\,t} - t + 1600$

Lösung zu c:
Die Länge des Bremsweges des Schiffes beträgt s(415,89) = 984,11, d.h. ca. 1 km.

3. Bremsweg
$s(415{,}89) \approx 984{,}11\text{ m} \approx 1\text{ km}$

Übung 6 Schnellstart
Ein Sportwagen erhöht seine Geschwindigkeit bei einem Test aus dem Stand nach der Formel $v(t) = 20t \cdot e^{-0{,}1\,t}$ ($0 \le t \le 30$, t in s, v in m/s).
a) Wie groß ist seine Maximalgeschwindigkeit?
b) Zeigen Sie: Die Weg-Zeit-Funktion lautet: $s(t) = (-200t - 2000) \cdot e^{-0{,}1t} + 2000$.
c) Welche Strecke legt das Auto in den ersten 30 Sekunden zurück?

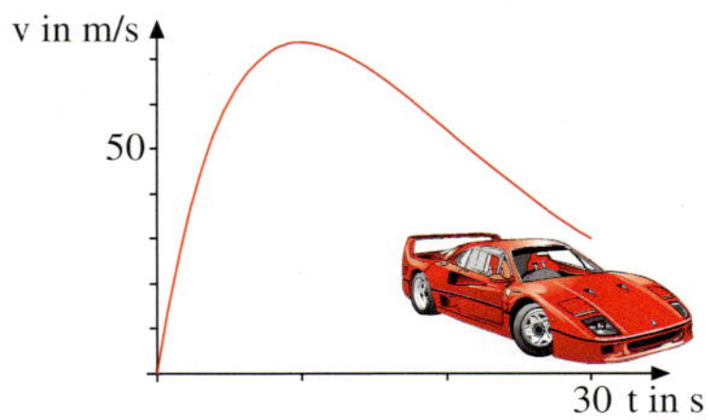

Beispiel: Rekonstruktion der Bestandsfunktion aus deren Änderungsrate

Ein Sammelbehälter für Regenwasser enthält $20\,m^3$ Wasser. Während eines siebenstündigen Unwetters wird die Zuflussrate durch die Formel $z(t) = 4 - \frac{t}{2} - 4 \cdot e^{-t}$ beschrieben, wobei t die Zeit in Stunden seit Beginn des Unwetters ist und z(t) die Zuflussrate in m^3/h.

a) Wie lautet die Bestandsfunktion V(t) für das Wasservolumen?

b) Wie viel Wasser läuft insgesamt in den sieben Stunden in den Behälter ein?

Lösung zu a:
Die Zuflussrate z(t) ist die Änderungsrate des Volumens V(t). Es gilt also $V'(t) = z(t)$. Daher kann V(t) durch Integration von z(t) gewonnen werden.

Wir erhalten durch unbestimmte Integration $V(t) = 4t - \frac{t^2}{4} + 4 \cdot e^{-t} + C$.
C ist die Integrationskonstante. Aus der Anfangsbedingung $V(0) = 20$ folgt $C = 16$. Daher gilt $V(t) = 4t - \frac{t^2}{4} + 4 \cdot e^{-t} + 16$.

Bestandsfunktion

$$V(t) = \int z(t)\,dt = \int \left(4 - \frac{t}{2} - 4 \cdot e^{-t}\right) dt = 4t - \frac{t^2}{4} + 4 \cdot e^{-t} + C$$

$$V(0) = 20 \Rightarrow 4 + C = 20 \Rightarrow C = 16$$

$$V(t) = 4t - \frac{t^2}{4} + 4 \cdot e^{-t} + 16$$

Lösung zu b:
Die zugelaufene Wassermenge ergibt sich als Differenz aus Endbestand und Anfangsbestand. Das sind ca. $11{,}75\,m^3$.

Zugelaufene Wassermenge

$$\Delta V = V(7) - V(0) \approx 31{,}75 - 20 = 11{,}75$$

Übung 7 Ein Umweltproblem

Am Ufer eines Flusses wird eine giftige Lauge ausgelassen. Sie sickert mit abnehmender Geschwindigkeit über den Boden in den Fluss. Die Sickerrate wird beschrieben durch die Funktion $s(t) = 3 \cdot e^{-0{,}5t}$ $(0 \le t \le 12$, t in Stunden, s in Gramm pro Stunde).

a) Wie lautet die Funktion G(t), welche die Menge der Giftlauge in Gramm beschreibt, die zur Zeit t in den Fluss geflossen ist?
b) Wie viel Gift fließt in der ersten Stunde in den Fluss? Wie viel Gift ist es in der zweiten Stunde?
c) Wie groß ist die gesamte Giftmenge in den ersten 12 Stunden?
d) Entwickeln Sie einen Ansatz, um die mittlere Sickerrate in den ersten 5 Stunden angenähert zu berechnen.

Übungen

8. Ölförderung

Ein Erdölproduzent besitzt eine Ölquelle, die langsam versiegt. Die Fördergeschwindigkeit lässt sich durch die Funktion $m'(t) = 1 + 10 \cdot e^{-0{,}01\,t}$ beschreiben (t: Tage, $m'(t)$: Tonnen/Tag). Gesucht ist die Funktion m(t), welche die Ölmenge beschreibt, die bis zum Zeitpunkt t gefördert wird, beginnend zur Zeit $t = 0$.

a) Bestimmen Sie m(t) als Stammfunktion von $m'(t)$ mit $m(0) = 0$.

b) Die Ölquelle wird stillgelegt, wenn die Fördergeschwindigkeit auf 3 Tonnen/Tag absinkt. Wann ist dies der Fall? Wie viel Öl wird bis zu diesem Zeitpunkt gefördert?

9. Keine Geldsorgen

In Dagoberts Geldspeicher (30 m hoch) liegen die Taler 20 m hoch. Die Zuwachsrate der Höhenfunktion h beträgt $h'(t) = e^{-0{,}05\,t}$ (t: Tage, $h'(t)$: m/Tag):

a) Wie lautet die Gleichung der Höhenfunktion?

b) Wann läuft Dagoberts Geldspeicher über?

10. Gletscherlänge

Ein Gletscher, der zur Zeit 30 km lang ist, verkürzt sich mit der Zeit. Die Änderungsrate seiner Länge L ist $L'(t) = -0{,}4 \cdot e^{-0{,}02\,t}$.

(t: Jahre, $L'(t)$: km/Jahr)

a) Wie lautet die Funktion L(t), welche die Länge des Gletschers beschreibt?

b) Wann ist der Gletscher nur noch 15 km lang?

11. Kernbrennstab

Mit einem Messinstrument wird die Zerfallsrate z(t) eines Kernbrennstoffes gemessen. Die Messwerte sind in der Tabelle protokolliert. (t in Stunden, z(t) in mg pro Stunde)

t	0	1	2	3	4
z(t)	20,00	18,09	16,37	14,82	13,41

a) Stellen Sie eine Funktion auf, welche die Zerfallsrate beschreibt. Verwenden Sie den Ansatz $z(t) = c \cdot e^{-kt}$.

b) Wann hat sich die Zerfallsrate halbiert?

c) Zu Beginn sind es 1 000 mg. Bestimmen Sie die Bestandsfunktion M(t) für die Masse der seit Beobachtungsbeginn zerfallenen Substanz.

d) Wie viel Masse ist nach 24 Stunden insgesamt zerfallen?

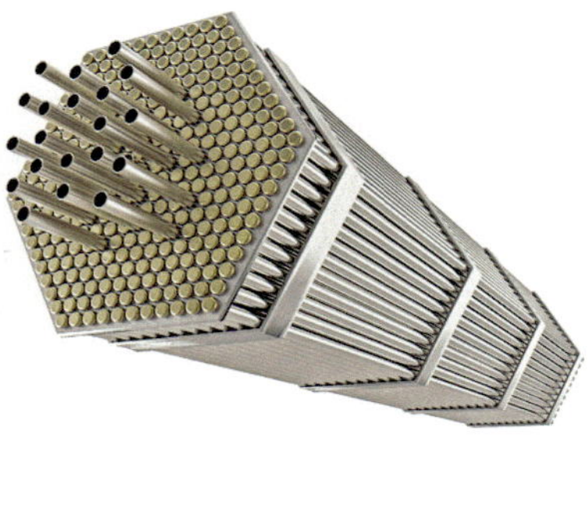

12. Elefantenbestand

In einem großen afrikanischen Nationalpark wird der Elefantenbestand kontrolliert und geschützt. Dadurch wächst die Population, die zum Zeitpunkt $t = 0$ bei 2500 Elefanten liegt, mit einer Wachstumsrate, welche durch die Funktion $f(t) = 0{,}5t \cdot e^{-0{,}25t}$ beschrieben wird.
($t \geq 0$: Zeit in Jahren, $f(t)$: Zuwachsrate in Tausend/Jahr)

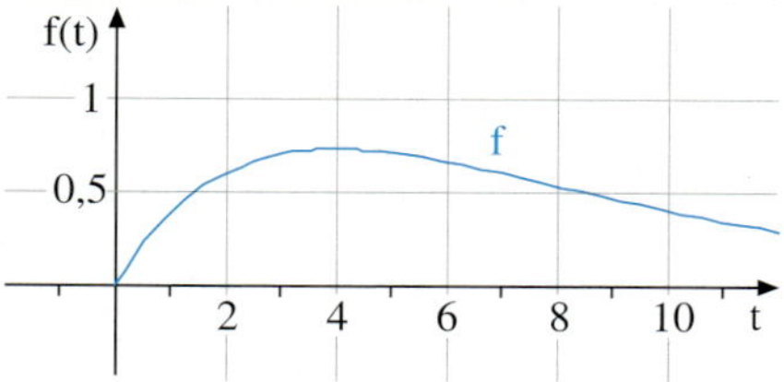

a) Ermitteln Sie den Funktionswert von f an der Stelle $t = 10$. Erläutern Sie das Ergebnis.
b) Beschreiben Sie anhand des rechts dargestellten Graphen von f, wie sich die Elefantenpopulation entwickelt.
c) Wann wächst die Elefantenpopulation am stärksten?
d) Weisen Sie nach, dass die Funktion $F(t) = -2e^{-0{,}25t}(t + 4)$ eine Stammfunktion von f ist.
e) Welche Funktion G(t) beschreibt den Bestand der Elefantenpopulation zum Zeitpunkt t?
f) Welche Maximalpopulation kann erreicht werden?

13. Fernsehshow

In einer Fernsehshow werden die Zuschauer dazu animiert, eine eingeblendete Telefonnummer anzurufen. Unter allen Anrufern wird ein Luxuswagen verlost.
Die Anrufrate der Zuschauer wird modellhaft durch $f(t) = 500t \cdot e^{-0{,}1t}$ beschrieben. ($t \geq 0$: Minuten, $f(t)$: Anrufe/min)
Der Graph von f ist rechts dargestellt.

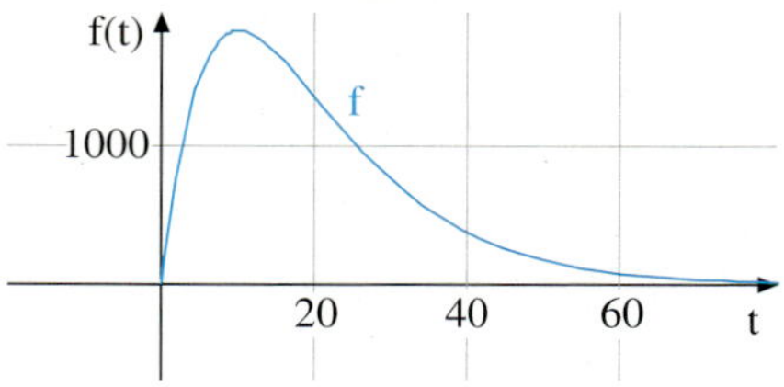

a) Bestimmen und interpretieren Sie f(5).
b) Ermitteln Sie die maximale Anrufrate.
c) Um die nach einiger Zeit fallende Anrufrate wieder zu steigern, wird erwogen, die Zuschauer erneut zum Anrufen aufzufordern, wenn die Anrufrate auf die Hälfte ihres Maximalwertes gefallen ist. Ermitteln Sie näherungsweise, wann das der Fall ist.
d) Alternativ wird erwogen, die Zuschauer erneut zum Anrufen aufzufordern, wenn die Anrufrate am stärksten fällt. Ermitteln Sie den geeigneten Zeitpunkt.
e) Weisen Sie nach, dass $F(t) = -5000 \cdot e^{-0{,}1t}(t + 10)$ eine Stammfunktion von f ist. Ermitteln Sie die Gesamtzahl der eingehenden Anrufe in der ersten *Stunde* nach der Aufforderung zum Anrufen.

Die Radiokarbonmethode zur radioaktiven Altersbestimmung

Der amerikanische Chemiker Willard Frank Libby (1908–1980) entwickelte 1947 die sogenannte C-14-Methode zur radioaktiven Altersbestimmung prähistorischer organischer Überreste. Hierfür erhielt er 1960 den Nobelpreis für Chemie. Mit der C-14-Methode sind archäologische, anthropologische und geologische Datierungen möglich, die bis zu ca. 50000 Jahre in die Vergangenheit zurückreichen.

Im Kohlendioxid der Luft und in den Körpern von Organismen kommt Kohlenstoff als *Isotopengemisch* vor. Das Gemisch besteht zu ca. 98,89 % aus dem stabilen Isotop $^{12}_{6}C$, zu 1,11 % aus dem stabilen Isotop $^{13}_{6}C$ und zu ca. $3 \cdot 10^{-11}$ % aus dem radioaktiven Isotop $^{14}_{6}C$ (Radiokarbon).

Das ^{14}C entsteht in den oberen Schichten der Atmosphäre ständig neu. Durch Neutronenbeschuss aus der kosmischen Strahlung wird Luftstickstoff ^{14}N in ^{14}C umgewandelt:

$^{14}_{7}N + ^{1}_{0}n \rightarrow ^{14}_{6}C + ^{1}_{1}p$.

Das so entstandene ^{14}C verbindet sich mit dem Luftsauerstoff O_2 zu Kohlenstoffdioxid CO_2, welches sich sodann in der Atmosphäre verteilt, in der sich im Laufe der Zeiten durch Neubildung und Zerfall ein stabiles Gleichgewicht der Isotope im oben angegebenen Mischungsverhältnis herausbildet.

Das Kohlendioxid kommt schließlich über die Atmung in die Körper von Pflanzen und über die Nahrung und das Wasser auch in die Körper von Tieren und Menschen.

In den Organismen kommt Kohlenstoff daher im exakt gleichen Isotopenmischungsverhältnis vor wie in der Atmosphäre bzw. im Meer.

Allerdings gilt dies nur, solange der Organismus lebt. Nach dem Tode des Organismus wird das radioaktiv zerfallende ^{14}C nicht mehr von außen ersetzt, sodass sein Anteil im Laufe der Zeit im Vergleich zu den Anteilen der stabilen Isotope ^{12}C und ^{13}C schrumpft.

Da die Zerfallsrate des ^{14}C bekannt ist (Halbwertszeit 5730 Jahre), ist es möglich, das Alter eines fossilen Organismus aus dem ^{14}C-Anteil, der in seinen Überresten feststellbar ist, zu errechnen.

Diese Art der Altersbestimmung wird als ***Radiokarbonmethode*** oder als ***C-14-Uhr*** bezeichnet.

Die fehlerfreie Verwendung der Radiokarbonmethode zur Altersbestimmung in der Archäologie und der Paläontologie setzt allerdings voraus, dass sowohl die kosmische Höhenstrahlung als auch der Stickstoffgehalt der hohen atmosphärischen Schichten über extrem lange Zeiträume nahezu gleich geblieben sind. Schwankungen* können die Zuverlässigkeit beeinträchtigen. Da ^{14}C ohnehin recht schnell zerfällt, wächst die Unsicherheit der Methode mit dem Alter der untersuchten Probe.

Beispiel: Das radioaktive Isotop ^{14}C des Kohlenstoffs zerfällt unter β-Strahlung mit einer Halbwertszeit von ca. 5730 Jahren. Stellen Sie das exponentielle Zerfallsgesetz auf.

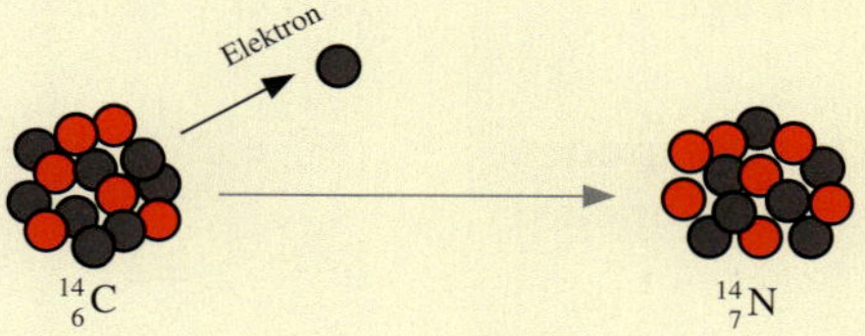

Lösung:
Mit der Formel für die Halbwertszeit bestimmen wir die Zerfallskonstante k. Es ergibt sich $k \approx 0{,}00012$.

Der Ansatz $N(t) = N_0 \cdot e^{-kt}$ liefert dann das nebenstehende Zerfallsgesetz.

$$k = \frac{\ln 2}{T_{1/2}} \approx \frac{0{,}6931}{5730} \approx 0{,}00012.$$

$$N(t) = N_0 \cdot e^{-0{,}00012\,t} \text{ (t in Jahren)}$$

Beispiel: Im Moor wird beim Abstich von Torf ein Tierskelett gefunden. Die Überprüfung des Kohlenstoffgehalts ergibt, dass der Anteil des radioaktiven Isotops ^{14}C am Gesamtkohlenstoff im Laufe der Zeit auf $0{,}2 \cdot 10^{-11}\,\%$ abgesunken ist. Wie alt ist das Fundstück?

Lösung:
Der ^{14}C-Gehalt ist von $3 \cdot 10^{-11}\,\%$ auf $0{,}2 \cdot 10^{-11}\,\%$ gesunken, also auf $\frac{1}{15}$ des Ausgangswertes.
Die Berechnung von $T_{1/15}$ ergibt ein Alter von etwa 22 600 Jahren.

$$T_{1/15} = \frac{\ln 15}{k} \approx \frac{2{,}7081}{0{,}00012} \approx 22\,567 \text{ Jahre}$$

Übung

Ein Kunsthändler preist das Bild eines alten Meisters an, der vor 600 Jahren gewirkt hat. Ein Kunde möchte die Echtheit des Gemäldes mit der Radiokarbonmethode prüfen lassen. Welcher prozentuale ^{14}C-Anteil am Gesamtkohlenstoff müsste sich bei der Untersuchung des in der Leinwand enthaltenen Kohlenstoffes ergeben, wenn das Bild keine Fälschung ist?

* Fehlerquellen bei der Radiokarbonmethode: **1.** Schwankungen des Radiokarbonspiegels in früheren Jahrhunderten. Diese sind anhand von Baumringen feststellbar und eichbar. **2.** Seit 1952 ist durch atmosphärische Atomtests der ^{14}C-Gehalt angestiegen. Der Vorgang ist ebenfalls bekannt und eichbar. **3.** Wird ein Skelett von Flüssigkeit durchsickert, so setzt sich Kalziumkarbonat fest, das den schon abgesunkenen ^{14}C-Gehalt wieder erhöht. Solche Prozesse und labortechnische Verunreinigungen stellen das größte Problem dar.

Überblick

1. Ableitungs- und Integrationsregeln trigonometrischer und exponentieller Funktionen

Sinusregel $(\sin x)' = \cos x$ $\int \sin x\,dx = -\cos x + C$

Kosinusregel $(\cos x)' = -\sin x$ $\int \cos x\,dx = \sin x + C$

Regeln für exponentielle Funktionen $(e^x)' = e^x$ $\int e^x\,dx = e^x + C$

$(e^{ax+b})' = a\,e^{ax+b}$ $\int e^{ax+b}\,dx = \frac{1}{a} \cdot e^{ax+b} + C$

2. Bedingungen für lokale Extrema und Wendepunkte

Notwendige Bedingung für lokale Extrema
f sei an der Stelle x_E differenzierbar. Dann gilt:
Ist x_E lokale Extremstelle von f, so gilt $f'(x_E) = 0$.

Hinreichendes Kriterium für lokale Extrema: f''- Kriterium
f sei in einer Umgebung von x_E zweimal differenzierbar. Dann gilt:
Ist $f'(x_E) = 0$ und $f''(x_E) \neq 0$, so hat f bei x_E eine lokale Extremstelle.

Genauer: $f'(x_E) = 0$ und $f''(x_E) < 0 \Rightarrow$ lokales Maximum bei x_E
$f'(x_E) = 0$ und $f''(x_E) > 0 \Rightarrow$ lokales Minimum bei x_E

Hinreichendes Kriterium für lokale Extrema: Vorzeichenwechselkriterium
f sei in einer Umgebung von x_E differenzierbar und $f'(x_E) = 0$.
Wechselt f' bei x_E das Vorzeichen, so ist x_E lokale Extremstelle.

Genauer: f' wechselt von + nach – $\Rightarrow$ lokales Maximum bei x_E
f' wechselt von – nach + $\Rightarrow$ lokales Minimum bei x_E

Notwendige Bedingung für Wendepunkte
f sei an der Stelle x_W zweimal differenzierbar. Dann gilt:
Wenn x_W eine Wendestelle von f ist, so gilt $f''(x_W) = 0$.

Hinreichendes Kriterium für Wendepunkte: f'''-Kriterium
f sei in einer Umgebung von x_W dreimal differenzierbar. Dann gilt:
Ist $f''(x_W) = 0$ und $f'''(x_W) \neq 0$, so hat f bei x_W eine Wendestelle.

Genauer: $f''(x_W) = 0$ und $f'''(x_W) < 0 \Rightarrow$ Links-Rechts-WP
$f''(x_W) = 0$ und $f'''(x_W) > 0 \Rightarrow$ Rechts-Links-WP

Hinreichendes Kriterium für Wendepunkte: Vorzeichenwechselkriterium
f sei in einer Umgebung von x_E zweimal differenzierbar und es sei $f''(x_W) = 0$.
Wechselt f'' bei x_W das Vorzeichen, so ist x_W eine Wendestelle.

Genauer: f'' wechselt von + nach – $\Rightarrow$ Links-Rechts-WP
f'' wechselt von – nach + $\Rightarrow$ Rechts-Links-WP

3. Stammfunktionen ermitteln

Stammfunktionsnachweis

Ist eine Stammfunktion F von f bekannt oder vorgegeben, so erfolgt der Stammfunktionsnachweis durch Differenzieren, d. h. es wird gezeigt, dass die Ableitung von F gleich f ist ($F' = f$).

Stammfunktion einer exponentiellen Funktion durch Formansatz ermitteln

Die Funktion f sei das Produkt einer ganzrationalen Funktion 1. oder 2. Grades und einer Exponentialfunktion. Dann kann eine Stammfunktion F von f mit dem folgenden Ansatz ermittelt werden.

Funktionsgleichung	**Formansatz für die Stammfunktion**
$f(x) = (ax + b) \cdot e^{kx}$	$F(x) = (Ax + B) \cdot e^{kx}$
$f(x) = (ax^2 + bx + c) \cdot e^{kx}$	$F(x) = (Ax^2 + Bx + C) \cdot e^{kx}$

Der Formansatz für F wird differenziert und das Ergebnis mit der Funktion f verglichen (Koeffizientenvergleich).

Die Koeffizienten der Potenzen in den Funktionstermen von F′ und f müssen übereinstimmen.
Diese Forderung führt auf ein lineares Gleichungssystem für die Koeffizienten A, B bzw. A, B, C des Formansatzes.
Die Lösung des linearen Gleichungssystems liefert die passenden Werte für A, B bzw. A, B und C.

4. Exponentielle Wachstumsprozesse

Unbegrenztes Wachstum

Unbegrenztes Wachstum wird durch eine Funktion der Form
$N(t) = a \cdot e^{kt}$ $(a, k > 0)$ beschrieben.
a: Anfangsbestand zur Zeit $t = 0$; $a = N(0)$

Unbegrenzter Zerfall

Unbegrenzter Zerfall wird durch eine Funktion der Form
$N(t) = a \cdot e^{-kt}$ $(a, k > 0)$ beschrieben.
a: Anfangsbestand zur Zeit $t = 0$; $a = N(0)$

Begrenztes Wachstum

Begrenztes Wachstum wird durch eine Funktion der Form
$N(t) = a + b \cdot e^{-kt}$ $(k > 0, b < 0)$ beschrieben.
$a + b$: Anfangsbestand
a: Sättigungsgrenze

Test

1. Ganzrationale Funktion
Untersuchen Sie die ganzrationale Funktion $f(x) = \frac{1}{2}x^3 - \frac{3}{2}x^2$ auf Nullstellen, Extrema und Wendepunkte. Skizzieren Sie den Graphen von f für $-1 \le x \le 4$. Berechnen Sie den Inhalt der Fläche A, die im 4. Quadranten vom Graphen von f und der x-Achse umschlossen wird.

2. Trigonometrische Funktionen
Gegeben sind $f(x) = 5 \cdot \cos\left(\frac{\pi}{4}x\right)$ und $g(x) = x(x-2)$.
a) Wie lautet die Gleichung der Tangente an den Graphen von f an der Stelle $x = 2$?
b) Die Graphen von f und g und die y-Achse begrenzen im ersten und vierten Quadranten die Fläche A. Berechnen Sie deren Inhalt.

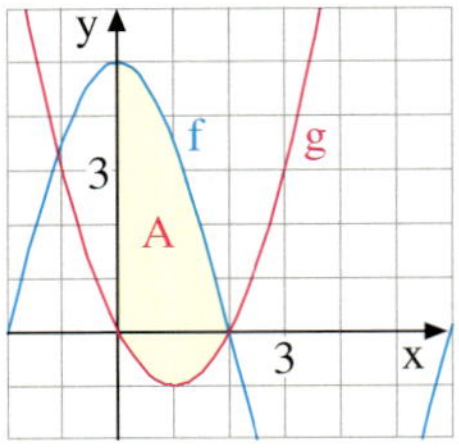

3. Exponentialfunktionen
a) Berechnen Sie das Extremum und den Wendepunkt der Funktion $f(x) = x \cdot e^{2-x}$.
b) Wie lauten die Gleichungen der Wendetangente t und der Wendenormale n?
c) Berechnen Sie mit Hilfe des Formansatzes $F(x) = (ax + b) \cdot e^{2-x}$ eine Stammfunktion von f.
d) Wie groß ist der Inhalt der Fläche A, die vom Graphen von f und der x-Achse über dem Intervall [0; 4] eingeschlossen wird?

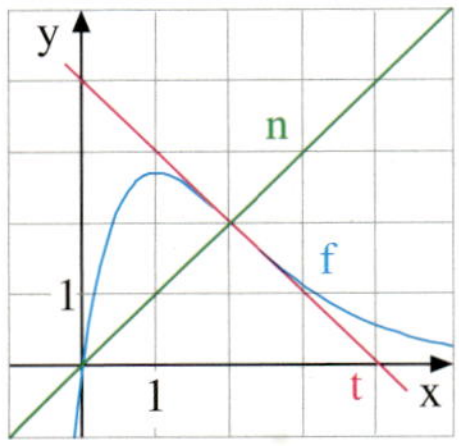

4. Extremalproblem
Ein Punkt $P(u|f(u))$ $(u > 0)$ bewegt sich auf dem Graphen der Funktion $f(x) = 3 \cdot e^{-\frac{x}{3}}$. Wie muss u gewählt werden, damit der Inhalt des eingezeichneten achsenparallelen Rechtecks maximal wird?

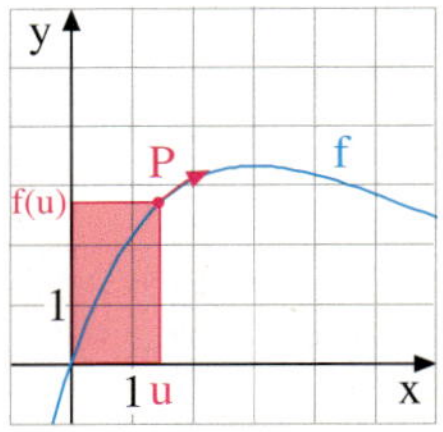

5. Bestandsrekonstruktion
In einem Revier wird die Änderungsrate des Wolfsbestands durch $N'(t) = (20 - 20t) \cdot e^{-t}$ beschrieben (t: Zeit in Jahren, N(t): Bestand an Wölfen). Zu Beginn des Beobachtungszeitraumes betrug der Bestand 40 Wölfe.
a) Bestimmen Sie die Bestandsfunktion $N(t) = a + (bx + c) \cdot e^{-t}$.
b) Welchen Maximalbestand erreicht die Wolfspopulation?

Lösungen: S. 226

IV. Funktionenscharen

1. Ganzrationale Funktionenscharen

A. Funktionenscharen zweiten Grades

1. Diskussion einer Kurvenschar: Die Funktionsgleichung $f_a(x) = x^2 - ax$ $(a \in \mathbb{R})$ beschreibt nicht eine einzelne Funktion, sondern gleich eine ganze ***Kurvenschar***, denn für jeden Wert von a erhält man eine andere Funktion. a heißt ***Scharparameter*** der Kurvenschar f_a.

Beispiel: Parabelschar

Führen Sie eine Kurvenuntersuchung der Kurvenschar $f_a(x) = x^2 - ax$ $(a \in \mathbb{R})$ durch.
Berechnen Sie die Lage der Nullstellen und Extrema von f_a in Abhängigkeit vom Parameter a.
Skizzieren Sie den Graphen der speziellen Scharfunktionen f_1, f_3 und $f_{-1,5}$.
Beschreiben Sie, wie der Parameter a die Lage des Scheitelpunktes der Parabel beeinflusst.

Lösung:

Ableitungen:

$f_a(x) = x^2 - a\,x$
$f'_a(x) = 2\,x - a$
$f''_a(x) = 2$

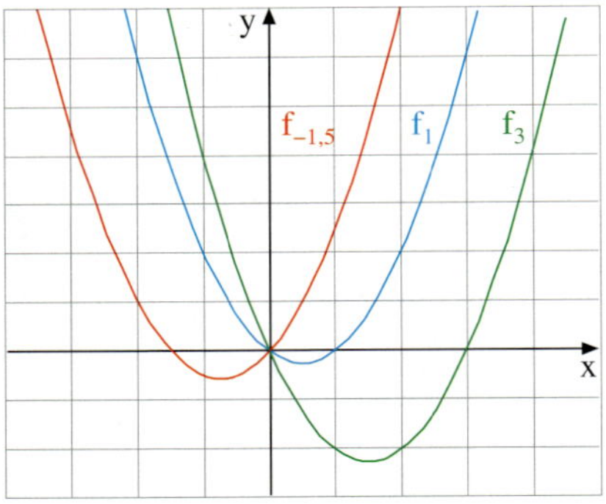

Nullstellen:

$f_a(x) = x^2 - a\,x = x(x-a) = 0$
$\Rightarrow x = 0$ und $x = a$

Extrema:

$f'_a(x) = 2\,x - a = 0 \Rightarrow x = \frac{a}{2}$
$f''_a\left(\frac{a}{2}\right) = 2 > 0 \Rightarrow$ Minimum
Tiefpunkt: $T\left(\frac{a}{2}\middle| -\frac{a^2}{4}\right)$

Einfluss des Parameters auf die Lage des Scheitelpunktes:

Der Scheitelpunkt der Parabel ist ihr Tiefpunkt. Dessen Lage ist vom Parameter a abhängig:
$a < 0$: Je kleiner a wird, desto weiter bewegt sich der Scheitelpunkt nach links unten,
$a > 0$: Je größer a wird, desto weiter bewegt sich der Scheitelpunkt nach rechts unten.

Häufig steht man vor der Aufgabe, aus einer Kurvenschar diejenige Kurve auszusortieren, die eine bestimmte, vorgegebene Eigenschaft hat.

Beispiel: Parameter gesucht

a) Welche Kurve der Schar $f_a(x) = x^2 - a\,x$ hat an der Stelle $x = 3$ die Steigung 1?
b) Gibt es eine Kurve der Schar f_a, die genau eine Nullstelle besitzt?

Lösung zu a):
Eine Kurve der Schar f_a hat an der Stelle $x = 3$ die Steigung 1, wenn $f'_a(3) = 1$ gilt.
Daraus folgt:
$f'_a(3) = 6 - a = 1 \Rightarrow a = 5$.
$f_5(x) = x^2 - 5\,x$ ist die gesuchte Funktion.

Lösung zu b):
Im obigen Beispiel wurde bereits gezeigt, dass die Nullstellen bei $x = 0$ und $x = a$ liegen. Für $a = 0$ gibt es also nur genau eine Nullstelle. Folglich besitzt die Funktion $f_0(x) = x^2$ genau eine Nullstelle.

2. Zusatzprobleme: Wir untersuchen nun ***Zusatzprobleme*** zum vorigen Beispiel, die bei der Untersuchung von Scharen eine Rolle spielen, z. B. Tangenten, Normalen, Integrationsprobleme.

Beispiel: Tangentengleichung

Die Funktion $f_a(x) = x^2 - ax$ $(a \in \mathbb{R}, a \neq 0)$ hat eine Nullstelle bei $x = a$. Bestimmen Sie die Gleichung der Tangente von f_a in dieser Nullstelle in Abhängigkeit vom Parameter a.

Lösung:

Wir verwenden für die Tangente bei $x = a$ den Ansatz $t_a(x) = mx + n$.

Wegen $f_a'(x) = 2x - a$ gilt $m = f_a'(a) = a$. Daraus folgt $t_a(x) = ax + n$ als revidierter Ansatz.

Aus $t_a(a) = f_a(a) = 0$ folgt nun $a^2 + n = 0$, d. h. $n = -a^2$.

Einsetzen in den revidierten Ansatz liefert das Endresultat: $t_a(x) = ax - a^2$.

Ansatz für die Tangente

$t_a(x) = mx + n$

Berechnung der Steigung m

$f_a'(x) = 2x - a$

$m = f_a'(a) = a \Rightarrow t_a(x) = ax + n$

Berechnung des Achsenabschnitts n

$t_a(a) = f_a(a) = 0 \Rightarrow a^2 + n = 0 \Rightarrow n = -a^2$

Resultat: $t_a(x) = ax - a^2$

Beispiel: Normale

Die Funktion $f_a(x) = x^2 - ax$ $(a \in \mathbb{R}, a \neq 0)$ geht durch den Punkt $P_a(a|0)$.
Bestimmen Sie die Gleichung der Kurvennormalen von f_a im Punkt P_a in Abhängigkeit von a.
Zeigen Sie, dass die Normale unabhängig von a stets durch den Punkt $Q(0|1)$ geht.
Veranschaulichen Sie die Ergebnisse in einer Graphik.

Lösung zu:

Wir verwenden für die Normale bei $x = a$ ebenfalls den Ansatz $n_a(x) = mx + n$.

Die Steigung der Normalen n_a bei $x = a$ ist gleich dem negativen Kehrwert der Kurvensteigung, d. h. $m = -\frac{1}{a}$.

Daher gilt $n_a(x) = -\frac{1}{a}x + n$.

Da n_a durch den Punkt $P_a(a|0)$ gehen soll, muss $n = 1$ gelten.

Resultat: $n_a(x) = -\frac{1}{a}x + 1$

Setzen wir die Koordinaten des Punktes $Q(0|1)$ in die Gleichung von n_a ein, so ergibt sich $n_a(0) = -\frac{1}{a} \cdot 0 + 1 = 1$.

n_a geht also unabängig von a durch den Punkt $Q(0|1)$. Die Graphik verdeutlicht dies.

Normalengleichung

Ansatz: $n_a(x) = mx + n$

$m = -\frac{1}{f_a'(a)} = -\frac{1}{a} \Rightarrow n_a(x) = -\frac{1}{a}x + n$

$n_a(a) = f_a(a) = 0 \Rightarrow -1 + n = 0 \Rightarrow n = 1$

Resultat: $n_a(x) = -\frac{1}{a}x + 1$

Graphische Veranschaulichung

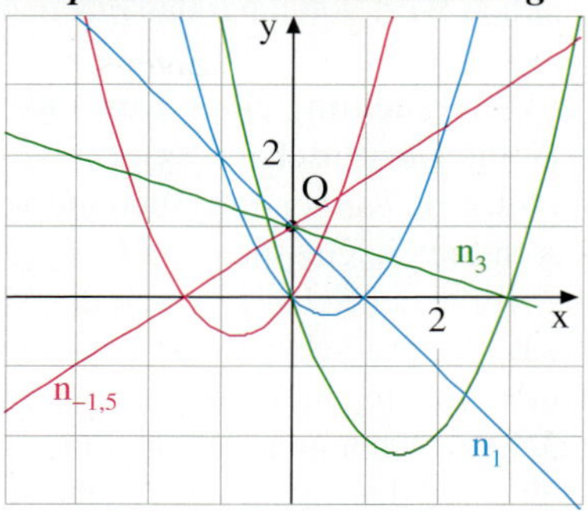

Beispiel: Flächeninhalt

Berechnen Sie den Inhalt des Flächenstücks A_a, welches vom Graphen von $f_a(x) = x^2 - a\,x$ und der x-Achse begrenzt wird ($a > 0$).
Ermitteln Sie, für welchen Wert von a das Flächenstück A_a den Inhalt 4,5 hat.

Lösung:
Das Flächenstück A_a liegt unterhalb der x-Achse. Es wird durch die beiden Nullstellen $x = 0$ und $x = a$ nach links und rechts begrenzt. Die Nullstellen von f_a sind also gleichzeitig die Integrationsgrenzen.

Veranschaulichung

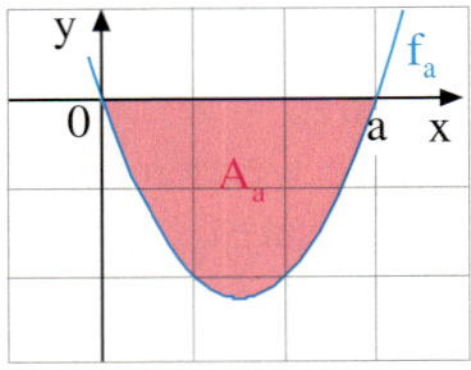

Die Integration von f_a in den Grenzen von 0 bis a ist relativ leicht.
Die Integration liefert als Resultat den von a abhängigen Flächeninhalt $A_a = \frac{1}{6}a^3$.

Inhalt des Flächenstücks A_a

$$\int_0^a (x^2 - a\,x)\,dx = \left[\tfrac{1}{3}x^3 - \tfrac{1}{2}a\,x^2\right]_0^a$$
$$= \left(-\tfrac{1}{6}a^3\right) - (0) = -\tfrac{1}{6}a^3$$
$$\Rightarrow A_a = \tfrac{1}{6}a^3$$

Der Inhalt 4,5 liegt vor, wenn $A_a = 4{,}5$ gilt. Dies führt nach der rechts ausgeführten Rechnung auf $a = 3$.

Fläche mit dem Inhalt 4,5

Ansatz: $A_a = \frac{1}{6}a^3 = 4{,}5$
$a^3 = 27$
$a = 3$

Übung 1 Untersuchung einer Kurvenschar

Gegeben ist die Kurvenschar $f_a(x) = x^2 - (a + 1) \cdot x + a$ ($a \in \mathbb{R}$, $a \geq 1$).
a) Untersuchen Sie f_a auf Nullstellen und Extremstellen.
b) Skizzieren Sie die Graphen von f_1, f_2 und f_3 für $-1 \leq x \leq 4$.
c) Welche Kurve der Schar f_a hat an der Stelle $x = 2$ ein lokales Extremum?
d) Welche Kurve der Schar f_a hat genau eine Nullstelle?
e) Berechnen Sie eine Stammfunktion von f_a.
f) Wie groß ist der Inhalt des Flächenstücks A_a, welches im 1. Quadranten vom Graph von f_a und den beiden Koordinatenachsen eingeschlossen wird?
g) Für welchen Wert von a hat das Flächenstück A_a aus Teil f) den Inhalt $\frac{4}{3}$?

Übung 2 Untersuchung einer Kurvenschar

Gegeben ist die Kurvenschar $f_a(x) = x^2 - a\,x - \frac{3}{4}a^2$ ($a \in \mathbb{R}$, $a \geq 0$).
a) Führen Sie eine Kurvenuntersuchung von f_a durch (Nullstellen, Extrema).
b) Skizzieren Sie die Graphen von f_0, f_1 und $f_{1,5}$ für $-2 \leq x \leq 3$.
c) Welche Kurve der Schar f_a hat an der Stelle $x = 2$ ein lokales Extremum?
d) Welche Kurve der Schar f_a hat genau eine Nullstelle?
e) Wie lautet die Gleichung der Tangente t_a in der Nullstelle bei $x = \frac{3}{2}a$?
Für welches a schneidet die Tangente t_a die y-Achse bei -3?
g) Berechnen Sie den Inhalt der Fläche A, die von $f_{1,5}$ und den Koordinatenachsen im 4. Quadranten eingeschlossen wird.

3. Ortskurven: Oft liegen alle Extrema oder alle Wendepunkte einer Schar auf einer festen Kurve, die man dann als ***Ortskurve*** der Extrema bzw. der Wendepunkte bezeichnet. Ortskurven können den Aufbau einer Kurvenschar stark verdeutlichen.
Hier bestimmen wir allerdings keine Ortskurven, sondern führen bei vorgegebener Ortskurve nur den Nachweis, dass es sich tatsächlich um eine Ortskurve handelt.

Beispiel: Nachweis einer Ortskurve
Gegeben ist die Kurvenschar $f_a(x) = -\frac{1}{4}x^2 + ax$, $a > 0$.
a) Untersuchen Sie f_a auf Nullstellen und Extrema und zeichnen Sie den Graphen von f_a für die Parameterwerte $a = 1$, $a = 2$ und $a = 3$.
b) Zeigen Sie, dass alle Extrema der Schar auf dem Graphen der Kurve $y(x) = \frac{1}{4}x^2$ liegen. Skizzieren Sie die Graphen von f_1, f_2 und f_3 und die Kurve y.

Lösung:

1. Nullstellen

$f_a(x) = -\frac{1}{4}x^2 + ax = 0$

$x \cdot \left(-\frac{1}{4}x\right) + a = 0$

$x = 0 \quad \text{oder} \quad x = 4a$

2. Extrema

$f_a'(x) = -\frac{1}{2}x + a = 0$

$x = 2a,\ y = f_a(2a) = a^2$

$f_a''(2a) = -\frac{1}{2} < 0 \Rightarrow$ Hochpunkt $H(2a|a^2)$

3. Ortskurvennachweis

Zum Nachweis, dass $y(x) = \frac{1}{4}x^2$ tatsächlich die ***Ortskurve der Hochpunkte*** ist, setzen wir den x-Wert des Hochpunktes in die Gleichung von y ein.
Da sich als Ergebnis genau der y-Wert des Hochpunktes ergibt, ist der Nachweis erbracht, dass alle Hochpunkte der Schar auf der Kurve y liegten.
Dies kann man nach Einzeichnen von y in die Graphik (grüne Kurve) gut erkennen.

Die Graphen von f_1, f_2 und f_3

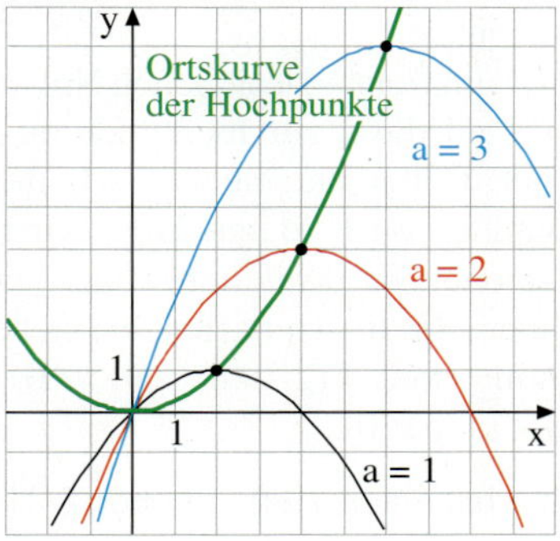

Ortskurvennachweis

Vermutete Ortskurve der Extrema:

$y(x) = \frac{1}{4}x^2$

Einsetzen des Hochpunktes $H(2a|a^2)$:

$y(2a) = \frac{1}{4}(2a)^2 = \frac{1}{4} \cdot 4a^2 = a^2$

$\Rightarrow$ Der Hochpunkt liegt auf y.

$\Rightarrow$ y ist die Ortskurve der Hochpunkte.

Übung 3 Ortskurvennachweis
Gegeben ist die Schar $f_a(x) = ax^2 - x$ $(a > 0)$.
a) Untersuchen Sie f_a auf auf Nullstellen und Extrema.
b) Skizzieren Sie die Graphen von f_1, f_2 und f_3 im gemeinsamen Koordinatensystem.
c) Zeigen Sie, dass alle Extrema von f_a auf der Geraden $y(x) = -\frac{1}{2}x$ liegen. Zeichnen Sie y in die Graphik ein.

Übung 4 Ortskurvennachweis
Es sei $f_a(x) = -\frac{1}{4}(x^2 - ax - 2a^2)$, $a > 0$
a) Untersuchen Sie f_a auf Schnittpunkte mit den Achsen und auf Extrema.
b) Skizzieren Sie die Graphen von f_1, f_2 und f_3 im gemeinsamen Koordinatensystem.
c) Zeigen Sie, dass alle Extrema von f_a auf der Parabel $y(x) = \frac{9}{4}x^2$ liegen. Zeichnen Sie y in die Graphik ein.

4. Identifizierung von Scharkurven: Manchmal müssen einzelne Kurven einer Schar anhand von Zeichnungen ***identifiziert*** werden wie im folgenden Beispiel.

Beispiel: Identifizieren von Funktionen

Gegeben ist die Funktionenschar

$f_a(x) = a x^2 - 4 a x$, $(a \in \mathbb{R}, a > 0)$.

a) Bestimmen Sie den Parameter a zu den abgebildeten Funktionen u, v und w.

b) Wie groß ist der Inhalt des Flächenstücks A, welches von $f_{0,5}$ und f_1 eingeschlossen wird?

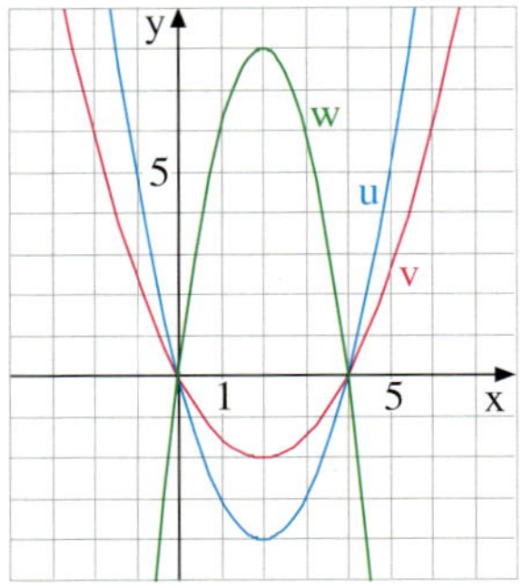

Lösung zu a):
Da alle Funktionen die gleichen Nullstellen haben, sind diese zur Identifikation nicht geeignet. Daher untersuchen wir die Extrempunkte von f_a, deren Lage wir durch Nullsetzen der Ableitungsfunktion f_a' errechnen. Sie liegen nach nebenstehender Rechnung bei $T(2|-4a)$ $(a > 0)$ und $H(2|-4a)$ $(a < 0)$.

Graph u hat einen Tiefpunkt bei $T(1|-4)$. Also gilt $-4a = -4$ d. h. $a = 1$ und $u = f_1$. Analog lassen sich v und w identifizieren: $v = f_{0,5}$ und $w = f_{-2}$.

Lösung zu b):
Das Flächenstück A liegt im 4. Quadranten. Die Schnittpunkte der Randkurven $f_{0,5}$ und f_1 sind deren Nullstellen $x = 0$ und $x = 4$. Wir integrieren daher die Differenzfunktion $d(x) = f_{0,5}(x) - f_1(x)$ in den Grenzen von 0 bis 4.
Unser Resultat lautet $A = 5\frac{1}{3} \approx 5{,}33$.

Extrema von f_a

$f_a'(x) = 2ax - 4a$, $f_a''(x) = 2a$

$$f_a'(x) = 0$$
$$2ax - 4a = 0$$
$$x = 2,\ y = -4a$$

$f_a''(2) = 2a \Rightarrow$ Minimum, falls $a > 0$
Maximum, falls $a < 0$

Tiefpunkt: $T(2|-4a)$, falls $a > 0$
Hochpunkt: $H(2|-4a)$, falls $a < 0$

Flächeninhalt (Fläche zwischen $f_{0,5}$ und f_1)

$$A = \int_0^4 (f_{0,5}(x) - f_1(x))\,dx$$
$$= \int_0^4 ((0{,}5x^2 - 2x) - (x^2 - 4x))\,dx$$
$$= \int_4^0 (-0{,}5x^2 + 2x)\,dx$$
$$= \left[-\tfrac{1}{6}x^3 + x^2\right]_0^4 = \left(\tfrac{32}{6}\right) - (0) \approx 5{,}33$$

Übung 5 Identifizieren von Funktionen

Gegeben ist die Funktionenschar
$f_a(x) = \frac{1}{4}x^2 - ax + \frac{7}{16}a^2$, $a \geq 0$.

a) Berechnen Sie Nullstellen und Extrema.
b) Bestimmen Sie die Parameter a zu den abgebildeten Scharkurven u, v und w.
c) Welche Scharkurve schneidet die y-Achse unter einem Winkel von $-45°$?
d) Wie groß ist die Fläche A zwischen dem Graphen von f_1 und der x-Achse?

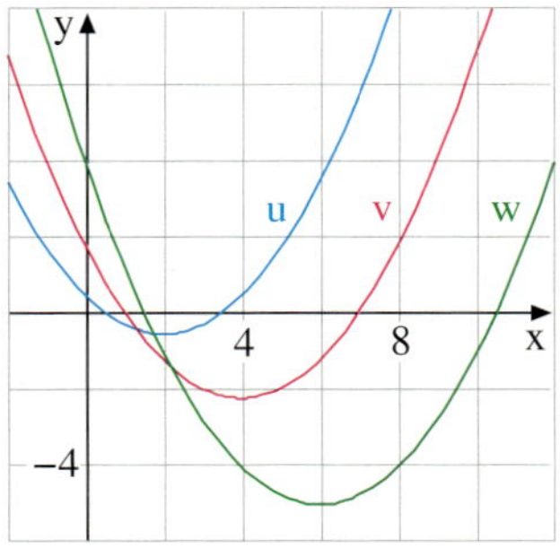

Übungen

6. Untersuchung von Funktionenscharen

Untersuchen Sie die Schar f_a auf Nullstellen und Extrema. Zeichnen Sie f_a. Es gelte $a > 0$.

a) $f_a(x) = -\frac{1}{a}x^2 + ax$, Graph für a = 1 und a = 2 $(-1 \leq x \leq 5)$.

b) $f_a(x) = -\frac{1}{2}x^2 + ax + \frac{3}{2}a^2$, Graph für a = 1 und a = 2 $(-3 \leq x \leq 7)$.

c) $f_a(x) = 2x^2 - 4ax - 8 + 2a^2$, Graph für a = 1 und a = 3 $(-2 \leq x \leq 6)$.

d) $f_a(x) = -(x-a)^2 + 4 - a$, Graph für a = 1 und a = 4 $(-2 \leq x \leq 6)$.

7. Funktionsuntersuchung mit Parameterfragen

Gegeben ist die Funktionenschar $f_a(x) = ax^2 + x - \frac{2}{a}$, $a \in \mathbb{R}$, $a \neq 0$.

a) Untersuchen Sie f_a auf Nullstellen.

b) Bestimmen Sie den Extrempunkt von f_a.
Hängt die Art des Extrempunktes vom Parameter a ab?

c) Skizzieren Sie die Graphen von f_1 und f_2 für $-2{,}5 \leq x \leq 1{,}5$.

d) Für welchen Wert von a haben die Nullstellen von f_a den Abstand 2 voneinander?

e) Für welche Werte von a verläuft der Graph von f_a durch den Punkt $P(1|0)$?

f) Weisen Sie nach: Alle Graphen f_a schneiden die y-Achse unter dem gleichen Winkel.

g) Für welchen Wert von a hat f_a an der Stelle x = 1 die Steigung 2?

h) Bestimmen Sie $a > 0$ so, dass der Inhalt des von f_a und der x-Achse eingeschlossenen Flächenstücks den Wert 4,5 hat.

8. Parameterfragen

Gegeben ist die Funktionenschar $f_a(x) = ax^2 + a^2x$, $a \neq 0$.

a) Untersuchen Sie f_a auf Nullstellen.

b) Bestimmen Sie den Extrempunkt von f_a.
Hängt die Art des Extrempunktes vom Parameter a ab?

c) Skizzieren Sie die Graphen von f_{-1} und f_2 für $-2{,}5 \leq x \leq 1{,}5$

d) Bestimmen Sie den Parameterwert a so, dass f_a durch den Punkt $P(2|0)$ verläuft?

9. Kurven einer Schar identifizieren

Gegeben ist die Funktionenschar.
$f_a(x) = -x^2 + 4ax + 2a - 4a^2$

a) In der Abbildung sind drei Kurven u, v und w der Schar f_a dargestellt. Entscheiden Sie, welcher Parameterwert a zu welcher Kurve gehört. Begründen Sie.

b) Bestimmen Sie den Hochpunkt von f_a.

c) Die Hochpunkte von f_a liegen auf einer Geraden g. Bestimmen Sie die Gleichung von g.

d) Die Graphen von f_1 und f_2 und die x-Achse umschließen im 1. Quadranten ein Flächenstück A. Berechnen Sie den Inhalt von A.

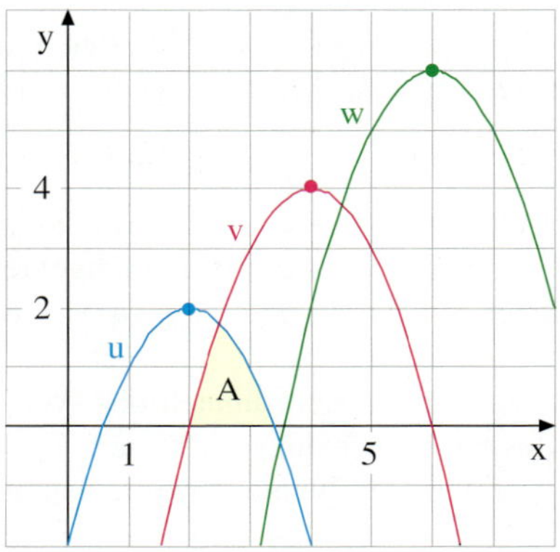

B. Funktionenscharen dritten und höheren Grades

Beispiel: Diskussionen einer Kurvenschar

Gegeben sei die Kurvenschar $f_a(x) = x^3 - 3ax^2$ ($a \in \mathbb{R}$, $a > 0$).
Führen Sie eine Kurvendiskussion der Kurvenschar f_a durch (Nullstellen, Extrema und Wendepunkte). Skizzieren Sie die Graphen für a = 1, a = 0,6 und a = 1,2.

Lösung:

Ableitungen:

$f_a(x) = x^3 - 3ax^2 = x^2 \cdot (x - 3a)$
$f'_a(x) = 3x^2 - 6ax = 3x \cdot (x - 2a)$
$f''_a(x) = 6x - 6a = 6 \cdot (x - a)$
$f'''_a(x) = 6$

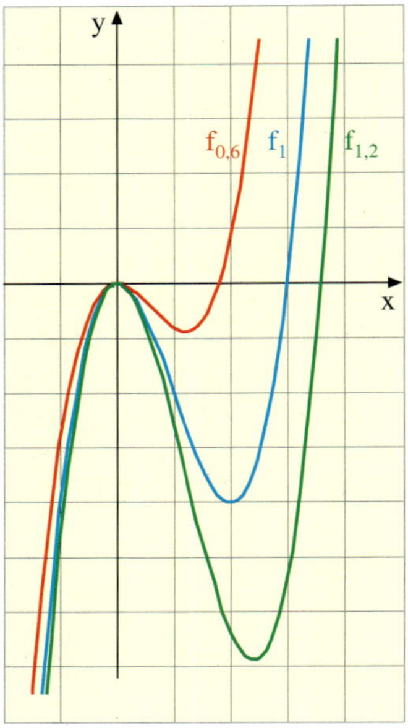

Nullstellen:

$f_a(x) = x^3 - 3ax^2 = x^2 \cdot (x - 3a) = 0$
$\Rightarrow x = 0$ und $x = 3a$

Extrema:

$f'_a(x) = 3x^2 - 6ax = 3x \cdot (x - 2a) = 0$
$\Rightarrow x = 0, \; y = 0$ } Hochpunkt, denn $f''_a(0) = -6a < 0$;
$\Rightarrow x = 2a, \; y = -4a^3$ } Tiefpunkt, denn $f''_a(2a) = 6a > 0$

Wendepunkte:

$f''_a(x) = 6x - 6a = 6(x - a) = 0$
$\Rightarrow x = a, \; y = -2a^3$ } Wendepunkt, denn $f'''_a(a) = 6 \neq 0$

Beispiel: Wendetangente

Die Schar $f_a(x) = x^3 - 3ax^2$ hat den Wendepunkt $W(a|-2a^3)$. Stellen Sie fest, für welchen Parameterwert a die Wendetangente von f_a durch den Punkt P(0|8) geht. ($a \in R$, $a > 0$).

Lösung:

Die Steigung im Wendepunkt $W(a|-2a^3)$ lautet $f'(a) = -3a^2$. Für die Wendetangente kann daher der Ansatz $t(x) = -3a^2x + n$ verwendet werden.
Setzen wir hier die Koordinaten des Wendepunktes ein, so erhalten wir $n = a^3$.
Die Gleichung der Wendetangente lautet also exakt $t(x) = -3a^2x + a^3$.
Da t durch den Punkt P(0|8) gehen soll, muss $a^3 = 8$ gelten, woraus a = 2 folgt.
Also ist $f_2(x) = x^3 - 6x^2$ die gesuchte Kurve.

Gleichung der Tangente in $W(a|-2a^3)$

Ansatz: $t(x) = mx + n$ mit $m = f'(a) = -3a^2$
$t(x) = -3a^2x + n$

Berechnung von n:
$W(a|-2a^3)$ liegt auf t $\Rightarrow t(a) = -2a^3$
$-3a^3 + n = -2a^3$
$n = a^3$

Wendetangente: $t(x) = -3a^2x + a^3$

Wendetangente durch P(0|8)

Ansatz: $t(0) = 8 \Rightarrow a^3 = 8 \Rightarrow a = 2$

2. Zusatzprobleme: Wir untersuchen auch hier weitere ***Zusatzprobleme*** zum obigen Beispiel.

Beispiel: Schnittwinkel mit der x-Achse

Die Funktion $f_a(x) = x^3 - 3ax^2$ ($a \in \mathbb{R}$, $a \neq 0$) hat eine Nullstelle bei $x = 3a$ und eine doppelte Nullstelle bei $x = 0$. Untersuchen Sie, für welches a der Graph von f_a die x-Achse unter einem Winkel von 45° schneidet.

Lösung:

Wir bestimmen zunächst die Ableitungsfunktion f_a': $f_a'(x) = 3x^2 - 6ax$

Der Winkel von 45° kann nur bei der Nullstelle $x = 3a$ vorliegen, denn in der doppelten Nullstelle bei $x = 0$ wird die x-Achse mit einem Winkel von 0° berührt.

Daher muss gelten: $f_a'(3a) = \tan 45°$.
Dies führt auf die Gleichung $9a^2 = 1$, aus der $a = \pm\frac{1}{3}$ folgt.

Möglicher Schnittpunkt mit der x-Achse

Ableitung von f_a: $f_a'(x) = 3x^2 - 6ax$

$P(0|0)$: $f_a'(0) = 0$ kommt nicht in Frage
$P(3a|0)$: $f_a'(3a) = 27a^2 - 18a^2 = 9a^2$

Bestimmung des Parameterwertes a

Ansatz: $\alpha = 45°$
$\tan\alpha = 1$
$f'(3a) = 9a^2 = 1$
$a = \pm\frac{1}{3}$

Beispiel: Integration

Gegeben ist wieder die Funktion $f_a(x) = x^3 - 3ax^2$ ($a \in \mathbb{R}$, $a \neq 0$).

a) Berechnen Sie das unbestimmte Integral von f_a.
b) Bestimmen Sie für $a > \frac{2}{3}$ den Inhalt der Fläche A_a zwischen dem Graphen von f_a und der x-Achse über dem Intervall [0; 2] in Abhängigkeit von a.
c) Für welchen Wert von a ist der Inhalt der Fläche A_a aus b) gleich 4?

Lösung zu a)

Das unbestimmte Integral $\int f_a(x)\,dx$ lautet:

$\int (x^3 - 3ax^2)\,dx = \frac{1}{4}x^4 - ax^3 + C$

Lösung zu b)

Für $a > \frac{2}{3}$ ist f_a im Intervall [0; 2] negativ. Das bestimmte Integral von f_a über [0; 2] hat den Wert $4 - 8a$. Daher gilt für den Inhalt der Fläche A_a: $A_a = 8a - 4$.

Lösung zu c)

Der Ansatz $A_a = 4$ führt auf $a = 1$.

Das unbestimmte Integral von f_a

$F_a(x) = \int (x^3 - 3ax^2)\,dx = \frac{1}{4}x^4 - ax^3 + C$

Fläche unter f_a über [0; 2]

$\int_0^2 (x^3 - 3ax^2) = \left[\frac{1}{4}x^4 - ax^3\right]_0^2 = 4 - 8a$
$\Rightarrow A_a = 8a - 4$

Bestimmung des Parameterwertes

Ansatz: $A_a = 8a - 4 = 4 \Rightarrow a = 1$

Übung 10 Kubische Funktionenschar

Es sei $f_a(x) = \frac{1}{2}ax^2 - \frac{1}{4}x^3$ ($a \in \mathbb{R}$, $a \neq 0$).

a) Untersuchen Sie f_a auf Nullstellen, Extrema und Wendepunkte.
b) Skizzieren Sie f_1, f_2, f_3 und f_{-1}, $-4 \le x \le 6$.
c) Für welches $a > 0$ ist die Fläche zwischen Kurve und x-Achse gleich $\frac{16}{3}$?

Übung 11 Schar vom Grad 4

Es sei $f_a(x) = \frac{1}{2}x^4 - \frac{1}{2}ax^2$, $a > 0$.

a) Untersuchen Sie f_a auf Nullstellen, Extrema und Wendepunkte.
b) Skizzieren Sie f_1, f_2, f_3 für $-2 \le x \le 2$.
c) Welche Funktion f_a hat Wendepunkte mit dem y-Wert $-2{,}5$?

3. Identifizieren von Scharkurven: Manchmal müssen einzelne Kurven einer Schar anhand von Zeichnungen ***identifiziert*** werden wie im folgenden Beispiel.

Beispiel: Identifizieren von Funktionen

Gegeben ist die Funktionenschar

$f_a(x) = \frac{1}{6}x^3 - \frac{1}{2}a^2 x$ ($a \in \mathbb{R}$, $a > 0$).

a) Bestimmen Sie den Parameterwert a zu den abgebildeten Scharfunktionen u, v und w.

b) Welche Scharfunktion f_a hat einen Hochpunkt mit der Ordinate $y = 9$?

c) Bestimmen Sie die Gleichung der Normalen von f_1 im Ursprung.

d) Für welchen Wert des Parameters a geht die Wendetangente von f_a durch den Punkt $P(4|-0{,}5)$?

e) Wie groß ist der Inhalt des Flächenstücks A, welches von f_2, f_1 und der x-Achse im 2. Quadranten umschlosssen wird?

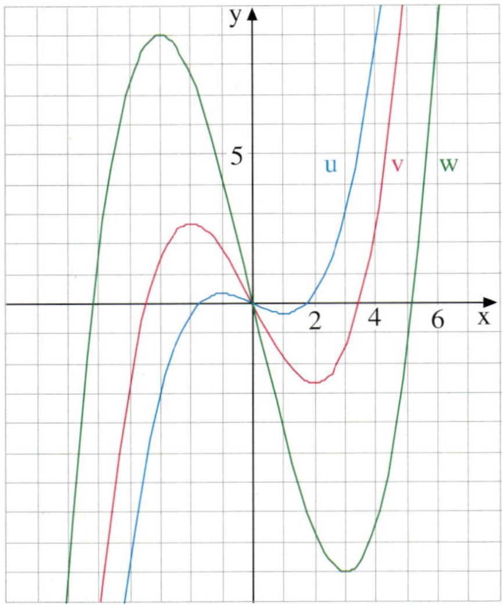

Lösung zu a:

Als Hilfsmittel zur Identifizierung stellen wir zunächst die Ableitungsfunktion f_a' auf.

$f_a'(x) = \frac{1}{2}x^2 - \frac{1}{2}a^2$

Durch Nullsetzen von f_a' erhalten wir die Extrema von f_a bei $x = -a$ und $x = a$.

Da die Extremstellen von u, v und w laut Zeichnung bei $x = \pm 1$, $x = \pm 2$ und $x = \pm 3$ liegen, können wir darauf schießen, dass gilt: $u = f_1$, $v = f_2$ und $w = f_3$ gilt.

Extremstellen von f_a

$f_a'(x) = \frac{1}{2}x^2 - \frac{1}{2}a^2$

$f_a''(x) = x$

$f_a'(x) = 0$

$\frac{1}{2}x^2 - \frac{1}{2}a^2 = 0$

$x = \pm a$

$x = +a$: $f_a''(\ a) = \ a > 0 \Rightarrow$ Minimum

$x = -a$: $f_a''(-a) = -a < 0 \Rightarrow$ Maximum

Lösung zu b:

Laut Lösung zu a) liegt das Maximum von f_a bei $x = -a$. Die Berechnung des zugehörigen y-Wertes ergibt $y = \frac{1}{3}a^3$.

Für $a = 3$ nimmt y den Wert 9 an. Also hat f_3 den Hochpunkt $H(-3|9)$ mit der Ordinate 9.

Hochpunkt von f_a

Abszisse des Hochpunktes: $x = -a$

Ordinate des Hochpunktes:

$y = f_a(a) = \frac{1}{6}(-a)^3 - \frac{1}{2}(-a)^2 \cdot (-a) = \frac{1}{3}a^3$

Ansatz: $y = 9$

$\Rightarrow \frac{1}{3}a^3 = 9 \Rightarrow a^3 = 27 \Rightarrow a = 3$

Lösung zu c:

Wir verwenden den Ansatz $n(x) = m \cdot x$ mit $m = -\frac{1}{f_1'(0)} = 2$. Damit ergibt sich als Resultat: $n(x) = 2x$

Normale im Ursprung

$n(x) = m \cdot x$

$m = -\frac{1}{f_1'(0)} = -\frac{1}{-\frac{1}{2}1^2} = 2$

$\Rightarrow n(x) = 2x$

Lösung zu d:
Durch Nullsetzen von $f_a''(x) = x$ errechnen wir zunächst die Lage der Wendestelle von f_a. Sie liegt bei $x = 0$.
Bei W(0|0) liegt also ein Rechts-Links-Wendepunkt von f_a.

Wendepunkt von f_a
Ableitungen: $f_a''(x) = x, \quad f_a'''(x) = 1$

$f_a''(x) = 0$ (notw. Bed. für Wendestelle)
$x = 0, \quad y = 0$

$f_a'''(0) = 1 > 0 \Rightarrow$ R-L-WP W(0|0)

Die Wendetangente t_a ist eine Ursprungsgerade. Der Ansatz lautet also $t_a(x) = m \cdot x$.
m ist die Steigung von f_a im Ursprung W(0|0).
Daher gilt $m = f_a'(0) = -\frac{1}{2}a^2$.
Resultat: $t_a(x) = -\frac{1}{2}a^2 x$

Wendetangente von f_a
$t_a(x) = m \cdot x$
$m = f_a'(0) = -\frac{1}{2}a^2$
$\Rightarrow t_a(x) = -\frac{1}{2}a^2 x$

Um a zu ermitteln, setzen wir die Koordinaten von P in die Gleichung von t_a ein.
Resultat: $a = 0{,}5$

Bestimmung von a
$-0{,}5 = -2a^2$
$a = 0{,}5$

Lösung zu e:
Wir betrachten zwei Flächen im zweiten Quadranten: A_2 sei die Fläche zwischen $v = f_2$ und der x-Achse, A_1 sei die Fläche zwischen $u = f_1$ und der x-Achse:

Für den Inhalt der gesuchten Fläche A gilt dann offensichtlich : $A = A_2 - A_1$

Die Integrationsgrenzen sind Nullstellen von f_2 (Nullstellen: $-2\sqrt{3}$ und 0) und Nullstellen von f_1 (Nullstellen: $-\sqrt{3}$) und 0).

Rechts steht die Rechnung zur Integration.
Endresultat: Die gesuchte Fläche A hat einen Inhalt von ca. 5,625 Flächeneinheiten.

Flächeninhalt
Graphik:

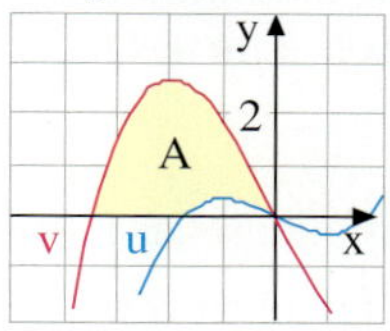

Nullstellen von f_a:
$f_a(x) = \frac{1}{6}x^3 - \frac{1}{2}a^2 x = 0$
$x^3 - 3a^2 x = 0$
$x \cdot (x^2 - 3a^2) = 0$
$x = 0,\ x = \pm a\sqrt{3}$

Integration:
$A = A_2 - A_1$
$= \int_{-2\sqrt{3}}^{0} f_2(x)\,dx - \int_{-\sqrt{3}}^{0} f_1(x)\,dx$
$= \left[\frac{1}{24}x^4 - x^2\right]_{-2\sqrt{3}}^{0} - \left[\frac{1}{24}x^4 - \frac{1}{4}x^2\right]_{-\sqrt{3}}^{0}$
$= 6 - \frac{3}{8} = \frac{45}{8} = 5{,}625$

Übung 12 Identifizieren von Funktionen
Gegeben ist die Funktionenschar
$f_a(x) = \frac{1}{4}x^4 - \frac{a}{2}x^3$ ($a \in \mathbb{R}$, $a > 0$)

a) Bestimmen Sie den Parameterwert a zu den Scharfunktionen u, v und w.
b) Welche Scharfunktion f_a hat einen Tiefpunkt bei $x = 2$?
c) Ermitteln Sie die Gleichung der Normalen von f_a in der positiven Nullstelle.
d) Für welches a geht die Wendetangente von f_a an der positiven Wendestelle durch den Punkt P(0|4)?

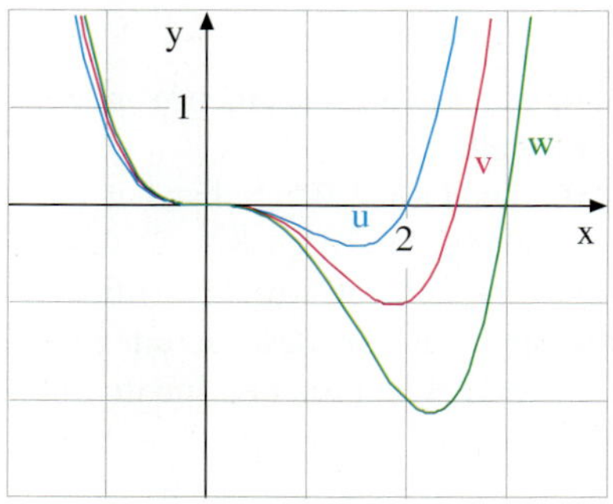

Übungen

13. Scharkurve – Funktionsuntersuchung

Untersuchen Sie die gegebene Funktionenschar auf Nullstellen, Extrema und Wendepunkte. Zeichnen Sie die Graphen für das angebenene x-Intervall. Es gelte stets $a > 0$.

a) $f_a(x) = \frac{1}{3}x^3 - \frac{a}{9}x^2$ Graph für $a = 3$, Intervall: $-1 \le x \le 3{,}5$

b) $f_a(x) = \frac{3}{2a}x^3 + 3x^2 + \frac{3a}{2}x$, Graph für $a = 3$, Intervall: $-4{,}5 \le x \le 1$

c) $f_a(x) = x^4 - ax^2$, Graph für $a = 2$, Intervall: $-1{,}5 \le x \le 1{,}5$

14. Zusatzprobleme

Gegeben ist die Funktionenschar $f_a(x) = -\frac{1}{a}x^3 + 2x^2 - ax, \quad a > 0$.

a) Untersuchen Sie f_3 auf Nullstellen, Extrema und Wendepunkte. Skizzieren Sie den Graphen von f_3 für $-1 \le x \le 4$.

b) An welchen Stellen hat die Scharkurve f_a die Steigung $-a$?

c) Bestimmen Sie die Gleichung der Wendetangente sowie der Wendenormalen von f_a.

d) Tangente und Normale aus b) bilden für $a = 3$ mit der y-Achse ein Dreieck. Berechnen Sie den Flächeninhalt dieses Dreiecks.

e) Bestimmen Sie eine Stammfunktion von f_a. Berechnen Sie den Inhalt der Fläche A, welche von f_3 und der x-Achse im 4. Quadranten umschlossen wird.

15. Parameterfragen

Gegeben ist die Funktionenschar $f_a(x) = \frac{1}{4a}x^4 - \frac{1}{2}x^3, \quad a > 0$

a) Skizzieren Sie den Graphen von f_a für $a = 0{,}5$ im Intervall $-1 \le x \le 2{,}5$ mittels Wertetabelle.

b) Für welchen Wert von a hat f_a ein Extremum bei $x = 9$?

c) Zeigen Sie, dass jede Funktion der Schar im Ursprung einen Sattelpunkt besitzt.

d) Welche Funktion der Schar hat einen Wendepunkt der Gestalt $W(u|-u)$?

e) Zeigen Sie, das die Hochpunkte der Schar alle auf dem Graphen von $y(x) = -\frac{1}{8}x^3$ liegen.

16. Kurven einer Schar identifizieren

Gegeben ist die ganzrationale Funktionenschar $f_a(x) = x^3 - ax^2$.

a) Welcher der drei abgebildeten Graphen stellt die Scharkurve f_2 dar? Begründen Sie Ihre Antwort stichhaltig.

b) Für welches a hat f_a bei $x = 1$ einen Tiefpunkt?

c) Zeigen Sie, dass die Tiefpunkte der Schar alle auf der Ortslinie $y(x) = -\frac{1}{2}x^3$ liegen.

d) Für welches a hat f_a einen Wendepunkt mit der Ordinate $y = -2$?

e) Welcher Graph der Schar hat die Wendetangente $y(x) = -12x + 8$?

f) Die Graphen von f_2 und f_3 schließen im 4. Quadranten mit der x-Achse ein Flächenstück A ein. Berechnen Sie den Inhalt von A.

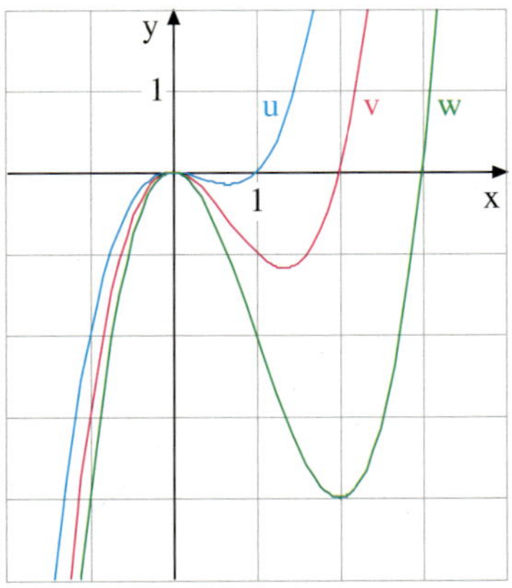

2. Exkurs: Nicht-ganzrationale Funktionenscharen

Im Folgenden soll anhand eines Beispiels ein kurzer Einblick in Funktionenscharen betrachtet werden, deren Funktionsterm kein Polynom ist, sondern ein Bruch oder eine Wurzel.

Beispiel: Hyperbelschar

Abgebildet sind drei Kurven der Schar $f_a(x) = \frac{a}{x^2} + \frac{1}{4a^2}x$ $(a \in \mathbb{R}, a > 0)$.

a) Untersuchen Sie f_a auf Extrema.

b) Bestimmen Sie zu jeder der drei Kurven den zugehörigen Parameterwert a.

c) Berechnen Sie den Inhalt der Fläche A unter dem Graphen von f_1 über dem Intervall [2; 4].

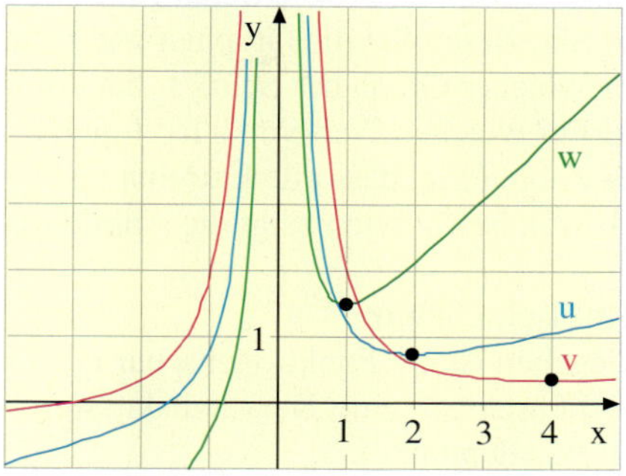

Lösung zu a):

Wir bestimmen unter Verwendung der Potenzregel für negative Exponenten die ersten beiden Ableitungen von f_a.

Durch Anwenden der notwendigen Bedingung und der hinreichenden Bedingung für Extrema errechnen wir einen Tiepunkt $T\left(2a \middle| \frac{3}{4a}\right)$.

Ableitungen

$f_a'(x) = -2\frac{a}{x^3} + \frac{1}{4a^2}$, $f_a''(x) = 6\frac{a}{x^4}$

Extremum

$$f_a'(x) = -2\frac{a}{x^3} + \frac{1}{4a^2} = 0 \quad | \cdot 4a^2x^3$$
$$-8a^3 + x^3 = 0$$
$$\Rightarrow x = 2a,\ y = \frac{3}{4a}$$
$$f_a''(2a) = \frac{3}{8} \cdot \frac{1}{a^3} > 0 \Rightarrow \text{Tiefpunkt } T\left(2a \middle| \frac{3}{4a}\right)$$

Lösung zu b)

Man kann der Zeichnung entnehmen, das die Extremstellen bei 1, 2 und 4 liegen.

Das führt nach Aufgabenteil a) auf die Parameterwerte a = 1 für u, a = 2 für v und a = 0,5 für die Kurve w.

Zuordnung der Parameter

$T\left(2a \middle| \frac{3}{4a}\right)$: $a = 1 \Rightarrow T\left(2 \middle| \frac{3}{4}\right) \Rightarrow$ Kurve u

$a = 2 \Rightarrow T\left(4 \middle| \frac{3}{8}\right) \Rightarrow$ Kurve v

$a = 0{,}5 \Rightarrow T\left(1 \middle| \frac{3}{2}\right) \Rightarrow$ Kurve w

Lösung zu c)

Mit der Potenzregel der Integralrechnung für ganzzahlige Exponenten erhält man als eine Stammfunktion von $f_1(x) = \frac{1}{x^2} + \frac{1}{4}x$ die Funktion $F_1(x) = -\frac{1}{x} + \frac{1}{8}x^2$. Einsetzen der Grenzen x = 2 und x = 4 führt auf den Flächeninhalt A = 1,75.

Integration und Flächeninhalt

$$\int_2^4 f_1(x)\,dx = \int_2^4 \left(\frac{1}{x^2} + \frac{1}{4}x\right)dx$$
$$= \left[-\frac{1}{x} + \frac{1}{8}x^2\right]_2^4$$
$$= \left(-\frac{1}{4} + 2\right) - \left(-\frac{1}{2} + \frac{1}{2}\right) = \frac{7}{4} = 1{,}75$$

Übung 1 Wurzelschar

Gegeben ist die Funktionenschar $f_a(x) = 2 \cdot \sqrt{x - a} - x$, $a \geq 0$, $x \geq a$.

a) Es gilt $(\sqrt{x})' = \frac{1}{2\sqrt{x}}$. Begründen Sie, dass dass $f_a'(x) = \frac{1}{\sqrt{x - a}} - 1$ gilt.

b) Bestimmen Sie den Hochpunkt von f_a. Auf die Überprüfung mit der hinreichenden Bedingung wird verzichtet. Für welches a liegt der Hochpunkt auf der x-Achse ?

c) Zeichnen Sie den Graphen von f_1 für $x \geq 1$.

3. Anwendungen und weitere Übungen

1. Parabelschar

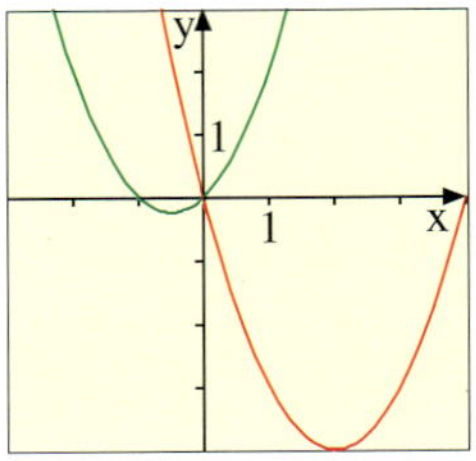

Gegeben ist die Funktionenschar $f_a(x) = x^2 - (a+1)x$.

a) Untersuchen Sie die Schar für $a > 0$ auf Nullstellen und Extrema.
b) Skizzieren Sie die Graphen von f_1 und f_2 für $-1 \leq x \leq 4$.
c) Welcher Graph der Schar f_a hat ein Extremum bei $x = 2$?
d) Für welchen Wert von a hat f_a genau eine Nullstelle?
e) Zeigen Sie, dass alle Extrema von f_a auf der Parabel $y = -x^2$ liegen.
f) Welche Graphen zeigt die Abbildung?

2. Kubische Schar

Gegeben ist die Funktionenschar $f_a(x) = x - a^2x^3$, $a > 0$.

a) Führen Sie eine Kurvendiskussion von f_a durch (Symmetrie, Nullstellen, Extrempunkte, Wendepunkte).
b) Zeichnen Sie die Graphen von $f_{\frac{1}{3}}$, $f_{\frac{1}{2}}$ und f_1 in ein Koordinatensystem.
c) Zeigen Sie: Alle Graphen der Schar haben einen gemeinsamen Punkt P.
d) Zeigen Sie, dass die Hochpunkte der Schar alle auf dem Graphen von $y = 3x$ liegen.

3. Kubische Schar

Gegeben ist die Funktionenschar $f_a(x) = x^3 - 3a^2x + 2a^3$.

a) Untersuchen Sie f_a auf Extrema und Wendepunkte.
b) Zeigen Sie, dass $x = -2a$ eine Nullstelle von f_a ist.
c) Skizzieren Sie die Graphen von f_1 und f_{-1}.
d) Zeigen Sie, dass alle Graphen der Schar die x-Achse berühren.
e) Zeigen Sie, dass f_a und f_{-a} symmetrisch zueinander sind.

4. Nicht-ganzrationale Schar

Gegeben ist die Funktionenschar $f(x) = x - 2a + \frac{a}{x}$, $a > 0$.

a) Für welche a existieren zwei, eine bzw. keine Nullstellen?
b) Untersuchen Sie f_a auf Extrema.
c) Skizzieren Sie die Graphen von f_1 und f_{-1}.
d) Zeigen Sie, dass keine Scharfunktion einen Wendepunkt hat.
e) Zeichnen Sie den Graphen von f_2.
f) Unter welchen Winkeln schneidet der Graph von f_2 die x-Achse?

5. Motorrad-Stunt

Auf dem Parkhausdach stehen 6 Autos von jeweils 5 m Länge und 2 m Höhe. Ein Stuntman beschleunigt über die Rampe auf die Geschwindigkeit v (in m/s) und versucht, die Autos zu überspringen. Seine Flugbahn lautet $y_v(x) = \frac{1}{2}x - \frac{5}{v^2}x^2$.

a) Welche Geschwindigkeit v muss er erreichen, um eine Maximalhöhe von 5 m zu erzielen?
b) Wie groß ist dann die Sprungweite?
c) Kann er so die Autos überspringen?
d) Wie groß ist der Absprungwinkel?

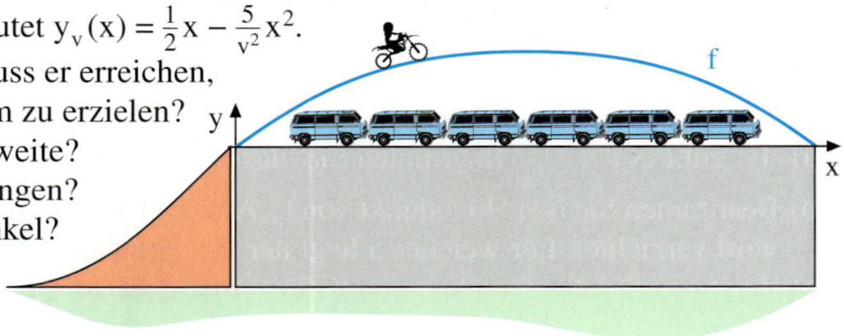

6. Golf

Ein Golfspieler steht im Ursprung des Koordinatensystems und wird einen Ball schlagen, der im Punkt $P(x_0|0)$ vor ihm liegt. Sein Ziel ist es, den Ball über die Sandfläche zu schlagen, die sich in einer Entfernung von 5 bis 21 m vom Spieler erstreckt.
Die Flugbahn des Golfballes wird durch $f_a(x) = -\frac{1}{a}(x^2 - (a+2)x + (a+1))$, $a > 0$ beschrieben, wobei a von der Geschwindigkeit abhängt, mit welcher der Ball getroffen wird (1 LE = 1 m).

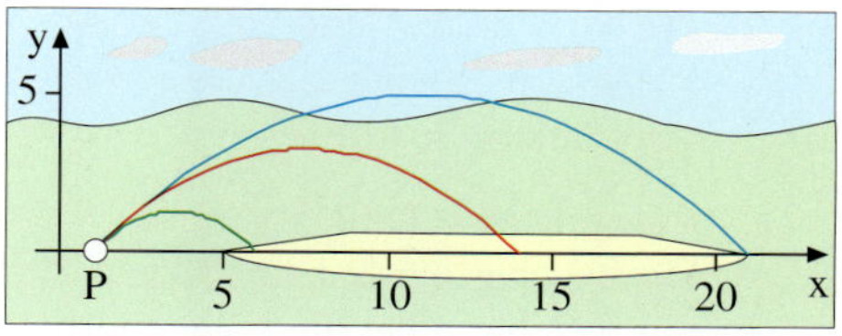

a) Zeigen Sie, dass der Abschlagpunkt P die Abszisse $x_0 = 1$ hat.
b) Sei a = 8. An welcher Stelle landet der Ball in diesem Fall? Welche maximale Höhe erreicht er im Flug? Wie groß ist der Abschlagwinkel?
c) Zeigen Sie, dass die Schar f_a den Hochpunkt $H\left(\frac{a+2}{2}, \frac{a}{4}\right)$ besitzt.
d) Zeigen Sie, dass der Ball für jedes a unter einem Winkel von 45° abgeschlagen wird.
e) Zeigen Sie, dass die Funktion f_a die Nullstellen x = 1 und x = a + 1 besitzt.
f) Für welches a erreicht der Ball exakt das Ende des Sandbunkers?

7. Aktie

Eine Aktie hat einen Wert von 50 $. Ihr möglicher Kursverlauf wird beschrieben durch die Funktion $f_a(t) = -0{,}01\,a t^3 + 0{,}3\,a t^2 + 50$, $a \in \mathbb{R}$. t: Zeit in Monaten, f: Wert in $.

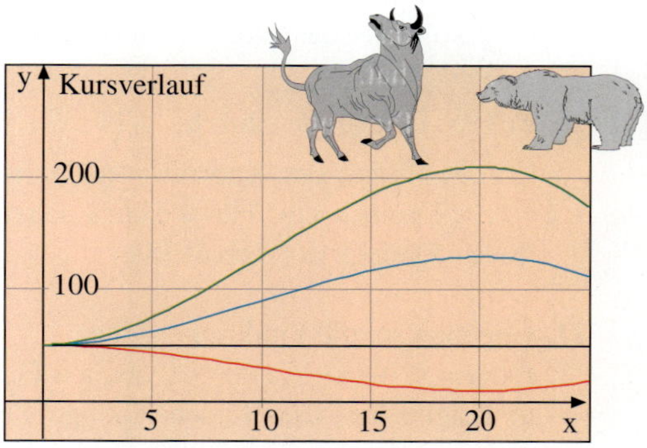

a) Untersuchen Sie den Kursverlauf für a = 2. Welcher maximale Kurs wird erreicht? Zu welchem Zeitpunkt setzt eine Trendwende ein? Mit welcher Geschwindigkeit (in $/Monat) steigt der Kurs zur Zeit der Trendwende?
b) Welcher ganzzahlige Wert von a entspricht der grünen Kurve? Begründen Sie stichhaltig.
c) Der Fall a = −1 entspricht dem roten Kursverlauf. Wann hat sich der Kurs halbiert? Lösen Sie dies angenähert.

8. Wellenmaschine

Eine Wellenmaschine erzeugt Wellen der Form $f_a(x) = -\frac{1}{a^2}x^3 + \frac{1}{a}x^2$ (s. Abb.).

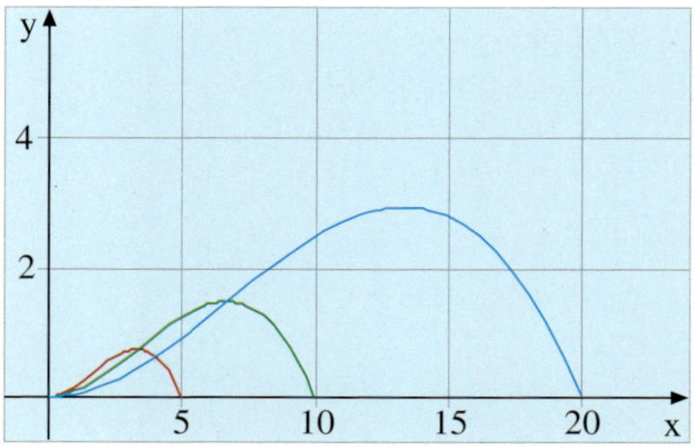

a) Wie lang und hoch ist die Welle a = 15? Skizzieren Sie den Graphen.
b) Welche Wellen sind dargestellt?
c) Wo ist die Welle a = 15 an ihrem linken Hang am steilsten?
d) Für welches a erhält man eine 4 m hohe Welle?

9. Gegeben sei die Funktionenschar $f_a(x) = 2ax^3 + (2 - 4a)x$, $a \in \mathbb{R}$, $a \neq 0$.

a) Führen Sie für $a = -0{,}25$ eine Kurvendiskussion durch (Nullstellen, Extrema, Wendepunkte) und skizzieren Sie anschließend den Graphen von $f_{-0{,}25}$ für $-3 \leq x \leq 3$.

b) Zeigen Sie, dass alle Graphen zu f_a durch den Hochpunkt H der Kurve $f_{-0{,}25}$ gehen (s. Abb.).

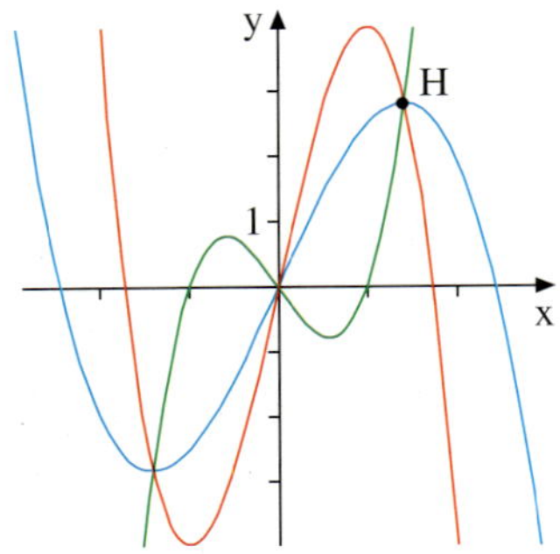

c) Für welches a hat f_a im Punkt H die Steigung 6?

d) Für welches $a \in \mathbb{R}$ hat f_a keine lokalen Extrema?

e) Für welches a hat die Wendenormale von f_a die Steigung 0,5?

10. Gegeben sei die Funktionenschar $f_a(x) = \frac{1}{12a}x^3 - x^2 + 3ax$, $a \in \mathbb{R}$, $a > 0$.

a) Untersuchen Sie die Schar auf Nullstellen und Extrema.

b) Der Punkt $P(z|f_1(z))$ bildet mit dem Ursprung und dem Punkt $Q(z|0)$ ein achsenparalleles Dreieck $(0 \leq z \leq 6)$.
Bestimmen Sie die Koordinaten von P so, dass das Dreieck maximalen Inhalt hat.

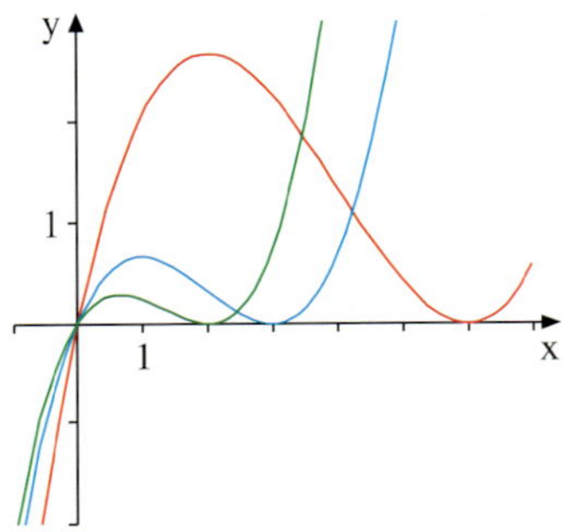

c) Die Tangente durch $W\left(4a \middle| \frac{4}{3}a^2\right)$ schließt mit den Koordinatenachsen ein Dreieck ein. Für welches a hat das Dreieck den Inhalt 384?

11. Gegeben sei die Funktionenschar $f_a(x) = x^3 + (3 - 3a)x^2 - 12ax$, $a \in \mathbb{R}$, $a > 0$.

a) Zeigen Sie, dass f_a den Hochpunkt $H(-2|4 + 12a)$ besitzt.

b) Zeigen Sie, dass f_a den Wendepunkt $W(a - 1|-2a^3 - 6a^2 + 6a + 2)$ besitzt.

c) Bestimmen Sie die Gleichung der Wendetangente von f_1.

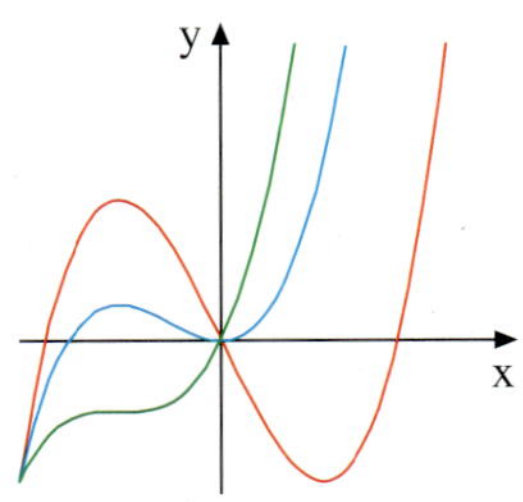

d) Für welches $a \in \mathbb{R}$ besitzt f_a einen Sattelpunkt, d. h. einen Wendepunkt mit waagerechter Tangente? Geben Sie ihn an.

12. Olympiafackel

Für die Olympischen Spiele soll eine große metallische Fackel konstruiert werden.

Sie soll 7,5 m hoch sein. Oben beträgt ihre Breite 8 m, unten nur 2 m.

Die Profilkurve der symmetrischen Fackel kann durch eine Funktion der Gestalt $f(x) = a - \frac{b}{x^2}$ beschrieben werden.

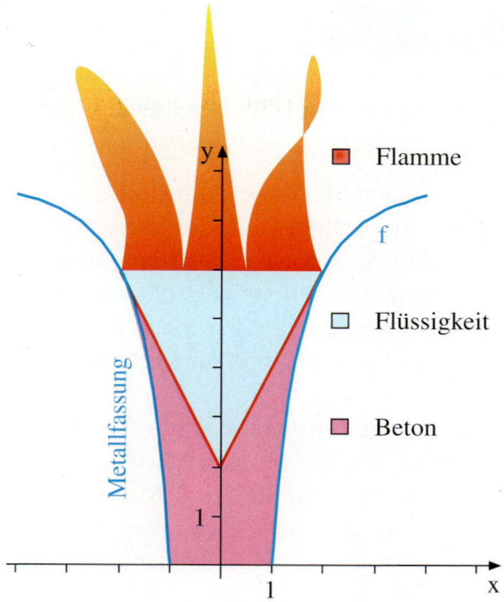

a) Bestimmen Sie die Parameter a und b. Kontrollergebnis: a = 8, b = 8

b) In welcher Höhe über dem Erdboden beträgt die Neigung der Innenwand exakt 45°?

c) Der Hohlraum im Innern der Fackel ist – wie abgebildet – in seinem unteren Bereich kegelförmig ausgebildet.
Die Mantellinien des Kegels schließen tangential an das äußere Randprofil der Fackel an.
Der Kegel ist an seiner Basis 4 m breit.
Wie lauten die Gleichungen der beiden Mantellinien?
Welches Volumen hat der Kegel?

d) Wie steil fällt die Innenwand der Fackel an ihrem äußeren oberen Rand?
Wie groß ist die maximale Steilheit der Innenwand?

13. Erdhügel

Abgebildet ist die Profilkurve $f(x) = a \cdot \sqrt{x}$ eines 18 m hohen Hanges.

a) Bestimmen Sie a.

b) Wie steil ist der Hügel am oberen Ende?
Wo ist die Steigung des Hügels gleich $\frac{3}{10}$?

c) Eine tangential auf dem Hügel in 9 m Höhe endende Rampe wird geplant.
Bestimmen Sie:
(1) die Steigung der Rampe,
(2) die Gleichung der Rampe,
(3) die Länge der Rampe.

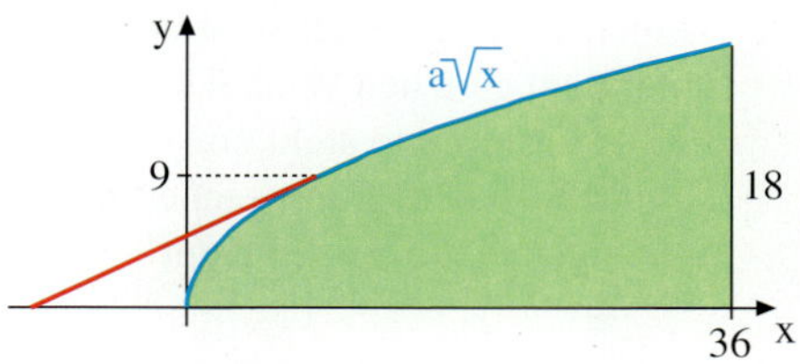

Test

1. Untersuchung einer Schar 2. Grades

Gegeben ist die Funktionenschar $f_a(x) = \frac{1}{4}(x^2 - (2a + 4)x + 8a)$, $a > 0$.

a) Zeigen Sie, dass f_a die Nullstellen $x = 2a$ und $x = 4$ besitzt.
b) Untersuchen Sie f_a auf Extremstellen.
c) Alle Scharkurven besitzen einen gemeinsamen Punkt P. Berechnen Sie die Lage von P.
d) Skizzieren Sie die Graphen von f_1 und f_2 für $-2 \leq x \leq 8$.
e) Bestimmen Sie den Inhalt des Flächenstücks A, das von den Graphen von f_1 und f_2 sowie der beiden Koordinatenachsen im ersten Quadranten eingeschlossen wird.

2. Untersuchung einer Schar 3. Grades

Gegeben ist die Funktionenschar $f_a(x) = x^3 - a^2x$, $a > 0$.

a) Untersuchen Sie f_a auf Nullstellen, Extremstellen und Wendepunkte.
b) Skizzieren Sie die Graphen von f_1 und $f_{1,5}$ für $-2 \leq x \leq 2$.
c) Bestimmen Sie die Gleichung der Wendetangente t_a von f_a.
d) Berechnen Sie, für welches a die Wendetangente t_a durch den Punkt $P(1|-4)$ geht.
e) Bestimmen Sie eine Stammfunktion F_a von f_a.
f) Berechnen Sie, für welchen Wert von a der Graph von f_a im zweiten Quadranten über dem Intervall $[-1, 0]$ ein Flächenstück A mit dem Inhalt 4,25 einschließt.

3. Wasserspielplatz

Auf dem Wasserspielplatz gibt es eine Bodendüse, aus der mit wechselnder Geschwindigkeit v Wasserstrahlen ausgestoßen werden, deren Parabelbahnen erfasst werden durch die Schar $f_a(x) = -\frac{10}{a^2}x^2 + x$, $a > 0$. Dabei ist a die Ausstoßgeschwindigkeit des Wassers in m/s.

a) Für welches a hat der Wasserstrahl eine Reichweite von exakt 10 m?
b) Für welches a steigt der Strahl 10 m hoch?
c) Zeigen Sie: Alle Wasserstrahlen werden unter dem gleichen Winkel α ausgestoßen.
d) In 8 m Entfernung steht ein 1,60 m großes Kind und badet. Für welches a trifft der Strahl genau auf seinen Kopf?

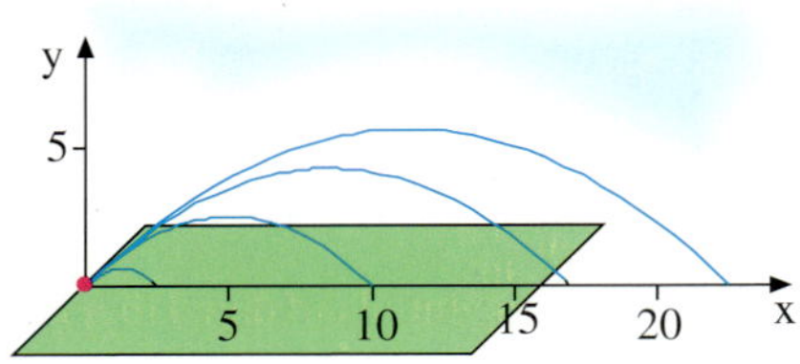

4. Identifizierung von Funktionen bei einer Schar 3. Grades

Gegeben ist die ganzrationale Funktionenschar $f_a(x) = ax^3 - 2x^2$, $a \in \mathbb{R}$.

a) Untersuchen Sie f_a auf Nullstellen, Extrema und Wendepunkte.
b) Stellen Sie fest, welche Parameterwerte a zu den abgebildeten Graphen u, v und w gehören. Begründen Sie ihre Aussagen.
c) Berechnen Sie eine Stammfunktion von f_a.
d) Ermitteln Sie dasjenige a, für das die Fläche, die im 4. Quadranten von f_a und der x-Achse umschlossen wird, den Wert $\frac{4}{3}$ hat.

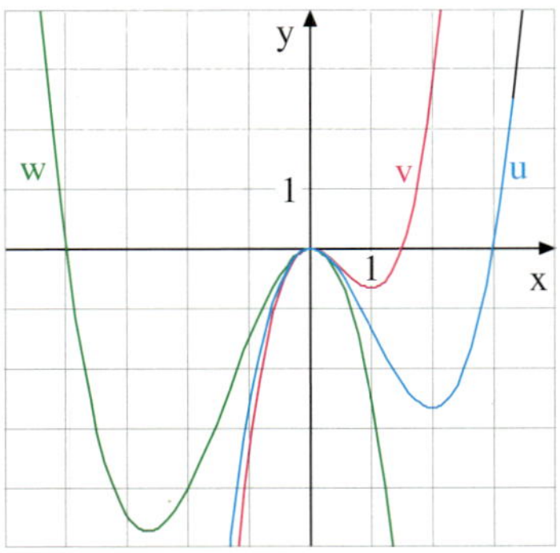

Lösungen: S. 227

V. Approximation

1. Interpolationsverfahren

A. Stützpolynome und Interpolation

In der technischen Praxis können zahlreiche Vorgänge aufgrund ihrer Komplexität nicht durch physikalische Formeln, sondern nur durch Messreihen erfasst werden.
Für die zwischen den Messpunkten liegenden Bereiche hat man dann keine Informationen. Man versucht, diese Bereiche durch eine so genannte ***Interpolation*** zu erfassen. Hierzu benötigt man ein so genanntes ***Stützpolynom***, auf dessen Graphen alle Messpunkte liegen.

Beispiel: Stützpolynom

In einem Windkanal wird ein Objekt mit verschiedenen Strömungsgeschwindigkeiten angeströmt. Die auf den Gegenstand wirkende Kraft wird gemessen. Dabei ergibt sich folgende Messtabelle:

x: Geschw. (1 m/s)	1	3	5
y: Kraft (100 N)	1	4	9

Gesucht ist ein Stützpolynom.

Lösung:
Die Messreihe enthält drei Stützpunkte. Im Allgemeinen legen zwei Stützpunkte eine Gerade fest, drei Stützpunkte ein Polynom 2. Grades, vier Stützpunkte ein Polynom 3. Grades usw.
Wir setzen daher ein Polynom 2. Grades an, d. h. $f(x) = ax^2 + bx + c$.
Durch Einsetzen der Stützpunkte erhalten wir ein lineares Gleichungssystem für die drei Parameter a, b und c, welches wir in der üblichen Weise lösen.
Wir erhalten als Resultat das Stützpolynom $f(x) = \frac{1}{4}x^2 + \frac{1}{2}x + \frac{1}{4}$.

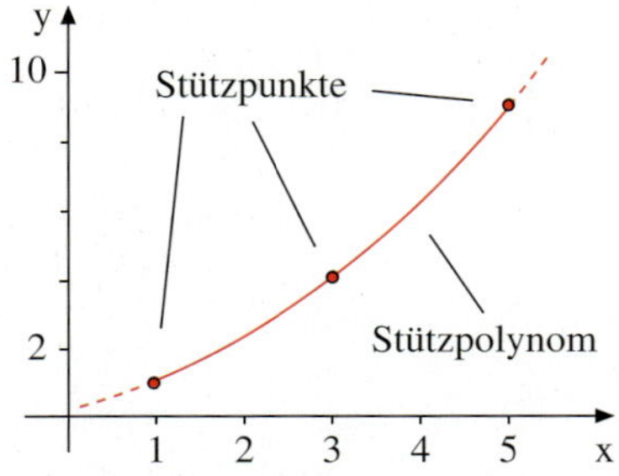

Ansatz
$f(x) = ax^2 + bx + c$

Stützpunkte
$f(1) = 1$
$f(3) = 4$
$f(5) = 9$

Gleichungssystem
I. $a + b + c = 1$
II. $9a + 3b + c = 4$
III. $25a + 5b + c = 9$

Lösung des Gleichungssystems
II – I = IV: $8a + 2b = 3$
III – I = V: $24a + 4b = 8$
V – 2 · IV = VI: $8a = 2 \Rightarrow a = \frac{1}{4}$
in IV: $8 \cdot \frac{1}{4} + 2b = 3 \Rightarrow b = \frac{1}{2}$
in I: $\frac{1}{4} + \frac{1}{2} + c = 1 \Rightarrow c = \frac{1}{4}$

Resultat
$f(x) = \frac{1}{4}x^2 + \frac{1}{2}x + \frac{1}{4}$

Mit Hilfe des Stützpolynoms kann man interpolieren, d.h. auf mögliche Werte in den Bereichen zwischen den eigentlichen Messpunkten schließen.
Rechts ist eine solche ***Interpolation*** für unser Beispiel aufgeführt.

Interpolation für x = 2
$f(2) = \frac{1}{4} \cdot 2^2 + \frac{1}{2} \cdot 2 + \frac{1}{4} = 2{,}25$
Bei einer Windgeschwindigkeit von $2\,\frac{m}{s}$ beträgt die auf das Objekt wirkende Windkraft ca. 225 N.

Übung 1 Stützpolynom
Bestimmen Sie manuell ein Stützpolynom, welches durch die angegebenen Stützpunkte geht.

a) Ansatz $f(x) = ax^2 + bx + c$

x	−2	1	2
y	4	1	8

b) Ansatz: $f(x) = ax^3 + bx^2 + cx + d$

x	−2	−1	1	2
y	−1	3	−1	7

Bemerkung: Mit der Anzahl der gegebenen Punkte wächst der Grad des Stützpolynoms und damit die Anzahl der Gleichungen und Variablen im Gleichungssystem. Bei drei Stützpunkten kann man manuell vorgehen oder einen Taschenrechner mit erweiterter Funktionalität verwenden. Bei höherer Zahl von Stützpunkten sind ein Computerprogramm oder ein CAS-Rechner sinnvoll.

Beispiel: Stützpolynom mit dem Rechner
Ein Autofahrer notiert für verschiedene Wegstrecken die verbrauchte Benzinmenge. Bestimmen sie ein Stützpolynom.

x: Weg in km	5	10	20
y: Benzin in Litern	0,55	0,9	1,3

Lösung:
Zunächst wird – ausgehend vom quadratischen Ansatz $f(x) = ax^2 + bx + c$ – aus den Stützpunkten das lineare Gleichungssystem aufgestellt.

Ansatz für das Stützpolynom
$f(x) = ax^2 + bx + c$

Lineares Gleichungssystem
$25a + 5b + c = 0{,}55$
$100a + 10b + c = 0{,}9$
$400a + 20b + c = 1{,}3$

Dann wird am Taschenrechner die Option zum Lösen eines 3×3-Systems aufgerufen. Nach Eingabe der Koeffizienten des Gleichungssystems gibt der Rechner die Lösung aus:

Lösung des LGS: $a = -\frac{1}{500}$, $b = \frac{1}{10}$, $c = \frac{1}{10}$
Stützpolynom: $f(x) = -\frac{1}{500}x^2 + \frac{1}{10}x + \frac{1}{10}$

Endresultat: $f(x) = -\frac{1}{500}x^2 + \frac{1}{10}x + \frac{1}{10}$

Übung 2 Taschenrechnereinsatz
Bei einem starken Regen wird der Pegelstand eines Flusses gemessen. Bestimmen Sie ein geeignetes Stützpolynom. Wie hoch war der Maximalpegel?

Zeit t in h	1	2	6
Pegel h in m	1,8	2,8	2,8

Übung 3 Einsatz von TR/Computer
Ermitteln Sie das Stützpolynom zur Messwerttabelle mit einem Computerprogramm oder mit einem geeigneten Taschenrechner.

x	−2	0	2	4
y	3	2	1	6

B. Newtonsche Stützpolynome

***Sir Isaac Newton** (1643–1727) – der berühmte englische Physiker – entwickelte eine besonders elegante Methode zur Bestimmung von Stützpolynomen.*

Sein Verfahren hat zwei große Vorteile:
1. *Der Rechenaufwand ist gering.*
2. *Das Stützpolynom muss nur geringfügig verändert werden, wenn weitere Stützpunkte nachträglich hinzukommen.*

Newton verwendete bei n gegebenen Stützpunkten $P_1, P_2, \ldots, P_n$ – wie nicht anders zu erwarten – ein Polynom vom Grad n – 1 mit n Koeffizienten $a_0, a_1, \ldots, a_{n-1}$. Allerdings hat das Newtonsche Interpolationspolynom einen ganz besonderen, sehr raffinierten Faktoraufbau.

Formel des Newtonschen Stützpolynoms

Gegeben seien n Stützpunkte $P_1(x_1|y_1), P_2(x_2|y_2), \ldots, P_n(x_n|y_n)$.
Gesucht ist ein Polynom f vom Grad n – 1, welches exakt durch die Punkte $P_1, P_2, \ldots, P_n$ geht.

Dann ist laut Newton das folgende Polynom vom Grad n – 1 ein geeigneter Ansatz für f.

$$f(x) = a_0 + a_1(x - x_1) + a_2(x - x_1)(x - x_2) + \ldots + a_{n-1}(x - x_1)(x - x_2) \ldots (x - x_{n-1})$$

Beispiel: Newtonsches Stützpolynom

Gesucht ist ein Polynom, auf dessen Graph die drei Messpunkte der rechts aufgeführten Tabelle liegen.

x	0	2	3
y	3	1	6

Lösung:
Wir haben hier die drei Stützpunkte: $P_1(0|3)$, $P_2(2|1)$ und $P_3(3|6)$.
Wir verwenden entsprechend der Formel für das Newtonsche Stützpolynom den Ansatz
$f(x) = a_0 + a_1(x - x_1) + a_2(x - x_1)(x - x_2)$
$f(x) = a_0 + a_1(x - 0) + a_2(x - 0)(x - 2)$

Setzen wir die Koordinaten der drei Stützpunkte in diese Ansatzgleichung ein, so erhalten wir ein lineares Gleichungssystem mit drei Gleichungen und drei Variablen. Das Gleichungssystem hat eine Dreiecksform, sodass es sehr einfach zu lösen ist.

Gegebene Stützpunkte
$P_1(0|3)$, $P_2(2|1)$ und $P_3(3|6)$.

Ansatz für das Newtonsche Stützpolynom
$f(x) = a_0 + a_1(x - x_1) + a_2(x - x_1)(x - x_2)$
$f(x) = a_0 + a_1(x - 0) + a_2(x - 0)(x - 2)$

Gleichungssystem

$$\begin{aligned} f(0) = 3 &\Rightarrow \text{I: } & a_0 &= 3 \\ f(2) = 1 &\Rightarrow \text{II: } & a_0 + 2a_1 &= 1 \\ f(3) = 6 &\Rightarrow \text{III: } & a_0 + 3a_1 + 3a_2 &= 6 \end{aligned}$$

Die Lösung ist rechts dargestellt.
Aus Gleichung I gewinnt man $a_0 = 3$.
Dies setzt man in Gleichung II ein und gewinnt aus dieser $a_1 = -1$.
Aus III gewinnt man nach Einsetzen dieser beiden Werte $a_2 = 2$.
Durch Einsetzen der Koeffizienten in den Ansatz für das Stützpolynom erhalten wir als Resultat: $f(x) = 2x^2 - 5x + 3$.
Eine Probe zeigt, dass alle Stützpunkte tatsächlich auf dem Graphen von f liegen.

Lösung des Gleichungssystems
aus I: $\Rightarrow a_0 = 3$
in II: $\Rightarrow 3 + 2a_1 = 1 \quad \Rightarrow a_1 = -1$
in III: $\Rightarrow 0 + 3a_2 = 6 \quad \Rightarrow a_2 = 2$

Newtonsches Stützpolynom
$f(x) = a_0 + a_1(x-0) + a_2(x-0)(x-2)$
$f(x) = 3 - 1(x-0) + 2(x-0)(x-2)$

$f(x) = 2x^2 - 5x + 3$

Bei vier und mehr Stützpunkten wird das Newtonsche Stützpolynom ebenso bestimmt. Das lineare Gleichungssystem ist aber wegen seiner Dreiecksform auch dann manuell leicht zu lösen.

Hinzunahme weiterer Stützpunkte zu einer bestehenden Tabelle

Ein Vorteil des Newtonschen Verfahrens besteht darin, dass man weitere, nachträglich aufgenommene Messwerte leicht einbeziehen kann, ohne alles neu rechnen zu müssen.
Wir zeigen nun, wie man mit der *Hinzunahme* eines oder mehrerer weiterer Messpunkte umgeht.

Beispiel: Hinzunahme eines weiteren Stützpunktes

Gesucht ist ein Polynom, auf dessen Graph die drei Messpunkte aus dem vorigen Beispiel und ein weiterer Messpunkt liegen.

x	0	2	3	4
y	3	1	6	23

Lösung:
Da die ersten drei Stützpunkte $P_1(0|3)$, $P_2(2|1)$, $P_3(3|6)$ dem vorigen Beispiel entsprechen und lediglich ein vierter, rot gekennzeichneter Stützpunkt $P_4(4|23)$ hinzugekommen ist, kann man das Ergebnispolynom aus dem vorigen Bespiel übernehmen und einfach nur einen weiteren Ansatzterm anfügen:
$f(x) = 2x^2 - 5x + 3 + a_3(x-0)(x-2)(x-3)$
Durch Einsetzen der Koordinaten des neuen Stützpunktes $P_4(4|23)$ in diesen erweiterten Ansatz erhält man $a_3 = 1$ (vgl. rechts).
Resultat: $f(x) = x^3 - 3x^2 + x + 3$

Gegebene Stützpunkte
$P_1(0|3)$, $P_2(2|1)$, $P_3(3|6)$ und $P_4(4|23)$

Ansatz für das Newtonsche Stützpolynom
$f(x) = 2x^2 - 5x + 3 + a_3(x-0)(x-2)(x-3)$

Bestimmung von a_3
$f(4) = 23 \quad \Rightarrow \quad 15 + 8a_3 = 23 \Rightarrow a_3 = 1$

Newtonsches Stützpolynom
$f(x) = x^3 - 3x^2 + x + 3$

Übung 4 Newtonsches Stützpolynom
Bestimmen Sie das Newtonsche Stützpolynom zur folgenden Tabelle.

x	0	1	2
y	3	2	3

Übung 5 Hinzunahme eines Stützpunktes
Zu den Punkten aus Übung 4 kommt ein weiterer hinzu. Wie lautet das Stützpolynom?

x	0	1	2	3
y	3	2	3	0

Interpolation von Zwischenwerten

Ein Hauptgrund für die Erstellung von Stützpolynomen ist der Wunsch, Zwischenpunkte bestimmen zu können, die in der Messwerttabelle nicht auftreten, weil sie nicht gemessen wurden. Die angenäherte Bestimmung solcher *nicht erfasster Zwischenpunkte* wird als ***Interpolation**** bezeichnet. Man kann diese Zwischenpunkte mit linearer oder mit Newtonscher Interpolation bestimmen.

Beispiel: Lineare Interpolation

Der Wasserstand eines Flusses über Normalpegel verändert sich regelmäßig. Die Tabelle gibt einige Wasserstandshöhen an.
(t: Zeit in Std.; h: Höhe über Pegel in cm)

t	1	2	4	5
h	36	48	24	0

Interpolieren Sie den Wasserstand zum nicht gemessenen Zeitpunkt $t = 3$
a) durch Annahme eines linearen Verlaufs von h zwischen $t = 2$ und $t = 4$.
b) mit Hilfe des Newtonschen Interpolationspolynoms vom Grad 3.

Lösung zu a):
Die lineare Interpolation verwendet die Gerade g durch die Punkte $P_2(2|48)$ und $P_3(4|24)$.
g hat die Gleichung $g(t) = -12t + 72$.
Es gilt $g(3) = 36$. Zur Zeit $t = 3$ ergibt sich also die Wasserstandshöhe $h(3) = 36$ cm.

Lösung zu b):
Für das Newtonsche Interpolationspolynom vom Grad 3 ergibt sich mit einer Rechnung analog zu den obigen Beispielen die Gleichung $f(t) = t^3 - 15t^2 + 50t$.
Zur Zeit $t = 3$ liefert dieses Modell eine Wasserstandshöhe von $f(3) = 42$ cm.

Der Unterschied ist in diesem Fall erheblich, was auch die Zeichnung verdeutlicht. Das Newtonsche Stützpolynom beschreibt den Prozess im besagten Bereich offenbar besser als die Interpolationsgerade.

Lineare Interpolation
Gerade durch $P_2(2|48)$ und $P_3(4|24)$
$g(t) = -12t + 72$
$g(3) = 36$ cm

Newtonsche Interpolation
$f(t) = t^3 - 15t^2 + 50t$
$f(3) = 42$ cm

Graphischer Vergleich

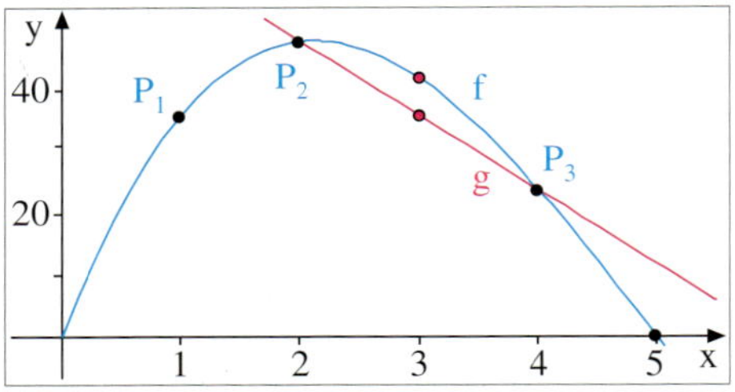

Übung 6 Interpolation

Gegeben ist eine Messwertabelle (rechts).
a) Bestimmen Sie den nicht erfassten Punkt $P(x_0|f(x_0))$ durch lineare Interpolation.
b) Bestimmen Sie den nicht erfassten Punkt $P(x_0|f(x_0))$ mit Newtonscher Interpolation.
c) Vergleichen Sie die Ergebnisse, indem Sie Stützpunkte, lineare Näherungsgerade g und Newtonsches Stützpolynom f in ein Koordinatensystem eintragen.

Tabelle I:

t	1	2	3	5
h	36	48	??	0

Tabelle II:

t	1	2	4	5	6
h	36	48	??	0	16

---

* Interpolieren bedeutet: Einen unbekannten Wert *zwischen* zwei bekannten Werten angenähert bestimmen.

Übungen

7. Stützpolynom: Standardansatz

Bestimmen Sie ein Stützpolynom, welches durch die angegebenen Stützpunkte geht.

a)

x	1	2	5
y	–3	–5	1

b)

x	–2	–1	0	2
y	–4	2	2	8

c)

x	–2	0	2	4
y	–10	0	2	20

8. Stützpolynom: Newton'scher Ansatz

Verwenden Sie die Methode von Newton (S. 172), um ein Stützpolynom zu bestimmen, das die folgenden Stützpunkte durchläuft.

a)

x	1	2	5
y	1	2	11

b)

x	–2	0	2	4
y	–6	–2	2	30

c)

x	–1	0	2	4
y	$\frac{9}{4}$	2	3	16

9. Stützpolynom: Erweiterung für zusätzliche Messpunkte

Das rechts aufgeführte Messprotokoll enthielt zunächst drei Messwerte (schwarz). Erst später wurde ein vierter Messwert (rot) aufgenommen.

x	1	3	5	6
y	1	4	9	16

a) Bestimmen Sie das Newtonsche Stützpolynom für die ursprüngliche Tabelle

b) Bestimmen Sie das Newtonsche Stützpolynom für die neue Tabelle (4 Werte). Erweitern Sie hierzu Ihren ursprünglichen Ansatz und die zugehörige Rechnung.

10. Grad des Stützpolynoms

a) Errechnen Sie das Stützpolynom für die ersten drei Messpunkte der rechts dargestellten Tabelle I.

b) Errechnen Sie nun das Stützpolynom für die vollständige Tabelle I.

c) Wiederholen Sie die Berechnungen aus a) und b) für die Tabelle II.
Kommentieren Sie Ihr Resultat.

I

x	0	1	2	3
y	0	0	8	30

II

x	0	1	2	4
y	2	0	0	6

11. Funktionsapproximation/Interpolation

Die Funktion $h(x) = 2^x$ soll im abgebildeten Bereich durch ein Stützpolynom f approximiert werden.

a) Errechnen Sie das Stützpolynom f. Verwenden Sie die vier eingezeichneten Stützpunkte.

b) Bestimmen Sie $h\left(\frac{1}{2}\right)$ und h(3) durch Interpolation mittels f. Vergleichen Sie mit den wahren Werten, indem Sie den prozentualen Fehler errechnen.
Interpretieren Sie Ihre Resultate.

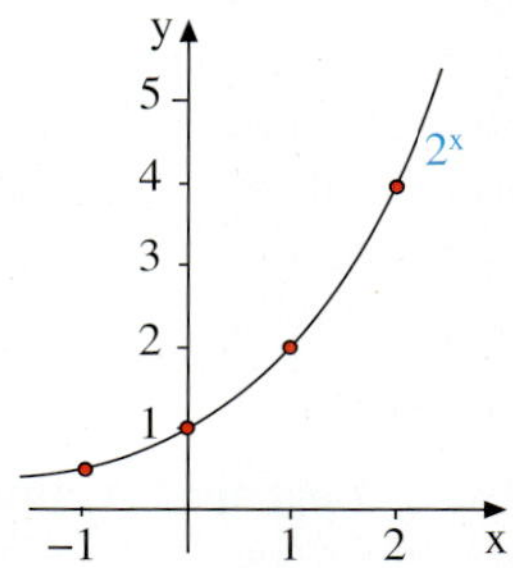

Die Lagrange-Approximation

Ein weiteres Approximationsverfahren wurde von dem französischen Mathematiker Joseph Louis Lagrange (1735–1813) entwickelt.

Grundlage seines Verfahrens sind die sogenannten Lagrange-Polynome.

Sind n Messpunkte $P_1(x_1|y_1), \dots P_n(x_n|y_n)$ bekannt, so lauten die Lagrange-Polynome wie folgt*:

$$L_k(x) = \prod_{\substack{i=1\\ i\neq k}}^{n} \frac{x - x_i}{x_k - x_i} \quad (k = 1, \dots, n).$$

Alle Lagrange-Polynome haben die Eigenschaften $L_k(x_k) = 1$ und $L_k(x_i) = 0$ $(i \neq k)$.

Daher liegen alle Messpunkte $P_1, \dots, P_n$ auf dem Graphen des nebenstehenden Lagrange-Stützpolynoms.

Stützpolynom nach Lagrange:
$f(x) = y_1 L_1(x) + \dots + y_n L_n(x)$

Beispiel: Das Lagrange-Stützpolynom
Wie lautet das Lagrange-Stützpolynom durch die Punkte $P_1(1|3)$, $P_2(2|5)$, $P_3(4|2)$ und $P_4(6|3)$?

Lösung:
Der Vorteil des Lagrange-Verfahrens ist, dass die vier Lagrange-Polynome und das daraus gebildete Stützpolynom wie rechts angegeben unmittelbar gebildet werden können.
Es erfordert allerdings viel Rechenarbeit, aus dieser Produktdarstellung die normale Darstellung des Stützpolynoms zu entwickeln, sodass hier ein Ausmultiplizieren mittels Rechnereinsatz sinnvoll ist.
Das Ergebnis der Approximation ist rechts angegeben. Das Stützpolynom lautet:
$f(x) = \frac{1}{3}x^3 - \frac{7}{2}x^2 + \frac{61}{6}x - 4.$

Lagrange-Polynome:

$$L_1(x) = \frac{(x-2)\cdot(x-4)\cdot(x-6)}{(1-2)\cdot(1-4)\cdot(1-6)} = \frac{(x-2)\cdot(x-4)\cdot(x-6)}{(-1)\cdot(-3)\cdot(-5)}$$

$$L_2(x) = \frac{(x-1)\cdot(x-4)\cdot(x-6)}{(2-1)\cdot(2-4)\cdot(2-6)} = \frac{(x-1)\cdot(x-4)\cdot(x-6)}{(+1)\cdot(-2)\cdot(-4)}$$

$$L_3(x) = \frac{(x-1)\cdot(x-2)\cdot(x-6)}{(4-1)\cdot(4-2)\cdot(4-6)} = \frac{(x-1)\cdot(x-2)\cdot(x-6)}{(+3)\cdot(+2)\cdot(-2)}$$

$$L_4(x) = \frac{(x-1)\cdot(x-2)\cdot(x-4)}{(6-1)\cdot(6-2)\cdot(6-4)} = \frac{(x-1)\cdot(x-2)\cdot(x-4)}{(+5)\cdot(+4)\cdot(+2)}$$

Stützpolynom nach Lagrange:

$$f(x) = 3\cdot L_1(x) + 5\cdot L_2(x) + 2\cdot L_3(x) + 3\cdot L_4(x)$$

$$f(x) = \frac{1}{3}x^3 - \frac{7}{2}x^2 + \frac{61}{6}x - 4$$

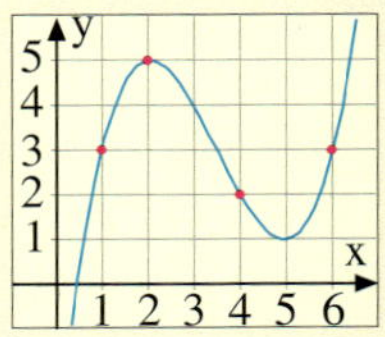

Übung Lagrange-Appromimation
Bestimmen Sie das Lagrange-Stützpolynom durch die Punkte P_1, P_2, und P_3.
a) $P_1(2|1)$, $P_2(4|-2)$, $P_3(6|2)$
b) $P_1(2|-2)$, $P_2(4|0)$, $P_3(5|3)$

---

*$\prod$ ist das Produktzeichen; Es gilt $\prod_{i=1}^{n} a_i = a_1 \cdot a_2 \cdot \dots \cdot a_n$

Vergleich der Stützpolynome nach Newton und Lagrange

Im Folgenden vergleichen wir die beiden Methoden zur Bestimmung von Stütz- bzw. Interpolationspolynomen nach Newton und Lagrange. Dazu rechnen wir zunächst das obige Beispiel noch einmal mit dem Newtonschen Ansatz.

Beispiel: Das Newton-Stützpolynom

Wie lautet das Newton-Stützpolynom durch die Punkte $P_1(1|3)$, $P_2(2|5)$, $P_3(4|2)$ und $P_4(6|3)$?

Lösung:

Hier liegen vier Stützpunkte vor. Das Newtonsche Polynom hat also den Grad 3.

Die Ansatzformeln lauten daher:

Gegebene Stützpunkte

$P_1(1|3)$, $P_2(2|5)$, $P_3(4|2)$ und $P_4(6|3)$

$$f(x) = a_0 + a_1 \cdot (x - x_1) + a_2 \cdot (x - x_1) \cdot (x - x_2) + a_3 \cdot (x - x_1) \cdot (x - x_2) \cdot (x - x_3)$$
$$f(x) = a_0 + a_1 \cdot (x - 1) + a_2 \cdot (x - 1) \cdot (x - 2) + a_3 \cdot (x - 1) \cdot (x - 2) \cdot (x - 4)$$

Setzen wir hier die Stützstellen $x = 1$, $x = 2$, $x = 4$ sowie $x = 6$ ein, so erhalten wir ein lineares Gleichungssystem. Wegen seiner Dreiecksform ist es ganz einfach zu lösen. Die gesuchten Koeffizienten lauten:

$a_0 = 3,\ a_1 = 2,\ a_2 = -\frac{7}{6},\ a_3 = \frac{1}{3}$

Lineares Gleichungssystem

$f(1) = 3 \Rightarrow$ I: $a_0 = 3$

$f(2) = 5 \Rightarrow$ II: $a_0 + a_1 = 5$

$f(4) = 2 \Rightarrow$ III: $a_0 + 3a_1 + 6a_2 = 2$

$f(6) = 3 \Rightarrow$ IV: $a_0 + 5a_1 + 20a_2 + 40a_3 = 3$

Nun müssen wir diese Koeffizienten in die Ansatzgleichung einsetzen und deren zahlreiche Linearfaktoren anschließend ausmultiplizieren und dann zusammenfassen, was alles recht mühselig ist.

Lösung des LGS

$a_0 = 3,\ a_1 = 2,\ a_2 = -\frac{7}{6},\ a_3 = \frac{1}{3}$

$$f(x) = 3 + 2(x - 1) - \frac{7}{6}(x - 1)(x - 2) + \frac{1}{3}(x - 1)(x - 2)(x - 4)$$

Erwartungsgemäß* erhalten wir das gleiche Stützpolynom wie beim Lagrange-Verfahren.

Rechts ist der Graph des Stützpolynoms dargestellt. Man erkennt gut, dass er harmonisch zu den Stützpunkten passt.

Bewertung: Insgesamt war das Ergebnis mit dem Newtonschen Verfahren deutlich leichter zu erzielen als mit Lagrange.

Hinzu kommt, dass das Newtonsche Verfahren viel einfacher die Integration weiterer, zusätzlicher Messwerte gestattet.

Stützpolynom und Graph

$f(x) = \frac{1}{3}x^3 - \frac{7}{2}x^2 + \frac{61}{6}x - 4$

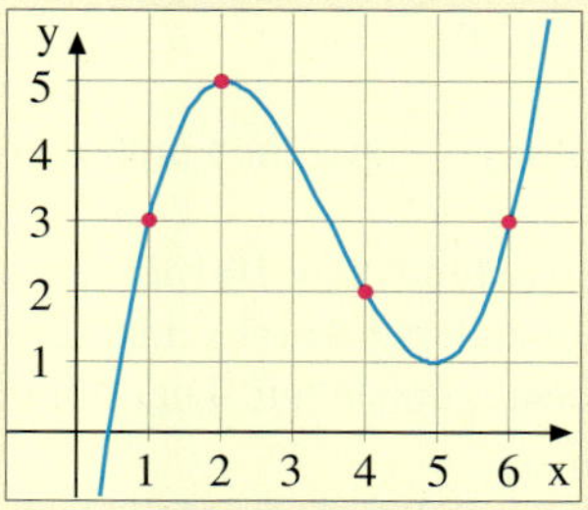

Übung Lagrange und Newton

Bestimmen Sie das Stützpolynom einmal nach Lagrange und einmal nach Newton.

a) $P_1(-3|-1)$, $P_2(-1|-1)$, $P_3(2|4)$

b) $P_1(-3|-1)$, $P_2(-1|-1)$, $P_3(2|4)$ und $P_4(3|3)$

---

* Ein Polynom 3. Grades ist durch 4 Stützpunkte eindeutig festgelegt.

C. Exkurs: Trassierung

Die Planung des Verlaufs von Eisenbahnstrecken oder Autobahnen wird als ***Trassierung*** bezeichnet. Im Folgenden wird die Trassierung von Fahrbahnen mit einfachen mathematischen Mitteln modelliert. Zwei parallel verlaufende Trassen sollen durch ein s-förmiges Kurvenstück so verbunden werden, dass ein harmonischer, d. h. ruckfreier Übergang entsteht.

Beispiel: Trassierung eines Gleises

Zwei Gleise h und g verlaufen wie abgebildet im Abstand von 4 LE parallel zueinander. Eine s-förmige Kurve f soll die beiden Gleise auf einer Strecke von 20 LE verbinden. Die Ansatzpunkte sollen möglichst ruckfrei durchfahren werden können. Überprüfen Sie, ob eine Polynomfunktion f dritten Grades hierfür geeignet ist. (1 LE = 10 m)

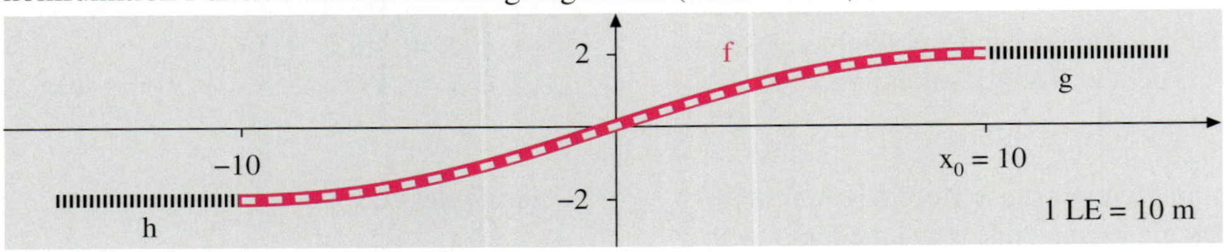

Lösung:
Wir legen das Koordinatensystem zentral in die Mitte der Anordnung. Dann ist die Funktion f punktsymmetrisch zum Ursprung. Sie enthält dann nur Potenzen mit ungeraden Exponenten, sodass der Ansatz lautet: $f(x) = ax^3 + bx$.

Ansatz für die Funktion f:
f ist punktsymm. zum Ursprung:
$f(x) = ax^3 + bx$
$f'(x) = 3ax^2 + b$

Folgende Forderungen muss die Funktion f erfüllen:
An der Anschlussstelle $x_0 = 10$ müssen f und g exakt aneinanderstoßen. Es darf kein gefährlicher Versatz entstehen. Dies führt auf Gleichung I.
An der Anschlussstelle darf auch kein Knick entstehen. Dies führt auf Gleichung II.

Forderungen an f:
Übergang ohne Versatz: $f(x_0) = g(x_0)$
$f(10) = g(10)) \Rightarrow$ I: $1000a + 10b = 2$

Übergang ohne Knick: $f_0(x_0) = g'(x_0)$
$f'(10) = g'(10)) \Rightarrow$ II: $300a + b = 0$

Wir erhalten also ein Gleichungssystem mit zwei Gleichungen in zwei Variablen.

Gleichungssystem:
I: $1000a + 10b = 2$
II: $300a + b = 0$

Wir lösen das Gleichungssystem nach dem Additions- oder dem Einsetzungsverfahren und erhalten $a = -0{,}001$ und $b = 0{,}3$.

Also ist $f(x) = -0{,}001\,x^3 + 0{,}3\,x$ die gesuchte versatz- und knickfreie Trasse.

Lösung des Gleichungssystems

III = 10 · II–I: $2000\,a = -2 \Rightarrow a = -0{,}001$

in II: $0{,}3 + b = 0 \quad \Rightarrow b = 0{,}3$

Resultat für die Trasse

$f(x) = -0{,}001\,x^3 + 0{,}3\,x$

Diese Trasse ist allerdings nicht optimal. Die Funktion f dritten Grades hat bei $x_0 = 10$ ein Maximum. Sie schließt daher zwar versatz- und knickfrei an g an, hat aber dort im Gegensatz zu g eine Krümmung (Bild 1). Stellt man sich einen Radfahrer vor, der die Kurve f befährt, so müsste dieser beim Erreichen der Stelle x_0 den Lenker aus der Kurvenfahrt ruckartig in eine gerade Stellung reißen, um auf die Gerade g einzuschwenken. Man spricht hier von einem ***Krümmungsruck***. Mathematisch erkennt man diesen daran, dass $f''(10) = -0{,}6 < 0$ (Rechtskrümmung) gilt, aber $g''(10) = 0$ (keine Krümmung).

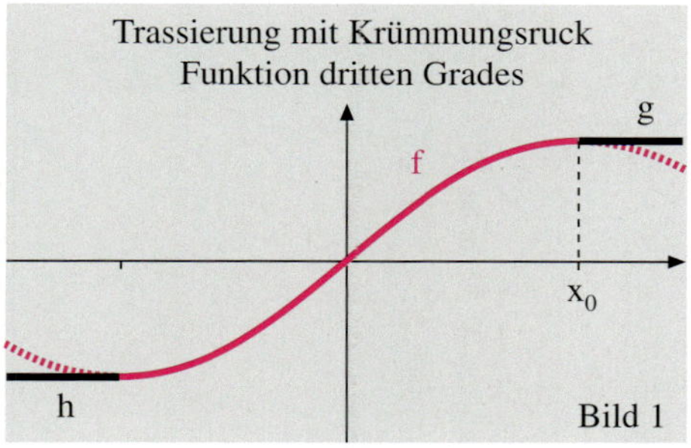

Bild 1

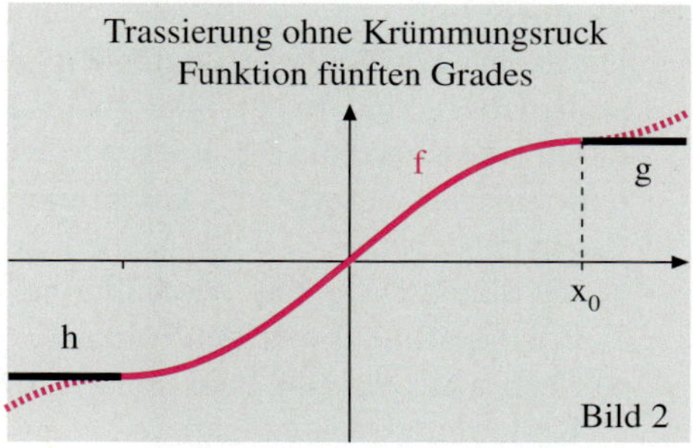

Bild 2

Um den Krümmungsruck zu vermeiden, kann man eine Funktion fünften Grades verwenden. Diese kann in der Übergangsstelle $x_0 = 10$ einen Wendepunkt haben, sodass $f''(10) = 0 = g''(10)$ gilt und es nicht zu einem Krümmungsruck kommt (Bild 2, vgl. auch Übung 12).

Man kann zeigen, dass folgendes Kriterium für eine ruckfreie Trassierung gilt:

Trassierungskriterium

Die „ruckfreie“ Verbindung zweier Trassen f und g ist möglich, wenn an der Verbindungsstelle x_0 folgende Bedingungen erfüllt sind:

I:	$\mathbf{f(x_0) = g(x_0)}$	versatzfreier Übergang
II:	$\mathbf{f'(x_0) = g'(x_0)}$	knickfreier Übergang
III:	$\mathbf{f''(x_0) = g''(x_0)}$	Übergang ohne Krümmungsruck

Übung 12 Ideale ruckfreie Trassierung

Lösen Sie das Trassierungsproblem aus dem Beispiel oben mit einer Polynomfunktion fünften Grades $f(x) = a\,x^5 + b\,x^3 + c\,x$. Wenden Sie das Trassierungskriterium an.

Kontrollergebnis: $f(x) = 0{,}0000075\,x^5 - 0{,}0025\,x^3 + 0{,}375\,x$

Übungen

13. Radschikane

Für eine Fahrradbahn wird das abgebildete Höhenprofil geplant.

a) Wie könnte die Gleichung der Profilkurve lauten, wenn die Übergangspunkte versatz- und knickfrei sein sollen?

b) Die Bahn soll nirgends steiler als 60° sein. Wird diese Auflage erfüllt?

c) Entscheiden Sie, ob die Funktion $f(x) = \frac{1}{4}x^2 + x - 1$ geeignet ist, a) und b) zu erfüllen.

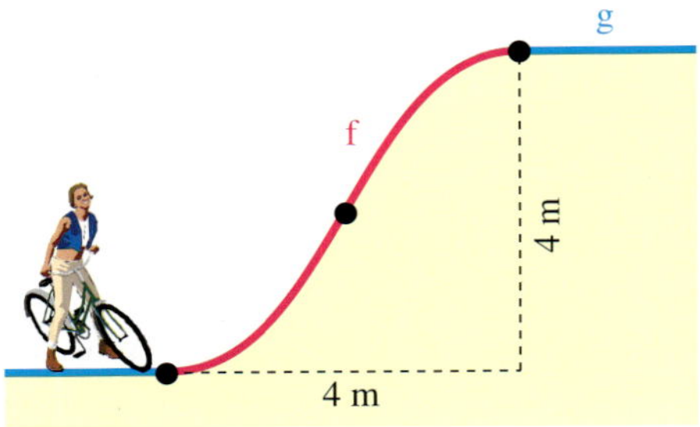

14. Skaterbahn*

Die exakt nach Nordosten laufenden geraden Teilstücke g und h der Skaterbahn sollen durch eine Kurve so verbunden werden, dass harmonische versatz- und knickfreie Übergänge entstehen.

a) Verwenden Sie zur Modellierung eine Polynomfunktion dritten Grades.

b) Zeigen Sie, dass die Funktion aus a) einen Krümmungsruck erzeugt.

c) Verwenden Sie zur Vermeidung des Krümmungsrucks eine Funktion fünften Grades.

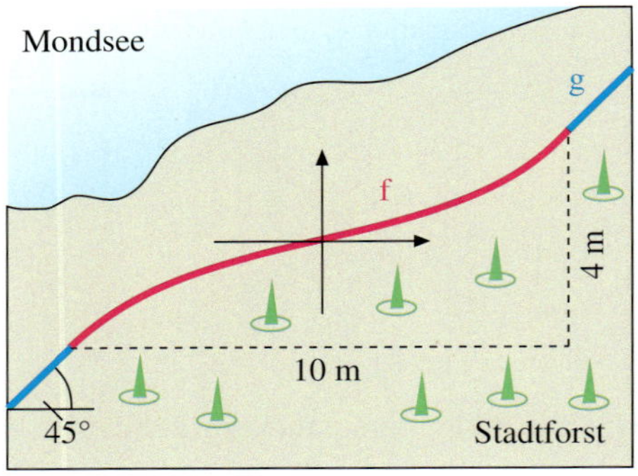

15. Verkehrinsel*

Die neue Straße soll über den Punkt P(0|10) um eine kleine Verkehrsinsel herumgeleitet werden. Modellieren Sie den Umleitungsbogen auf drei verschiedenen Arten.

a) mit einer quadratischen Parabel,

b) mit einem Polynom 4. Grades,

c) mit einem Polynom 6. Grades.

Vergleichen Sie die drei Modelle.

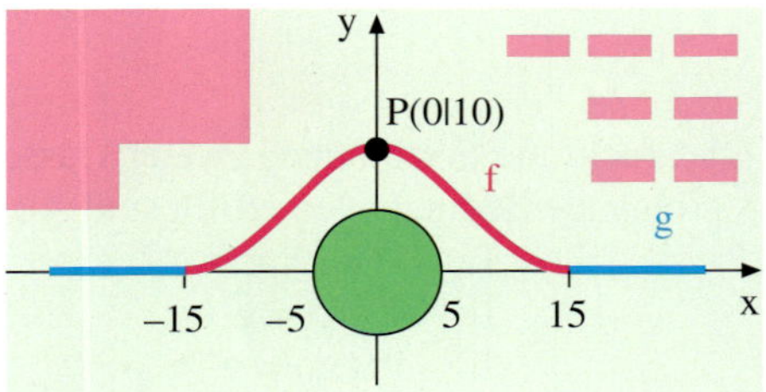

16. Skiloipe*

Die beiden geradlinigen Ansatzstücke einer Skiloipe sollen so durch eine Polynomfunktion f verbunden werden, dass das Trassierungskriterium erfüllt ist.

Wo liegen die Wendepunkte der Loipe?

Wie dicht rückt die Loipe an den Fluss heran?

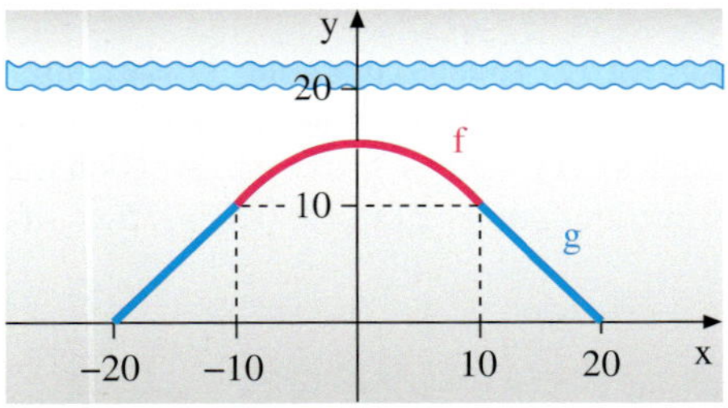

* Zum Lösen der Gleichungssysteme ist der Einsatz eines Rechners sinnvoll.

17. Radfahrschule

Auf dem Schulhof soll für die Fahrradschulung eine Radspur eingezeichnet werden, die die geraden Zuführungen durch ein quadratisches Polynom verbindet. Die Zuführungen stehen rechtwinklig zueinander.

a) Ist die Kurve versatz- und knickfrei ausführbar?

b) Allgemeine Frage: Kann eine Bahn mit der Gleichung $f(x) = x^2$ an einer geradlinigen Ausfahrt krümmungsruckfrei verlassen werden?

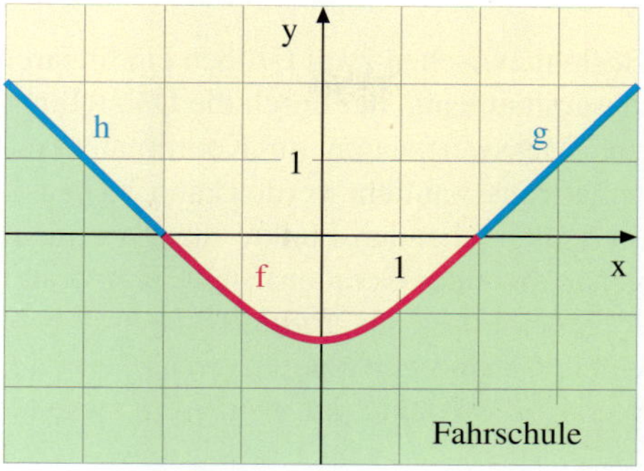

18. Ableitungsfunktionen von Trassen

Die beiden parallel verlaufenden Gleise g und h werden durch die Trasse f der Gleichung $f_1(x) = -\frac{1}{2}x^3 + \frac{3}{2}x$ verbunden. Die Bilder rechts zeigen die Trassen und ihre ersten und zweiten Ableitungen.

a) Begründen Sie anhand der Bilder, dass das Trassierungskriterium verletzt ist.

b) Zeigen Sie, dass die Funktion $f_2(x) = \frac{3}{8}x^5 - \frac{5}{4}x^3 + \frac{15}{8}x$ besser geeignet wäre, indem Sie die Werte von f, f′ und f″ an den beiden Übergängen berechnen.

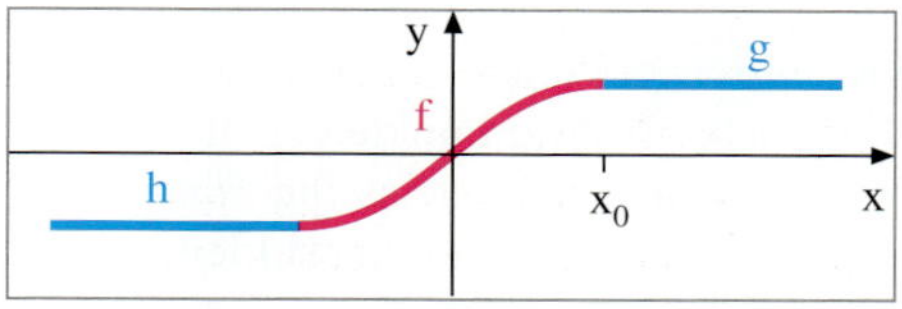

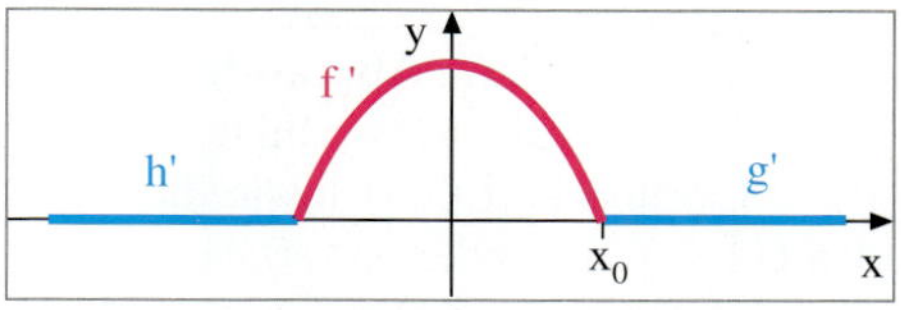

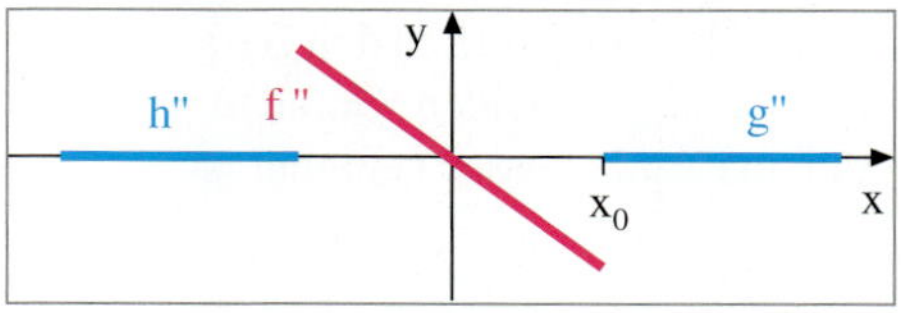

19. Ableitungen bei Trassen

Zwei Normalparabeln werden zur Ausbildung einer Schikane an der neuen Rennstrecke wie abgebildet zusammengeführt.

Elisabeth meint: „Die drei Übergangspunkte sind nicht optimal ausgebildet.“

Felix entgegnet: „Das spielt in der Praxis keine Rolle“.

Wer hat recht?

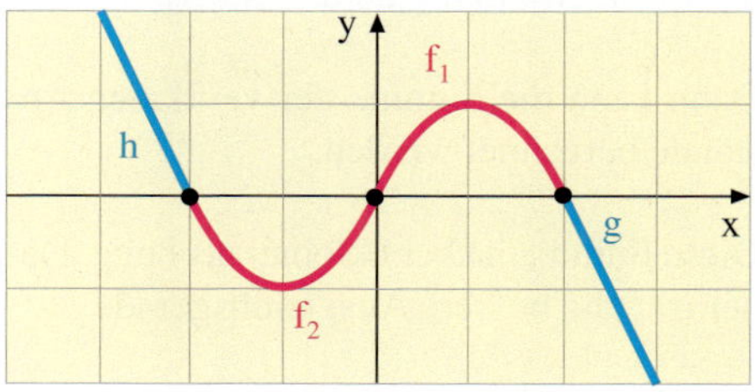

2. Die lineare Regression

Besteht zwischen zwei Größen ein linearer Zusammenhang, der durch die Darstellung von Messwertpaaren im Koordinatensystem veranschaulicht werden kann, so liegen die entsprechenden Punkte meistens nicht genau auf einer Geraden. Sie streuen durch Nebeneinflüsse als ***Punktwolke*** um eine Gerade. Man sucht eine ***Ausgleichsgerade***, von der die Punkte nur wenig abweichen.

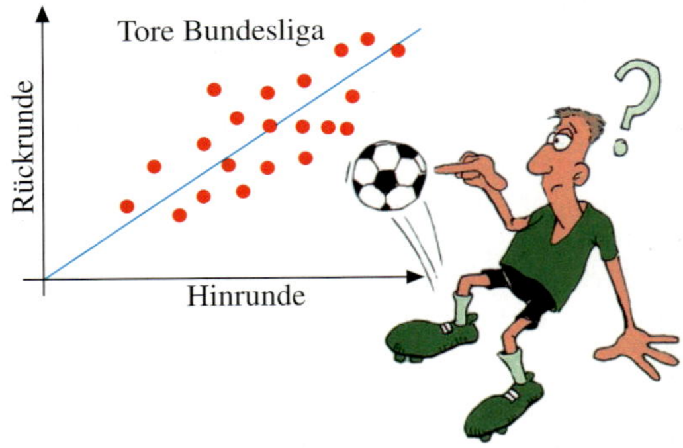

A. Die optimale Ausgleichsgerade bei proportionaler Zuordnung

Sind nur zwei Punkte gegeben, so geht die Ausgleichsgerade natürlich exakt durch diese Punkte. Sind mehr als zwei Punkte gegeben, muss man ein Gütekriterium für die Ausgleichsgerade festlegen. Es liegt nahe, dass die *Summe der vertikalen Abstände* zwischen den Punkten und der Ausgleichsgeraden möglichst klein sein sollte.

Beispiel: Vertikale Abstände als Kriterium für die Ausgleichsgerade

Gegeben sind die Messpunkte $P_1(3|1)$, $P_2(4|3{,}7)$ und $P_3(6|3{,}3)$ sowie die Geraden $f(x) = 0{,}5\,x$ und $g(x) = 0{,}8\,x$.
Entscheiden Sie mit Hilfe der vertikalen Abstände der Punkte zu den Geraden f und g, welche der beiden Geraden als Ausgleichsgerade besser geeignet ist.

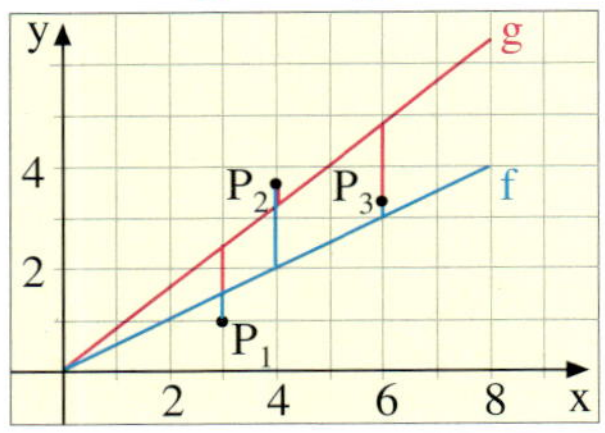

Lösung:
Wir berechnen zuerst die Funktionswerte der Geraden f und g an den Stützpunkten.

Funktionswerte:
f: $f(3) = 1{,}5$; $f(4) = 2$; $f(6) = 3$
g: $g(3) = 2{,}4$; $g(4) = 3{,}2$; $g(6) = 4{,}8$

Dann kann die Summe der vertikalen Abstände berechnet werden.

Summe der Abstände:
f: $|f(3) - 1| + |f(4) - 3{,}7| + |f(6) - 3{,}3|$
$= 0{,}5 + 1{,}7 + 0{,}3 = 2{,}5$
g: $|g(3) - 1| + |g(4) - 3{,}7| + |g(6) - 3{,}3|$
$= 1{,}4 + 0{,}5 + 1{,}5 = 3{,}4$

Diese Summe ist bei f kleiner als bei g. Daher ist f die bessere Ausgleichsgerade.

Obwohl der vertikale Abstand des Punktes P_2 von der Geraden f im Beispiel größer als alle anderen Abstände ist, erweist sich die Gerade f als die besser geeignete Ausgleichsgerade, wenn man als Gütekriterium die Summe der senkrechten Abstände verwendet, die minimal sein sollte.

Übung 1 Untersuchung zweier Ausgleichsgeraden
Entscheiden Sie, welche der beiden Geraden $f(x) = 0{,}7\,x$ oder $g(x) = x$ besser als Ausgleichsgerade zur Punktwolke aus den Punkten $P_1(3|4)$, $P_2(7|6)$ und $P_3(9|8)$ geeignet ist.

Um unerwünscht große Abstände von Punkten zur Ausgleichsgeraden zu vermeiden, muss man sie in der Minimierungsrechnung mit höherem Gewicht versehen, indem man die Abstände quadriert.
Dieser Ansatz führt zum Gütekriterium der ***Methode der kleinsten Quadrate***.
Das Verfahren stammt von dem deutschen Mathematiker ***Carl Friedrich Gauß***. Er verwendete die Summe der *Quadrate der vertikalen Abstände* als Gütekriterium.
Das Bild rechts veranschaulicht dies.

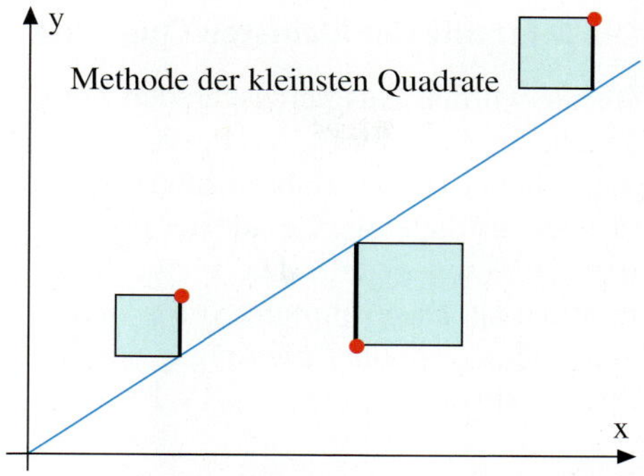

Beispiel: Abstandsquadrate als Kriterium
Gegeben sind die Punkte $P_1(3|2)$, $P_2(6|4)$ und $P_3(10|8)$ sowie die beiden Ausgleichsgeraden $f(x) = x$ und $g(x) = 0{,}5\,x$. Entscheiden Sie mit der Methode der kleinsten Quadrate, welche der beiden Geraden die bessere Ausgleichsgerade ist.

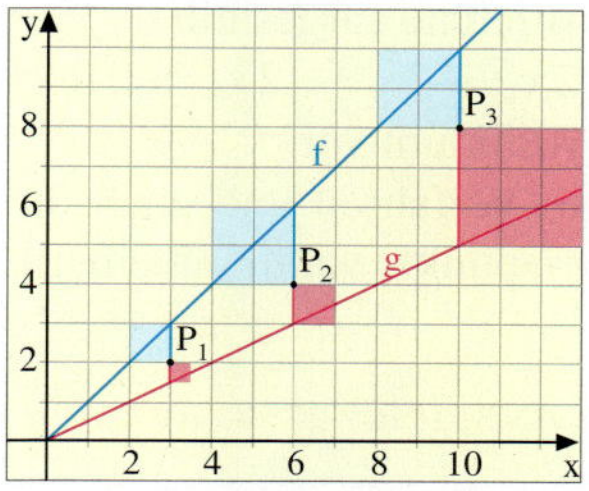

Lösung:
Wir berechnen die Funktionswerte der beiden Geraden f und g an den gegebenen Stellen sowie die vertikalen Abstandsquadrate.

Funktionswerte:
f: $f(3) = 3$; $f(6) = 6$; $f(10) = 10$
g: $g(3) = 1{,}5$; $g(6) = 3$; $g(10) = 5$

Die Rechnung ergibt für die Summe der Quadrate bei der Geraden f den Wert 9 und bei g den Wert 10,25. Daher ist f als Ausgleichsgerade nach der Methode der kleinsten Quadrate besser geeignet.

Summe der Abstandsquadrate:
f: $(f(3) - 2)^2 + (f(6) - 4)^2 + (f(10) - 8)^2$
$= 1^2 + 2^2 + 2^2 = 9$
g: $(g(3) - 2)^2 + (g(6) - 4)^2 + (g(10) - 8)^2$
$= 0{,}5^2 + 1^2 + 3^2 = 10{,}25$

Übung 2 Untersuchung zweier Ausgleichsgeraden mit Hilfe von Abstandsquadraten
a) Weisen Sie nach, dass mit Hilfe der vertikalen Abstandsquadrate nicht entschieden werden kann, ob die Gerade $f(x) = 1{,}5\,x$ oder die Gerade $g(x) = 2\,x$ besser als Ausgleichsgerade zur Punktwolke mit den Punkten $P_1(2|2)$, $P_2(4|7)$ und $P_3(6|11)$ geeignet ist.
b) Ist mit Hilfe der Summe der vertikalen Abstände eine Entscheidung möglich?

Übung 3 Untersuchung dreier Ausgleichsgeraden
a) Schätzen Sie ohne Rechnungen ein, ob f, g oder h die beste Wahl für eine Ausgleichsgerade ist.
b) Untersuchen Sie mit Hilfe der Summe vertikaler Abstände, welche der drei eingezeichneten Ausgleichsgeraden die beste Wahl ist.

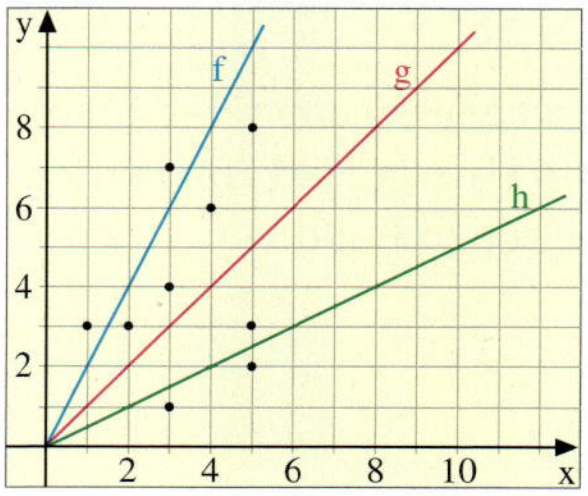

Die Methode der kleinsten Quadrate

Bisher wurden Ausgleichsgeraden vorgegeben und auf ihre Eignung untersucht. Nun soll zu gegebenen Punkten $P_1, \ldots, P_n$ die *optimale Ausgleichsgerade* ermittelt werden.
Wir erläutern das Verfahren zunächst für drei Punkte $P_1(x_1|y_1)$, $P_2(x_2|y_2)$ und $P_3(x_3|y_3)$.
Gesucht ist diejenige Gerade der Form $f(x) = mx$, bei der die Summe der Abstandsquadrate, d. h.
$q(m) = (f(x_1) - y_1)^2 + (f(x_2) - y_2)^2 + (f(x_3) - y_3)^2 = (mx_1 - y_1)^2 + (mx_2 - y_2)^2 + (mx_3 - y_3)^2$
minimal ist. Das Minimum von q kann mit der Differentialrechnung bestimmt werden.
Wir bilden dazu die Ableitung q′ der Summe q der Abstandsquadrate und setzen sie null.
Also: $q'(m) = 2x_1(mx_1 - y_1) + 2x_2(mx_2 - y_2) + 2x_3(mx_3 - y_3) = 0$

Durch Auflösen dieser Gleichung nach m ermitteln wir den optimalen Wert von m. Die Rechnung ist rechts dargestellt.
Wegen $q''(m) = 2x_1^2 + 2x_2^2 + 2x_3^2 > 0$ liegt tatsächlich ein Minimum vor.
Man kann dieses Verfahren und auch die Formel auf n Messpunkte verallgemeinern.

Bestimmung des Minimums von q

$q'(m) = 0$

$2x_1(mx_1 - y_1) + 2x_2(mx_2 - y_2) + 2x_3(mx_3 - y_3) = 0$

$2(mx_1^2 - x_1y_1 + mx_2^2 - x_2y_2 + mx_3^2 - x_3y_3) = 0$

$$\Rightarrow m = \frac{x_1 \cdot y_1 + x_2 \cdot y_2 + x_3 \cdot y_3}{x_1^2 + x_2^2 + x_3^2}$$

Die optimale Ausgleichsgerade nach der Methode der kleinsten Quadrate

Sind n Messpunkte $P_1(x_1|y_1), \ldots, P_n(x_n|y_n)$ gegeben, so gilt für für die optimale Ausgleichsgerade f die Formel rechts.

Optimale Ausgleichsgerade

$$f(x) = m \cdot x \text{ mit } m = \frac{x_1 \cdot y_1 + x_2 \cdot y_2 + \ldots + x_n \cdot y_n}{x_1^2 + x_2^2 + \ldots + x_n^2}$$

Der Physiker Georg Simon Ohm (1789–1854) entdeckte die Gesetzmäßigkeit, dass elektrische Spannung U und Stromstärke I proportionale Größen sind, die Messwertpaare (U|I) also auf einer Gerade durch den Koordinatenursprung liegen. In einem Beispiel wird diese Gerade bestimmt.

▶ **Beispiel: Ohm'sches Gesetz**

Bei einem Schülerexperiment wurde an einen Kostantandraht eine elektrische Spannung U von zunächst 1V angelegt, schrittweise um 1V erhöht und jeweils die Stromstärke I gemessen.

U (in V)	1	2	3	4
I (in A)	0,22	0,42	0,64	0,86

Lösung:
Bei 4 Messwertpaaren gilt die Formel

$$m = \frac{x_1y_1 + x_2y_2 + x_3y_3 + x_4y_4}{x_1^2 + x_2^2 + x_3^2 + x_4^2}.$$

Die Einsetzung der Messwerte führt auf die lineare Funktion I(U) = 0,214 U für den Zusammenhang zwischen I und U. ▶

Berechnung der Steigung

$$m = \frac{1 \cdot 0{,}22 + 2 \cdot 0{,}42 + 3 \cdot 0{,}64 + 4 \cdot 0{,}86}{1^2 + 2^2 + 3^2 + 4^2}$$
$$= \frac{6{,}42}{30} = 0{,}214$$

Optimale Ausgleichsgerade

$g(x) = 0{,}214 \cdot x$; d. h. $I(U) = 0{,}214\,U$

Übungen

4. Untersuchung von Ausgleichsgeraden mit Hilfe von vertikalen Abständen

Entscheiden Sie mit Hilfe der vertikalen Abstände, welche der beiden Ursprungsgeraden $f(x) = 0{,}6\,x$ oder $g(x) = 0{,}7\,x$ besser als Ausgleichsgerade zu den Punkten der gegebenen Punktwolke geeignet ist.

a) $P_1(3|3)$, $P_2(7|4)$, $P_3(11|8)$

b) $P_1(2|3)$, $P_2(4|4)$, $P_3(6|3)$, $P_4(9|4)$, $P_5(11|7)$

c)

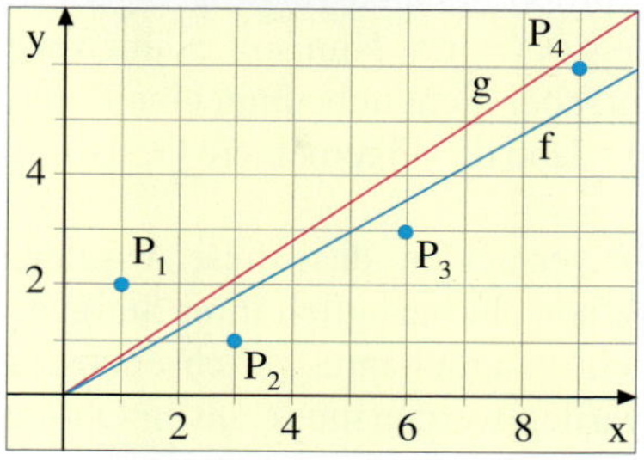

5. Untersuchung von Ausgleichsgeraden mit Hilfe von Abstandsquadraten

Untersuchen Sie mit Hilfe der Summe der vertikalen Abstandsquadrate, ob die Gerade $f(x) = 0{,}9\,x$ oder die Gerade $g(x) = 1{,}2\,x$ besser als Ausgleichsgerade zu der gegebenen Punktwolke geeignet ist.

a) $P_1(2|1)$, $P_2(4|3)$, $P_3(6|8)$

b) $P_1(3|4)$, $P_2(5|4)$, $P_3(6|6)$, $P_4(9|10)$

6. Optimale Ausgleichsgerade

Bestimmen Sie die optimale Ausgleichsgerade $f(x) = m\,x$ zur angegebenen Punktwolke.

a) $P_1(2|3)$, $P_2(5|4)$
$P_3(7|6)$, $P_4(10|7)$

b)

x	2	5	7	9	11
y	3	2	4	6	8

c)

x	1	3	4	5	7
y	3	4	5	6	9

d)

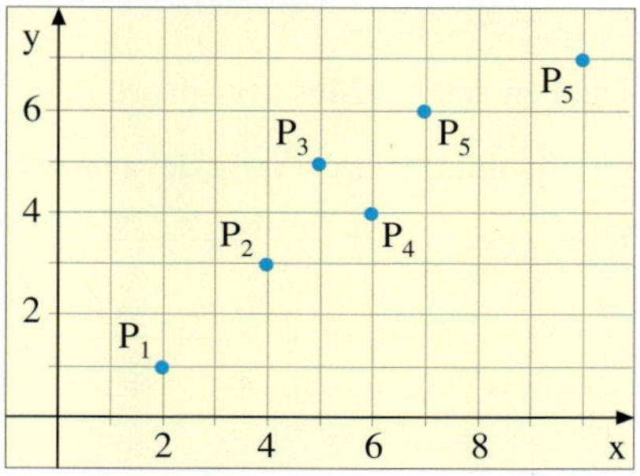

7. Hooke'sches Gesetz

Nach dem Hooke'schen Gesetz (Sir Robert Hooke, 1635–1703) ist die Verlängerung einer Spiralfeder proportional zum angehängten Gewicht. Eine Messung liefert folgende Tabelle.

Gewichtskraft G (in N)	0,5	1	1,5	2	2,5	3
Verlängerung d (in cm)	2,3	4,5	6,8	9,1	11,4	13,7

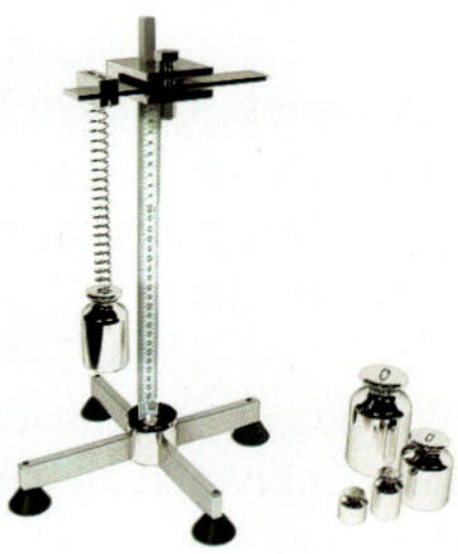

a) Veranschaulichen Sie die Wertepaare in einem Koordinatensystem.

b) Berechnen Sie die optimale Ausgleichsgerade g.

c) Statt 13,7 wird versehentlich 15 gemessen. Wie ändert sich g?

B. Die allgemeine lineare Regression

Im vorhergehenden Abschnitt ging es um die optimale Ausgleichsgerade bei Messpunktwolken, die zu proportionalen Vorgängen gehörten. Die Ausgleichsgerade war dabei stets eine Ursprungsgerade $g(x) = mx$. Nun soll es um Vorgänge gehen, bei denen auch ein linearer Zusammenhang besteht, aber nicht unbedingt eine Proportionalität. Die Gleichung der optimalen Ausgleichsgeraden hat dann die allgemeinere Gestalt $g(x) = mx + n$. Sie wird als ***Regressionsgerade*** bezeichnet.

Um zu vermeiden, dass diese Ausgleichsgerade sowohl bezüglich ihrer Steigung m als auch bezüglich ihres y-Achsenabschnittes n variiert werden muss, um ihr Optimum zu finden, legt man fest, dass sie durch den ***Schwerpunkt*** S der ***Punktwolke**** geht. Dann muss man nur noch ihre Steigung m optimieren, welche die Gerade um ihren Schwerpunkt $S(\overline{x}\,|\,\overline{y})$ drehen kann. $\overline{x}$ und $\overline{y}$ sind dabei jeweils die arithmetischen Mittelwerte der x-Koordinaten bzw. der y-Koordinaten der Punkte der Punktwolke. Man kann zeigen, dass folgender Satz** gilt.

Die lineare Regressionsgerade

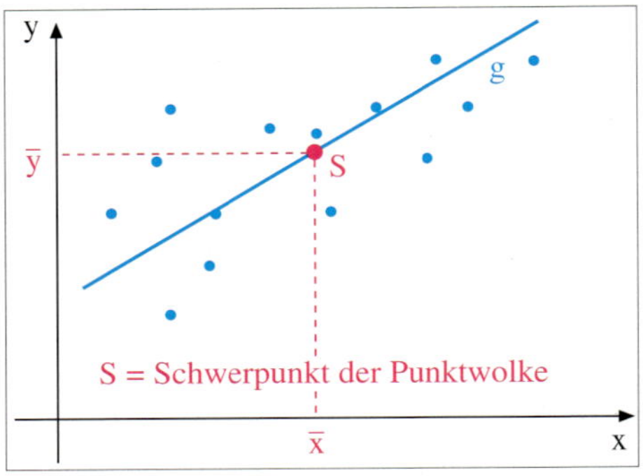

Die Gleichung der Regressionsgeraden

Gegeben seien n Messwertpaare $P_1(x_1|y_1), P_2(x_2|y_2), \ldots, P_n(x_n|y_n)$.

Dann lautet die Gleichung der *optimalen Ausgleichsgeraden* $g(x) = m \cdot (x - \overline{x}) + \overline{y}$.

Dabei gilt: (1) $\overline{x} = \frac{x_1 + x_2 + \ldots + x_n}{n}$, $\overline{y} = \frac{y_1 + y_2 + \ldots + y_n}{n}$ (Schwerpunkt der Punktwolke)

(2) $m = \frac{(x_1 - \overline{x})(y_1 - \overline{y}) + \ldots + (x_n - \overline{x})(y_n - \overline{y})}{(x_1 - \overline{x})^2 + \ldots + (x_n - \overline{x})^2}$ (optimale Steigung der Ausgleichsgeraden)

Wir demonstrieren nun die Anwendung des Satzes anhand eines einfachen Beispiels, bei dem die Punktwolke nur drei Punkte enthält und alle Rechnungen manuell ausgeführt werden können.

Beispiel: Lineare Regression

Gesucht ist die optimale Ausgleichsgerade für die durch die Messtabelle gegebene Punktwolke.

x	1	3	8
y	2	4	3

Wir berechnen zunächst den Schwerpunkt der Punktwolke, indem wir Formel (1) aus dem Satz oben anwenden.
Wir erhalten $\overline{x} = 4$ und $\overline{y} = 3$ als Schwerpunktkoordinaten.

Schwerpunkt der Punktwolke

$$\overline{x} = \frac{x_1 + x_2 + x_3}{3} = \frac{1 + 3 + 8}{3} = 4$$

$$\overline{y} = \frac{y_1 + y_2 + y_3}{3} = \frac{2 + 4 + 3}{3} = 3$$

* Die *Punktwolke* wird auch als *Streudiagramm* bezeichnet.

** Der Beweis ist kompliziert.

Anschließend berechnen wir die Steigung m der Regressionsgeraden. Sie wird nach Formel (2) aus dem obigen Satz errechnet.
Wir erhalten $m = \frac{1}{13}$.

Die Steigung der Regressionsgeraden

$$m = \frac{(x_1 - \overline{x})(y_1 - \overline{y}) + (x_2 - \overline{x})(y_2 - \overline{y}) + (x_3 - \overline{x})(y_3 - \overline{y})}{(x_1 - \overline{x})^2 + (x_2 - \overline{x})^2 + (x_3 - \overline{x})^2}$$

$$= \frac{(1-4)(2-3) + (3-4)(4-3) + (8-4)(3-3)}{(1-4)^2 + (3-4)^2 + (8-4)^2} = \frac{1}{13}$$

Damit können wir die Gleichung der Regressionsgeraden aufstellen.
Sie lautet $g(x) = \frac{1}{13}x + \frac{35}{13}$

Die Gleichung der Regressionsgeraden

$$g(x) = m(x - \overline{x}) + \overline{y}$$
$$= \frac{1}{13}(x - 4) + 3 = \frac{1}{13}x + \frac{35}{13}$$

Zwecks Veranschaulichung stellen wir Punktwolke und Regressionsgerade wie rechts abgebildet graphisch dar.

Man kann deutlich erkennen, dass die Regressionsgerade g mit gut angepasster Steigung mitten durch die Punktwolke P_1, P_2, P_3 geht, wobei sie durch deren Schwerpunkt S verläuft.

Graphische Darstellung der Regression

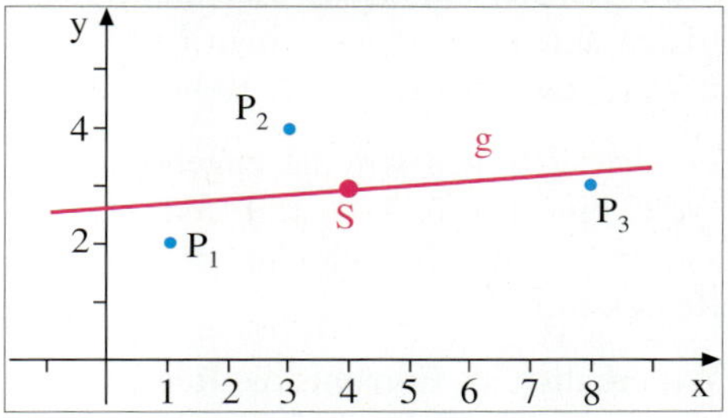

Übung 8 Allgemeine lineare Regression
Bestimmen Sie die Gleichung der linearen Regressionsgeraden zur angegebenen Messwerttabelle. Berechnen Sie zunächst den Schwerpunkt der Punktwolke und anschließend die Steigung der Regressionsgeraden. Veranschaulichen Sie abschließend Aufgabe und Ergebnis in einer Graphik.

a)

x	0	2	4
y	3	1	2

b)

x	1	4	6	9
y	3	2	5	6

c)

x	1	2	3	4	5	6	7	12
y	6	4	3	5	2	4	2	–2

Übung 9 Lineare Regression
Die Graphik zeigt die Punktwolke einer Messreihe.

a) Übertragen Sie die Zeichnung in ihr Heft. Zeichnen Sie dann nach Gefühl eine zur Wolke passende Ausgleichsgerade h ein.
b) Berechnen Sie den Schwerpunkt S der Punktwolke und die Steigung m von g und zeichnen Sie g ein.
c) Beurteilen Sie die Güte ihrer nach Gefühl gezeichneten Geraden h im Vergleich zur exakten Regressionsgeraden g.

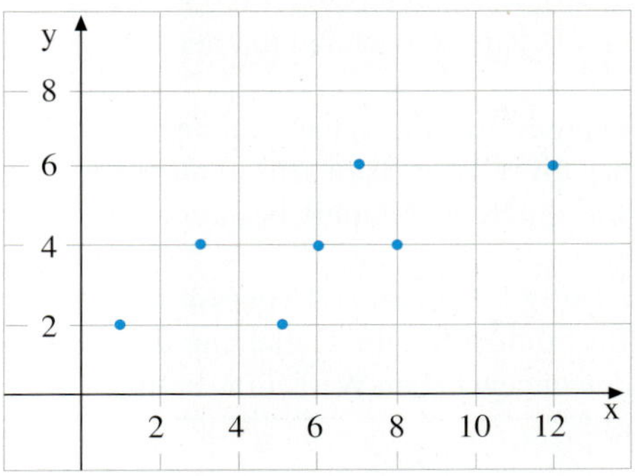

C. Bestimmung der linearen Regressionsgeraden mit dem Rechner

Lineare Regressionsgeraden kann man mit geeigneten Taschenrechnern oder Computerprogrammen bestimmen. Man muss dazu im Prinzip lediglich die Messreihenwerte eingeben.

Beispiel: Lineare Regression mit dem Rechner

Berechnen Sie die Regressionsgerade zur abgebildeten Messwerttabelle automatisiert mit Hilfe eines Taschenrechners.

x	1	3	5	7	10	12
y	6	3	4	1	1	–1

Lösung

Wir rufen die statistische Dateneingabe für Listen auf. Dort tragen wir in Liste 1 die x-Werte ein, also 1, 3, 5, 7, 10 und 12.

In Liste 2 tragen wir die zugehörigen y-Werte ein, d. h. 6, 3, 4, 1, 1 und –1. Nun starten wir die Berechnung der linearen Regression.

Wir erhalten als Ergebnis die Regressionsgerade $g(x) = -0{,}56x + 5{,}87$.

Der zusätzlich angegebene Wert $r = -0{,}93$ heißt ***Korrelationskoeffizient****. Er beschreibt die Qualität des Zusammenhangs zwischen den x-Werten und y-Werten der Punktwolke.

Bedeutung des Korrelationskoeffizienten

$r = \pm 1$: Perfekter linearer Zusammenhang
$r = 0$: Keinerlei linearer Zusammenhang
Je näher r an ± 1 liegt, umso enger ist der lineare Zusammenhang von x und y.
$r > 0$: Zusammenhang mit pos. Steigung
$r < 0$: Zusammenhang mit neg. Steigung

In unserem Fall liegt also ein relativ starker negativer Regressionszusammenhang vor, was durch die Graphik bestätigt wird.

Listeneingabe

L1	L2	L3
1	6	
3	3	
5	4	

Regressionsgerade

```
ax + b
a = –0.557251908
b = 5.86259542
r = –0.930332694
```

$\Rightarrow g(x) \approx -0{,}56x + 5{,}86$

Graphische Darstellung

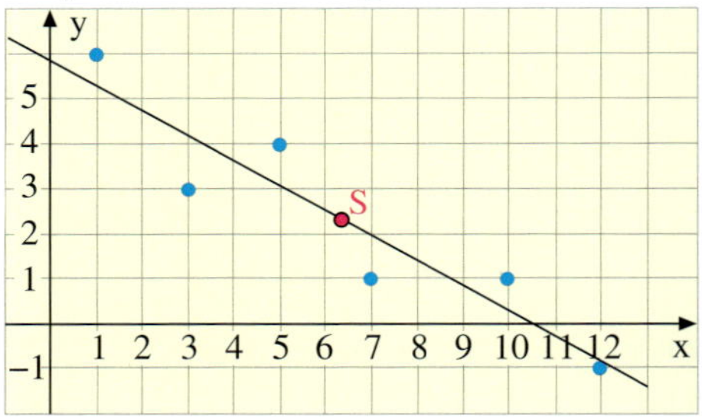

Übung 10 Lineare Regression

Bestimmen Sie die Gleichung der Regressionsgeraden g mit einem Rechner. Interpretieren Sie den angegebenen Wert für r. Fertigen Sie eine Skizze an.*

a)

x	1	3	4	5	8	9
y	2	1	3	3	5	4

b)

x	1	2	5	8	9
y	5	2	1	2	5

* vgl. S. 189, Übung 18

D. Die Regressionsanalyse

Mit Hilfe der linearen Regression kann man analysieren, ob zwischen zwei Realgrößen ein einfacher linearer Zusammenhang besteht. Das folgende Beispiel ist typisch, wenn auch idealisiert.

Beispiel: Intelligenzquotient und Schulleistung

Zehn zufällig ausgewählte Schüler der Klasse 10 werden auf ihren Intelligenzquotienten (IQ) getestet. Zugleich wird ihr Notendurchschnitt ermittelt. Es soll untersucht werden, ob ein Zusammenhang besteht und wie stark dieser ist. Erstellen und interpretieren Sie die Graphik.

Schüler	Nr.	1	2	3	4	5	6	7	8	9	10
Intelligenzquotient	x	102	100	95	90	108	99	104	111	106	122
Durchschnittsnote	y	2,2	2,4	3,1	3,5	3,0	2,3	2,0	1,5	2,2	1,1

Lösung

Wir berechnen die Regressionsgerade mit dem Rechner, da dieser auch den Korrelationskoeffizienten r liefert.

Nach Eingabe der beiden Listen für x (IQ) und y (Note) wird die lineare Regression aufgerufen und liefert die Regressionsgerade $g(x) = -0{,}068\,x + 9{,}40$.

Für die Stärke r des Regressionszusammenhangs wird $r = -0{,}84$ angezeigt.

Graphische Darstellung

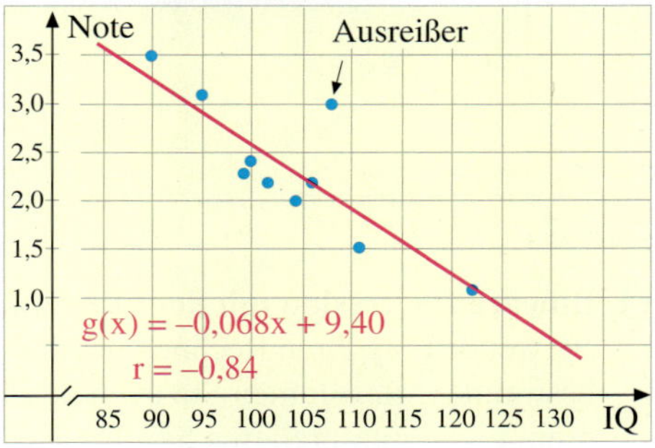

Interpretation:

Es besteht ein relativ starker (negativer) linearer Zusammenhang zwischen dem IQ und der Durchschnittsnote, was logisch ist.

Die Graphik zeigt einen ***Ausreißer*** (Schüler Nr. 5). Dieser Schüler schneidet schlechter als erwartet ab. Vielleicht fehlt es ihm an Fleiß. Rechnet man die Regression ohne ihn, so ergibt sich $h(x) = -0{,}075\,x + 9{,}95$ mit $r = -0{,}96$. Der Zusammenhang ist nun noch stärker. Für den Ausreißer errechnet sich damit eine zu erwartende Note von 1,88.

Regressionsgerade ohne den Ausreißer

$h(x) = -0{,}075\,x + 9{,}95$

$r = -0{,}96$

Normale Erwartung für den Ausreißer

$h(108) = -0{,}075 \cdot 108 + 9{,}95 = 1{,}88$

Zu erwarten war also die Durchschnittsnote 1,88 statt der erreichten 3,0.

Übung 11 Systolischer und diastolischer Blutdruck

Untersuchen Sie, ob der systolische Blutdruck (oberer Blutdruckwert) linear vom diastolischen Blutdruck (unterer Blutdruckwert) abhängt. Zeichnen und interpretieren Sie die Ergebnisse.

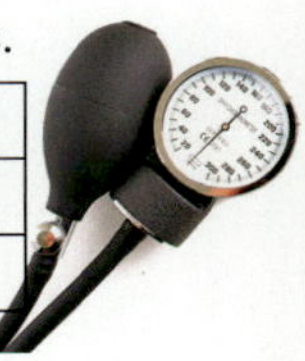

Patient	Nr.	1	2	3	4	5	6	7	8	9	10
Diastolischer Druck	x	80	100	90	95	75	80	65	90	80	85
Systolischer Druck	y	120	160	150	145	120	125	110	160	140	110

Übungen

12. Regressionsgerade

Bestimmen Sie die lineare Regressionsgerade zur angegebenen Messwertreihe manuell. Zeichnen Sie das Streudiagramm mit der Regressionsgeraden.

a)

x	1	4	7
y	7	3	2

b)

x	1	4	6	9
y	2	3	5	6

c)

x	1	3	4	5	7
y	7	6	3	3	1

d)

x	2	4	6	8	8	14
y	1	3	3	4	5	8

13. Punktwolken

Welche der abgebildeten Punktwolken deuten auf einen linearen Zusammenhang zwischen y und x hin und welche nicht? Bestimmen Sie beim Vorliegen eines Zusammenhangs die Regressionsgerade und den Korrelationskoeffizienten. Der Rechnereinsatz ist hier sinnvoll.

a)
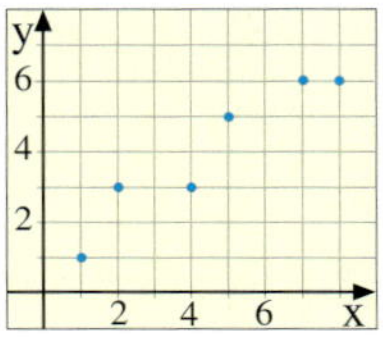

b)
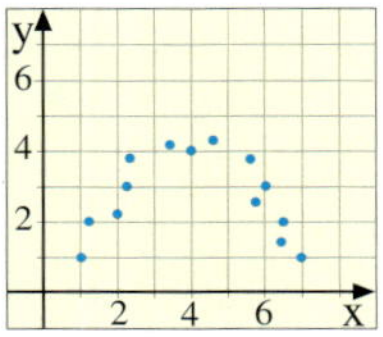

c)
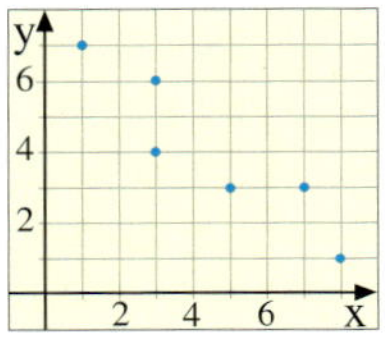

d)
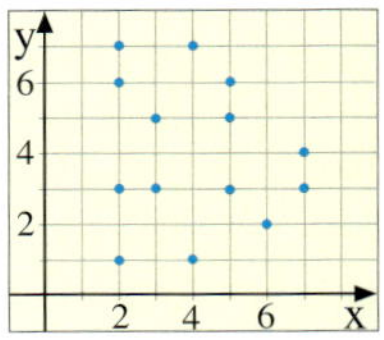

14. Lineare Regression mit dem Rechner

Verwenden Sie Ihren Rechner, um die Regressionsgerade zur dargestellten Messwertreihe zu bestimmen. Bestimmen Sie auch den Korrelationskoeffizienten. Zeichnen Sie das Streudiagramm und interpretieren Sie Ihre Ergebnisse.

x	1	3	4	4	5	7	9	10	10
y	2	3	2	4	4	4	5	4	5

15. Regressionsanalyse

Bekanntlich hängt der Kraftstoffverbrauch von der Motorleistung des Fahrzeugs ab.

Ein Hersteller testet fünf seiner Fahrzeuge mit unterschiedlicher Motorleistung.

Motor Nr.	1	2	3	4	5	6
Leistung in kW	50	75	80	85	100	150
Verbrauch in l/100 km	5,5	6,5	7	8	9	12

a) Zeichnen Sie das Streudiagramm. Ist ein linearer Zusammenhang erkennbar?
b) Berechnen Sie den Schwerpunkt $P(\overline{x}|\overline{y})$ der Datenwolke.
c) Bestimmen Sie die Gleichung der Regressionsgeraden und zeichnen Sie diese in das Streudiagramm ein.
d) Bestimmen Sie den Korrelationskoeffizienten r manuell. Verwenden Sie dazu die Formel aus Übung 18 auf der nächsten Seite. Alternativ kann man die Regressionsoption des Taschenrechners verwenden. Interpretieren Sie die Bedeutung des Wertes von r.
e) Welche Verbrauchsprognose ergibt sich für ein 200 kW starkes Fahrzeug?

16. Linearer Regressionszusammenhang?

Zeichnen Sie das Streudiagramm zur Messwertabelle. Entscheiden Sie anhand der Form der Punktwolke, ob ein linearer Regressionszusammenhang vorliegen kann oder nicht. Bestimmen Sie mittels Rechner die Regressionsgerade g und den Korrelationskoeffizienten r und überprüfen Sie Ihre Vermutung.

a)

x	1	3	5	7	9
y	1	2	3	4	5

b)

x	1	1	3	5	6	8
y	7	5	6	6	3	3

c)

x	1	4	7	10	13
y	4	7	8	7	4

d)

x	1	2	3	6	8	10
y	3	5	3	5	3	5

17. Regressionsgeraden

x	2	3	5	6	8	12
y	1	3	4	5	4	7

a) Zeichnen Sie zur Tabelle rechts ein Streudiagramm. Bestimmen Sie manuell die Gleichung der Regressionsgeraden und zeichnen Sie diese ein.

b) Bestimmen Sie den Korrelationskoeffizienten r mit dem Rechner und interpretieren Sie ihn.

18. Die Formel für den Korrelationskoeffizienten

Der Korrelationskoeffizient r für die lineare Regression kann nach der unten aufgeführten Formel manuell bestimmt werden.

$$r = \frac{(x_1 - \overline{x}) \cdot (y_1 - \overline{y}) + \ldots + (x_n - \overline{x}) \cdot (y_n - \overline{y})}{\sqrt{(x_1 - \overline{x})^2 + \ldots + (x_n - \overline{x})^2} \cdot \sqrt{(y_1 - \overline{y})^2 + \ldots + (y_n - \overline{y})^2}} \qquad \overline{x} = \frac{x_1 + x_2 + \ldots + x_n}{n} \qquad \overline{y} = \frac{y_1 + y_2 + \ldots + y_n}{n}$$

Berechnen Sie als Anwendung der Formel r für die Messwerttabelle aus Übung 17

Dabei sind $P(x_i|y_i)$, $1 \leq i \leq n$, seien die Punkte der Punktwolke.

19. Regressionsanalyse

Vermutet wird ein linearer Zusammenhang zwischen Körpergröße x und Gewicht y. In einer Testgruppe von zehn 20-jährigen Männern werden die dargestellten Messdaten gewonnen.

a) Stellen Sie die Messdaten im Streudiagramm dar. Schätzen Sie anhand der Graphik ein, ob ein linearer Regressionszusammenhang bestehen kann und ob er stark oder schwach ist.

b) Bestimmen Sie unter Verwendung des Rechners die Regressionsgerade und den Korrelationskoeffizienten r. Zeichnen Sie die Gerade in die Graphik. Interpretieren Sie den Wert von r.

c) Prognostizieren Sie das Gewicht eines 20-jährigen Mannes, der 2,00 m groß ist.

Testperson	Nr.	1	2	3	4	5	6	7	8	9	10
Körpergröße in m	x	1,60	1,70	1,80	1,85	1,75	1,60	1,75	1,90	1,80	1,70
Gewicht in kg	y	53	68	76	78	66	50	72	88	73	60

20. Schuhgröße und Matheleistung

Zehn Schüler der Sekundarstufe I werden auf dem Schulhof zufällig ausgewählt. Ihre Schuhgröße x wird gemessen und sie werden einem einfachen Mathematiktest unterzogen. Die erreichte Punktzahl sei y. Führen Sie eine Regressionsanalyse durch. Interpretieren Sie das Ergebnis.

Schüler	Nr.	1	2	3	4	5	6	7	8	9	10
Schuhgröße	x	36	38	41	43	37	38	39	40	39	36
Punktzahl im Test	y	53	62	82	86	52	65	72	88	67	58

Überblick

1. Die Appoximation von Funktionen durch Polynome

Das Stützstellenproblem Die Interpolation

Beim Stützstellenproblem sind n Stützpunkte gegeben:
$P_1(x_1|y_1), P_2(x_2|y_2), \ldots, P_n(x_n|y_n)$.
Gesucht ist eine Polynomfunktion f vom Grad n – 1, die durch diese n Stützpunkte geht.
Ziel ist es, auch Punkte berechnen zu können, die zwischen den n Stützpunkten liegen.
Man spricht dann von einer ***Interpolation.***

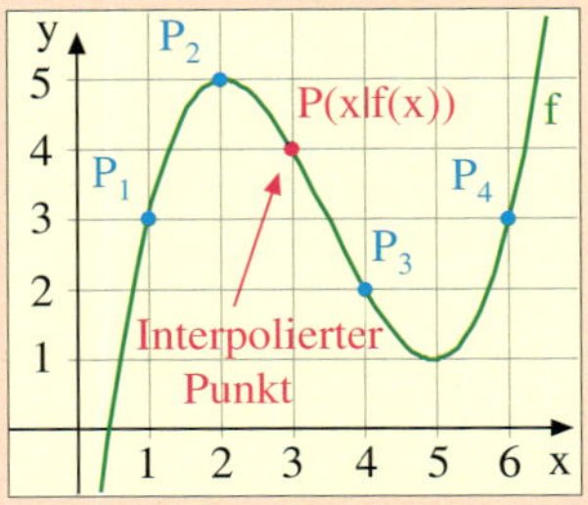

Das allgemeine Stützpolynom

Gegeben sind n Stützpunkte $P_1(x_1|y_1), P_2(x_2|y_2), \ldots, P_n(x_n|y_n)$.
Gesucht ist ein Stützpolynom (n – 1)-ten Grades der Gestalt $f(x) = a_{n-1}x^{n-1} + \ldots + a_1 x + a_0$, das durch die Stützpunkte geht.
Durch Einsetzen der Stützpunke in den Ansatz für f ensteht ein lineares Gleichungssystem mit n Gleichungen und n Variablen, dessen Lösung die gesuchten Werte für die Koeffizienten $a_0, a_1, \ldots, a_{n-1}$ des Stützpolynoms liefert.

Das Newtonsche Stützpolynom

Gegeben sind n Stützpunkte $P_1(x_1|y_1), P_2(x_2|y_2), \ldots, P_n(x_n|y_n)$.
Gesucht ist ein Polynom f von Grad n – 1, welches exakt durch die Stützpunkte $P_1, P_2, \ldots, P_n$ geht.
Dann ist laut Newton das folgende Polynom vom Grad n – 1 ein geeigneter Ansatz für f.

$$f(x) = a_0 + a_1(x - x_1) + a_2(x - x_1)(x - x_2) + \ldots + a_{n-1}(x - x_1)(x - x_2)\ldots(x - x_{n-1})$$

Dieser Ansatz führt beim Einsetzen der Stützpunkte auf ein lineares Gleichungssystem von Dreiecksgestalt, dessen Lösung die gesuchten Werte für die Koeffizienten $a_0, a_1, \ldots, a_{n-1}$ liefert, die anschließend in den Ansatz eingesetzt werden müssen.
Vorteile des Newtonschen Ansatzes:

1. Das Gleichungssystem ist wegen der Dreiecksform einfach lösbar.
2. Weitere Stützpunkte lassen sich leicht hinzufügen, ohne dass alle Rechnungen erneuert werden müssen.

Das Lagrangesche Stützpolynom

Das Lagrangesche Stützpolynom durch $P_1(x_1|y_1)$, $P_2(x_2|y_2)$, …, $P_n(x_n|y_n)$ wird nach folgender Formel gebildet:

$$f(x) = y_1 \cdot L_1(x) + \ldots + y_n \cdot L_n(x)$$

Dabei gilt: $$L_k(x) = \prod_{\substack{i=1 \\ i \neq k}}^{n} \frac{x - x_i}{x_k - x_i} \quad (k = 1, \ldots, n)$$

Vorteil: Der Ansatz von Lagrange führt direkt zum Stützpolynom, ohne dass ein Gleichungssystem gelöst werden muss.
Nachteil: Das Ausmultiplizieren der vielen Faktoren des Lagrangeschen Ansatzes ist sehr zeitaufwendig und fehlerträchtig.

2. Die lineare Regression

Die lineare Regression

Bei der ***linearen Regression*** geht es um das Auffinden einer optimalen ***Ausgleichsgeraden*** f durch eine Punktwolke von n Messpunkten $P_1(x_1|y_1)$, $P_2(x_2|y_2)$, …, $P_n(x_n|y_n)$.

Die Methode der kleinsten Quadrate

Die *Methode der* ***kleinsten Quadrate***, bei der die Summe der Quadrate der senkrechten Abstände der Messpunkte zur Ausgleichsgeraden minimiert wird, liefert die optimale Ausgleichsgerade f.

Optimale Ausgleichsgerade bei einem proportionalen Zusammenhang

Bei einem ***proportionalen Zusammenhang*** zwischen den y-Werten und den x-Werten der Punkte der Punktwolke lautet die Gleichung der optimalen Ausgleichsgeraden f:

$$f(x) = \frac{x_1 y_1 + x_2 y_2 + \ldots + x_n y_n}{x_1^2 + x_2^2 + \ldots + x_n^2} \cdot x.$$

Optimale Ausgleichsgerade bei einem allgemeinen linearen Zusammenhang

Liegt ein ***allgemeiner linearer*** *Zusammenhang* vor, so lautet die Gleichung der optimalen Ausgleichsgeraden f:

$$f(x) = m \cdot (x - \bar{x}) + \bar{y}$$

Dabei gilt:

$$(1)\ \bar{x} = \frac{x_1 + x_2 + \ldots + x_n}{n},\ \bar{y} = \frac{y_1 + y_2 + \ldots + y_n}{n}$$

$$(2)\ m = \frac{(x_1 - \bar{x})(y_1 - \bar{y}) + \ldots + (x_n - \bar{x})(y_n - \bar{y})}{(x_1 - \bar{x})^2 + \ldots + (x_n - \bar{x})^2}$$

Der Korrelationskoeffizient

Der Korrelationskoeffizient r ist ein Maß für die Stärke eines linearen Regressionszusammenhangs. Für r gilt die Formel:

$$r = \frac{(x_1 - \bar{x}) \cdot (y_1 - \bar{y}) + \ldots + (x_n - \bar{x}) \cdot (y_n - \bar{y})}{\sqrt{(x_1 - \bar{x})^2 + \ldots + (x_n - \bar{x})^2} \cdot \sqrt{(y_1 - \bar{y})^2 + \ldots + (y_n - \bar{y})^2}},$$

Dabei gilt: $$\bar{x} = \frac{x_1 + x_2 + \ldots + x_n}{n},\ \bar{y} = \frac{y_1 + y_2 + \ldots + y_n}{n}$$

Interpretation:
- r nahe 1: Starker Zusammenhang, positive Steigung
- r nahe –1: Starker Zusammenhang, negative Steigung
- r nahe 0 : Kein Zusammenhang

Test

1. Stützpolynom

Bestimmen Sie ein Polynom $p(x) = ax^2 + bx + c$ durch die Punkte $P_1(-2|-3)$, $P_2(2|5)$ und $P_3(4|3)$.
Stellen Sie dazu ein lineares 3×3-Gleichungssystem auf und lösen Sie es manuell.

2. Newtonsches Stützpolynom

a) Ermitteln Sie das Newtonsche Stützpolynom durch die Punkte $P_1(0|4)$, $P_2(1|2)$ und $P_3(4|8)$.
b) Wie lautet das Newtonsche Stützpolynom, wenn es durch die Punkte P_1, P_2 und P_3 sowie durch den weiteren Punkt $P_4(5|4)$ gehen soll?
c) Interpolation: Die Gerade g verbindet die Punkte P_2 und P_3 linear. Berechnen Sie $g(3)$. Vergleichen Sie das Ergebnis mit dem Funktionswert $f(3)$ des Newtonschen Stützpolynoms aus a). Fertigen Sie eine Zeichnung an und kommentieren Sie diese.

3. Güte von Regressionsgeraden

Gegeben ist die Punktwolke mit den Punkten $P_1(1|1)$, $P_2(3|4)$, $P_3(5|9)$ und $P_4(6|11)$.
Untersucht werden soll die Eignung der Geraden $f(x) = 1{,}5x$ und $g(x) = 2x$ als Ausgleichsgeraden für diese Punktwolke.
Entscheiden Sie, welche der beiden Geraden besser als Regressionsgerade geeignet ist unter Verwendung des folgenden Kriteriums:
a) Summe der vertikalen Abstände,
b) Summe der Quadrate der vertikalen Abstände.

4. Regressionsgerade bei proportionaler Zuordnung

In der nebenstehenden Zeichnung sind die Ergebnisse einer Messreihe eingetragen.

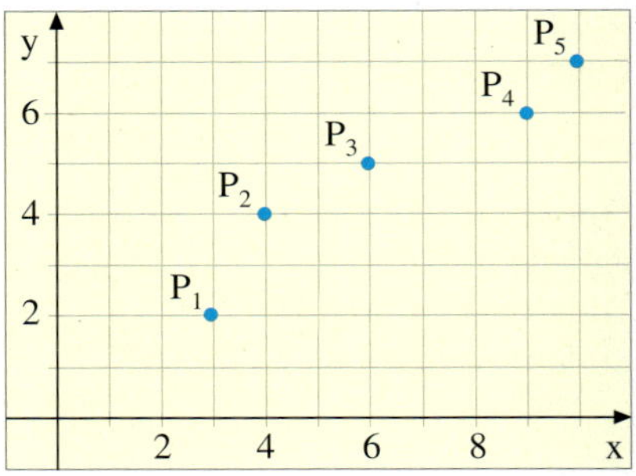

a) Übertragen Sie die Zeichnung auf kariertes Papier und geben Sie die Messpunkte an.
b) Schätzen Sie, welche Ursprungsgerade g zu den Messergebissen am besten passt. Geben Sie die Gleichung Ihrer Geraden g an und zeichnen Sie deren Graph ein.
c) Berechnen Sie die optimale Ausgleichsgerade nach der Formel $f(x) = \frac{x_1y_1 + \ldots + x_ny_n}{x_1^2 + \ldots + x_n^2} \cdot x$.
Zeichnen Sie f ebenfalls ein. Vergleichen Sie mit Ihrer Schätzgeraden g.

5. Regressionsgerade mit dem Rechner/Computer ermitteln

Eine Messung ergab die in der Tabelle angegebene Punktwolke.

x	1	3	4	5	8	10	11
y	11	10	8	6	6	5	3

a) Ermitteln Sie den Schwerpunkt S der Punktwolke.
b) Bestimmen Sie die optimale Ausgleichsgerade g mit dem Rechner/Computer.
c) Bestimmen Sie den Korrelationskoeffizienten r mit dem Rechner.
d) Interpretieren Sie den Wert des Korrelationskoeffizienten.

VI. Weitere Anwendungen der Integralrechnung

1. Das Volumen von Rotationskörpern

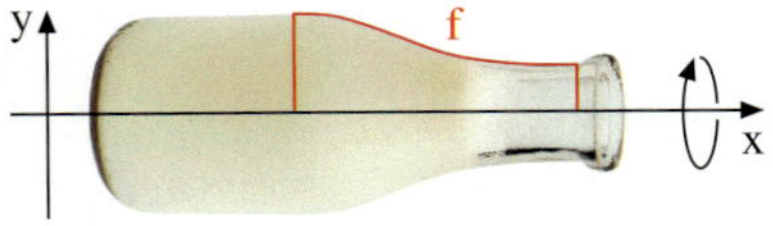

Zahlreiche Körper sind rotationssymmetrisch. Beispiele sind Flaschen, Gläser, Linsen, Scheinwerfer, Zylinder, Kegel, Kugeln und Fässer. Man kann ihre Form durch Rotation ihrer Randkurve um eine Achse erzeugen. Die Randkurve kann als mathematische Funktion erfasst werden. Mit der Integralrechnung ist es dann möglich, das Volumen des Körpers durch theoretische Rechnungen zu bestimmen, entweder als Zahl oder als Formel.

A. Die Rotationsformel

Die Grundidee stammt von Archimedes. Analog zur Einschachtelung von Flächen durch archimedische Rechteckstreifen kann ein ***Rotationskörper*** durch Zylinderscheiben eingeschachtelt werden. Die folgende Gegenüberstellung führt so zur Rotationsformel.

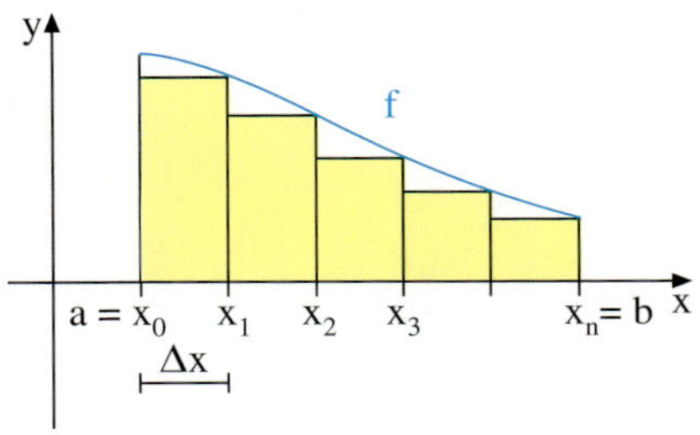

Die ***Fläche*** A unter dem Graphen von f über dem Intervall [a; b] wird nach Archimedes durch eine ***Treppenfläche*** aus n rechteckigen Streifen approximiert.

Der Inhalt dieser Treppenfläche ist eine Produktsumme der Gestalt

$$\sum f(x_i) \cdot \Delta x,$$

denn das Rechteck Nr. i besitzt den Inhalt $f(x_i) \cdot \Delta x$.
Lässt man die Anzahl n der Rechteckstreifen gegen unendlich und ihre Breiten Δx gegen null streben, so strebt die Produktsumme gegen das bestimmte Integral von f(x) in den Grenzen von a bis b.
Daher gilt für den Flächeninhalt A:

$$A = \int_a^b f(x)\,dx.$$

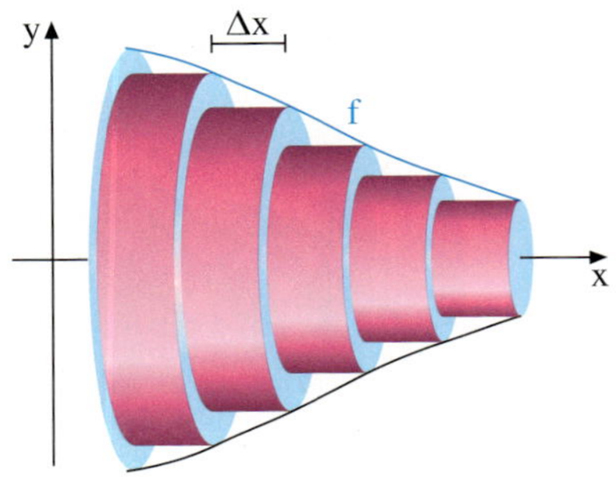

Das ***Volumen*** V des durch Rotation des Graphen von f um die x-Achse über dem Intervall [a; b] entstehenden Körpers wird durch einen ***Treppenkörper*** aus n zylindrischen Scheiben approximiert.
Das Volumen dieses Treppenkörpers ist eine Produktsumme der Gestalt

$$\sum \pi \cdot f^2(x_i) \cdot \Delta x,$$

denn die Scheibe Nr. i besitzt das Volumen $\pi \cdot f^2(x_i) \cdot \Delta x$.
Lässt man die Anzahl n der Scheiben gegen unendlich und ihre Höhe Δx gegen null streben, so strebt die Produktsumme gegen das bestimmte Integral von $\pi \cdot f^2(x)$ in den Grenzen von a bis b.
Daher gilt für das Rotationsvolumen V:

$$V = \pi \cdot \int_a^b (f(x))^2\,dx.$$

Wir fassen das Ergebnis der Betrachtung zur Zylinderscheibenmethode in der folgenden allgemeinen Formel zur Berechnung des Volumens von Rotationskörpern zusammen.

Volumenformel für Rotationskörper

f sei eine über dem Intervall [a; b] stetige und nicht negative oder nicht positive Funktion. Rotiert der Graph von f über dem Intervall [a; b] um die x-Achse, so entsteht ein Rotationskörper, dessen Volumen sich nach folgender Formel berechnen lässt:

$$V = \pi \cdot \int_a^b (f(x))^2 \, dx$$

Der Integrand in der Volumenformel ist das Quadrat des Funktionsterms der Randkurve f des Rotationskörpers.

B. Grundlegende Beispiele

Beispiel: Rotation um die x-Achse
Die Parabel $f(x) = \frac{1}{2}x^2$ rotiert über dem Intervall [0; 1] um die x-Achse und erzeugt auf diese Weise einen Rotationskörper. Berechnen Sie das Volumen dieses Körpers.

Lösung:
Der entstehende Rotationskörper ist rechts abgebildet.
Er hat die Form eines Spitzhutes.
Sein Volumen beträgt nach der im Folgenden aufgeführten Rechnung exakt $V = \frac{\pi}{20}$.
Angenähert sind dies also ca. 0,16 VE (Volumeneinheiten).

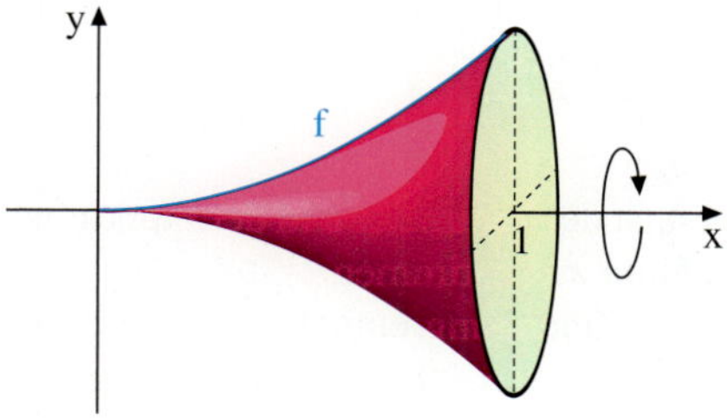

Rechnung:

$$V = \pi \cdot \int_a^b f^2(x)\,dx = \pi \cdot \int_0^1 \left(\tfrac{1}{2}x^2\right)^2 dx = \pi \cdot \int_0^1 \tfrac{1}{4}x^4\,dx = \pi \cdot \left[\tfrac{1}{20}x^5\right]_0^1 = \tfrac{\pi}{20} \approx 0{,}16$$

Übung 1 Die Wurzelfunktion
$f(x) = \frac{3}{2}\sqrt{x}$ rotiert über dem Intervall [0; 9] um die x-Achse. Fertigen Sie eine Skizze an und berechnen Sie das Volumen des entstehenden Rotationskörpers.

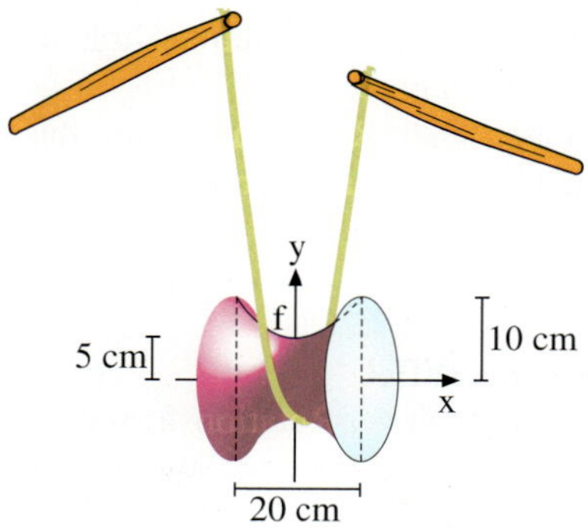

Übung 2 Jo-Jo
Das rechts dargestellte Jo-Jo hat eine parabelförmige Kontur. Bestimmen Sie die Parabelgleichung und berechnen Sie das Volumen des Körpers.

Beispiel: Ein Parabolscheinwerfer hat das Randkurvenprofil $f(x) = \frac{3}{2}\sqrt{x}$. Der Scheinwerfer ist 4 cm lang.
Wie groß ist sein Luftvolumen?

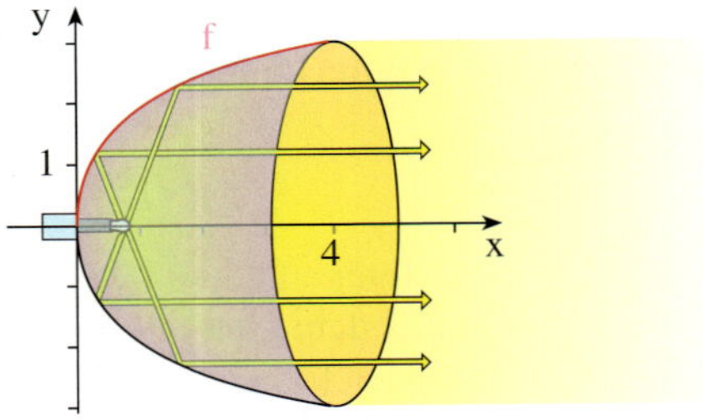

Lösung:
Das Rotationsvolumen berechnet sich folgendermaßen:

$$V = \pi \cdot \int_a^b (f(x))^2\,dx = \pi \cdot \int_0^4 \left(\tfrac{3}{2}\sqrt{x}\right)^2 dx = \pi \cdot \int_0^4 \tfrac{9}{4}x\,dx = \pi \cdot \left[\tfrac{9}{8}x^2\right]_0^4 = \pi \cdot 18 \approx 56{,}55\ \text{cm}^3.$$

Rotiert ein Funktionsgraph statt um die horizontale Achse um eine senkrecht stehende Achse, kann das Volumen des Rotationskörpers ebenfalls berechnet werden. Dazu müssen allerdings die Koordinatenachsen so angeordnet sein, dass die x-Achse nach oben zeigt.

Beispiel: Eisbehälter
Ein Behälter zur Herstellung von Eis hat ein parabelförmiges Profil mit den angegebenen Maßen. Stellen Sie zunächst die Gleichung der Profilkurve auf. Verwenden Sie den Ansatz $f(x) = a \cdot \sqrt{x}$. Errechnen Sie sodann das Fassungsvermögen des Behälters.

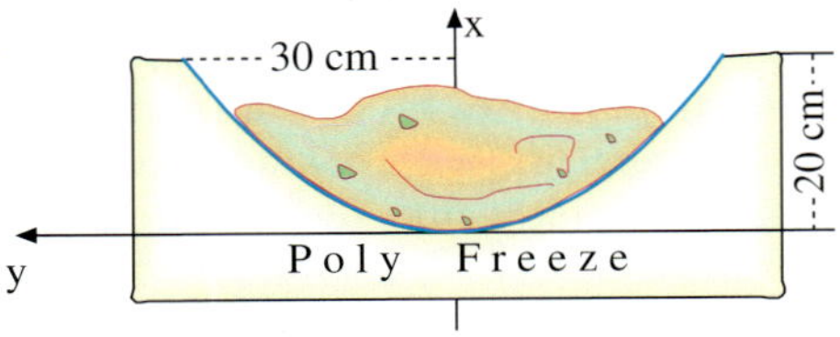

Lösung:
Zuerst ist der Parameter a in der Funktionsgleichung zu bestimmen.
Aus der Zeichnung entnehmen wir, dass f an der Stelle $x = 20$ den Funktionswert 30 annimmt: $f(20) = 30$.

Diese Werte werden in den Ansatz eingesetzt. Wir erhalten $a = 3\sqrt{5}$ und somit die Funktionsgleichung $f(x) = 3\sqrt{5x}$.
Nun wird das Rotationsvolumen mit der Rotationsformel berechnet.
Die nebenstehende Rechnung ergibt, dass der Behälter ein Volumen von ca. 28,3 Litern aufweist.

Bestimmung der Funktionsgleichung:
Ansatz: $f(x) = a\sqrt{x}$

$$f(20) = 30 \Rightarrow a\sqrt{20} = 30$$
$$\Rightarrow a = \frac{15}{\sqrt{5}} = 3\sqrt{5}$$

Berechnung des Rotationsvolumens:

$$V = \pi \cdot \int_0^{20} (3\sqrt{5x})^2\,dx = \pi \cdot \int_0^{20} 45x\,dx$$
$$= 9000\pi$$
$$\approx 28\,274{,}33$$
$$28\,274{,}33\ \text{cm}^3 \approx 28{,}3\ \text{l}$$

Übung 3 Eiswaffel
Berechnen Sie mit der Rotationsformel das Volumen der Eiswaffel. Stellen Sie zunächst die Gleichung der Randkurve f auf.

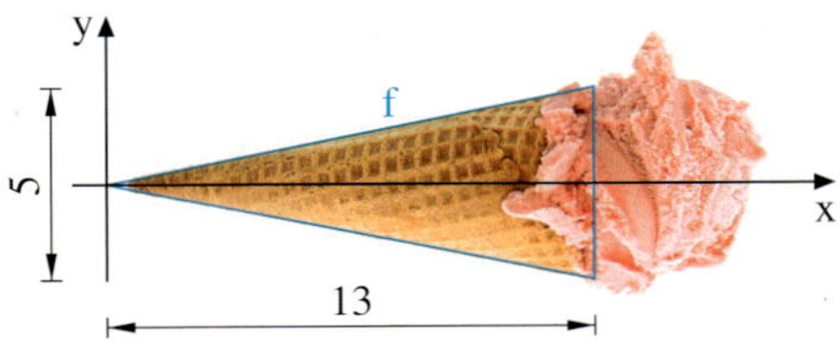

Übung 4 Space-Shuttle

Der Haupttreibstofftank des Space-Shuttle hat die Form eines Zylinders mit zwei Aufsätzen. Der untere Aufsatz ist näherungsweise halbkugelförmig, der obere Aufsatz hat parabolische Form. Die Maße sind der Skizze zu entnehmen.

a) Bestimmen Sie zunächst die Gleichung des parabolischen Teils. Verwenden Sie den Ansatz $f(x) = a\sqrt{x}$.

b) Errechnen Sie das Volumen des parabolischen Teils mit der Rotationsformel. Wie groß ist das Gesamtvolumen des Tanks?

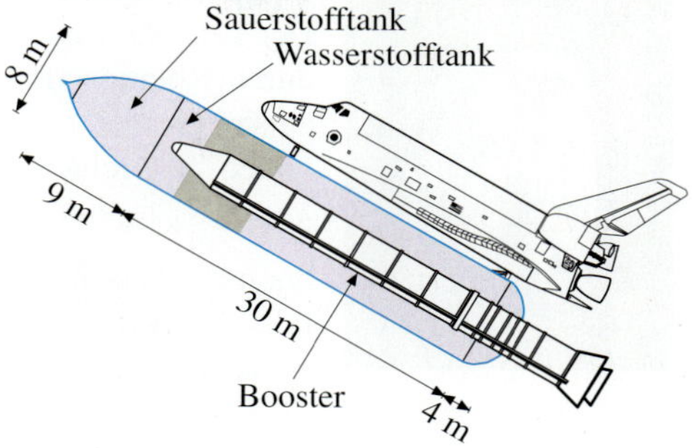

Beispiel: Sektglas

Welches Volumen hat das rechts dargestellte Glas? Die Randkurve ist eine quadratische Parabel vom Typ $f(x) = a x^2$.

Bestimmung der Parabelgleichung

Aus der Zeichnung kann man ablesen, dass der Punkt P(8|2) auf der Parabel liegt. Daher gilt f(8) = 2, d. h. 64 · a = 2.
Hieraus folgt $a = \frac{1}{32}$ und $f(x) = \frac{1}{32}x^2$.

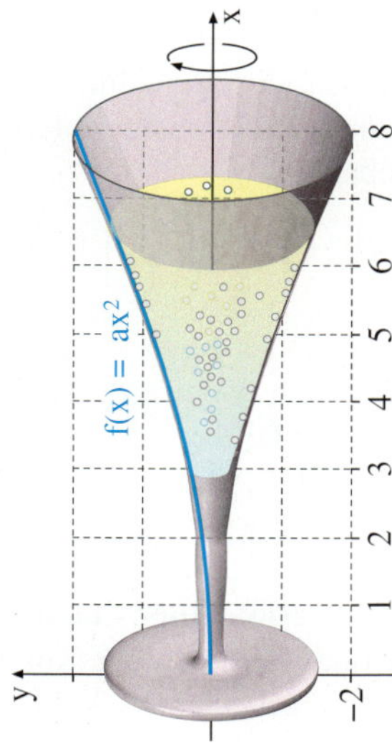

Berechnung des Rotationsvolumens

Das Flüssigkeitsvolumen reicht von x = 3 bis maximal x = 8.
Daher ergibt sich der Inhalt des Glases nach der Rotationsformel.

$$V = \pi \cdot \int_3^8 \left(\frac{1}{32}x^2\right)^2 dx = \pi \cdot \int_3^8 \frac{1}{1024}x^4\,dx$$

$$= \pi \cdot \left[\frac{1}{5120}x^5\right]_3^8 \approx 19{,}96\,\text{cm}^3$$

Übung 5 Rotation einer Flüssigkeit

Rotiert eine Flüssigkeit, so nimmt deren Oberfläche unter dem Einfluss der Schwerkraft ein parabelförmiges Profil an.

a) Modellieren Sie die Randkurve der Oberfläche durch die Wurzelfunktion $f(x) = a \cdot \sqrt{x}$.

b) Berechnen Sie das Flüssigkeitsvolumen.

c) Wie hoch steht die Flüssigkeit im Glas, wenn es nicht rotiert?

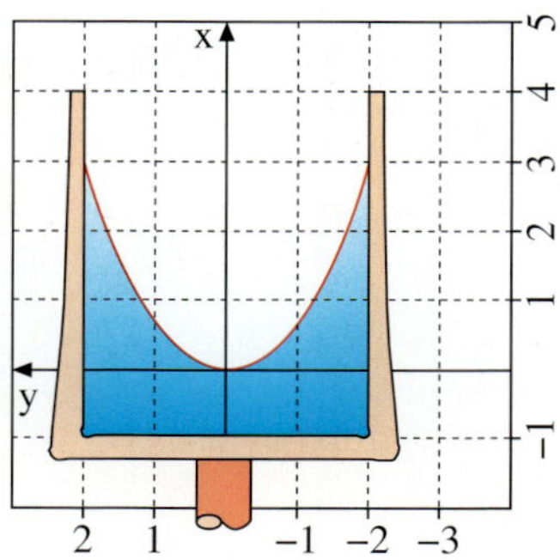

Wir untersuchen nun komplexere Körper. Wir betrachten den Fall, dass nicht nur eine Randkurve den Körper erzeugt, sondern zwei Randkurven, nämlich eine obere und eine untere Randkurve.

Beispiel: Das Volumen eines Reifens

Der Luftraum eines Reifens kann als Körper betrachtet werden, der durch Rotation der Querschnittfläche des Reifens um die Radachse entsteht.

Unten ist eine von den Graphen von $f(x) = -\frac{1}{16}x^4 + 4$ und $g(x) = \frac{1}{4}x^2 + 2$ über dem Intervall $[-2;\ 2]$ nach oben bzw. unten berandete Fläche A dargestellt, die bei Rotation um die x-Achse ebenfalls einen reifenähnlichen Körper erzeugt. Gesucht ist das Volumen dieses Körpers. (1 LE = 1 dm)

Lösung:

Wir berechnen zunächst das Volumen V_f des Körpers, der durch Rotation der oberen Randkurve f um die x-Achse entsteht.

$$V_f = \pi \cdot \int_{-2}^{2} \left(-\frac{1}{16}x^4 + 4\right)^2 dx = \pi\left[\frac{1}{256} \cdot \frac{x^9}{9} - \frac{1}{2} \cdot \frac{x^5}{5} + 16x\right]_{-2}^{2} \approx 182{,}35$$

Nun errechnen wir das Volumen V_g des Körpers, der durch Rotation der unteren Randkurve g entsteht.

$$V_g = \pi \cdot \int_{-2}^{2} \left(\frac{1}{4}x^2 + 2\right)^2 dx = \pi\left[\frac{1}{16} \cdot \frac{x^5}{5} + \frac{x^3}{3} + 4x\right]_{-2}^{2} \approx 69{,}53$$

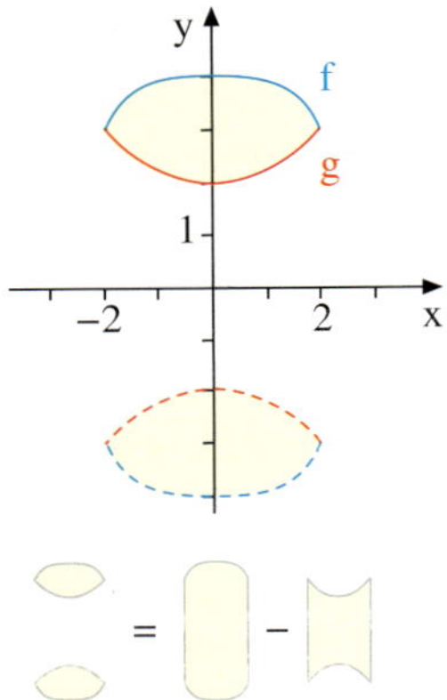

Das Volumen V des durch Rotation der Fläche A um die x-Achse entstehenden Körpers ist dann gerade die Differenz:

$V = V_f - V_g = 112{,}82.$

Übung 6 Rotation einer Fläche

Gesucht ist das Volumen des Körpers, der bei Rotation des Flächenstücks A um die x-Achse entsteht. A wird begrenzt von

a) $f(x) = \sqrt{x}$ und $g(x) = x^2$.

b) $f(x) = 3 - 2x^2$, $g(x) = x$ und der waagerechten Gerade $h(x) = 3$.

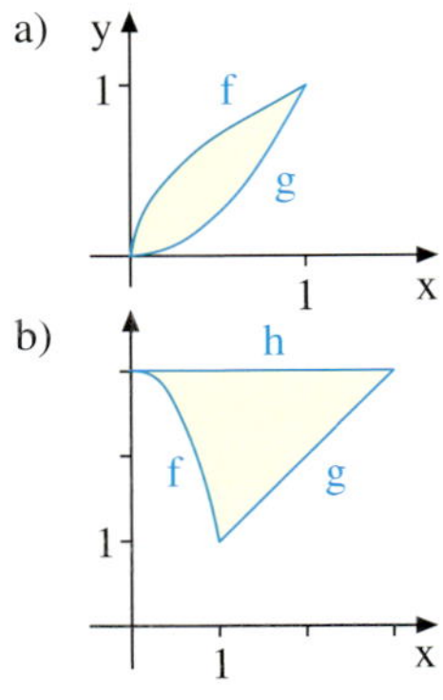

Übungen

7. Rotationsvolumen berechnen

Der Graph von f rotiert über dem Intervall [a; b] um die x-Achse. Bestimmen Sie das Volumen des dabei entstehenden Rotationskörpers.

a) $f(x) = \frac{1}{2}x + 1$ $a = 0,\ b = 4$ b) $f(x) = \frac{1}{x^2}$ $a = 1,\ b = 4$

c) $f(x) = \frac{1}{3}x^3 + \frac{2}{3}x$ $a = 1,\ b = 2$ d) $f(x) = \frac{1}{x^2}$ $a = 2,\ b = 10$

e) $f(x) = \sqrt{x + 1}$ $a = 0,\ b = 3$ f) $f(x) = \frac{6}{x}$ $a = 1,\ b = 6$

8. Rotation einer von zwei Graphen eingeschlossenen Fläche

Die Graphen von $f(x) = \frac{4}{x}$ und $g(x) = 5 - x$ schließen ein Flächenstück A ein, das um die x-Achse rotiert.

a) Ermitteln Sie die Schnittstellen von f und g manuell oder mit dem Rechner.

b) Bestimmen Sie das Volumen des durch Rotation von A entstandenen Körpers.

9. Rotation einer von zwei Graphen begrenzten Fläche

Ein um die x-Achse rotierendes Flächenstück A wird über dem Intervall [1; 3] nach oben durch den Graphen von $f(x) = x + 3$ und nach unten durch den Graphen von $g(x) = \frac{1}{3}x^2$ begrenzt. Seitlich bilden die senkrechten Geraden $x = 1$ und $x = 3$ den Abschluss. Berechnen Sie das Volumen des Rotationskörpers.

10. Rotation eines Dreiecks

Das Dreieck mit den Eckpunkten A (0|0), B (4|2) und C (0|2) rotiert um die x-Achse. Berechnen Sie das Rotationsvolumen.

11. Rotation einer durch zwei Graphen und die x-Achse begrenzten Fläche

Die Funktion $f(x) = -x^2 + 6$, die Gerade $g(x) = x$ und die x-Achse schließen im ersten Quadranten ein Flächenstück A ein, das um die x-Achse rotiert.
Wie groß ist das Volumen des Rotationskörpers?

12. Zerlegung eines Rotationskörpers in gleich große Teilkörper

Der Graph von $g(x) = \sqrt{x}$ rotiert über dem Intervall [1; 4] um die x-Achse.

a) Berechnen Sie das so entstandene Rotationsvolumen.

b) Der Körper aus a) wird durch einen zur x-Achse senkrechten Schnitt in zwei Hälften zerteilt. An welcher Stelle x zwischen 1 und 4 muss der Schnitt angesetzt werden, damit das Rotationsvolumen aus a) halbiert wird?

13. Ringförmige Rotationskörper

Die rechts abgebildete Fläche rotiert und erzeugt dabei einen ringartigen Körper.
Wie groß ist das Volumen dieses Körpers bei Rotation um die x-Achse ?

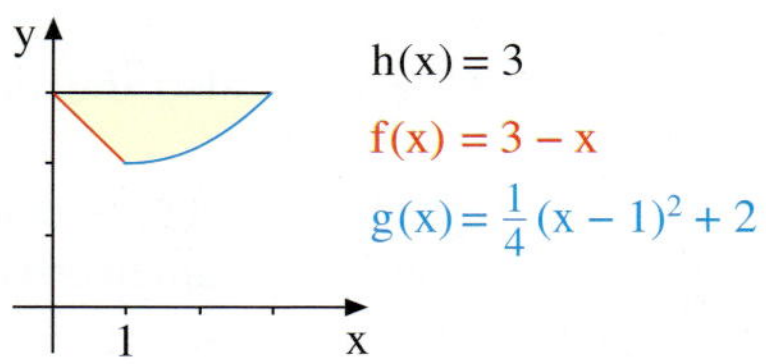

2. Allgemeine Volumenformeln

A. Volumenformeln

Mit der allgemeinen Volumenformel lassen sich zahlreiche Volumenformeln herleiten. Wir zeigen dies am Beispiel des ***Kegels*** und der ***Kugel***.

Beispiel: Das Volumen des Kegels
Die Formel für das Volumen eines geraden Kreiskegels mit dem Radius r und der Höhe h soll bestimmt werden.

Lösung:
Idee: Anwendung der allgemeinen Volumenformel auf eine Strecke.

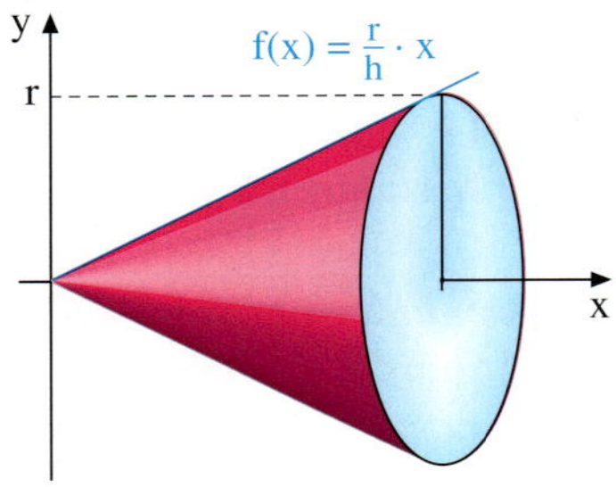

Wir legen einen Querschnitt des Kegels wie abgebildet in ein Koordinatensystem.
Die Randkurve f ist dann die Gerade $f(x) = mx$.
Die Steigung der Geraden ist $m = \frac{r}{h}$. Daher gilt für die Randkurve des Kegels: $f(x) = \frac{r}{h} \cdot x$.
Das Rotationsintervall ist [0; h]. Die allgemeine Volumenformel liefert uns nach folgender Rechnung die bekannte Volumenformel $V = \frac{1}{3}\pi r^2 h$ für den Kegel.

$$V = \pi \cdot \int_a^b f^2(x)\,dx = \pi \cdot \int_0^h \left(\frac{r}{h} \cdot x\right)^2 dx = \pi \cdot \int_0^h \frac{r^2}{h^2} \cdot x^2\,dx = \pi \cdot \left[\frac{r^2}{h^2} \cdot \frac{1}{3}x^3\right]_0^h = \frac{1}{3}\pi r^2 h$$

Beispiel: Das Volumen der Kugel
Eine Kugel mit dem Radius r hat das Volumen $V = \frac{4}{3}\pi r^3$. Leiten Sie diese Formel mit Hilfe der allgemeinen Volumenformel her.

Lösung:
Idee: Anwendung der allgemeinen Volumenformel auf einen Halbkreis.

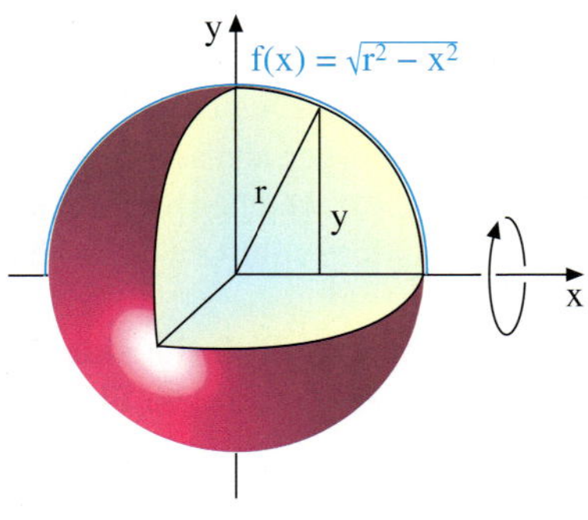

In der Zeichnung sieht man, dass der Radius r die Hypotenuse eines rechtwinkligen Dreiecks ist. Die beiden Katheten haben die Längen x und y. Also gilt nach Satz des Pythagoras $x^2 + y^2 = r^2$.
Auflösen nach y ergibt $y = \pm\sqrt{r^2 - x^2}$.
Der obere Halbkreis hat also die Funktionsgleichung $f(x) = \sqrt{r^2 - x^2}$.
Die Kugel entsteht durch Rotation des oberen Halbkreises um die x-Achse. Ihr Volumen erhalten wir daher mit der allgemeinen Volumenformel:

$$V = \pi \cdot \int_a^b f^2(x)\,dx = \pi \cdot \int_{-r}^r \left(\sqrt{r^2 - x^2}\right)^2 dx = \pi \cdot \int_{-r}^r (r^2 - x^2)\,dx = \pi \cdot \left[r^2 x - \frac{1}{3}x^3\right]_{-r}^r = \frac{4}{3}\pi r^3$$

Übungen

1. Zylindervolumen

Die Formel für das Volumen eines Zylinders mit dem Radius r und der Höhe h soll gewonnen werden.

a) Der ***Zylinder*** lässt sich als Rotationskörper darstellen. Begründen Sie dies anhand der Abbildung.

b) Stellen Sie mit Hilfe der allgemeine Volumenformel die gesuchte Zylindervolumenformel auf.

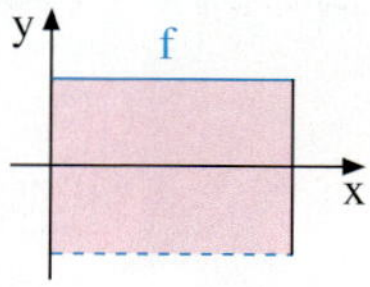

2. Kugelkappe

Die Formel für das Volumen einer ***Kugelkappe*** soll hergeleitet werden. Der Radius der Kugel sei r, die Höhe der Kugelkappe sei h. Verwenden Sie die Funktionsgleichung des oberen Halbkreises $f(x) = \sqrt{r^2 - x^2}$.

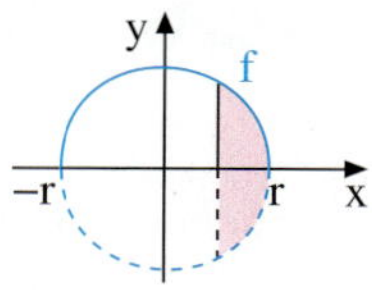

3. Ellipsoid

Eine Ellipse mit der großen Halbachse a und der kleinen Halbachse b hat die Gleichung $\left(\frac{x}{a}\right)^2 + \left(\frac{y}{b}\right)^2 = 1$. Auflösen nach y ergibt $y = \pm b \cdot \sqrt{1 - \left(\frac{x}{a}\right)^2}$. Durch Rotation der oberen Halbellipse $f(x) = b \cdot \sqrt{1 - \left(\frac{x}{a}\right)^2}$ um die x-Achse entsteht ein ***Ellipsoid***. Leiten Sie eine Formel für das Volumen des Ellipsoiden her.

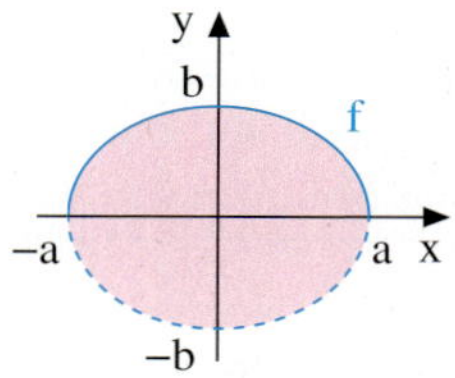

4. Kegelstumpf

Die Formel für das Volumen eines ***Kegelstumpfes*** mit den beiden Radien R und r sowie der Höhe h soll bestimmt werden. Verwenden Sie die Rotationsmethode. Orientieren sie sich hierbei an der Abbildung rechts.

a) Zeigen Sie, dass die als Randkurve verwendbare Ursprungsgerade die Gleichung $f(x) = \frac{R - r}{h} \cdot x$ hat.

b) Zeigen Sie, dass für das Rotationsintervall [a, b] gelten muss: $a = \frac{r \cdot h}{R - r}$ und $b = \frac{R \cdot h}{R - r}$

c) Leiten Sie nun eine Formel für das Volumen des Kegelstumpfes her.

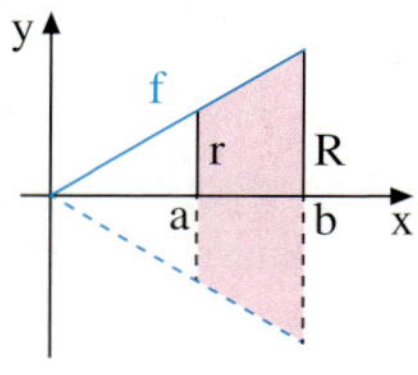

5. Fass

Das abgebildete ***Fass*** hat ein parabelförmiges gebogenes Randprofil. Der Minimaldurchmesser sei r, der Maximaldurchmesser sei R, die Höhe sei h.

Verwenden Sie für die obere Randkurve des Fasses den Ansatz $f(x) = a x^2 + b$. Bestimmen Sie a und b in Abhängigkeit von r, R und h.

Leiten Sie dann die ***Keplersche Fassformel*** mit der Rotationsmethode her.

Keplersche Fassformel

$$V = \frac{h}{15} \cdot \pi \cdot (8 R^2 + 4 R r + 3 r^2)$$

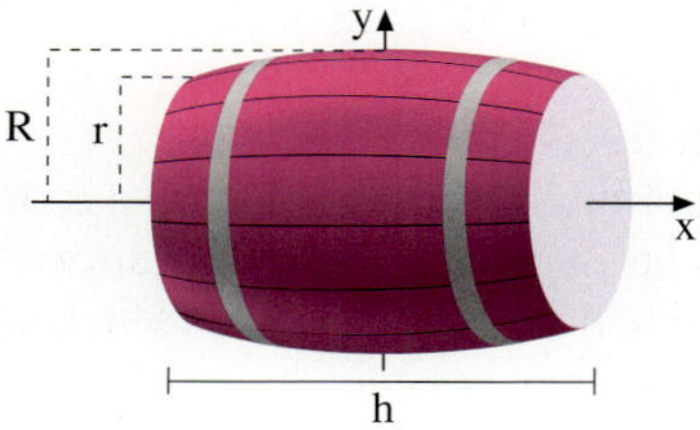

B. Mathematische Modellierung

American Football

American Football ist eine Mannschaftssportart mit zwei Teams zu je 11 Spielern, die sich im 19. Jahrhundert aus dem englischen Rugby entwickelte. Das Spielfeld ist ein Rechteck, 100 yards lang und 50 yards breit. Jede Mannschaft verteidigt eine 10 yards breite Endzone und versucht selbst, den Ball in die gegnerische Endzone zu tragen, zu passen oder zu treten.

Der Football ist ein eiförmiger Hohlball aus Leder mit einer luftgefüllten Gummiblase. Sein Durchmesser beträgt an der Querachse 17,94 cm. Er ist 28,58 cm lang und zwischen 395 und 425 g schwer.

Beispiel: Volumen des Footballs
Der Football soll durch eine rotierende Parabel modelliert werden. Mit Hilfe dieses Modells soll das Volumen des Balles theoretisch bestimmt werden.

Lösung:
Mit dem Koordinatensystem in Ballmitte wird für die Parabel der Ansatz $f(x) = u x^2 + v$ verwendet. u und v bestimmt man aus den Maßen des Balles. Dann wird die Rotationsformel angewandt.

2a sei die Länge des Balles und 2b der Querdurchmesser.

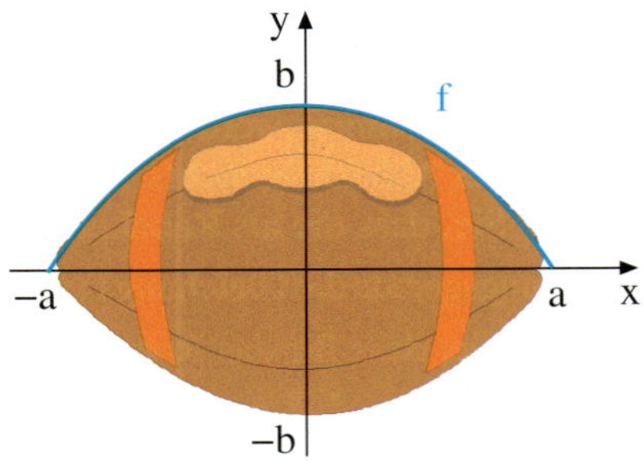

Der Ansatz $f(x) = u x^2 + v$ führt dann wegen $f(0) = b$ und $f(a) = 0$ auf die Parabel $f(x) = -\frac{b}{a^2} x^2 + b$.

Die Berechnung des zugehörigen Rotationsvolumens lautet daher:

$$V = \pi \int_{-a}^{a} \left(-\frac{b}{a^2} x^2 + b\right)^2 dx = \pi \left[\frac{b^2}{a^4} \cdot \frac{x^5}{5} - \frac{2b^2}{a^2} \cdot \frac{x^3}{3} + b^2 x\right]_{-a}^{a} = \frac{16}{15} \pi \cdot b^2 a$$

Setzen wir nun die Maße des realen Footballs ein, d.h. $a = 14{,}29$ und $b = 8{,}97$, so erhalten wir als Volumen des Balles $V = 3853\,\text{cm}^3$.

Übung 6
Bestimmen Sie angenähert das Innenvolumen des rechts abgebildeten Scheinwerfers.
Modellieren Sie seine beiden Umrisse durch zwei Wurzelfunktionen der Form $f(x) = a \cdot \sqrt{x}$ und $g(x) = b \cdot \sqrt{c - x}$.

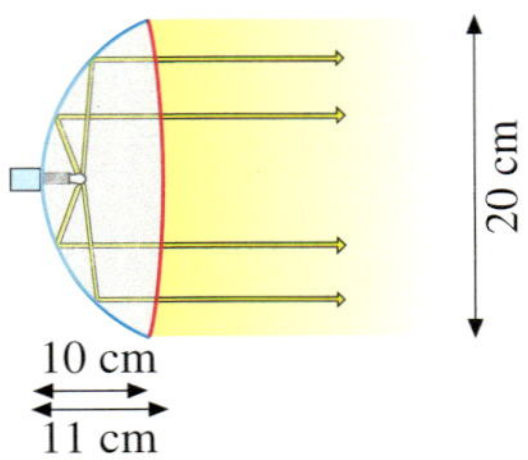

C. Das Eivolumen

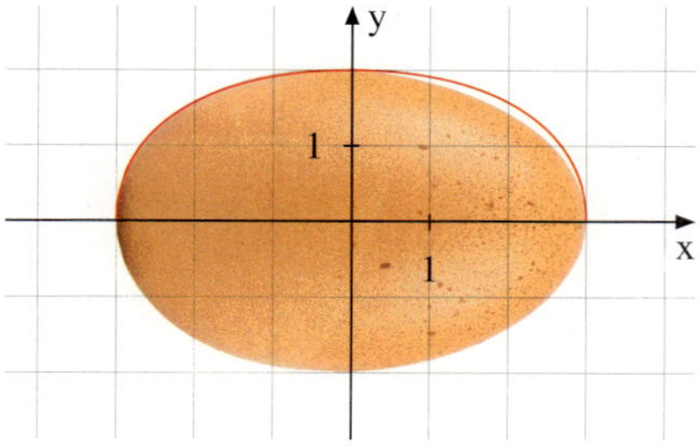

Foto eines Hühnereis 1 LE = 1 cm

Ein Ei lässt sich nur schwer in mathematischer Form beschreiben. Am nächsten kommen seiner Profilkurve noch die sog. Cassinischen Kurven, die der italienische Astronom Giovanni Domenico Cassini – der übrigens auch den roten Fleck des Jupiters entdeckte – im 16. Jahrhundert zur Beschreibung von Planetenbahnen entwickelte. Leider ist die Theorie der Cassinischen Kurven zu kompliziert, um hier entwickelt werden zu können. Wie modellieren daher das Ei als Ellipse oder mit Hilfe von Parabeln.

Beispiel: Das Volumen eines Hühnereies

Bestimmen Sie das Volumen des oben als Foto abgebildeten Eies. Gehen Sie davon aus, dass die obere Profilkurve des Eies angenähert eine Ellipse ist. Die Formel für eine Ellipse lautet $\left(\frac{x}{a}\right)^2 + \left(\frac{y}{b}\right)^2 = 1$ wobei a der horizontale und b der vertikale Halbmesser der Ellipse sind.

Lösung:

Wir machen zunächst aus der Ellipsengleichung einen Funktionsgleichung, indem wir diese nach y auflösen.

Wir erhalten für die obere Profilkurve der Ellipse nach nebenstehender Rechnung

$$f(x) = +b \cdot \sqrt{1 - \frac{x^2}{a^2}}.$$

Aus der Grafik oben lesen wir die Parameterwerte a = 3 und b = 2 ab, so dass folgt:

$$f(x) = 2 \cdot \sqrt{1 - \frac{x^2}{9}}.$$

Nun lassen wir diese Profilkurve um die x-Achse rotieren. Der entstehende Rotationskörper stellt das Ei dar.

Mit der Rotationsformel berechnen wir nun das Volumen des Eies.

Wir erhalten ein Volumen von ca. 50 cm³, was der Realität* recht nahe kommt.

Funktionsgleichung zur Ellipse

$$\left(\frac{x}{a}\right)^2 + \left(\frac{y}{b}\right)^2 = 1$$

$$\left(\frac{y}{b}\right)^2 = 1 - \left(\frac{x}{a}\right)^2$$

$$\frac{y}{b} = \pm\sqrt{1 - \left(\frac{x}{a}\right)^2}$$

$$y = \pm b \cdot \sqrt{1 - \frac{x^2}{a^2}}$$

Volumen des Eies

$$V = \pi \cdot \int_{-3}^{3} \left(2 \cdot \sqrt{1 - \frac{x^2}{9}}\right)^2 dx$$

$$= \pi \cdot \int_{-3}^{3} 4 \cdot \left(1 - \frac{x^2}{9}\right) dx$$

$$= \pi \cdot \left[4x - \frac{4}{27}x^3\right]_{-3}^{3}$$

$$= \pi \cdot ((+8) - (-8))$$

$$= 16\pi \approx 50{,}26\,\text{cm}^3$$

Übung 7 Modellierung des Eies durch zwei Parabeln.

Die linke Hälfte des oben abgebildte Eies soll durch eine Wurzelfunktion f_1 modelliert werden. Verwenden Sie den Ansatz $f_1(x) = a\sqrt{x + 3}$, $-3 \le x \le 0$.

a) Begründen Sie die Form des Ansatzes. Berechnen Sie a.

b) Bestimmen Sie das Eivolumen mit der Rotationsformel.

c) Vergleichen Sie mit dem Ergebnis der elliptischen Modellierung aus dem Beispiel. Welche Schwächen hat das Parabelmodell?

* Durchschnittsvolumen eines Hühnereies: ca. 53 cm³

Übungen

8. Weinglas

Das Fassungsvermögen des Weinglases soll durch mathematische Modellierung angenähert bestimmt werden.

a) Bestimmen Sie eine Wurzelfunktion $f(x) = \sqrt{ax}$, die den inneren Rand des Weingefäßes mathematisch erfasst. Der Durchmesser des Glases beträgt 8 cm in einer Höhe von 6 cm.

b) Bestimmen Sie nun das Fassungsvermögen mit der Rotationsformel.

c) In welcher Höhe über dem tiefsten Punkt des Behälters muss der Eichstrich für $100\,\text{cm}^3$ Inhalt angebracht werden?

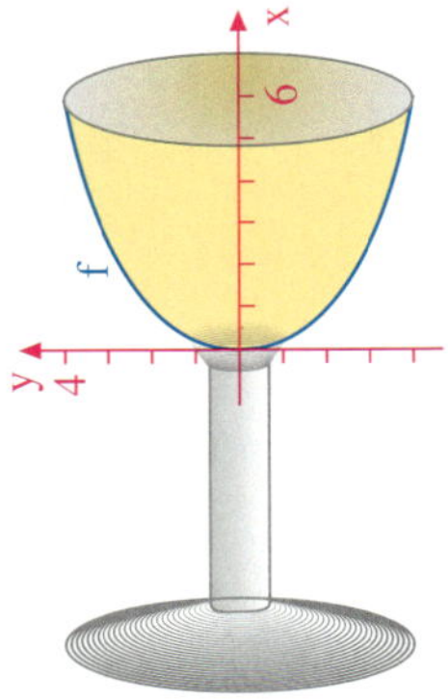

9. Öltank

Ein Öltank hat eine zylindrische Form mit kuppelartigem Boden. Die Maße stehen in der Zeichnung.

a) Schätzen Sie das Fassungsvermögen des Tanks.

b) Modellieren Sie das Bodenstück durch eine Wurzelfunktion $f(x) = \sqrt{ax}$. Legen Sie das Koordinatensystem hierzu in den tiefsten Punkt des Bodenstücks, wobei die x-Achse wie in Ü8 senkrecht nach oben weist.

c) Bestimmen Sie nun das Fassungsvermögen des Bodenteils mit Hilfe der Rotationsformel. Welches Gesamtvolumen hat der Tank?

d) In den Behälter fließen beim Befüllen 2 l Öl pro Sekunde ein. Nach welcher Zeit ist der Tank gefüllt?

e) Zur Reinigung des Tanks wird das Bodenteil bis zur Hälfte seines Fassungsvermögens mit dem Spülmittel gefüllt. Wie hoch steht das Spülmittel über dem tiefsten Punkt?

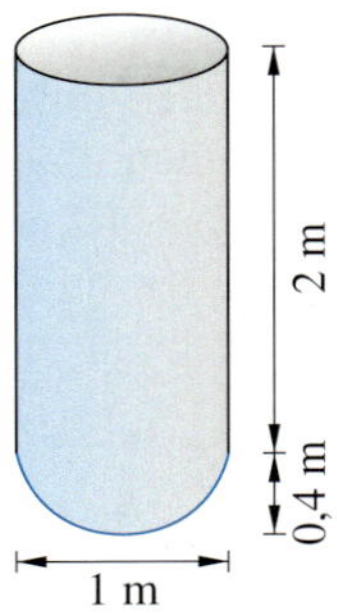

10. Hyperbolischer Körper

Durch Rotation von $f(x) = \frac{2}{x}$ um die x-Achse über dem Intervall $[1; u]$, $u > 1$, entsteht ein hyperbolischer Körper.

a) Wie groß ist das Volumen V des Körpers für $u = 4$?

b) Bestimmen Sie eine Formel für das Volumen $V(u)$ des entstehenden Rotationskörpers für beliebiges $u > 1$. Welcher Wert ergibt sich, wenn u gegen Unendlich strebt?

c) Wie groß muß u gewählt werden, wenn der Körper ein Volumen von 4 Volumeneinheiten besitzen soll?

d) Der Körper aus a) wird durch einen zur y-Achse parallelen Schnitt in zwei Teile zerlegt. An welcher Stelle v muss der Schnitt angebracht werden, damit die beiden Teile das gleiche Volumen besitzen?

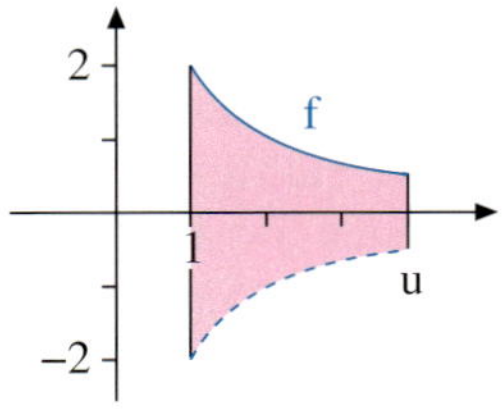

11. Kerzenständer

Die Abbildung zeigt das Querschnittsdesign eines Kerzenständers für 3 cm dicke Kerzen. Seine Konturkurve kann durch die abschnittsweise zusammengesetzte Funktion f dargestellt werden.

$$f(x) = \begin{cases} \frac{1}{8}x^2 + 2, & -1 \le x \le 4 \\ 4 & , 4 \le x \le 5 \end{cases}$$

a) Berechnen Sie das massive Metallvolumen des Kerzenständers*.

b) Der Kerzenständer soll noch wirtschaftlicher gestaltet werden. Dazu soll im Boden eine zylindrische Aussparung angeordnet werden (rot umrandet). Allerdings darf diese aus Stabilitätsgründen die eingezeichneten Grenzlinien (grün) nicht überschreiten.
Wie viel Material spart man, wenn die Aussparung einen vorgegebenen Durchmesser von 4 cm erhält?

c) Die Aussparung aus Aufgabenteil b) soll optimiert werden, d. h. sie soll ein möglichst großes Volumen haben. Wie groß muß ihr Durchmesser gewählt werden? Wie viel Material spart die optimale Aussparung?

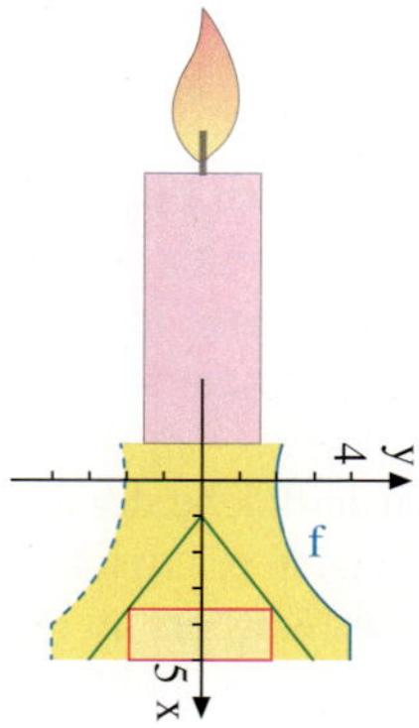

12. Brunnen

Ein steinerner Monumentalbrunnen hat den rechts abgebildeten Querschnitt. Er ist rotationssymmetrisch zur x-Achse. Die eingezeichneten Randkurven f und g können beschrieben werden durch die Funktionen $f(x) = 5\sqrt{\frac{x}{3} - 1}$ und $g(x) = \frac{x^2}{4} + 1$*.

a) Berechnen Sie den Inhalt der abgebildeten Querschnittsfläche A des Brunnens.

b) Wie viel Wasser fasst der Brunnen maximal ?

c) Wie hoch steht das Wasser im Brunnen, wenn man 50 m³ einfüllt.

d) Berechnen Sie das massive Steinvolumen des Brunnens.

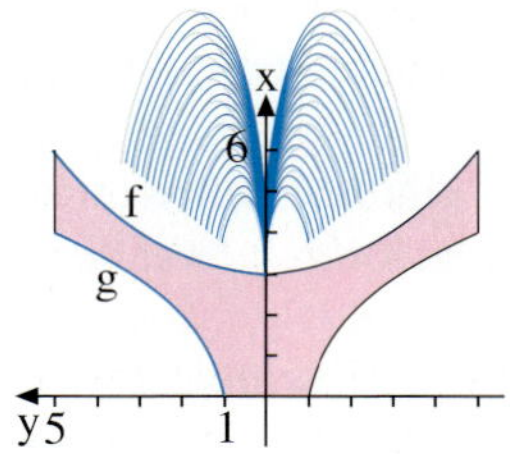

13. Zirkuszelt

Das abgebildete Zirkuszelt entsteht durch Rotation des eingezeichneten Flächenstücks um die x-Achse. Der Grundkreisdurchmesser beträgt 20 m. Oben bleibt ein Lichtkreis mit 4 m Durchmesser offen. Die Flächenrandkurve f des Zeltdaches sei gegeben durch $f(x) = \frac{30}{x}$, $3 \le x \le 15$*.

a) Welches Volumen hat das gesamte Zelt?

b) Wie viel Prozent des Volumens liegen in über 10 m Höhe?

c) Zwecks Einsparung von Heizenergie soll das Zeltdach abgeflacht werden. Dazu wird die neue Randkurve $f(x) = \frac{20}{x}$, $2 \le x \le 10$, verwendet. Der Grundkreis und der Lichtkreis behalten ihre Radien.
Um wie viel Prozent verringert sich das Volumen?

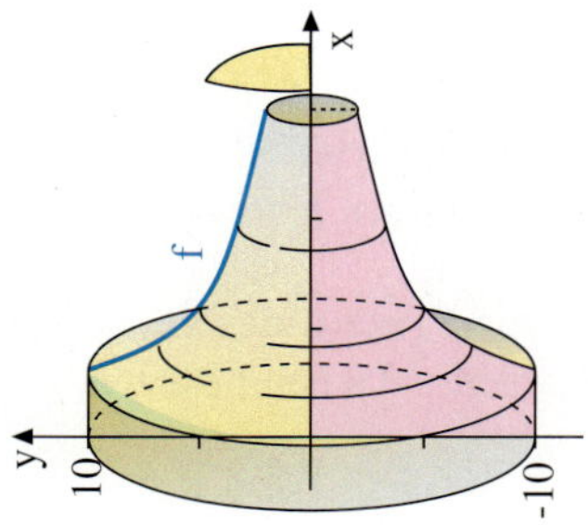

* Achten Sie bei den Übungen 11, 12 und 13 darauf, dass die x-Achse nach oben zeigt.

Die Querschnittsformel

Auch der Volumeninhalt von Körpern, die nicht rotationssymmetrisch sind, kann mithilfe der Integralrechnung bestimmt werden.

Wir stellen uns einen Körper, dessen Volumen bestimmt werden soll, so vor, dass er orthogonal zur x-Achse in dünne Scheiben der Dicke Δx zerschnitten ist.

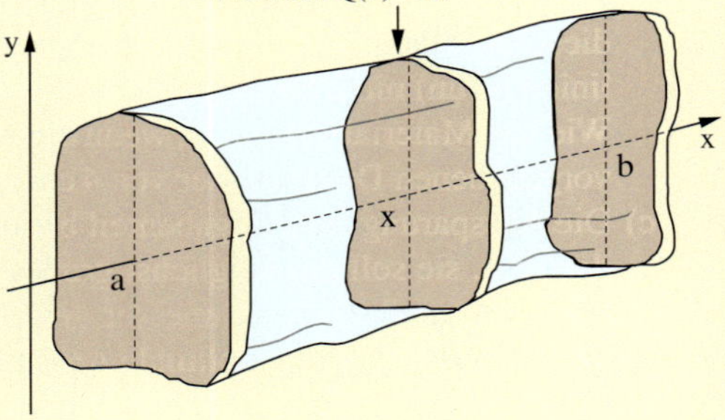

Die Grundfläche der an der Stelle x liegenden Scheibe ist praktisch die Querschnittsfläche $Q(x)$ des Körpers an der Stelle x.
Diese Scheibe hat also näherungsweise das Volumen $V_x = Q(x) \cdot \Delta x$.

Summieren wir alle Scheibenvolumina, so erhalten wir eine Produktsumme:
$\sum Q(x) \cdot \Delta x$.

Lassen wir nun die Anzahl n der Scheiben gegen unendlich und ihre Dicke Δx gegen null streben, so strebt die Produktsumme gegen das bestimmte Integral von $Q(x)$ in den Grenzen von a bis b.

Wir erhalten daher für das Volumen des Körpers die nachstehend aufgeführte Formel, die als ***Querschnittsformel*** bezeichnet wird.

Die Querschnittsformel
V sei der Inhalt des über dem Intervall [a; b] liegenden Volumenanteils eines Körpers. V kann durch Integration der Querschnittsflächenfunktion $Q(x)$ des Körpers bestimmt werden.

$$V = \int_a^b Q(x)\,dx$$

Diese Querschnittsscheibenmethode wurde bereits von dem italienischen Mathematiker und Astronomen ***Francesco Bonaventura Cavalieri*** (1598–1647) angewandt.

Das Prinzip des Cavalieri: Wenn zwei Körper in gleicher Höhe stets gleich große Querschnittsflächen besitzen, so sind ihre Volumina gleich.

Beispiel: Leiten Sie die Volumenformel für eine quadratische Pyramide mit der Grundlinienlänge a und der Höhe h her.

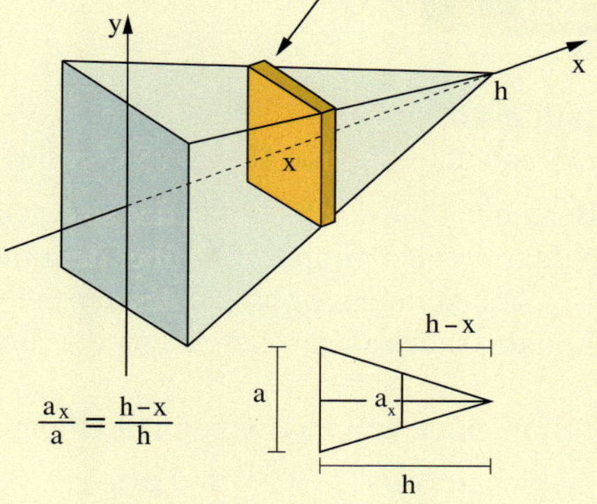

Lösung:
Wir betrachten den Querschnitt Q(x) der Pyramide an der Stelle x.
Es handelt sich um ein Quadrat, dessen Seitenlängen wir mit a_x bezeichnen.
Für a_x gilt nach dem Strahlensatz die Formel $a_x = \frac{a}{h}(h - x)$.

$$\frac{a_x}{a} = \frac{h-x}{h}$$

Die Querschnittsfläche hat daher den Inhalt $Q(x) = \frac{a^2}{h^2}(h - x)^2$.

Das Volumen der Pyramide erhalten wir durch Integration dieser Querschnittsfunktion in den Grenzen von 0 bis h.

Als Resultat ergibt sich $V = \frac{1}{3}a^2 \cdot h$, das heißt die schon aus der Mittelstufe bekannte Formel für das Volumen der quadratischen Pyramide.

$$V = \int_a^b Q(x)\,dx = \int_0^h \frac{a^2}{h^2}(h - x)^2\,dx$$
$$= \int_0^h \frac{a^2}{h^2}(h^2 - 2hx + x^2)\,dx$$
$$= \left[\frac{a^2}{h^2}\left(h^2x - hx^2 + \frac{1}{3}x^3\right)\right]_0^h$$
$$= \frac{a^2}{h^2} \cdot \frac{1}{3}h^3 = \frac{1}{3}a^2 h$$

Übungen

Übung 1
Gesucht ist das Volumen des abgebildeten Zeltes der Höhe h, dessen rechteckige Grundfläche die Seitenlängen a und b besitzen.

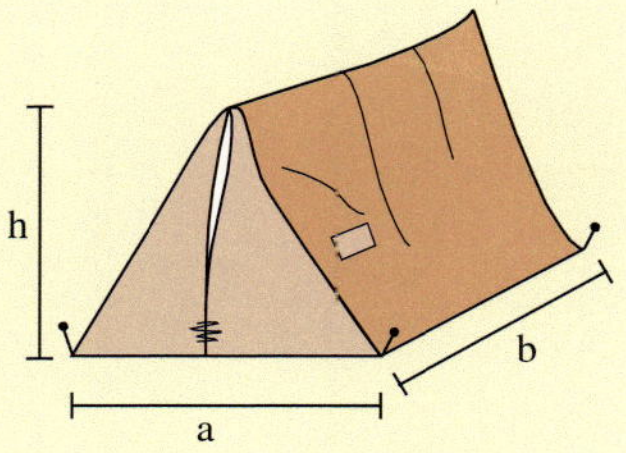

Übung 2
Ein Filter hat oben die Form eines Rechtecks (a = 10, b = 6) mit zwei angesetzten Halbkreisen (r = 3). Nach unten verjüngt sich der Filter wie abgebildet derart, dass die untere Auslassöffnung ein Kreis ist. Bestimmen Sie den Rauminhalt des Filters.

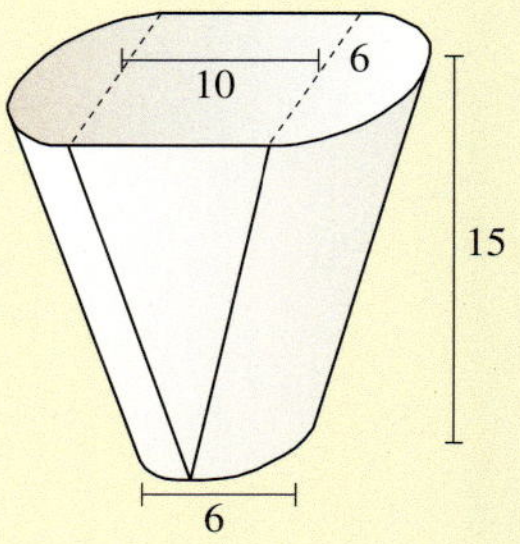

Übung 3
Leiten Sie die Formel für das Volumen eines regelmäßigen Tetraeders mit der Kantenlänge a her. Errechnen Sie zunächst die Höhe des Tetraeders.

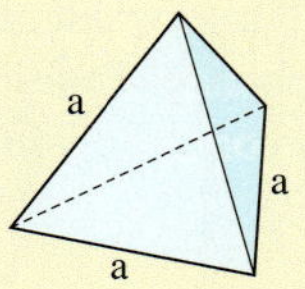

Test

1. Rotationskörper

Der Graph der Funktion $f(x) = \sqrt{5}\,x^2$ rotiert im Intervall [0; 2] um die x-Achse.

a) Berechnen Sie das Volumen des so entstehenden Rotationskörpers.

b) Nun rotiert der Graph von f über dem Intervall [0; a] um die x-Achse. Wie muss a gewählt werden, damit das Volumen des entstehenden Rotationskörpers nur 25 % des Volumens des Rotationskörpers aus Aufgabenteil a) beträgt?

2. Rotation einer von zwei Graphen eingeschlossenen Fläche

Die Graphen von $f(x) = \frac{1}{3}x$ und $g(x) = \sqrt{x}$ schließen ein Flächenstück A ein, welches um die x-Achse rotiert. Fertigen Sie eine Arbeitsskizze an und bestimmen Sie das Volumen des so entstehenden Rotationskörpers.

3. Volumen einer Kaffeetasse

Eine Kaffeetasse hat am Boden einen Durchmesser von 6 cm und an ihrer Öffnung einen Durchmesser von 12 cm. Die Kaffeetasse ist 10 cm hoch.

a) Stellen Sie die Gleichung einer Funktion $f(x) = \sqrt{ax + b}$ auf, welche den Rand der Tasse modelliert.

b) Wie viel Wasser benötigt man, um die Tasse bis auf 2 cm unterhalb ihrer Öffnung zu füllen?

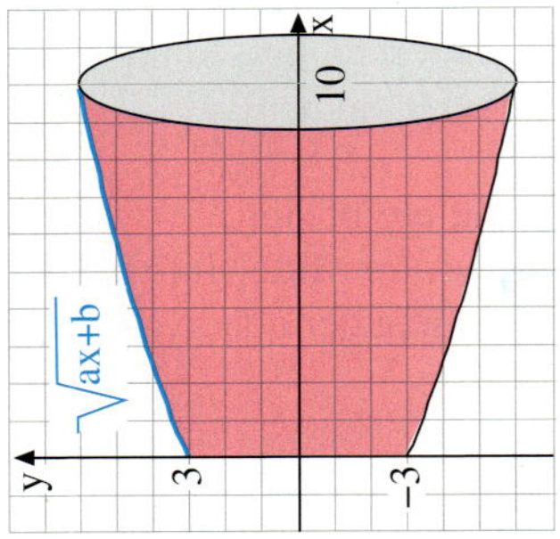

4. Hyperboloid

Durch Rotation von $f(x) = \frac{4}{x}$ um die x-Achse über dem Intervall [1; a] entsteht ein hyperbolischer Körper.

a) Wie groß ist das Volumen des Körpers für a = 4?

b) Wie muss a gewählt werden, damit der entstehende Rotationskörper ein Volumen von 8π Volumeneinheiten besitzt?

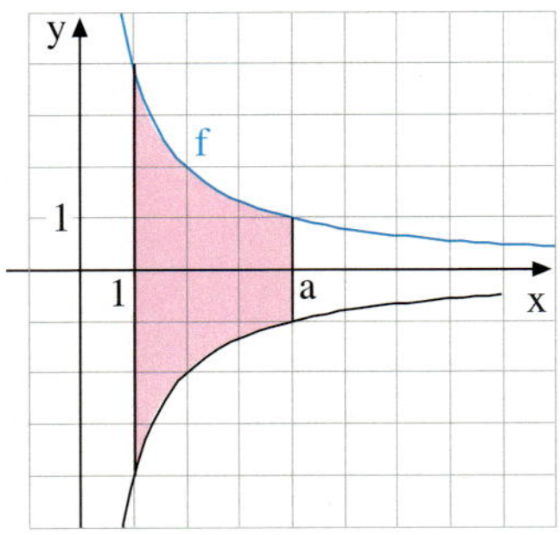

VII. Komplexe Aufgaben

1. Ganzrationale Funktionen

Hier werden ganzrationale Funktionen untersucht. Dabei werden auch weitergehende Fragestellungen und Parameterprobleme einbezogen.

Beispiel: Kurvenuntersuchung

Gegeben sei die Funktion $f(x) = x^3 - 3x^2$.

a) Führen Sie eine Kurvendiskussion durch (Nullstellen, Extrema, Wendepunkte, Graph).

b) Der Graph von f und die x-Achse schließen eine Fläche ein. Berechnen Sie deren Inhalt.

c) Stellen Sie die Gleichung der Wendenormalen von f auf.

Lösung zu a):

Nullstellen:

$0 = x^2 \cdot (x - 3),\ x_1 = 0,\ x^2 = 3$

Extrema:

$f'(x) = 3x^2 - 6x,\ f'''(x) = 6x - 6,\ f'''(x) = 6$

$f'(x) = 3x^2 - 6x = 0$

$x = 0$ bzw. $x = 2$

$x = 0$: $f''(0) = -6 < 0 \Rightarrow H(0|0)$

$x = 2$: $f''(2) = \ \ 6 > 0 \Rightarrow T(2|-4)$

Wendepunkte:

$f''(x) = 6x - 6 = 0$

$x = 1$

$f'''(1) = 6 > 0 \Rightarrow$ RL-WP $W(1|-2)$

Graph

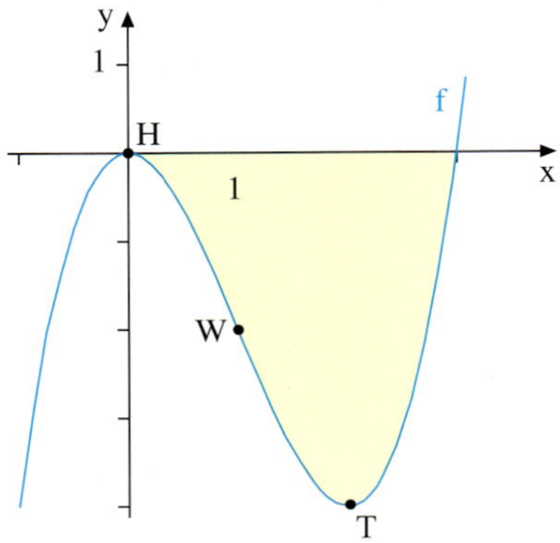

Lösung zu b):

Durch Integration von f und Einsetzen der Grenzen erhalten wir als Flächeninhalt den Wert A = 6,75.

Hier muss der Betrag des bestimmten Integrals genommen werden, da A unterhalb der x-Achse liegt.

Flächeninhalt

$$\int_0^3 (x^3 - 3x^2)\,dx = \left[\tfrac{1}{4}x^4 - x^3\right]_0^3 = -6{,}75$$

$\Rightarrow A = 6{,}75$

Lösung zu c):

Da die Wendenormale senkrecht auf der Tangente durch W steht, erhalten wir als Normalensteigung den Wert $m = \frac{1}{3}$.

Setzen wir dies zusammen mit den Koordinaten von W in den Ansatz von n ein, erhalten wir $b = -\frac{7}{3}$.

Resultat: $n(x) = \frac{1}{3}x - \frac{7}{3}$.

Wendenormale

Ansatz: $n(x) = mx + b$

1. $m = \frac{-1}{f'(1)} = \frac{-1}{-3} = \frac{1}{3}$

2. $W(1|-2)$: $\frac{1}{3} \cdot 1 + b = -2 \Rightarrow b = -\frac{7}{3}$

Resultat: $n(x) = \frac{1}{3}x - \frac{7}{3}$

1. Kanal

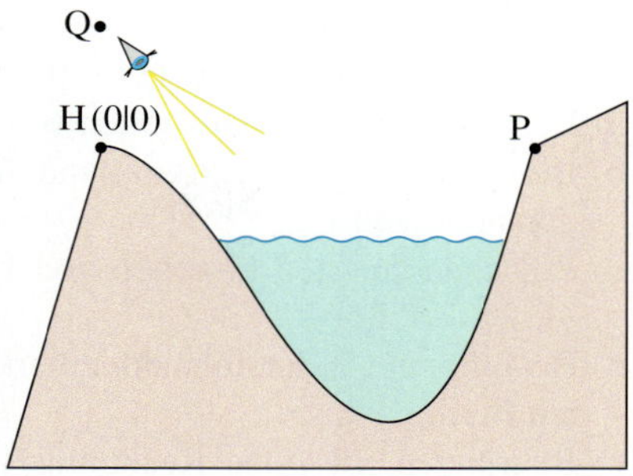

Gegeben sei die Funktion $f(x) = \frac{1}{18}x^3 - \frac{1}{2}x^2$.

a) Berechnen Sie die Nullstellen von f.

b) Berechnen Sie die Extrema und Wendepunkte von f.

c) Zeichnen Sie den Graphen von f für $-2 \le x \le 10$.

d) Für $0 \le x \le 9$ beschreibt der Graph von f das Grundprofil eines Kanals (Angaben in m). Berechnen Sie die Querschnittsfläche, welche die Wassermenge maximal besitzen kann.

e) Von einem Punkt $Q(0|h)$ $(h > 0)$ soll das gesamte Grundprofil des Kanals bei Leerstand lückenlos fotografiert werden. Entwickeln Sie einen Ansatz und berechnen Sie, wie groß die Höhe h dazu mindestens sein muss.

f) Zeigen Sie, dass die Wendenormale von f oberhalb des Punktes P verläuft. P liegt auf gleicher Höhe wie H.

2. Brücke mit Durchfahrt

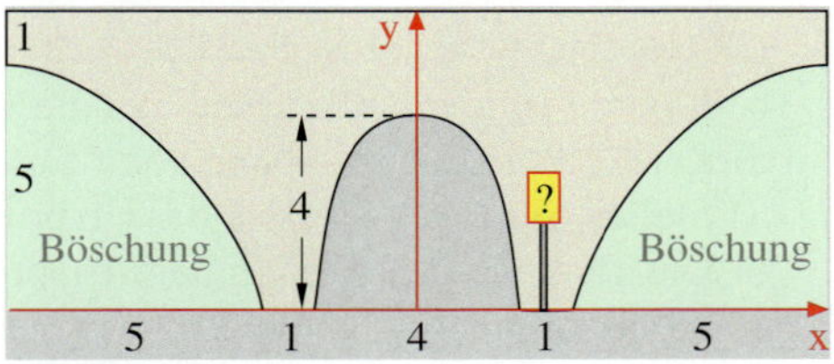

Abgebildet ist der Querschnitt einer Brücke (Längenangaben in m). Die Durchfahrt wird durch eine Parabel f 4. Grades beschrieben, die beiden Böschungskurven durch Parabeln 2. Grades h_1 und h_2.

a) Stellen Sie die Gleichungen von f, h_1 und h_2 auf. Nutzen Sie die folgenden Ansätze und berechnen Sie die fehlenden Koeffizienten a, b, c, x_1, x_2, y:
$f(x) = b - ax^4$, $h_1(x) = c(x - x_1)^2 + y$, $h_2(x) = c(x - x_2)^2 + y$

b) Vor der Durchfahrt soll ein Hinweisschild für die maximal zulässige Durchfahrtshöhe aufgestellt werden. Es soll sich auf schmale Fahrzeuge bis 2 m Breite beziehen. In der Höhe sollen 50 cm Sicherheitsabstand berücksichtigt werden.
Berechnen Sie, welche Höhenangabe auf das Schild muss.

c) Der Fahrer eines 3 m breiten und 2,7 m hohen Trucks plant eine Durchfahrt. Entscheiden Sie, ob das gelingen kann.

d) Die Brücke ist 4 m breit. Bestimmen Sie das Volumen.

e) Berechnen Sie die Stellen, an denen die Böschungsfundamente 45° Steigung haben.

3. Kurvenschar

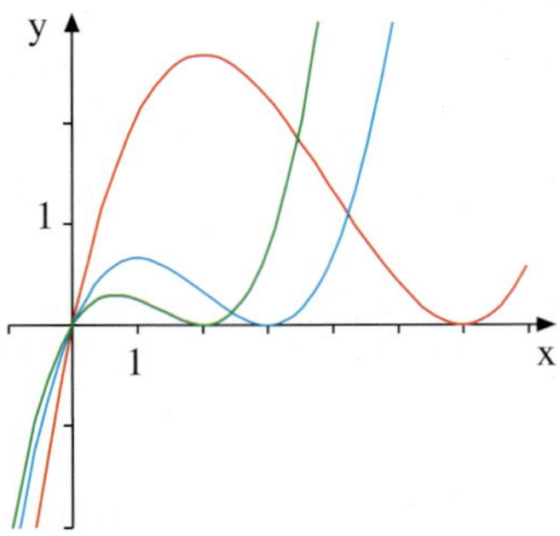

Gegeben sei die Funktionenschar
$f_a(x) = \frac{1}{12a}x^3 - x^2 + 3ax$, $a \in \mathbb{R}$, $a > 0$.

a) Untersuchen Sie die Schar auf Nullstellen und Extrema.

b) Der Punkt $P(z|f_1(z))$ bildet mit dem Ursprung und dem Punkt $Q(z|0)$ ein achsenparalleles Dreieck $(0 \le z \le 6)$.
Berechnen Sie die Koordinaten von P so, dass das Dreieck maximalen Inhalt hat.

c) Die Tangente durch $W\left(4a\middle|\frac{4}{3}a^2\right)$ schließt mit den Koordinatenachsen ein Dreieck ein.
Berechnen Sie, für welches a das Dreieck den Inhalt 384 hat.

d) Der Graph jeder Funktion f_a schließt mit der x-Achse eine Fläche ein.
Berechnen Sie den Inhalt dieser Fläche in Abhängigkeit von a.

4. Biquadratische Funktion

Gegeben sei die Funktion $f(x) = 0{,}5\,x^4 - 2\,x^2 + 1{,}5$.

a) Berechnen Sie die Nullstellen von f.

b) Berechnen Sie die Extrema und Wendepunkte von f.

c) Zeichnen Sie den Graphen von f für $-2{,}5 \le x \le 2{,}5$.

d) Bestimmen Sie den Inhalt der markierten Fläche.

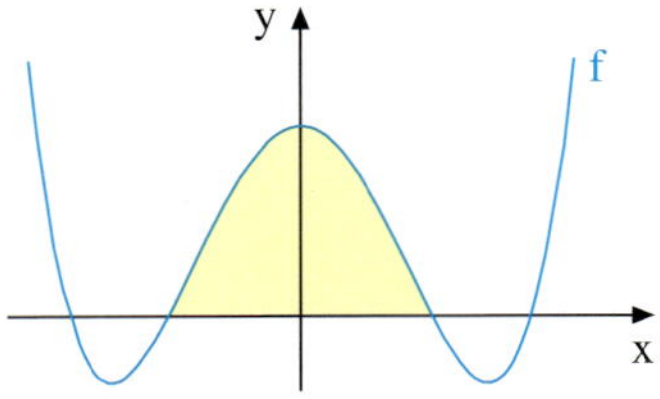

e) Begründen Sie ohne Rechnung, dass die Tangenten von f

I. in den äußeren Nullstellen mit f jeweils genau einen gemeinsamen Punkt haben,

II. in den inneren Nullstellen jeweils drei gemeinsame Punkte haben.

f) Berechnen Sie, unter welchem Winkel sich die Tangenten der beiden inneren Nullstellen schneiden.

5. Berg mit Turm

Gegeben ist die Funktion $f(x) = \frac{1}{6}x\,(x-3)^2$.

a) Berechnen Sie die Nullstellen der Funktion.

b) Berechnen Sie die Extrema und die Wendepunkte von f.

c) Zeichnen Sie den Graphen von f für $-1 \le x \le 6$.

d) Stellen Sie die Gleichung der Ursprungstangente t von f auf.

e) Die Tangente t hat neben dem Ursprung noch den Punkt $P(6\,|\,f(6))$ mit f gemeinsam. Bestimmen Sie den Inhalt der von f und t eingeschlossenen Fläche A.

f) Die Funktion f beschreibt für $0 \le x \le 3$ einen Berg (1 LE = 100 m). Ermitteln Sie das maximale Gefälle des Berges rechts des Gipfels.
Berechnen Sie, wie hoch der Turm auf dem Gipfel sein muss, um die gesamte östliche Bergflanke überblicken zu können.

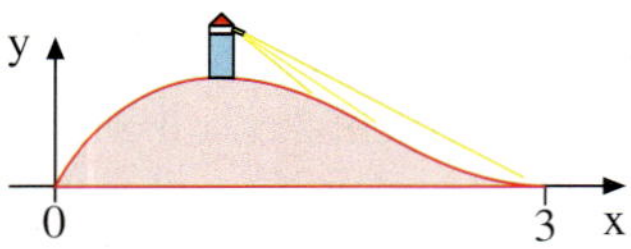

6. Weinfass

Die Abbildung zeigt den Querschnitt eines Fasses. Die Begrenzungen f und g werden durch die Parabeln

$f(x) = 3 - \frac{1}{16}x^2$ bzw. $g(x) = -3 + \frac{1}{16}x^2$

für $-4 \le x \le 4$ beschrieben (1 LE = 1 dm).

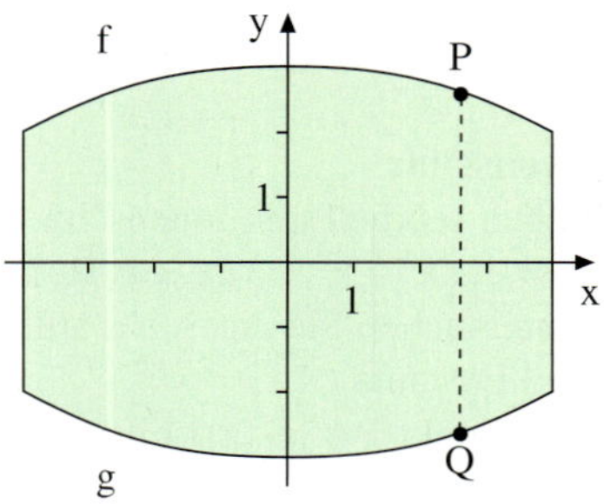

a) Geben Sie den Durchmesser des Fassbodens an.

b) Berechnen Sie, in welchem Abstand vom Fassboden die Strecke $\overline{PQ}$ 5 dm hat.

c) Berechnen Sie den Steigungswinkel von f im Punkt $T(\sqrt{8}\,|\,2{,}5)$.

d) Bestimmen Sie das Fassvolumen durch Rotation des oberen Bogens f um die x-Achse.

e) Bestimmen Sie das Fassvolumen angenähert.

2. Exponentialfunktionen

In diesem Abschnitt werden für die Funktionsklasse der Exponentialfunktionen alle Aspekte einer Kurvenuntersuchung exemplarisch wiederholt.

Beispiel: Exponentialfunktion

Gegeben sei die Funktion $f(x) = (x + 2) \cdot e^{0,5x} + 2$.

a) Untersuchen Sie f auf Extremal- und Wendepunkte sowie auf das Verhalten für $x \to \pm\infty$.

b) Zeichnen Sie den Graphen von f für $-6 \le x \le 1$.

c) Begründen Sie anhand der Vorergebnisse, dass die Funktion keine Nullstellen haben kann.

d) Berechnen Sie die Konstanten a und b so, dass die Funktion $F(x) = (ax + b)e^{0,5x} + 2x$ eine Stammfunktion von f ist.

e) Bestimmen Sie den Inhalt A der Fläche, die begrenzt wird vom Graphen von f, der Wendetangente und der y-Achse. Eine Einheit entspricht 1 m Länge.

Lösung zu a) und b):
Die Ableitungen werden mit der Produkt- und der Kettenregel bestimmt.

Ableitungen

$f'(x) = \frac{1}{2}(x + 4) \cdot e^{0,5x}$

$f''(x) = \frac{1}{4}(x + 6) \cdot e^{0,5x}$

$f'''(x) = \frac{1}{8}(x + 8) \cdot e^{0,5x}$

Die Lage der Extremalstellen bestimmen wir mit dem notwendigen Kriterium $f'(x) = 0$.
Es gibt ein Extremum bei $x = -4$. Mit Hilfe der zweiten Ableitung stellen wir fest, dass es sich um ein Minimum handelt. Der y-Wert ist $y = 2 - 2e^{-2} \approx 1,73$.
Resultat: $T(-4 \mid 1,73)$

Extrema

$f'(x) = \frac{1}{2}(x + 4) \cdot e^{0,5x} = 0$

$(x + 4) = 0$

$x = -4,\ y \approx 1,73$

$f''(-4) \approx 0,07 > 0 \Rightarrow$ Minimum

Analog untersuchen wir die Funktion auf Wendepunkte. Die einzige Nullstelle der 2. Ableitung liegt bei $x = -6$. Wir erhalten einen Rechts-Links-Wendepunkt $W(-6 \mid 1,80)$.

Wendepunkt

$f'' = \frac{1}{8}(x + 6) \cdot e^{0,5x} = 0$

$(x + 6) = 0$

$x = -6,\ y \approx 1,80$

$f'''(-6) \approx 0,002 > 0 \Rightarrow$ R-L-WP

Für $x \to \infty$ streben die Funktionswerte gegen unendlich, da sowohl der exponentielle Term als auch der lineare Term gegen unendlich streben.

Für $x \to -\infty$ streben die Funktionswerte gegen 2, was die Tabelle unten belegt. Der Graph nähert sich der horizontalen Geraden $y = 2$ an. Er ist rechts dargestellt.

x	−2	−4	−10	−100	$\to -\infty$
f(x)	2	1,33	1,95	2	2

Graph

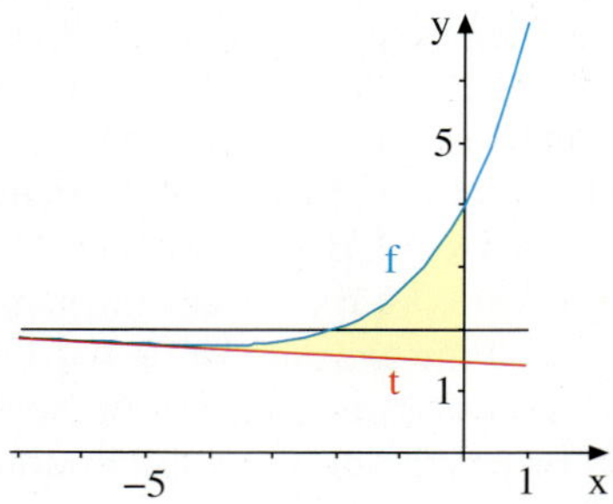

Lösung zu c):
Der Tiefpunkt von f liegt über der x-Achse (s. Graph). Für $x \to -\infty$ streben die Funktionswerte gegen 2. Daher kann f keine Nullstellen besitzen.

Lösung zu d):
Wir differenzieren die Ansatzfunktion F und erhalten die Funktion F′, die natürlich mit f identisch sein muss. Daher müssen die entsprechenden Koeffizienten von F′ und f gleich sein. Dies führt auf ein lineares Gleichungssystem. Die Lösungen sind $a = 2$ und $b = 0$.
Resultat: $F(x) = 2x\,e^{0,5x} + 2x$

Gleichung einer Stammfunktion

$$F'(x) = a\,e^{0,5x} + 0,5(ax + b)\,e^{0,5x} + 2$$
$$= (0,5ax + a + 0,5b)\,e^{0,5x} + 2$$
$$f(x) = (1 \cdot x + 2)\,e^{0,5x} + 2$$

$\Rightarrow$ I: $0,5a = 1$ $\Rightarrow a = 2$
II: $a + 0,5b = 2$ $b = 0$

Resultat: $F(x) = 2x\,e^{0,5x} + 2x$

Lösung zu e):
Die Gleichung der Tangente von f im Kurvenpunkt $P(x_0 \mid f(x_0))$ lautet allgemein:
$t(x) = f'(x_0)(x - x_0) + f(x_0)$
Für den Wendepunkt $W(6 \mid 1,8)$ erhalten wir daher – wie rechts ausgeführt – angenähert die Wendetangente $t(x) = 0,05x + 1,5$.

Gleichung der Wendetangente

$$m = f'(-6) = -e^{-3} \approx -0,05$$
$$t(x) = -0,05(x + 6) + 1,8$$
$$= -0,05x + 1,5$$

Aus der Zeichnung zu b) kann man entnehmen, dass sich die gesuchte Fläche als bestimmtes Integral der Differenzfunktion $f(x) - t(x)$ über dem Intervall $[-6; 0]$ bestimmen lässt.
Resultat: $A \approx 2,7$.

Flächenberechnung

$$A = \int_{-6}^{0} (f(x) - t(x))\,dx$$
$$= [2x \cdot e^{0,5x} + 0,025x^2 + 0,5x]_{-6}^{0}$$
$$\approx 2,7$$

1. Gegeben ist die Funktion $f(x) = 4(x - 1)\,e^{-0,5x}$.

a) Bestimmen Sie die Nullstelle der Funktion f.

b) Die Funktion f beschreibt den Blutalkoholgehalt einer Person nach dem Konsum von Wein (x: Zeit in Stunden, f(x): Alkoholgehalt in Promille). Berechnen Sie den Maximalwert des Blutalkoholgehaltes und die Zeitdauer, bis dieser Maximalwert erreicht wird. Skizzieren Sie den Graphen von f für $0 \le x \le 7$. Beurteilen Sie anhand des Graphen die Eignung der Funktion f zur Modellierung der zeitlichen Entwicklung des Blutalkoholgehalts.

c) Weisen Sie nach: $F(x) = -8(x + 1)\,e^{-0,5x}$ ist eine Stammfunktion von f.

d) Für $x > 1$ kann man mit dem Punkt $P(x \mid f(x))$ auf dem Graphen von f und dem Koordinatenursprung als Eckpunkten ein achsenparalleles Rechteck zeichnen. Berechnen Sie die Koordinaten desjenigen Punktes P, für den dieses Rechteck den maximalen Inhalt besitzt.

2. Gegeben ist die Funktion $f(x) = e \cdot x + e^{-x}$.

a) Untersuchen Sie f auf Extremal- und Wendepunkte. Zeichnen Sie den Graphen für $-2,5 \le x \le 2$. Begründen Sie: Der Graph von f(x) nähert sich der Geraden $y = e \cdot x$ für $x \to \infty$.

b) $g(x) = ax^2 + bx + c$ sei eine ganzrationale Funktion 2. Grades, die an den Stellen $x = 0$ und $x = -1$ die gleichen Werte wie f annimmt und an der Stelle $x = -1$ die gleiche Steigung wie f besitzt. Berechnen Sie die Koeffizienten a, b und c.

c) Der Graph von f und die Koordinatenachsen schließen im 2. Quadranten eine Fläche ein. Um wie viel Prozent verändert sich der Flächeninhalt, wenn anstelle des Graphen von f der Graph von g zur Flächenberechnung verwendet wird?

Beispiel: Bergziegen

Gegeben ist die Funktion $f(x) = 4 + 5e^{-2x} - 4e^{-0,5x}$. Die Funktion beschreibt den Bestand von Bergziegen in einer Alpenregion. x: Zeit in Jahren, f(x): Ziegenbestand in Tausend.

a) Geben Sie die Größe des Anfangsbestandes an und beschreiben Sie, wie sich der Bestand entwickelt. Erstellen Sie eine Wertetabelle und zeichnen Sie den Graphen der Funktion.

b) Berechnen Sie den Extremalpunkt und den Wendepunkt von f. Erläutern Sie die Bedeutung dieser Werte für den Tierbestand.

c) Bestimmen Sie den Inhalt der Fläche A unter dem Graphen von f über dem Intervall $I = [0; 10]$.
Entwickeln Sie in wenigen Sätzen, welche Bedeutung der Term $\frac{1}{10}\int_0^{10} f(x)\,dx$ hat.

Lösung zu a):
Wir erstellen eine Wertetabelle und zeichnen den Graphen der Funktion.
Wir sehen, dass der Graph ausgehend von P(0|5) zunächst fällt, bis ein Minimum erreicht ist. Dann steigen die Funktionswerte wieder an, werden aber nie größer als 4.
Der Anfangsbestand der Tiere lag bei 5000. Er nahm innerhalb eines Jahres auf fast 2200 Tiere ab, steigt jedoch langfristig wieder auf einen Bestand von ca. 4000.

Wertetabelle

x	0	1	2	3	6	10
f(x)	5	2,25	2,62	3,12	3,80	3,97

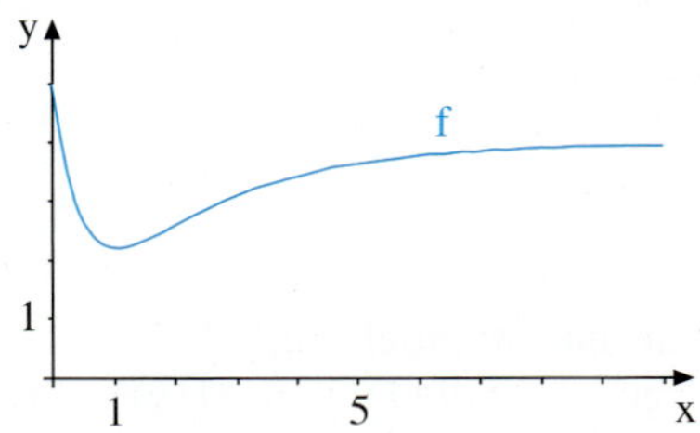

Lösung zu b):
Die Ableitungen werden mit Hilfe der Kettenregel bestimmt.

Ableitungen

$f'(x) = -10e^{-2x} + 2e^{-0,5x}$
$f''(x) = 20e^{-2x} - e^{-0,5x}$
$f'''(x) = -40e^{-2x} + 0,5e^{-0,5x}$

Mit Hilfe der ersten Ableitung bestimmen wir den Extremalpunkt von f.
T(1,07|2,25) ist der Tiefpunkt des Graphen. Seine Bedeutung für das Anwendungsproblem lautet: Nach gut einem Jahr ist der Bestand auf einen Tiefststand von ca. 2250 Tieren gefallen.

Extrema

$f'(x) = -10 \cdot e^{-2x} + 2e^{-0,5x} = 0$
$e^{1,5x} = 5$
$x = \frac{\ln 5}{1,5} \approx 1,07$
$y \approx 2,25$

$f''(1,07) \approx 1,75 > 0 \Rightarrow$ Minimum

Mit Hilfe der zweiten Ableitung bestimmen wir den Wendepunkt von f.
Der Wendepunkt des Graphen liegt bei W(2,00|2,62). Es handelt sich um einen Links-Rechts-Wendepunkt.
Die Bedeutung des Wendepunktes für das Anwendungsproblem lautet: Nach ca. 2 Jahren ist die Anstiegsrate der Population am stärksten. Sie beträgt dann ca. $f'(2) \approx 0,55$.
Das heißt: Die Anstiegsrate beträgt dann 550 Tiere/Jahr bzw. 46 Tiere/Monat.

Wendepunkt

$f''(x) = -20 \cdot e^{-2x} - e^{-0,5x} = 0$
$e^{1,5x} = 20$
$x = \frac{\ln 20}{1,5} \approx 2,00$
$y \approx 2,62$

$f'''(2) \approx -0,55 < 0 \Rightarrow$ L-R-WP

Lösung zu c):
Den gesuchten Flächeninhalt A erhalten wir als bestimmtes Integral von f in den Grenzen von 0 bis 10. Das bestimmte Integral berechnen wir manuell mit Hilfe der Stammfunktion oder nutzen die erweiterte Funktion des Taschenrechners.
Die Fläche A hat den Inhalt 34,55.

Der Term $\frac{1}{10}\int_0^{10} f(x)\,dx$ gibt den durchschnittlichen Funktionswert der Funktion f in den betrachteten 10 Jahren an. Es beträgt 3,455. Damit beträgt die durchschnittliche Populationsgröße während der ersten 10 Jahre ca. 3455 Tiere.

Stammfunktion und Flächeninhalt

$$F(x) = 4x - \tfrac{5}{2}e^{-2x} + 8e^{-0,5x}$$

$$A = \int_0^{10} f(x)\,dx = F(10) - F(0)$$

$$= 40,05 - 5,5 = 34,55$$

Bedeutung des Terms $\frac{1}{10}\int_0^{10} f(x)\,dx$

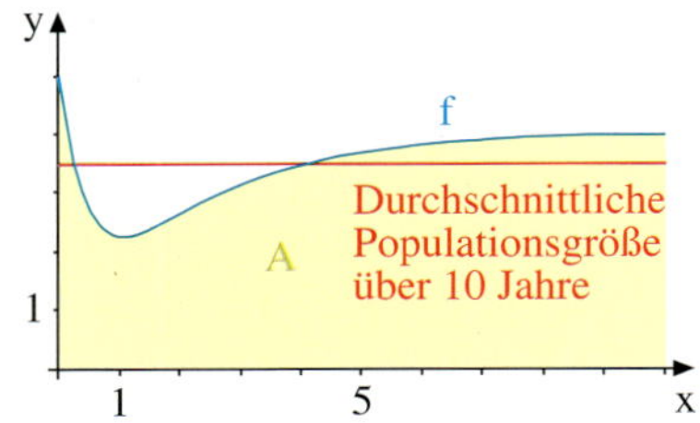

3. Kurvenuntersuchung

Gegeben ist die Funktion $f(x) = 2x\,e^x + 3$.

a) Erstellen Sie eine Wertetabelle und zeichnen Sie den Graphen von f für $-4 \le x \le 1$.

b) Bestimmen Sie die Extremalpunkte und Wendepunkte von f und untersuchen Sie durch Testwerte das Verhalten von f für $x \to \pm\infty$.

c) Weisen Sie nach, dass $F(x) = 2(x-1)e^x + 3x$ eine Stammfunktion von fist. Berechnen Sie den Inhalt der Fläche A zwischen dem Graphen von f und der x-Achse über [0; 1].

d) Die Fläche A wird durch die Gerade $y(x) = 5x$ zweigeteilt. Zeigen Sie, dass die beiden Teilflächen gleich groß sind.

e) Berechnen Sie, unter welchem Winkel der Graph von f die y-Achse schneidet.

4. Kurve zum grippalen Infekt

Gegeben ist die Funktion $f(x) = x\,e^{-0,5x}$.

a) Untersuchen Sie die Funktion f auf Nullstellen, Extrema und Wendepunkte sowie das Verhalten für $x \to \pm\infty$. Zeichnen Sie den Graphen von f.

b) Ermitteln Sie mit Hilfe des Formansatzes $F(x) = (ax + b)e^{-0,5x}$ eine Stammfunktion von f durch Koeffizientenvergleich.
Kontrolle: $F(x) = (-2x - 4)e^{-0,5x} + C$

c) Berechnen Sie den Inhalt der Fläche A unter dem Graphen von f über dem Intervall I = [0; 7].

d) Anja liegt mit einem schweren grippalen Infekt im Bett. Die Funktion $T(x) = 4f(x) + 36,6$ beschreibt ihre Körpertemperatur zur Zeit x nach Auftreten des Infekts (x in Tagen, T(x) in °C). Welche Durchschnittstemperatur hat Anja in der ersten Woche des Infekts?
Der Volksmund behauptet: Eine Grippe dauert ca. 10 Tage. Prüfen Sie, ob diese Aussage für Anjas Infekt ebenfalls zutrifft.

5. Designer-Logo

Betrachtet werden die beiden Funktionen $f(x) = e^{0,5x-1}$ und $g(x) = e^{0,25-0,75x}$.

a) Erstellen Sie eine Wertetabelle und zeichnen Sie die Funktionen im Bereich $-1 \le x \le 4$.

b) Berechnen Sie die Koordinaten des Schnittpunktes der Funktionen.

c) Ein Designer entwickelt aus den beiden Funktionen das schematisch dargestellte Logo der Breite 3 cm, wobei der Schnittpunkt der Graphen genau in der Mitte liegt. Ermitteln Sie die Höhe und den Flächeninhalt des Logos.

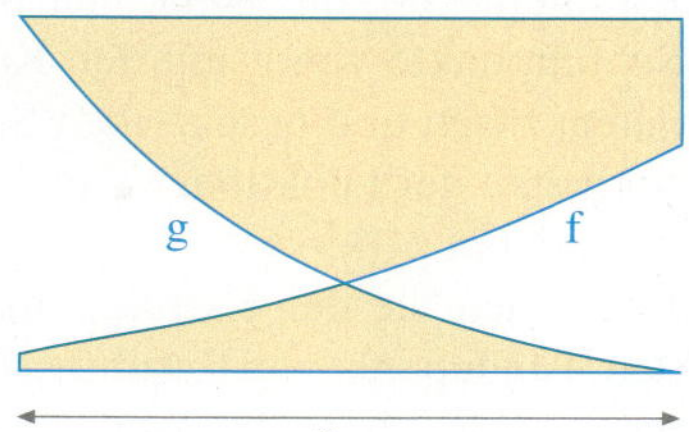

6. Fläche eines Waldes

Gegeben ist die Funktion $f(x) = (3 - x)\,e^x$.

a) Untersuchen Sie die Funktion auf Nullstellen, Extrema und Wendepunkte. Zeichnen Sie den Graphen von f im Bereich [–1; 3].

b) Für $0 \le x \le 3$ wandert der Punkt $P(x\,|\,f(x))$ auf dem Graphen von f. Der Punkt P bildet mit dem Koordinatenursprung O und dem Punkt $Q(x\,|\,0)$ ein rechtwinkliges Dreieck OQP. Berechnen Sie die Koordinaten des Punktes P so, dass das Dreieck OQP den maximalen Flächeninhalt hat.

c) Vergleichen Sie die Funktionsterme $f(x)$, $f'(x)$ und $f''(x)$ und leiten Sie daraus eine Stammfunktion F von f her.

d) Ein Waldstück wird begrenzt vom Graphen der Funktion f und den Koordinatenachsen. Die Längeneinheit entspricht 100 m. Das dreieckige Teilstück, das von den Koordinatenachsen und der Geraden durch die Achsenschnittpunkte von f begrenzt wird, soll abgeholzt werden. Ermitteln Sie, welcher Anteil der Waldfläche erhalten bleibt.

7. Bakterienkultur

Gegeben ist die Funktion $f(x) = e^{2x - 0,5x^2}$.

a) Weisen Sie die Gültigkeit der Beziehung $f(2 + x) = f(2 - x)$ für die Funktion f nach. Erläutern Sie die Bedeutung dieser Gleichung.

b) Die Funktion f ist von der Form $f(x) = e^{g(x)}$. Berechnen Sie, an welcher Stelle die Funktion g ihr Maximum annimmt. Begründen Sie, dass die Funktion f an derselben Stelle ein Maximum hat.

c) Die Funktion $h(x) = 10^6 \cdot f(x)$ beschreibt das Wachstum einer Bakterienkultur (x: Zeit in Wochen seit Beginn, h(x): Anzahl der Bakterien zur Zeit x).
Geben Sie den Anfangsbestand an und berechnen Sie die durchschnittliche Zuwachsrate (in Bakt./Tag) der ersten beiden Wochen.

8. Grundstück mit maximaler Halle

Gegeben ist die Funktion $f(x) = (4 - 2x) \cdot e^x$.

Teil I

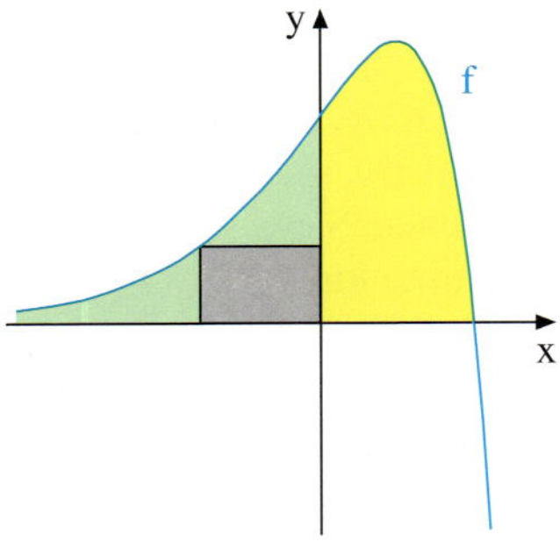

a) Ermitteln Sie die Koordinaten der Schnittpunkte von g mit den Koordinatenachsen und beschreiben Sie das Verhalten der Funktionswerte für und $x \to \infty$ und $x \to -\infty$.

b) Berechnen Sie den Extrempunkt und den Wendepunkt von f. Auf den Nachweis der Existenz des Wendepunktes wird verzichtet.
Zeichnen Sie den Graphen von f für $-4 \le x \le 2{,}5$.

c) Begründen Sie, dass eine Stammfunktion F von f mit dem Ansatz $F(x) = (c - 2x) \cdot e^x$ hergeleitet werden kann. Berechnen Sie den Wert für c und den Inhalt der Fläche, welche von f und den Koordinatenachsen im 1. Quadranten vollständig begrenzt wird.

d) Allgemeiner sei $f_a(x) = (4 - ax)e^x$. Überprüfen Sie, ob die Tangenten an den Graphen von f_a an der Stelle $x_0 = -1$ parallel zueinander verlaufen.

Teil II

e) Die Koordinatenachsen und f begrenzen für $-4 \le x \le 0$ im Modell ein Grundstück. Die Einheit sei 100 Meter.
Auf dem Grundstück soll eine rechteckige Halle mit den Eckpunkten $O(0|0)$, $A(0|f(u))$, $B(u|f(u))$ und $C(u|0)$ $(u < 0)$ und mit möglichst großer Grundfläche errichtet werden. Berechnen Sie die maximal mögliche Grundfläche der Halle.

f) Laut Bebauungsplan dürfen maximal 60% der Fläche bebaut werden.
Entscheiden Sie, ob dieses Kriterium von der maximalen Hallenversion eingehalten wird.

9. Küstenstraße

Gegeben ist die Funktion $f(x) = \frac{2}{x} \cdot e^{-x+1}$.

Teil I

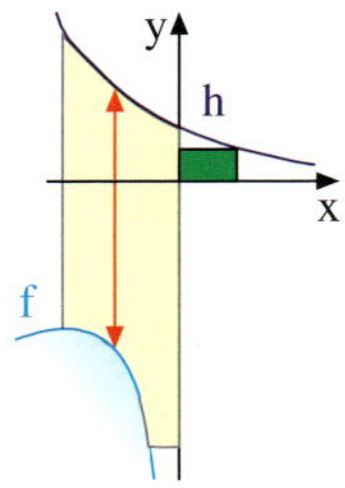

a) Weisen Sie nach, dass der Graph von f die Koordinatenachsen nicht schneidet.

b) Berechnen Sie den Punkt P, in dem die Tangente an f waagerecht verläuft.

c) Sei $h(x) = x \cdot f(x)$. Zeichnen Sie den Graphen von h für $-1 \le x \le 4$.

d) Berechnen Sie die Stelle $u > 0$, für die das Rechteck $O(0|0)$, $A(u|0)$, $B(u|h(u))$ und $C(0|h(u))$ möglichst geringen Umfang hat.

Teil II

e) Der Graph von f beschreibt für $x < 0$ modellhaft einen Küstenabschnitt, h den Verlauf der Küstenstraße. Berechnen Sie die Stelle x, an der der vertikale Abstand der Straße zur Küste am kleinsten ist.

f) Berechnen Sie, an welcher Stelle die Küstenstraße parallel zur Küste verläuft.
Berechnen Sie den Schnittwinkel dieser beiden Kurventangenten mit der x-Achse.

10. Erholungsgebiet

Gegeben ist die Funktion $f(x) = x \cdot e^{2-x}$.

Teil I

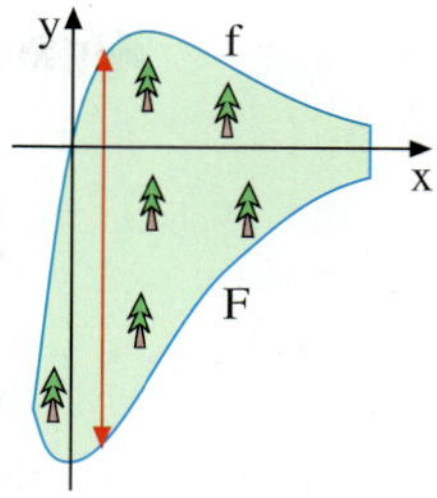

a) Untersuchen Sie das Verhalten der Funktionswerte für $x \to \infty$ und $x \to -\infty$. Ermitteln Sie die Nullstelle, den Extrempunkt und den Wendepunkt von f.
Bestimmen Sie die Gleichung der Tangente an den Graphen von f im Wendepunkt.

b) Weisen Sie nach, dass $F(x) = -(x + 1) \cdot e^{2-x}$ eine Stammfunktion von f ist.
Berechnen Sie den Inhalt der Fläche, welche von f, der x-Achse und der senkrechten Geraden $x = 4$ begrenzt wird.

c) Berechnen Sie $u > 0$ so, dass das Dreieck mit den Eckpunkten $O(0|0)$, $B(2u|0)$ und $C(u|f(u))$ einen möglichst großen Flächeninhalt hat.

Teil II

d) Die Graphen von f und F begrenzen zusammen mit der Geraden $x = 4$ ein Erholungsgebiet. Berechnen Sie, wie lang die längste in Nord-Süd-Richtung liegende Strecke im Erholungsgebiet ist.

11. Waldschonung

Gegeben sind die Funktionen
$f(x) = (2x + 1) \cdot e^{\frac{x}{2}}$ und $g(x) = (2x - 4) \cdot e^{\frac{x}{2}}$.

Teil I

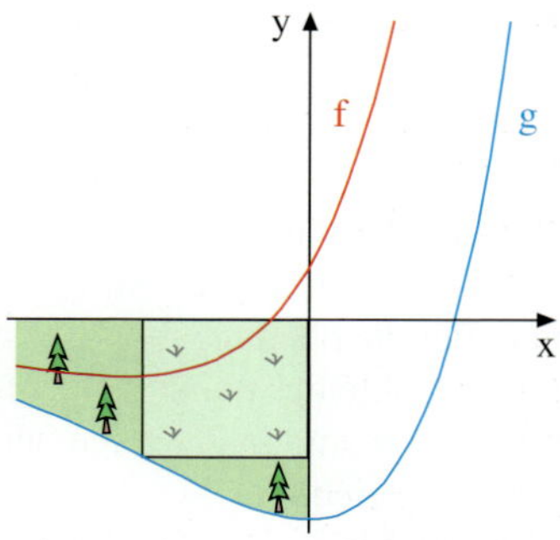

a) Ermitteln Sie die Schnittpunkte von f mit den Koordinatenachsen, sowie Art und Lage des Extrempunktes und die Koordinaten des Wendepunktes von f.

b) Zeichnen Sie den Graphen von f. Bestimmen Sie Gleichung der Tangente an den Graphen von f im Schnittpunkt mit der y-Achse. Berechnen Sie, für welche x-Werte sich die Funktionswerte von f und g um weniger als 0,1 unterscheiden.

c) Berechnen Sie im Bereich $-2 \le x \le 0$ den Inhalt der Fläche, die zwischen den Graphen von f und g liegt.

d) Sei $k(x) = e^{\frac{5}{4}} \cdot f(x)$. Weisen Sie nach, dass der Graph von k durch eine geeignete Verschiebung längs der x-Achse aus dem Graphen von g entsteht.

Teil II

e) Die Koordinatenachsen und der Graph von g begrenzen für $-4 \le x \le 0$ im 3. Quadranten ein Flächenstück, das im Modell ein Waldgebiet beschreibt. Die Einheit sei 100 Meter. In diesem Gebiet soll ein möglichst großes achsenparalleles rechteckiges Areal als Schonung eingezäunt werden. Berechnen Sie die Maße der Schonung.

f) Ermitteln Sie eine Stammfunktion von g durch Formansatz mit Koeffizientenvergleich. Kontrolle: $G(x) = 4(x - 4) \cdot e^{\frac{x}{2}} + C$. Berechnen Sie den Flächeninhalt des Waldgebietes.

3. Trigonometrische Funktionen

Beispiel: Tageslänge in Berlin

Gegeben ist die Funktion $(x) = 2 \cdot \sin\left(\frac{\pi}{6}x\right)$, $0 \le x \le 12$.

a) Geben Sie die Nullstellen, Extrema, Wendepunkte und die Periode von f an. Zeichnen Sie den Graphen von f.

b) Die Koordinatenachsen und die Parallelen zu den Koordinatenachsen durch einen Kurvenpunkt $P(x \mid f(x)$ $(0 \le x \le 6)$ begrenzen ein Rechteck. Berechnen Sie, wie der Punkt P gewählt werden muss, damit der Umfang des Rechtecks möglichst groß ist.

c) Im Laufe des Jahres ändert sich die Tageslänge. In Berlin schwankt sie zwischen 17 Stunden am 21. Juni und 7 Stunden 6 Monate später. Die Tageslänge soll in Abhängigkeit von der Zeit t (t = 0 am 21. März, t in Monaten) durch $g(t) = d + a \cdot \sin\left(\frac{\pi}{6}t\right)$ beschrieben werden. Bestimmen Sie die Koeffizienten a und d.

d) Berechnen Sie die Tageslänge für den 21. August. Geben Sie an, wann sich die Tageslänge am schnellsten ändert.

Lösung zu a):
Die Funktion f geht aus der Sinusfunktion hervor durch eine Amplitudenänderung von 1 auf 2 und eine Änderung der Periode. Eine Funktion der Form $\sin(bx)$ hat die Periode $p = \frac{2\pi}{b}$, daher hat die Funktion f die Periode 12.

Aus der Lage der Nullstellen, der Extrema und der Wendepunkte der Sinusfunktion können damit die oben rechts aufgeführten markanten Punkte der Funktion f gefolgert werden, und wir sind in der Lage den Graphen von f zu zeichnen.

Kurvenuntersuchung

Periode: $p = \frac{2\pi}{\pi/6} = 12$

Amplitude: $a = 2$

Nullstellen: $N_1(0 \mid 0)$, $N_2(6 \mid 0)$, $N_3(12 \mid 0)$

Extrema: $H(3 \mid 2)$, $T(9 \mid -2)$

Wendepunkte: $W_1(0 \mid 0)$, $W_2(6 \mid 0)$, $W_3(12 \mid 0)$

Graph

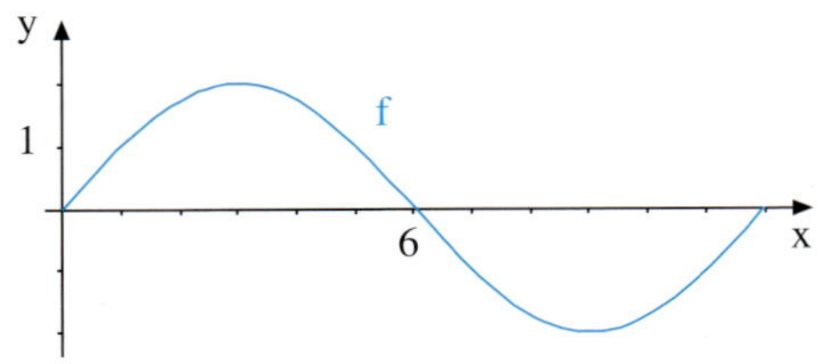

Lösung zu b):
Zunächst stellen wir den Umfang des Rechtecks als Funktion U(x, y) der beiden Variablen x und y dar.

Dann ersetzen wir y durch f(x) und erhalten so die Zielfunktion U(x).

Mit Hilfe der Ableitung U′ bestimmen wir das Extremum von U. Es ist ein Maximum und liegt an der Stelle $x \approx 5{,}42$.

Der maximale Umfang des Rechtecks beträgt ca. 12,04 LE.

Bestimmung des maximalen Umfangs

Hauptbedingung: $U = 2x + 2y$

Nebenbedingung: $y = f(x)$

Zielfunktion: $U(x) = 2x + 4\sin\left(\frac{\pi}{6}x\right)$

Extremalrechnung:

$U'(x) = 2 + \frac{2\pi}{3}\cos\left(\frac{\pi}{6}x\right) = 0$

$\cos\left(\frac{\pi}{6}x\right) = -\frac{3}{\pi}$

$\frac{\pi}{6}x \approx 2{,}84$

$x \approx 5{,}42$, $\quad y \approx 0{,}59$, $\quad U_{max} \approx 12{,}04$

Lösung zu c):
Da t = 0 auf den 21. März gelegt wurde, ist für den 21. Juni t = 3 und für das Datum 21. Dezember entsprechend t = 9 zu setzen. Mit der vorgegebenen Tageslänge zu diesen Zeitpunkten ergibt sich das nebenstehende lineare Gleichungssystem mit den Gleichungen I und II, welches z. B. mit dem Additionsverfahren gelöst werden kann.
Resultat: $g(t) = 12 + 5\sin\left(\frac{\pi}{6}t\right)$

Tageslängenfunktion für Berlin

$t = 3$: $g(3) = d + a\sin\left(\frac{\pi}{2}\right) = d + a$

I: $d + a = 17$

$t = 9$: $g(9) = d + a\sin\left(\frac{3\pi}{2}\right) = d - a$

II: $d - a = 7$

I + II: $2d = 24$

$d = 12,\ a = 5$

Resultat: $g(t) = 12 + 5\sin\left(\frac{\pi}{6}\,t\right)$

Lösung zu d):
Es ist t = 5 zu setzen. Die Tageslänge am 21. August beträgt daher ca. 14,5 Stunden.

Tageslänge am 21. August

$g(5) = 12 + 5\sin\left(\frac{5\pi}{6}\right) = 14{,}5$

Die Tageslänge ändert sich am schnellsten an den Wendestellen von g. Das sind die gleichen Wendestellen wie bei f.

Schnellste Änderungen der Tageslänge

$t = 0$: 21. März
$t = 6$: 21. September

1. Flächenberechnung und Extremalproblem

Gegeben sind die Funktionen $f(x) = 2 + 2\sin\left(\frac{\pi}{2}x\right)$ für $-1 \le x \le 0$, $g(x) = 2 - 2\sin\left(\frac{\pi}{2}x\right)$ für $0 \le x \le 1$ und $h(x) = -\frac{1}{2}\cos\left(\frac{\pi}{2}x\right)$ für $-1 \le x \le 1$.

a) Zeichnen Sie die aus diesen drei Funktionen zusammengesetzte Figur.
b) Berechnen Sie den Flächeninhalt der Figur.
c) Sei $f(x) = a + a\sin\left(\frac{\pi}{2}x\right)$ für $-1 \le x \le 0$ mit $a > 0$, $g(x) = a - a\sin\left(\frac{\pi}{2}x\right)$ für $0 \le x \le 1$ und $h(x) = -\frac{1}{a}\cos\left(\frac{\pi}{2}\,x\right)$ für $-1 \le x \le 1$.
Geben Sie die Schnittpunkte von f und g mit den Koordinatenachsen an. Diese Schnittpunkte formen ein Viereck. Berechnen Sie, für welchen Wert von a der Inhalt dieses Vierecks minimal wird.

2. Touristische Klimauntersuchung

Die Tabelle zeigt den Temperaturverlauf (Temperatur T in °C) im Kurort Bad Elbkroningen im Odenwald während eines Jahres (Ein Jahr wird mit exakt 360 Tagen angenommen).

Tag x	0	30	60	90	120	150	180	210	240	270	300	330	360
Temperatur T(x)	–12	–9,3	–2	8	18	25,3	28	25,3	18	8	–2	–9,3	–12

a) Zeichnen Sie den Graphen der Temperaturkurve T(x) für $0 \le x \le 360$, Schrittweite 30. Der Kurvenverlauf kann durch eine Funktion der Form $T(x) = a\sin(b(x + c)) + d$ mathematisch erfasst werden. Bestimmen Sie die Parameter a, b, c und d aus dem Graphen.
b) Der Kurort kann in das Programm eines Touristikunternehmens aufgenommen werden, wenn an 100 Tagen pro Jahr die Temperatur mindestens 20 °C beträgt. Entscheiden Sie, ob dies zutrifft.
c) Ermitteln Sie die Änderungsrate der Temperatur zur Zeit x = 240.
d) Der Milliardär Hans Hurtig erwägt, nach Elbkronigen zu ziehen. Er verträgt allerdings keine Temperaturänderungen, die mehr als ± 1° pro Tag betragen. Entscheiden Sie, ob diese Bedingung erfüllt ist.

Mathematik | Liste der Operatoren

Operator	Erläuterung
angeben / nennen	Sachverhalte, Begriffe oder Daten ohne Erläuterungen, Begründungen und Lösungswege aufzählen
begründen	einen Sachverhalt oder eine Aussage argumentativ auf Gesetzmäßigkeiten oder kausale Zusammenhänge zurückführen
berechnen	durch Rechenoperationen zu einem Ergebnis gelangen und die Rechenschritte dokumentieren
beschreiben	Aussagen, Sachverhalte, Strukturen o. Ä. in eigenen Worten strukturiert und fachsprachlich wiedergeben
bestimmen / ermitteln	einen Zusammenhang oder einen möglichen Lösungsweg aufzeigen und das Ergebnis formulieren
beurteilen	zu einem Sachverhalt oder einer Aussage unter Verwendung von Fachwissen und Fachmethoden eine begründete Einschätzung geben
beweisen	im mathematischen Sinn zeigen, dass eine Behauptung/Aussage richtig ist, z. B. unter Verwendung bekannter mathematischer Sätze, logischer Schlüsse und Äquivalenzumformungen
darstellen	Sachverhalte o. Ä. strukturiert fachsprachlich oder grafisch wiedergeben und Bezüge sowie Zusammenhänge aufzeigen
entscheiden	bei Alternativen sich begründet und eindeutig auf eine Möglichkeit festlegen
entwickeln	Sachverhalte und Methoden zielgerichtet in einen Zusammenhang bringen; eine Hypothese, eine Skizze oder ein Modell weiterführen und ausbauen
erklären	Sachverhalte o. Ä. unter Verwendung der Fachsprache auf fachliche Grundprinzipien oder kausale Zusammenhänge zurückführen
erläutern	Sachverhalte o. Ä. so darlegen und veranschaulichen, dass sie verständlich werden
modellieren	zu einem Ausschnitt der Realität ein fachliches Modell anfertigen
prüfen	Sachverhalte, Aussagen oder Ergebnisse an Gesetzmäßigkeiten messen, verifizieren oder Widersprüche aufdecken
skizzieren	eine grafische Darstellung so anfertigen, dass die wesentlichen Eigenschaften deutlich werden
untersuchen	Sachverhalte unter bestimmten Aspekten betrachten
vergleichen / gegenüberstellen	nach vorgegebenen oder selbst gewählten Gesichtspunkten Gemeinsamkeiten, Ähnlichkeiten und Unterschiede ermitteln und darstellen
zeichnen	eine hinreichend exakte grafische Darstellung anfertigen
zeigen / bestätigen	einen Sachverhalt oder eine Behauptung unter Verwendung gültiger Schlussregeln oder Berechnungen auf bekannte, gültige Aussagen zurückführen
zuordnen	Sachverhalte begründet in einen genannten Zusammenhang stellen

Testlösungen

Testlösungen zum Kapitel I (Seite 42)

1. a) $F(x) = \frac{1}{5}x^5 + C$ b) $F(x) = \frac{1}{2}x^4 - \frac{1}{2}x^2 + 3x + C$
   c) $F(x) = -\frac{6}{x} + C$ d) $F(x) = \frac{1}{8}(2x + 1)^4 + C$
   e) $F(x) = -2e^{-x} + C$ f) $F(x) = -\frac{3}{\pi}\cos(\pi x + \pi) + C$
   g) $F(x) = 2e^{2x + 0,5} + C$ h) $F(x) = \frac{-2}{(2x + 1)^2} + C$
   i) $F(x) = n x^n + C$

2. $F(x) = x^3 - x^2 + C$, $F(2) = -1$: $C = -5$, $F(x) = x^3 - x^2 - 5$

3. a) $\int (3 - 6x^2)\,dx = 3x - 2x^3 + C$ b) $\int_0^2 (2x - x^2)\,dx = \left[x^2 - \frac{1}{3}x^3\right]_0^2 = \frac{4}{3}$
   c) $\int_0^2 e^{-x}\,dx = [-e^{-x}]_0^2 = 1 - \frac{1}{e^2} \approx 0{,}865$ d) $\int_0^\pi \cos\left(\frac{1}{2}x\right)dx = \left[2\sin\left(\frac{1}{2}x\right)\right]_0^\pi = 2$

4. $\int_0^2 (x^3 - 3x^2 + 2x)\,dx = \left[\frac{1}{4}x^4 - x^3 + x^2\right]_0^2 = 0$
   Der Flächenanteil oberhalb der x-Achse über [0; 1] ist genau so groß wie der unterhalb der x-Achse über [1; 2].

5. a) $F(x) = \frac{1}{9}x^3 + x$, $A = F(3) - F(1) = \frac{44}{9}$
   b) Spiegelung: $g(x) = -x^2 + 6x - 8$, Nullstellen: $x = 2$ und $x = 4$
   $G(x) = -\frac{1}{3}x^3 + 3x^2 - 8x$, $A = G(4) - G(2) = \frac{4}{3}$

6. a) $[ax^3 + 3x^2]_1^2 = 7a + 9 = 2$, $a = -1$
   b) $[x^2 - 5x]_2^a = a^2 - 5a + 6 = 0$, $a_1 = 3$, $a_2 = 2$

Testlösungen zum Kapitel II (Seite 82)

1. a) $A = \int_{-1}^{1} f(x)\,dx = \left[\frac{1}{4}x^4 - \frac{1}{6}x^3 - \frac{1}{4}x^2 + x\right]_{-1}^{1} = \frac{5}{3}$

   b) Nullstellen: $x = 1$ und $x = 3$, $A = \int_{1}^{3} f(x)\,dx = \left[-\frac{1}{3}x^3 + 2x^2 - 3x\right]_1^3 = \frac{4}{3}$

2. Schnittstellen: $f(x) - g(x) = x^2 - 7x + 10 = 0$, $x = 2$, $x = 5$
   Schnittpunkte: $(2|2)$, $(5|5)$
   $A = \int_{2}^{5} (g(x) - f(x))\,dx = \left[-\frac{1}{3}x^3 + \frac{7}{2}x^2 - 10x\right]_2^5 = -\frac{25}{6} - \left(-\frac{26}{3}\right) = 4{,}5$

3. a) Ansatz: $f(x) = ax^2 + 3$, $f(2) = 0 \Rightarrow A = -\frac{3}{4}$
   Resultat: $f(x) = -\frac{3}{4}x^2 + 3$

   b) $A_f = \int_{-2}^{2} f(x)\,dx = \left[-\frac{1}{4}x^3 + 3x\right]_{-2}^{2} = 8$, $A_g = \int_{-1}^{1} g(x)\,dx = \left[-\frac{10}{27}x^3 + 2{,}5x\right]_{-1}^{1} = 5$
   Querschnittsfläche: $G = 3\,m^2$, Betonmenge: $V = 30\,m^3$

4. a) $\int_{0}^{10} w'(t)\,dt = [-0{,}008t^3 + 0{,}06t^2 + 9{,}8t]_0^{10} = 96$ Wölfe

   b) $w(t) = -0{,}008t^3 + 0{,}06t^2 + 9{,}8t + C$
   $w(20) = 156 + C = 172$
   Zu Beginn waren es 16 Wölfe.

5. a) $\int v(t)\,dt = 0{,}0005t^3 - 0{,}15t^2 + C$, $h(t) = 0{,}0005t^3 - 0{,}15t^2 + 2000$

   b) $h(120) = 704\,m$ Höhe nach 2 Minuten, $v(120) = -14{,}4\,m/s$

   c) $v(t) = 0$: $t^2 - 200t = 0$: $t = 0$ und $t = 200$
   Nach 200 Sekunden erfolgt die Landung in $h(200) = 0\,m$ Höhe.

Testlösungen zum Kapitel III (Seite 148)

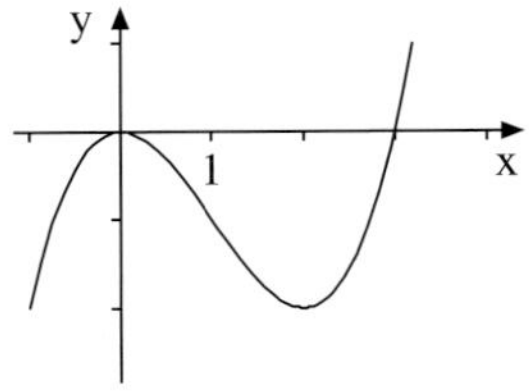

1. Nullstellen: $x = 0$ und $x = 3$
   $f'(x) = \frac{3}{2}x^2 - 3x$, $f''(x) = 3x - 3$, $f'''(x) = 3$
   Extrema: $f'(x) = 0$: $x = 0$ und $x = 2$
   $f''(0) = -3 < 0 \Rightarrow H(0|0)$, $f''(2) = 3 > 0 \Rightarrow T(2|-2)$
   Wendepunkt: $f''(x) = 0$, $x = 1$, $f'''(1) = 3$ also R-L-W $(1|-1)$
   Fläche A: $\int_0^3 f(x)\,dx = \left[\frac{1}{8}x^4 - \frac{1}{2}x^2\right]_0^3 = -3{,}375$; Der Flächeninhalt beträgt 3,375 FE.

2. a) $f'(x) = -\frac{5}{4}\pi \cdot \sin\left(\frac{\pi}{4}x\right)$, $f'(2) = -\frac{5}{4}\pi$, $f(2) = 0$
   $t(x) = -\frac{5}{4}\pi(x-2) = -\frac{5}{4}\pi x + \frac{5}{2}\pi$
   b) $A = \int_0^2 (f(x) - g(x))\,dx = \left[\frac{20}{\pi}\sin\left(\frac{\pi}{4}x\right) - \frac{1}{3}x^3 + x^2\right]_0^2 = \frac{20}{\pi} - \frac{8}{3} + 4 \approx 7{,}70$

3. a) $f'(x) = (1-x) \cdot e^{2-x}$, $f''(x) = (x-2) \cdot e^{2-x}$
   Extrema: $f'(x) = 0$: $x = 1$, $f''(1) < 0 \Rightarrow H(1|e)$
   Wendepunkt: $f''(x) = 0$: $x = 2$, $W(2|2)$
   b) Wendetangente: $t(x) = -(x-2) + 2 = -x + 4$
   Wendenormale: $n(x) = (x-2) + 2 = x$
   c) $F'(x) = (a - b - ax) \cdot e^{2-x} = x \cdot e^{2-x} \Rightarrow a = -1$, $b = -1$
   $f(x) = -(x+1) \cdot e^{2-x}$, Probe: $F'(x) = -(1 - x - 1) \cdot e^{2-x} = x \cdot e^{2-x} = f(x)$
   d) $A = F(4) - F(0) = -5 \cdot e^{-2} + e^2 \approx 6{,}71$

4. $A = x \cdot y = 3x^2 \cdot e^{-\frac{x}{3}}$, $A'(x) = (6x - x^2) \cdot e^{-\frac{x}{3}} = 0$, $x = 0$, $x = 6$
   Für u = 6 ist der Inhalt maximal.

5. a) $N''(t) = (20t - 40) \cdot e^{-t}$ Vermutung: $N(t) = 20t \cdot e^{-t}$
   Probe: $N'(t) = (20 - 20t) \cdot e^{-t}$
   $N(0) = 40$: $N(t) = 20t \cdot e^{-t} + 40$
   b) $N'(t) = 0$: $t = 1$, $N(1) = 20 \cdot e^{-1} + 40 \approx 47$

Testlösungen zum Kapitel IV (Seite 166)

1. a) $f_a(2a) = \frac{1}{4}(4a^2 - (2a+4)\cdot 2a + 8a) = 0$
   $f_a(4) = \frac{1}{4}(16 - (2a+4)\cdot 4 + 8a) = 0$

   b) $f_a'(x) = \frac{1}{2}x - \frac{1}{2}a - 1, \quad f_a''(x) = \frac{1}{2}$
   $f_a'(x) = 0\text{: } x = 2 + a, \quad f_a''(2+a) > 0 \Rightarrow T\left(2+a \,\middle|\, -\frac{1}{4}a^2\right)$

   c) $f_a(x) = f_b(x) \Rightarrow x = 4, \quad y = 0, \quad P(4|0)$
   $f_a(4) = 0$

   d) $f_1(x) = \frac{1}{4}(x^2 - 6x + 8)$
   $f_2(x) = \frac{1}{4}(x^2 - 8x + 16)$

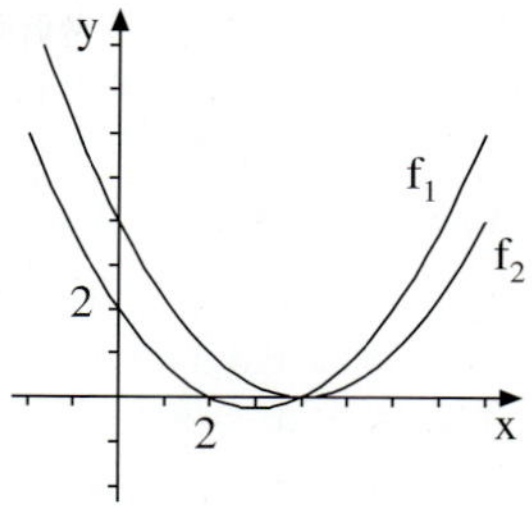

   e) $A = \int_0^4 f_2(x)\,dx - \int_0^2 f_1(x)\,dx = \left[\frac{1}{4}\left(\frac{1}{3}x^3 - 4x^2 + 16x\right)\right]_0^4 - \left[\frac{1}{4}\left(\frac{1}{3}x^3 - 3x^2 + 8x\right)\right]_0^2 = \frac{11}{3}$

2. a) Nullstellen: $x = 0$ und $x = \pm a$
   $f_a'(x) = 3x^2 - a^2, \quad f_a''(x) = 6x, \quad f_a'''(x) = 6$
   Extrema:
   $f_a'(x) = 0\text{: } x = \pm\frac{a}{\sqrt{3}}$
   $f_a''\left(\frac{a}{\sqrt{3}}\right) > 0 \Rightarrow T\left(\frac{a}{\sqrt{3}} \,\middle|\, -\frac{2a^3}{3\sqrt{3}}\right), \quad f_a''\left(-\frac{a}{\sqrt{3}}\right) < 0 \Rightarrow H\left(-\frac{a}{\sqrt{3}} \,\middle|\, \frac{2a^3}{3\sqrt{3}}\right)$
   Wendepunkt:
   $f_a''(x) = 0\text{: } x = 0, \quad f_a'''(0) = 6 > 0 \Rightarrow R - L - W(0|0)$

   b)

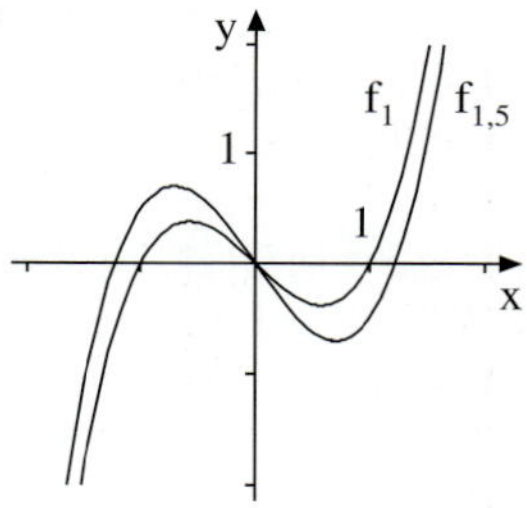

   c) $t_a(x) = -a^2(x - 0) + 0 = -a^2x$

   d) $t_a(1) = -4\text{: } -a^2 = -4 \Rightarrow a = 2 \; (a > 0)$

   e) $F_a(x) = \frac{1}{4}x^4 - \frac{a^2}{2}x^2$

   f) $A = F_a(0) - F_a(-1) = \frac{a^2}{2} - \frac{1}{4} = 4{,}25 \Rightarrow a = 3$

3. a) $f_a(x)$ hat $x = 10$ als Nullstelle, das gilt für $a = 10$.

   b) $f_a'(x) = -\frac{20}{a^2}x + 1 = 0\text{: } a = 20$

   c) $f_a'(0) = 1$ gilt für alle a.

   d) $f_a(8) = 1{,}6\text{: } -\frac{640}{a^2} + 8 = 1{,}6 \Rightarrow a = 10$

4. a) $x = 0$ und $x = \frac{2}{a}$, $f_a'(x) = 3ax^2 - 4x, \quad f_a''(x) = 6ax - 4, \quad f_a'''(x) = 6a$
   Extrema: $f_a'(x) = 0\text{: } x = \frac{4}{3a}, \quad f_a''(0) < 0 \Rightarrow H(0|0), \quad f_a''\left(\frac{4}{3a}\right) > 0 \Rightarrow T\left(\frac{4}{3a} \,\middle|\, -\frac{32}{27a^2}\right)$
   Wendepunkt: $f_a''(x) = 0\text{: } x = \frac{2}{3a}$
   $a > 0\text{: } f_a'''\left(\frac{2}{3a}\right) > 0 \Rightarrow R - L - W\left(\frac{2}{3a} \,\middle|\, -\frac{16}{27a^2}\right), \quad a < 0\text{: } L - R - WP$

   b) u: $\frac{2}{a} = 3 \Rightarrow a = \frac{2}{3}, \quad$ v: $\frac{2}{a} = 1{,}5 \Rightarrow a = \frac{4}{3}, \quad$ w: $\frac{2}{a} = -4 \Rightarrow a = -\frac{1}{2}$

   c) $F_a(x) = \frac{a}{4}x^4 - \frac{2}{3}x^3$

   d) $F_a\left(\frac{2}{a}\right) - F_a(0) = \frac{a}{4}x^4 - \frac{2}{3}x^3 = -\frac{4}{3a^3} = -\frac{4}{3} \Rightarrow a^3 = 1 \Rightarrow a = 1$

Testlösungen zum Kapitel V (Seite 192)

1. $p(-2) = -3$: $4a - 2b + c = -3$
   $p(2) = 5$: $4a + 2b + c = 5$
   $p(4) = 3$: $16a + 4b + c = 3$, $a = -\frac{1}{2}$, $b = 2$, $c = 3$
   $p(x) = -\frac{1}{2}x^2 + 2x + 3$

2. a) $f(x) = a_0 + a_1(x - 0) + a_2(x - 0)(x - 1) + a_3(x - 0)(x - 1)(x - 4)$
   $f(0) = 4$: $a_0 = 4$
   $f(1) = 2$: $a_0 + a_1 = 2$, $a_1 = -2$
   $f(4) = 8$: $a_0 + 4a_1 + 12a_2 = 8$, $a_2 = 1$
   $f(x) = x^2 - 3x + 4$
   b) $f(x) = x^2 - 3x + 4 + a_3 x(x - 1)(x - 4)$, $f(5) = 14 + 20a_3 = 4 \Rightarrow a_3 = -\frac{1}{2}$
   $f(x) = -\frac{1}{2}x^3 + \frac{7}{2}x^2 - 5x + 4$
   c) $g(x) = 2(x - 1) + 2 = 2x$
   $g(3) = 6$, $f_a(3) = 4$, $f_b(3) = 7$
   Die Abweichung zwischen $g(3)$ und $f_a(3)$ ist recht groß.

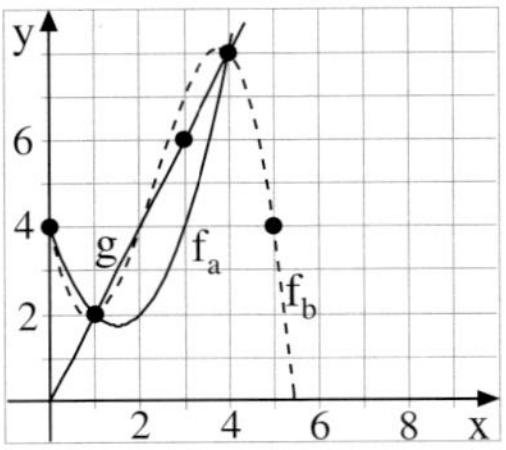

3. a) f: 0,5 + 0,5 + 1,5 + 2 = 4,5
   g: 1 + 2 + 1 + 1 = 5
   f ist besser geeignet.
   b) f: 0,25 + 0,25 + 2,25 + 4 = 6,75
   g: 1 + 4 + 1 + 1 = 7
   f ist besser geeignet.

4. a)

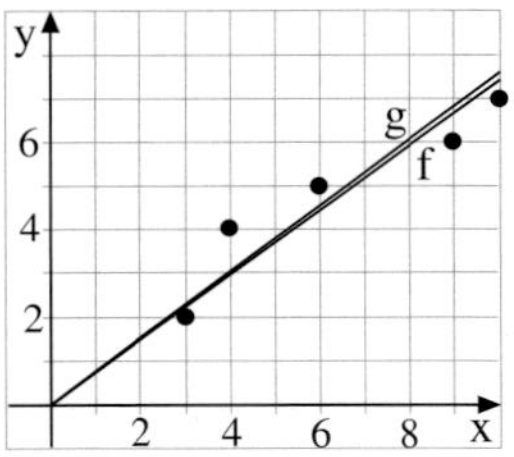

   b) $g(x) = 0{,}75\,x$
   c) $f(x) = \frac{6 + 16 + 30 + 54 + 70}{9 + 16 + 36 + 81 + 100}x = \frac{176}{242}x \approx 0{,}73\,x$

5. a) $\overline{x} = \frac{1 + 3 + 4 + 5 + 8 + 10 + 11}{7} = 6$, $\overline{y} = \frac{11 + 10 + 8 + 6 + 6 + 5 + 3}{7} = 7$, $S(6|7)$
   b) $g(x) = \frac{-20 - 9 - 2 + 1 - 2 - 8 - 20}{25 + 9 + 4 + 1 + 4 + 16 + 25} \cdot (x - 6) + 7 = -\frac{5}{7}x + \frac{30}{7} + 7 \approx -0{,}714x + 11{,}286$
   c) $r \approx -0{,}945$
   d) Der Korrelationskoeffizient r deutet auf einen stark ausgeprägten Zusammenhang mit negativer Steigung hin.

Testlösungen zum Kapitel VI (Seite 210)

1. a) $V = \pi \int_0^2 5x^4\,dx = \pi\,[x^5]_0^2 = 32\pi \approx 100{,}53$

   b) $V = \pi \cdot a^5 = 8\pi;\ a = \sqrt[5]{8} \approx 1{,}52$

2. $f = g$: $x = 0$; $x = 9$

   $V = \pi \int_0^9 \left(x - \frac{1}{9}x^2\right) dx = \pi \left[\frac{1}{2}x^2 - \frac{1}{27}x^3\right]_0^9 = \frac{81}{6}\pi \approx 42{,}44$

3. a) $f(0) = 3,\ b = 9$

   $f(10) = 6,\ \sqrt{10a + 9} = 6, \quad a = 2{,}7$

   $f(x) = \sqrt{2{,}7x + 9}$

   b) $V = \pi \int_0^8 (2{,}7x + 9)\,dx = \pi\,[1{,}35x^2 + 9x]_0^8 = 158{,}4\pi$

   $V \approx 497{,}63\,\text{cm}^3$

4. a) $V = \pi \int_1^4 \frac{16}{x^2}\,dx = \pi \left[-\frac{16}{x}\right]_1^4 = 12 \cdot \pi \approx 37{,}70$

   b) $V = \pi \left[-\frac{16}{x}\right]_1^a = 8 \cdot \pi, \quad 16 \cdot \pi - \frac{16 \cdot \pi}{a} = 8 \cdot \pi, \quad a = 2$

Stichwortverzeichnis

Bildnachweis

Titelfoto Fotolia/pure-life-pictures; 11 Fotolia/Branko Srot; 12 Cornelsen; 14 akg-images; 25 Deutsche Bahn AG; 39 shutterstock/Corepics VOF; 43 Fotolia/mojolo; 65 imago/Hans Blossey; 67 VISUM/Photoshot; 68 Fotolia/Kaspars Grinvalds; 69-1 Fotolia/Visions-AD; 69-2 Fotolia/lassedesignen; 73 Fotolia/seregalsv; 74 Fotolia/Peer Frings; 75-1 Shutterstock/orin; 75-2 Fotolia/Hellen Sergeyeva; 76 Fotolia/Kovalenko Inna; 82 Fotolia/Wolfgang Kruck; 83 Topic Media; 88-1 Fotolia/jokatoons; 88-2 Fotolia/Dangubic; 89 Fotolia/womue; 90 Shutterstock/Air Images; 91 Fotolia/Matej Kastelic; 94 shutterstock/Carole Castelli; 117 shutterstock/Joseph Sohm; 118 Fotolia/Eva Kahlmann; 120 shutterstock/Aleksandar Mijatovic; 121-1 shutterstock/deformer; 121-2 shutterstock/Krom1975; 124 shutterstock/racorn; 125 shutterstock/Andriy Solovyov; 126-1 shutterstock/viphotos; 126-2 shutterstock/kochanowski; 126-3 Fotolia/Christian Schwier; 133 shutterstock/holwichaikawee; 134 shutterstock/yuris; 135-1 shutterstock/Teri Virbickis; 135-2 shutterstock/nattanan726; 136 shutterstock/Vetapi; 137 shutterstock/Zorandim; 138 shutterstock/wavebreakmedia; 139 shutterstock/Mikael Damkier; 141 shutterstock/pgaborphotos; 142-1 shutterstock/iurii; 142-2 shutterstock/ikayaki; 142-3 shutterstock/Bildagentur Zoonar GmbH; 142-4 shutterstock/Peter Sobolev; 143-1 Fotolia/Donovan van Staden; 143-2 Fotolia/Edyta Pawlowska; 145 shutterstock/Frenzel; 148 Fotolia/bimbim; 167 Fotolia/pure-life-pictures; 168 IMAGO; 170 Fotolia/Everilda; 174 Fotolia/Georgios Kollidas; 176 shutterstock/Phovoir; 183 shutterstock/Alex Kutuev; 187 Fotolia/esben468635; 188 Fotolia/Michael Shake; 193 shutterstock/Volker Rauch; 194 shutterstock/Hurst Photo; 196 shutterstock/HandmadePictures; 198 BMW AG; 202-1 Fotolia/Andrew Adams; 202-2 Fotolia/emaria; 203 Fotolia/nicole1991; 209 Fotolia/pure-life-pictures; 217 Fotolia/focus finder